高效轧制国家工程研究中心先进技术丛书

热轧电气自动化与计算机控制技术

张勇军 宋勇 郭强 刘华强 编著

U0314313

北 京

冶金工业出版社

2019

内 容 简 介

热轧板带作为主要的钢铁产品在国民经济中具有重要的作用，本书主要介绍了与热轧板带生产相关的电气自动化、计算机控制关键技术，包括热轧生产线工艺装备、基础自动化、过程计算机控制、板形控制及电气传动系统等。

本书可供从事冶金自动化技术工作的科研、设计、生产技术人员使用，也可作为大专院校相关专业师生的参考用书。

图书在版编目（CIP）数据

热轧电气自动化与计算机控制技术/张勇军等编著. —北京：冶金工业出版社，2016.10（2019.8 重印）

（高效轧制国家工程研究中心先进技术丛书）

ISBN 978-7-5024-7321-1

Ⅰ.①热… Ⅱ.①张… Ⅲ.①热轧—电气化—自动化②热轧—计算机控制 Ⅳ.①TG335.11

中国版本图书馆 CIP 数据核字（2016）第 237713 号

出 版 人 谭学余

地 址 北京市东城区嵩祝院北巷 39 号 邮编 100009 电话 （010）64027926
网 址 www.cnmip.com.cn 电子信箱 yjcbs@cnmip.com.cn
责任编辑 李培禄 美术编辑 吕欣童 版式设计 杨 帆 彭子赫
责任校对 石 静 责任印制 李玉山
ISBN 978-7-5024-7321-1
冶金工业出版社出版发行；各地新华书店经销；三河市双峰印刷装订有限公司印刷
2016 年 10 月第 1 版，2019 年 8 月第 2 次印刷
787mm×1092mm 1/16；20.75 印张；493 千字；314 页
68.00 元

冶金工业出版社 投稿电话 （010）64027932 投稿信箱 tougao@cnmip.com.cn
冶金工业出版社营销中心 电话 （010）64044283 传真 （010）64027893
冶金工业出版社天猫旗舰店 yjgycbs.tmall.com
（本书如有印装质量问题，本社营销中心负责退换）

序言一

高效轧制国家工程研究中心（以下简称轧制中心）自1996年成立起，坚持机制创新与技术创新并举，采用跨学科的团队化科研队伍进行科研组织，努力打破高校科研体制中以单个团队与企业开展短期项目为主的科研合作模式。自成立之初，轧制中心坚持核心关键技术立足于自主研发的发展理念，在轧钢自动化、控轧控冷、钢种开发、质量检测等多项重要的核心技术上实现自主研发，拥有自主知识产权。

在立足于核心技术自主开发的前提下，借鉴国际上先进的成熟技术、器件、装备，进行集成创新，大大降低了国内企业在项目建设过程的风险与投资。以宽带钢热连轧电气自动化与计算机控制技术为例，先后实现了从无到有、从有到精的跨越，已经先后承担了国内几十条新建或改造升级的热连轧计算机系统，彻底改变了我国在这些关键技术方面完全依赖于国外引进的局面。

针对首都钢铁公司在搬迁重建后产品结构调整的需求，特别是对于高品质汽车用钢的迫切需求，轧制中心及时组织多学科研发力量，在2005年9月23日与首钢总公司共同成立了汽车用钢联合研发中心，积极探索该联合研发中心的运行与管理机制，建组同一个研发团队，采用同一个考核机制，完成同一项研发任务，使首钢在短时间内迅速成为国内主要的汽车板生产企业，这种崭新的合作模式也成为体制机制创新的典范。相关汽车钢的开发成果迅速实现在国内各大钢铁公司的应用推广，为企业创造了巨大的经济效益。

实践证明，轧制中心的科研组织模式有力地提升了学校在技术创新与服务创新方面的能力。回首轧制中心二十年的成长历程，有艰辛更有成绩。值此轧制中心成立二十周年之际，我衷心希望轧制中心在未来的发展中，着眼长远、立足优势，聚焦高端技术自主研发和集成创新，在国家技术创新体系中发挥应有的更大作用。

高效轧制国家工程研究中心创始人

徐金梧 教授

2016年9月

序言二

高效轧制国家工程研究中心成立二十年了。如今她已经走过了一段艰苦创新的历程，取得了骄人的业绩。作为当初的参与者和见证人，回忆这段创业史，对启示后人也是有益的。

时间追溯到 1992 年。当时原国家计委为了尽快把科研成果转化为生产力（当时转化率不到 30%），决定在全国成立 30 个工程中心。分配方案是中科院、部属研究院和高校各 10 个。于是，原国家教委组成了评审小组，组员单位有北京大学、清华大学、西安交通大学、天津大学、华中理工大学和北京科技大学。前 5 个单位均为教委直属，北京科技大学是唯一部属院校。经过两年的认真评审，最初评出 9 个，评审小组中前 5 个教委高校当然名列其中。最终北京科技大学凭借获得多项国家科技进步奖的实力和大家坚持不懈的努力，换来了评审的通过。这就是北京科技大学高效轧制国家工程研究中心的由来。

二十年来，在各级领导的支持和关怀下，轧制中心各任领导呕心沥血，带领全体员工，克服各种困难，不断创新，取得了预期的效果，并为科研成果转化做出了突出贡献。我认为取得这些成绩的原因主要有以下几点：

（1）有一只过硬的团队，他们在中心领导的精心指挥下，不怕苦，连续工作在现场，有不完成任务不罢休的顽强精神，也赢得了企业的信任。

（2）与北科大设计研究院（甲级设计资质）合为一体，在市场竞争中有资格参与投标并与北科大科研成果打包，有明显优势。

（3）有自己的特色并有明显企业认知度。在某种意义上讲，生产关系也是生产力。

总之，二十年过去了，展望未来，竞争仍很激烈，只有总结经验，围绕国民经济主战场各阶段的关键问题，不断创新、攻关，才能取得更大成绩。

高效轧制国家工程研究中心轧机成套设备领域创始人

张建路 教授

2016 年 9 月

═ 序言三 ═

高效轧制国家工程研究中心走过了二十年的历程，在行业中取得了令人瞩目的业绩，在国内外具有较高的认知度。轧制中心起步于消化、吸收国外先进技术，发展到结合我国轧制生产过程的实际情况，研究、开发、集成出许多先进的、实用的、具有自主知识产权的技术成果，通过将相关核心技术成果在行业里推广和转移，实现了工程化和产业化，从而产生了巨大的经济效益和社会效益。

以热连轧自动化、高端金属材料研发、成套轧制工艺装备、先进检测与控制为代表的多项核心技术已取得了突出成果，得到冶金行业内的一致认可，同时也培养、锻炼了一支过硬的科技成果研发、转移转化队伍。

在中心成立二十周年的日子里，决定编辑出版一套技术丛书，这套书是二十年中心技术研发、技术推广工作的总结，有非常好的使用价值，也有较高的技术水准，相信对于企业技术人员的工作，对于推动企业技术进步是会有作用的。参加本丛书编写的人员，除了具有扎实的理论基础以外，更重要的是长期深入到生产第一线，发现问题、解决问题、提升技术、实施项目、服务企业，他们中的很多人以及他们所做的工作都可以称为是理论联系实际的典范。

高效轧制国家工程研究中心轧钢自动化领域创始人

孙一康 教授

2016 年 9 月

序言四

我国在"八五"初期，借鉴美国工程研究中心的建设经验，由原国家计委牵头提出了建立国家级工程研究中心的计划，旨在加强工业界与学术界的合作，促进科技为生产服务。我从 1989 年开始，参与了高效轧制国家工程研究中心的申报准备工作，1989~1990 年访问美国俄亥俄州立大学的工程中心、德国蒂森的研究中心，了解国外工程转化情况。后来几年时间里参加了多次专家论证、现场考察和答辩。1996 年高效轧制国家工程研究中心终于获得正式批准。时隔二十年，回顾高效轧制国家工程研究中心从筹建到现在的发展之路，有几点感想：

（1）轧制中心建设初期就确定的发展方向是正确的，而且具有前瞻性。以汽车板为例，北京科技大学不仅与鞍钢、武钢、宝钢等钢铁公司联合开发，而且与一汽、二汽等汽车厂密切联系，做到了科研、生产与应用的结合，促进了我国汽车板国产化进程。另外需要指出的是，把科学技术发展要适应社会和改善环境写入中心的发展思路，这个观点即使到了现在也具有一定的先进性。

（2）轧制中心的发展需要平衡经济性与公益性。与其他国家直接投资的科研机构不同，轧制中心初期的主要建设资金来自于世行贷款，因此每年必须偿还 100 万元的本金和利息，这进一步促进轧制中心的科研开发不能停留在高校里，不能以出论文为最终目标，而是要加快推广，要出成果、出效益。但是同时作为国家级的研究机构，还要担负起一定的社会责任，不能以盈利作为唯一目的。

（3）创新是轧制中心可持续发展的灵魂。在轧制中心建设初期，国内钢铁行业无论是在发展规模上还是技术水平上，普遍落后于发达国家，轧制中心的创新重点在于跟踪国际前沿技术，提高精品钢材的国产化率。经过了近二十年的发展，创新的中心要放在发挥多学科交叉优势、开发原创技术上面。

轧制中心成立二十年以来，不仅在科研和工程应用领域取得丰硕成果，而且培养了一批具有丰富实践经验的科研工作者，祝他们在未来继续运用新的机制和新的理念不断取得辉煌的成绩。

高效轧制国家工程研究中心汽车用钢研发领域创始人

王先进 教授

2016 年 9 月

序言五

　　1993 年末，当时自己正在德国斯图加特大学作访问学者，北京科技大学压力加工系主任、自己的研究生导师王先进教授来信，希望我完成研究工作后返校，参加高效轧制国家工程研究中心的工作。那时正是改革开放初期，国家希望科研院所不要把写论文、获奖作为科技人员工作的终极目标，而是把科技成果转移和科研工作进入国家经济建设的主战场为己任，因此，国家在一些大学、科研院所和企业成立"国家工程研究中心"，通过机制创新，将科研成果经过进一步集成、工程化，转化为生产力。

　　二十多年过去了，中国钢铁工业有了天翻地覆的变化，粗钢产量从 1993 年的 8900 万吨发展到 2014 年的 8.2 亿吨；钢铁装备从全部国外引进，变成了完全自主建造，还能出口。中国的钢材品种从许多高性能钢材不能生产到几乎所有产品都能自给。

　　记得高效轧制国家工程研究中心创建时，我国热连轧宽带钢控制系统的技术完全掌握在德国的西门子，日本的东芝、三菱，美国的 GE 公司手里，一套热连轧带钢生产线要 90 亿元人民币，现在，国产化的热连轧带钢生产线仅十几亿元人民币，这几大国际厂商在中国只能成立一个合资公司，继续与我们竞争。那时国内中厚板生产线只有一套带有进口的控制冷却设备，而今 80 余套中厚板轧机上控制冷却设备已经是标准配置，并且几乎全部是国产化的。那时中国生产的汽车用钢板仅仅能用在卡车上，而且卡车上的几大难冲件用国外钢板才能制造，今天我国的汽车钢可满足几乎所有商用车、乘用车的需要……这次编写的 7 本技术丛书，就是我们二十年技术研发的总结，应当说工程中心成立二十年的历程，我们交出了一份合格的答卷。

　　总结二十年的经验，首先，科技发展一定要与生产实践密切结合，与国家经济建设密切结合，这些年我们坚持这一点才有今天的成绩；其次，机制创新是成功的保证，好的机制才能保证技术人员将技术转化为己任，国家二十年前提出的"工程中心"建设的思路和政策今天依然有非常重要的意义；第三，坚持团队建设是取得成功的基础，对于大工业的技术服务，必须要有队伍才能有成果。二十多年来自己也从一个创业者到了将要离开技术研发第一线的年纪了，自己真诚地希望，轧制中心的事业、轧制中心的模式能够继续发展，再创辉煌。

高效轧制国家工程研究中心原主任

教授

2016 年 9 月

前 言

带钢热连轧生产线具有生产效率高、轧制过程连续、对工艺设备与控制水平要求高等一系列特点。带钢热连轧电气自动化与计算机控制系统无论是从规模还是复杂性上都具有一定的代表性，汇集了控制系统快速性、实时性、强耦合等难点问题，冶金行业中多数各种先进的技术都竞相应用于连轧过程，大大促进了热轧过程自动化水平的提高。

在过去相当一段时期内，该技术仅有几家大型跨国电气公司所掌握，我国只能花费大量外汇反复引进，不但价格昂贵而且系统限制较多，给国内生产企业的运行使用和维护带来不便。国内的高校、科研院所及生产企业对带钢热连轧电气自动化与计算机控制技术进行了大量研究，先后经历了国外设备和技术引进、消化、改造和再创新的过程，目前已经完全可以提供具有完全自主知识产品的热连轧电气自动化与计算机控制系统，其主要控制指标和系统性能已达到国际先进水平，在大幅度降低系统造价的同时，大大提高了我国重要战略装备系统的自主配套能力。

本书在参考和整理国内外最新技术发展情况的基础上，总结汇集了北京科技大学高效轧制国家工程研究中心科研人员过去二十多年来在热轧自动化控制领域的相关工作。

全书共分9章，其中第1章介绍了热轧生产主要工艺装备及检测仪表情况；第2章为热连轧自动化系统的软硬件结构与主要功能介绍，包括系统通信网络及人机接口配置；第3章与第4章主要介绍了热轧带钢的模型理论以及轧制模型和规程计算；第5~8章分别对温度模型与控制、主速度与张力控制、自动厚度与宽度控制、热轧板形模型与控制等技术的研发情况进行了总结；第9章重点介绍了用于带钢热连轧生产线的电气传动系统装备与主要技术。

本书主要由张勇军负责组织编写。第1章由刘华强博士编写；第2章由郭强编写；第3~5章由宋勇、荆丰伟、蔺凤琴编写；第6章由宗胜悦编写；第7章由张飞编写；第8章由邵健编写；第9章由张勇军编写。刘文仲研究员、王京教授对全书进行了审定和校对，苗磊、汪伟等研究生参加了本书的文字编辑工作，在此一并表示感谢。

本书努力做到理论与实践相结合，为使内容尽量充实，成为一本对相关专业科技人员有价值的参考书，本书在编写过程中也尽可能地收集整理了国内外在热轧电气自动化与计算机控制技术及工程应用领域近年来的相关研究成果与生产实践资料，在此也特别向本书各章所参考和引用的国内外专著或论文作者表示感谢。

由于热轧生产线控制涉及多个学科的交叉融合，且电气自动化与计算机控制技术发展迅速，技术层面深远宽广，本书的编写偏重于展示北京科技大学高效轧制国家工程研究中心在该领域的部分技术内容，因此可能会有很多该领域的技术精华没有被录入。此外，由于作者专业知识有限，编写时间仓促，书中一定存在某些不妥和不足之处，诚恳希望读者批评指正。

编著者

2016 年 8 月 30 日

目 录

1 热轧生产工艺装备

1.1 热轧带钢生产工艺简介

1.1.1 国外热轧生产发展概况

自从1926年第一套板带热轧机组在美国诞生以来，热轧板带生产的发展已有90多年的历史，一般认为其间经历了三个发展时期。20世纪60年代以前建设的板带热连轧机组被称为第一代板带热连轧机，全世界建造了70多套板带热轧机，其中50%集中在美国和加拿大。这一时期板带生产技术发展较缓慢，轧线一般配置为100~150t/h的加热炉、全连续或半连续粗轧机、6机架精轧机，精轧出口最大速度为10~12m/s，轧制钢卷单重为6.0~13.6t，单位宽度卷重为5~12kg/mm，精轧机的年生产能力为100万~200万吨。20世纪60~70年代是热轧板带生产发展的重要时期，共建成了50多套热轧机组，也被称为第二代板带热连轧机组。1960年，美国麦克劳斯钢铁公司（McLouth Steel）1525mm热连轧机组最先在热轧板带精轧机上采用了计算机控制技术，这是热轧板带生产适应自动化操作发展趋势的一个划时代进步。1961年，美国钢铁公司投产的2032mm热轧板带轧机在精轧机上首次采用了升速轧制技术。随着计算机技术的进步，在板带热连轧生产线上计算机控制范围从精轧区扩大到从加热炉装料到钢卷称重的整个生产线，轧制速度由10~12m/s提升到15~21m/s；此时成品带钢厚度范围由2.0~10.0mm扩大到1.5~12.7mm，最大卷重达40t，年产量由200万吨增至250万~350万吨。第二代板带热连轧机的自动化水平较第一代有了质的飞跃，微张力恒套量轧制技术、厚度自动控制技术等的应用大大提高了热轧带钢的厚度精度。大型连铸板坯、步进式加热炉及高效层流冷却技术等也是在这一时期出现的。在这一阶段，随着日本经济的高速增长，热轧生产发展的重心从欧美逐渐转移到了日本。在引进当时欧美先进技术的同时，通过迅速的改进和创新，日本开发出了众多先进技术，使热轧产品质量和产量得到了大幅提升，热轧生产呈现出大型化、高速化的发展趋势。1969年日本君津厂投产的2286mm热连轧机组将热轧板带轧机的发展推向了大型化方向，标志着板带热连轧机第三个发展时期的开始。20世纪70年代，第三代板带热连轧机继续沿着高速化、大型化的方向发展，轧机年产量已经达到600万吨，单卷最大重量可达45t，成品带钢厚度为0.8~25.4mm，轧制速度可达28~30m/s。该阶段在轧制设备和轧制工艺方面都有很大的进步，许多新技术得到应用。粗轧机组机架数量有所增加，在最后2架粗轧机架实行双机架连轧甚至形成全连轧；精轧机组一般采用7机架，并预留位置使精轧形成8机架连轧；开始采用步进式加热炉；精轧机组采用弯辊和窜辊装置来改善带钢断面形状；采用调速轧制技术以控制带钢终轧温度；采用层流冷却装置以保证带钢金相组织和性能均匀一致；不断改进精轧机组厚度自动控制系统，提高了成品的厚度精度；采用快速换辊装置，缩短了换辊时间，提高了作业率；全面采用晶闸管调速，整个生产过程采用计算机控制。

20 世纪 80 年代以来，热轧板带生产从追求大型化、高速度、大卷重转向节约能源和降低成本、扩大产品种类、提高产品质量和成材率、缩短流程和降低建设投资等方向发展。20 世纪 90 年代以来，随着连铸连轧短流程生产工艺的发展，无头轧制和半无头轧制、连铸连轧、控轧控冷等热连轧生产工艺及装备的开发和应用，板带热连轧生产技术获得极大改进。热轧领域出现了许多节能与提高产品质量的新技术，主要包括：

（1）为节约燃料，提高燃烧效率，开发了步进式加热炉节能技术。

（2）为利用高温板坯热量实现有效的节能、缩短生产周期、减少板坯存放仓库面积等效果，开发了板坯的热装轧制 HCR（Hot Charging Rolling）和直接轧制 HDR（Hot Direct Rolling）技术。

（3）为满足热装轧制和直接轧制工艺要求，减少连铸板坯规格并提高连铸机产量，为实现柔性生产组织、提高生产效率和降低生产成本，开发了自由规程轧制 SFR（Schedule Free Rolling）技术。

（4）为提高成材率，开发了氧化铁皮控制和优化剪切头尾控制技术。

（5）为提高产品质量，开发了中间坯镰刀弯控制技术及板宽、板厚和板形等高精度控制技术。为保证中间坯宽度控制精度、改善板坯头尾形状、减少头尾切损，采用全液压立辊轧机，实现自动调宽控制 AWC（Automatic Width Contol）和短行程控制 SSC（Short Stroke Control）功能。采用定宽压力机，具有宽度调整能力大、减宽效率高，从而达到减少连铸板坯宽度规格的作用。此外，定宽压力机侧压后的板坯形状规整，切损少，比采用大立辊切损约减少一半，侧压板坯边部凸起量较立辊轧制小得多，避免了立辊压下凸起的"狗骨"缺陷，减少水平轧制后的鱼尾切损，提高成材率；同时定宽压力机还可以起到一定的除鳞效果。为保证带钢全长厚度精度，广泛采用多种综合厚度控制 AGC（Automatic Gauge Control）技术。为提高带钢凸度及边部减薄等横断面形状和平直度的精度要求，广泛采用了多种机型、辊形及先进的板形控制技术。

（6）为提高产品性能，开发了以高强度钢等为中心的控制轧制、控制冷却技术及超快冷技术。

（7）为提高劳动生产率，生产自动化和无人化操作进一步得到发展和应用。

（8）为生产薄规格热轧带钢、提高成材率和提高轧制的稳定性，开发了无头轧制和半无头轧制技术。

（9）为减少温降、提高带坯全长和断面温度的均匀性等效果，开发了保温罩、热卷箱及边部感应加热装置。

（10）为避免在卷取开始几圈及卷取结束时助卷辊对带钢头部或尾部造成冲击，引起带钢表面缺陷，开发了全液压卷取机踏步控制 AJC（Automatic Jump Control）技术。

（11）为减小轧制力和减轻轧制负荷、降低能耗、降低轧辊磨损、提高生产率、改善带钢表面质量等，开发了热轧工艺润滑技术。

（12）为获得良好的力学性能、降低加热能耗、提高金属收得率、降低吨钢轧辊消耗、提高带钢表面质量和降低冷轧轧制力等，广泛采用铁素体区热轧工艺。

在此基础上，热轧板带生产又经过 30 多年的不断发展和完善，目前已经达到了很高的水平，具有大型化、高精度、全自动、高效率的显著特点，并出现了薄板坯连铸连轧、无头轧制等更为先进的生产技术。当代热轧板带生产和现代制造技术、计算机技术及信息技术有机结合，正向着系统连续化、自动化、柔性化、高速和高精度的方向发展。

1.1.2 我国热轧生产发展概况

我国热轧带钢生产技术在新中国成立以后很长时期内相对落后，1958 年鞍钢建成由苏联援建的国内第一套 1700mm 带钢半连轧机组，1978 年武钢建成从日本引进的 3/4 连续式 1700mm 带钢热连轧机组，这期间的技术水平与国际水平差距较大。1989 年宝钢2050mm 带钢热轧机组的建成，标志着我国带钢热轧生产进入快速发展时期。我国热轧带钢的发展大致可分为以下三个阶段：

（1）初期发展阶段。这个时期热轧生产线的建设基本靠国家投入。由于资金、技术等多方面限制，水平参差不齐。1989 年投产的宝钢 2050mm 热连轧采用了 L1 和 L2 级计算机控制，其自动宽度控制、自动厚度控制、板形控制、强力弯辊控制、控制轧制和控制冷却等代表了当时最先进的热连轧生产技术。1994 年投产的太钢 1549mm 热连轧和梅钢1422mm 热连轧是引进了日本的二手设备，虽然整体技术水平相对落后，但在安装过程中进行了设备和生产技术方面的改造，技术水平得到提高。在同一时期，我国还自行建设了两套国产热轧线，即 1980 年投产的本钢 1700mm 热连轧和 1992 年投产的攀钢 1450mm 热连轧。

（2）全面引进世界新技术，提高技术水平阶段。20 世纪 90 年代中期以后，各大企业均以引进国外最先进装备和控制技术为主。如 1996 年投产的宝钢 1580mm 热连轧和 1999年投产的鞍钢 1780mm 热连轧等，都是世界传统热连轧生产线最先进水平的代表。以宝钢1580mm 热连轧为例，除热轧线通常采用的一系列先进技术以外，还包括：加热炉燃烧控制技术；轧线与连铸机紧凑布置形式，从而可实现直接热装，并有实现直接轧制的可能；板坯定宽压力机，大大减少了板坯宽度规格；精轧机全液压压下厚度自动控制技术；板形控制技术与强力弯辊系统一起使板形调控能力大大增加；立辊控宽与调宽控制技术、连轧张力控制技术、卷取控制技术、超快速冷却等工艺控制技术以及全套的计算机控制系统；在线磨辊装置；自由规程轧制技术；中间辊道保温技术和带坯边部感应加热技术；轧机全部采用交流同步电机和 GTO 电源变换器及 4 级计算机控制技术；这也从另一个角度武装了热轧板带行业，推动了我国热轧板带轧制技术的进步。

（3）消化吸收与再创新阶段。国内各厂家在引进的过程中，消化并吸收了引进技术，逐步掌握了板带热连轧的核心技术，开始了自主集成创新的历程。2000 年，鞍钢通过原1700mm 热连轧机的技术改造，率先开发了中厚板坯的短流程生产技术，实现了我国板带热连轧机的第一次自主集成。2005 年，鞍钢建设了 ASP 2150mm 热连轧机组，并转让到济钢，建设了济钢 ASP 1700mm 热连轧机组。此后，国内各厂家又在多条热连轧线上实现自主集成和创新，建设了莱钢 1500mm、日照 1580mm、新疆八一 1700mm、天铁 1780mm、宁波 1780mm 等热连轧机组及全套自动控制系统，实现了我国宽带钢热连轧技术集成上的跨越式发展。在此过程中，我国自主开发了以辊形为主的板形控制技术、超快冷控制技术、氧化铁皮控制技术、集约化生产技术等创新性技术，现在我国已经跻身于热连轧技术最先进的国家之一。

近几年，我国宽带不锈钢热连轧装备及自动化控制领域在引进消化吸收的基础上也得到长足的发展，基本实现了国产化。截至目前我国已建成投产的可生产宽带不锈钢的热连轧机组有 10 多套：除太钢 1549mm、2250mm，宝钢 1780mm，福建福欣 1780mm 外，西南不锈 1450mm、北海承德 1580mm、福建鼎信 1780mm 等不锈钢热连轧生产线已实现自主集成、自行设计和制造及自动化控制系统的国产化。

1.1.3　热轧板带车间及轧机布置形式

热连轧机组的布置形式总的来看有以下几种：

（1）传统带钢热连轧机组。通常由 2～4 架粗轧机、7 架精轧机、2～3 台地下卷取机组成。生产线长度 400～500m，年产量 350 万～550 万吨，通常铸坯厚度为 200～250mm。其特点是产量高、自动化程度高、轧制速度高（20m/s 以上）、产品性能好。如武钢 2250mm 轧机等。

（2）紧凑型带钢热连轧机组。通常由 1 架粗轧机、1 台中间热卷箱、6～8 架精轧机、2 台地下卷取机组成。生产线长度约 350m，年产量 200 万～450 万吨，通常铸坯厚度为 200～250mm。其特点是投资比较少，生产比较灵活，由于使用热卷箱温度条件较好，可以不用升速轧制（轧制速度 14m/s 左右）。

（3）无头轧制带钢热连轧机组。无头（半无头）轧制是国外发展的轧制技术，日本是在传统的粗轧机后设立热卷箱和焊机等装置，把中间坯前一坯的尾部和下一坯的头部焊接在一起，进入精轧机组时形成无头的带坯进行轧制，在卷取机前再由飞剪剪断。该生产线可以 20m/s 以上的速度轧制，可生产 0.8～13mm 的带钢。无头轧制工艺是当代热轧生产的最高水平，由于在精轧前取消了穿带的制约，因此它的产品质量好，产量高，能生产更多高附加值的产品。目前在日本川崎千叶三热轧和新日铁大丰热轧等采用，在我国尚未开发。

（4）（中）薄板坯连铸连轧机组。通常由薄板坯铸机、加热炉和轧机组成，采用刚性连接。铸坯厚 50～90mm 或 100～150mm（中薄板坯），年产量 120 万～200 万吨；轧机的布置形式有 2 架粗轧+5～6 架精轧布置或 1 架粗轧+6 架精轧布置，或只有 6～7 架精轧机组成的生产线。其特点是生产周期短、产品温度与性能的均匀性好、产品强度较高，但是表面质量、洁净度控制等方面比传统厚板坯的难度大。如包钢 1700mm 和邯钢 1700mm 等 CSP（Compact Strip Production）机组。

（5）ESP（Endless Strip Production）无头带钢热连轧机组。ESP 工艺以连续不间断的生产工艺通过薄板坯连铸连轧设备从钢水直接生产出热轧带卷，整条生产线设备极为紧凑，省去了重复穿带各个机架的操作，生产线长度仅约 180m，并且对所有连铸和轧制操作进行全面计算机调控。独特的设计与工厂配置可以实现完全连铸和各种优质带钢的无头轧制。通过连续生产工艺，钢水直接通过一套连铸连轧机组生产出热轧钢卷。生产线将首先浇铸出薄板坯，然后通过一套位于连铸机尾端的三机架大压下粗轧机轧制成厚度为 10～20mm 的中间坯，接下来在感应加热装置中进行加热，之后通过 5 机架精轧机轧制出目标厚度，带钢进入层流冷却装置并进入卷取机进行卷取，无头连续的带钢最后通过一台位于地下卷取机前的高速剪进行分切，钢卷的卷取重量可达 32t。2009 年，意大利阿维迪公司（Arvedi）的 ESP 生产线（意大利克雷蒙纳市）采用薄板坯连铸连轧的无头轧制，采用相当于定尺坯长度的 4~7 倍长倍尺坯进行连续轧制，然后由卷取机前高速飞剪根据卷重分切。目前在山东日照钢铁公司新建的三条 1700mm ESP 生产线已陆续投产运行。

（6）新型炉卷轧机机组。通常由 1 台炉卷轧机（或是 1 台粗轧机和 1 台炉卷轧机，或是双机架炉卷轧机）、1 台地下卷取机组成。年产量 60 万~120 万吨。其特点是：可以生产热轧带卷，也可以生产中板和带卷，主要用于不锈钢板带生产；投资较小，生产灵活，适合多品种。如酒钢 1750mm 炉卷轧机和昆明钢铁 1725mm 炉卷轧机等。

（7）薄带直接连铸技术。薄带直接连铸是将钢水在两个轧辊中铸成 5~6mm 的带钢，经过 1~2 架轧机进行小变形的轧制和平整，生产出热带钢卷。薄带连铸技术被公认为是最有可能彻底颠覆传统钢铁制造流程长、能耗高、排放大的一项革命性技术，是当今钢铁业绿色、环保的发展方向。

薄带连铸技术是冶金及材料研究领域的一项前沿技术，它将连铸、轧制及热处理等工序整合为一体，省去了传统的再加热和热轧工序，因此薄带连铸技术带来了钢铁工业革命性的变化。目前，世界上已有多条双辊式薄带铸轧试验线和接近工业化水平的半工业生产线，例如美国纽柯的 Castrip、蒂森克虏伯的 Eurostrip、新日铁的 Hikari、浦项的 PoStrip 和宝钢的 Baostrip 等。由于技术开发难度较大、投入费用较多，有些涉及该领域的钢铁公司或研究机构最终放弃，纽柯、新日铁、蒂森克虏伯、浦项和宝钢等是研究较深入并取得一定成绩的钢铁公司。

1.2 常规热连轧机组的布置形式

热连轧板带车间轧机布置形式主要取决于粗轧机的布置形式。现代热连轧板带轧机的精轧机组大都是由 6~8 架组成，呈全连续布置；而粗轧机组的组成与布置却不相同，这正是热连轧带钢轧机的主要特征。粗轧机组布置形式有全连续式、半连续式、3/4 连续式和其他形式，如图 1-1 所示。常规热连轧机组的布置形式如图 1-2 所示。典型热连轧带钢生产工艺流程如图 1-3 所示。

1.2.1 全连续式布置

全连续轧制的粗轧机通常由 5~6 个机架组成，轧件没有可逆轧制道次，每架轧制一道，精轧机组采用连轧布置。

梅钢 1422mm 全连续式热轧带钢轧机（1994 年建成）是从日本引进的二手设备，是我国唯一一套全连续式热连轧宽带钢轧机。粗轧机组由 1 架立辊轧机和 5 架粗轧机呈全连续式布置，精轧机组为 7 架精轧机，地下卷取机为 3 台。由于粗轧机组每架只轧一道，轧制时间往往要比精轧机组的少，粗轧生产能力与精轧机组不完全匹配。

虽然全连续式粗轧机产量高，年产量可达 400 万~600 万吨，适合于大批量单一品种生产，产品质量好、操作简单、维护方便，但由于其占地面积大、设备多、流程长等而造成轧制生产线或厂房长度增加、投资增大、对板坯厚度范围的适应性较差、产品较单一、粗轧机利用率低等原因，近年来宽带钢粗轧机已不采用全连续式，梅钢 1422mm 生产线也于 2006 年进行了半连轧改造。但在国内 850mm 左右规格的中宽带碳钢或不锈钢热连轧机组中，全连轧形式还被较多地采用。

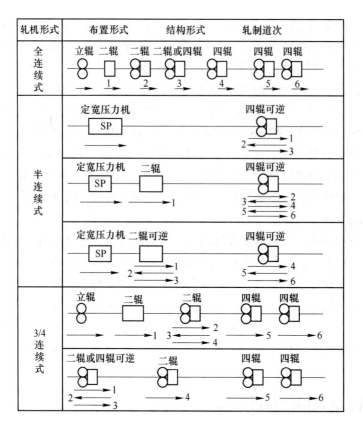

图 1-1 粗轧机组布置形式

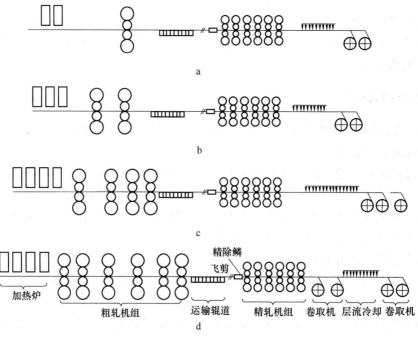

图 1-2 常规热连轧机组布置形式

a，b—半连续式；c—3/4 连续式；d—全连续式

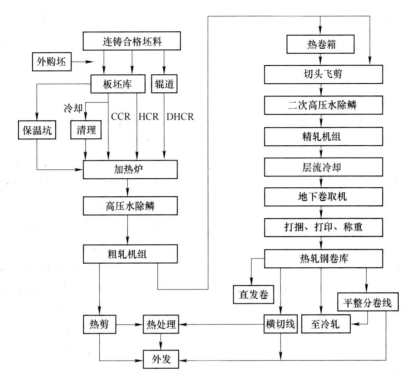

图 1-3 典型热轧带钢生产工艺流程

1.2.2 3/4 连续式布置

粗轧机组数量由全连轧的 5~6 架缩减为 4 架,其中有 1~2 架为可逆式轧机。可逆式轧机可放在第二架,也可放在第一架;前者优点是大部分氧化铁皮已在前面除去,辊面和板面质量好,但换辊次数要多两倍。

3/4 连轧机的粗轧机组所需设备较全连续粗轧机组要少些,建设投资可减少 5%~8%,生产灵活,但操作维修较复杂,耗电量大些。该机组布置形式适合年产量 400 万~500 万吨规模的带钢厂,是 20 世纪 70~80 年代发展的主流机组。

我国武钢 1700mm、本钢 1700mm 和宝钢 2050mm 等热连轧机组呈 3/4 连续式布置。武钢 1700mm 轧机(1978 年建成)是从日本引进的设备,粗轧机组由 4 架立辊轧机和 4 架粗轧机呈 3/4 连续式布置,精轧机组为 7 架,卷取机为 3 台。

1.2.3 半连续式布置

半连续式粗轧机组布置形式是将粗轧机架由 4 架减为 1 架或 2 架,各机架主要或全部为可逆式。其中,两架的粗轧机组实现两架可逆或一架可逆轧制,进一步减少了机架数量,使粗轧和精轧轧机得以良好的匹配,同时也缩短了厂房距离,减少了投资,减少了事故处理时间,是目前热连轧板带车间布置的主流和主要的发展趋势。

我国呈半连续式布置的轧机居多,如宝钢 1580mm、武钢 2250mm、太钢 2250mm、首钢 1580mm 和 2250mm 等。宝钢 1580mm 轧机是从日本引进的设备,由 2 架粗轧机 R1、

R2 和 7 架精轧机 F1~F7 组成，采用了高压水除鳞机、板坯定宽压力机和 2 台卷取机等。由于占地面积较小、设备少、对板坯厚度范围的适应性好，且既可生产板卷又可生产中厚板等原因，半连续式粗轧机布置形式近年来在热连轧机组中得到广泛应用。

1.3 连铸连轧生产工艺

薄板坯连铸连轧技术 TSCR（Thin Slab and Casting Rolling）是 20 世纪 90 年代以来世界钢铁工业迅速推广的一项重大新技术，它的开发成功是近终形连铸技术的重大突破。薄板坯连铸工艺具有流程短、生产工艺简化、节能、减少投资费用、降低生产成本和提高钢材收得率等优点。与传统热连轧生产技术相比，从原料到成品，薄板坯连铸连轧设备吨钢投资降低 15%~30%，生产时间可缩短 10 倍以上，厂房面积减少约 20% 以上，加热能耗减少约 40%。自 1989 年世界上第一套薄板坯连铸连轧设备投产以来，该技术发展迅速，已有十多种工艺出现，比较典型的有：CSP（Compact Strip Production）工艺、ISP（Inline Strip Production）工艺、FTSR（Flexible Thin Slab Rolling）工艺和 CONROLL（Continuous Thin Slab Casting and Rolling Technology）工艺等。这些工艺的开发成功和实现商业化生产，已经为许多钢铁企业带来了显著的经济效益和竞争优势，使一些中小型带钢厂，如美国的纽柯公司、动力钢公司等利润大增，成为钢铁工业结构改革成功的典范，而且一些长流程钢厂也竞相新建或改建成薄板坯连铸厂。据统计，我国自 1999 年珠江钢厂 CSP 投产以来，至今已有邯钢、包钢、唐钢、武钢、通钢、马钢、涟钢、本钢和酒钢等薄板坯连铸连轧生产线相继建成并投产。

1.3.1 薄板坯连铸连轧技术发展阶段

薄板坯连铸连轧技术的发展到目前为止大体可分为如下 3 个阶段：

（1）技术开发期（1984~1989 年）。

德国西马克（SMS）公司于 1984 年率先投资进行薄板坯连铸连轧技术的开发工作，并于 1987 年在美国纽柯公司建成了第一代 CSP 薄板坯连铸连轧设备，在 1989 年 7 月成功投产，此阶段为该技术的开发期。

20 世纪 80 年代，常规板坯连铸技术已日益成熟，把常规板坯连铸的成熟技术应用到薄板坯连铸上成为研究和开发的指导思想；对此，SMS 公司走在了研究和开发的前列。SMS 公司于 1985 年在一台立弯式连铸机上开发了漏斗形结晶器，并成功地浇铸了薄板坯。1986 年，SMS 公司在 Thyssen 公司的铸钢车间成功地进行薄板坯连铸机试验，使薄板坯连铸进入了新的阶段。薄板坯连铸机的成功使薄板坯连铸连轧成为可能，1989 年美国纽柯公司引进德国的 SMS 型连铸机，建立了世界上第一条把薄板坯连铸机和四辊连轧机组合运行的紧凑型带钢生产线（CSP 工艺），设计能力为年产 80 万吨，生产钢种为普碳钢、结构钢和深冲钢等；薄板坯厚度为 50mm，宽度为 1000~1350mm，成品带钢厚度为 2.5~12.7mm，宽度为 1000~1300mm。

1987 年德国曼内斯曼-德马克（MDH）公司也成功开发了具有超薄型扁形水口和平板直弧形结晶器的薄板坯连铸机，并以 4.5m/min 的拉速生产出了厚度 60mm、宽度 900mm 和厚度 70mm、宽度 1200mm 的薄板坯，该技术与连轧机组成的生产线被称为 ISP。

1988 年奥地利奥钢联（VAI）在对瑞典阿维斯塔（Avesta）的传统连铸机进行改造时

使用了薄平板式结晶器及薄形浸入式水口，生产出厚度为 70mm 的不锈钢薄板坯，该技术被称为 CONROLL 技术。同期，意大利的达涅利（Danieli）、日本住友等公司也进行了相关技术开发。

（2）技术推广期（1989~1997 年）。

1989 年美国纽柯公司克劳福兹维尔厂（Nucor Crawfordsville）的 CSP 工艺投产并形成了年产 80 万吨的年生产规模，这条生产线是世界上第一条薄板坯连铸连轧生产线，该生产线的投产是薄板坯连铸连轧技术的里程碑。薄板坯连铸连轧的技术优势为人们所认识，并成为 20 世纪 90 年代世界钢铁工业的投资热点。

1992 年，德马克公司在意大利的阿维迪建成了一条 ISP 生产线，并于 1993 年 9 月实现年产 50 万吨的设计要求，这是薄板坯连铸连轧技术进一步推广的又一标志。

除了 SMS 公司的 CSP 工艺外，还出现了德马克公司的 ISP、意大利达涅利公司的 FTSR、奥钢联公司的 CONROLL 和日本住友金属公司的 QSP 等第二代薄板坯连铸连轧工艺，这段时期为薄板坯连铸连轧技术的推广阶段。在推广期，各种工艺作了许多改进，体现在：具有了改变连铸板坯宽度和厚度的调整装置（也称可调薄板坯连铸机），允许在 40~80mm 厚度范围内浇铸板坯；采用液芯压下工艺，减少甚至消除了板坯中央疏松，改善了晶粒结构，改进和提高了板坯表面质量；优化连铸振动控制，从而提高浇速和产量，同时还对板坯的下游设备进行了一些改进，如改善板坯冷却和除鳞设备、加强轧制控制、提高表面质量和板形控制精度，还使用了人工智能神经网络来强化过程控制。

（3）提高、成熟和完善期（1997 年至今）。

从 1997 年开始，各国对原来的薄板坯连铸机技术存在的不足之处进行了不断的改进，并建造和投产了第三代薄板坯连铸机。

在此期间，技术提升最快的几家公司分别是 SMS、MDH 和 Danieli 等。其中，SMS 公司加大了铸坯的厚度并减小了漏斗形结晶器连续变截面的变化程度，在二冷段采用了液芯压下技术，目的是在维持原有薄板坯厚度的前提下，进一步改善铸坯的内部及表面质量。为稳定结晶器液面、提高浇铸速度，SMS 优化了浸入式水口形状并采用了结晶器液压振动。为了提高成品带材的表面质量，开发了压力达 40MPa 的高压水除鳞装置，并缩小了喷嘴与板坯的距离。

MDH 公司将平板形结晶器改为"橄榄形"，优化了浸入式水口的形状，加大了铸坯厚度，并对板坯温度控制设备进行不断改进，先是用无芯轴的热卷箱代替原来的带芯轴的双热卷箱，最后又进一步改进加热设备，采用直通式辊底炉，使铸轧衔接更顺畅合理，使生产效率更高。

Danieli 公司也迅速将自己的技术成熟化，它吸取了漏斗形结晶器优点并将其发展完善，将漏斗形曲线穿过结晶器延伸到扇形段，开发出 H^2（High Reliability and High Flexibility）结晶器，降低了由变截面引起的坯壳应力，加大了熔池体积，为提高铸坯拉速提供了条件。这些技术在 1995 年对纽柯希克曼（Hickman）1 号线改造中得以应用，并得到了良好的实施效果。1997 年又在加拿大的阿尔戈马（Algoma）建成投产了一条完整的薄板坯连铸连轧生产线，获得较好的产品质量，特别是表面质量得到了很大提高。

连铸连轧代表性生产线如加拿大阿尔戈马和中国唐钢的 FTSR 生产线，南非萨尔达尼亚的 ISP 生产线，我国珠钢、包钢、邯钢、涟钢和马钢的 CSP 生产线等。在提高期，通过应用软件技术的开发，使生产更加稳定，同时在生产线上成功地运用了半无头轧制技术和铁素体轧制技术，使该生产线在生产低碳钢、薄规格产品上更具优势；另外，在此阶段还开发出硅钢、多相钢等品种钢生产技术，使该工艺生产的品种在覆盖面上更接近传统工艺。

1.3.2　薄板坯连铸连轧工艺技术特点

薄板坯连铸连轧工艺与传统的热轧带钢相比，在技术和经济等方面具有较大的优越性。传统的热轧带钢生产一般是炼钢车间负责钢水冶炼、板坯铸造，之后将热态的连铸坯或冷却后的连铸坯送往轧钢车间进行二次加热及轧制成材。炼钢工序和轧钢工序相对较独立，生产不连续；而薄板坯连铸连轧是几个工序之间紧密连续，铸坯只需在轧制前进行在线少量补热，形成一条连续的生产作业线，其特点是：

（1）工艺流程紧凑，设备减少，生产线短。通过一系列有别于传统板坯连铸机的工艺装备，将铸出的板坯厚度减薄到某一合理的临界区间，以至可以省去传统热轧板生产机组中的粗轧机架，而只用5~7架精轧机使板坯直接进入精轧机组轧成成品带卷，以达到减少工序和设备、降低投资和生产成本的目标。

（2）通过一系列精确的工艺控制，使生产过程中各工序点的温度控制在某一合理范围内，且只需连铸机和热轧机之间予以较小的热量补充，从而在充分节能的条件下实现长时间的连铸连轧工艺生产，达到能量充分利用的目的。

（3）通过一系列调控措施，使生产过程的物流维持在一个合理范围内（如拉速3~6m/min），使之在保持一定流量的前提下，控制一个合理的时间节奏。

（4）生产周期明显缩短，节约能源，提高成材率。通过一系列的技术措施，使从钢水进入结晶器至热轧卷取结束的时间节奏缩短到30~120min。实现快速浇铸，提高连铸机生产能力，达到与冶炼和轧机的生产能力相匹配的目标，进而取得最佳的规模效应和良好的经济效益。实现连铸连轧，从冶炼到轧制产品一次成材，充分利用冶炼能力，降低能耗，降低成本，缩短生产周期，加快资金周转。

（5）生产无缺陷板坯，取消轧制前的板坯检查和清理，并能保证产品质量。适合生产薄及超薄规格的热轧板卷，产品的附加值高从而实现良好的经济效益。

（6）产品的尺寸精度较高，性能稳定均匀。连铸和连轧间的中间衔接技术能在热量输入很少的条件下满足铸坯加热/均热和缓冲的要求。可以实现自由规程轧制，增加二次换辊间同宽度带钢轧制长度，减少换辊次数。强化带钢厚度和板形控制，提高带钢尺寸精度。

1.3.3　薄板坯连铸连轧技术现状

自第一条薄板坯连铸连轧生产线问世至今，全世界已建各种形式的薄板坯连铸连轧生产线40多条。在技术开发方面，已形成各具特色的薄板坯连铸连轧工艺十余种。从全世界已建成投产的薄板坯连铸连轧生产线来看，CSP工艺、ISP工艺、FTSR工艺以及CON-ROLL工艺在工业化应用方面更为成熟，并普遍在最近新建的薄板坯连铸连轧生产线中被采用。

1.3.3.1 CSP 工艺及特点

CSP 工艺是由德国西马克公司开发的，第一套工业化 CSP 生产线在美国纽柯公司投产后取得了满意的生产效果和良好的经济效益，因而得到广泛应用，是目前世界上处于主流地位的薄板坯连铸连轧工艺。其典型工艺流程为：冶炼炉→钢包精炼炉→钢包回转台→中间包→浸入式水口→漏斗形结晶器→隧道式均热（保温）炉→热连轧机组→层流冷却→地下卷取。典型 CSP 工艺布置如图 1-4 和图 1-5 所示。

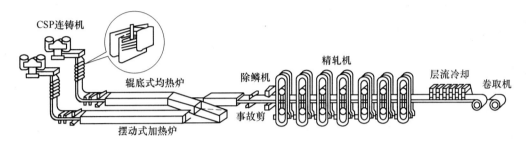

图 1-4　CSP 典型工艺布置图（一）

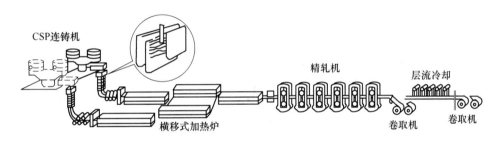

图 1-5　CSP 典型工艺布置图（二）

CSP 技术的主要工艺特点如下：

（1）漏斗形结晶器（如图 1-6 所示）具有较厚的上口尺寸，便于浸入式水口（如图 1-7 所示）的插入，浸水口和结晶器壁间的距离不少于 25mm，有利于保护渣的熔化。

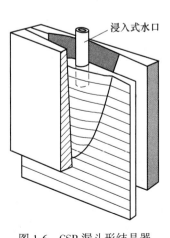

图 1-6　CSP 漏斗形结晶器

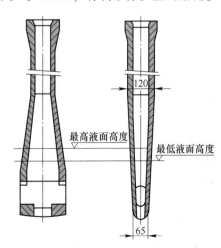

图 1-7　CSP 浸入式水口

（2）典型铸坯厚度为 50~70mm，最高铸速可达 7m/min，从钢水的冶炼到成品的离线仅需 1.5h，能生产厚度为 1~2mm 的热轧带卷。

（3）铸机与轧机之间采用辊底式均热炉连接，炉子长度 200~300m；薄板坯入炉温度约 1080℃，出炉温度 1150℃，升温较少，均热炉能耗少，精轧机组一般由 5~7 机架组成。

（4）铸坯保温后直接进精轧机轧制成卷，单流年产能为 80 万~150 万吨；双流最高年产能可达 250 万~300 万吨。双流配置时，结晶器至卷取机的生产线总长为 310~340m，单流配置时可缩短 50m。

（5）在连轧区域采用新的高压水除鳞装置，精轧机前加立辊轧机；采用厚度控制、板形控制以及新型卷取机等多项新技术等。

（6）扇形段的改进和液芯压下技术的应用。喷嘴由原来的平均布置改为按坯宽布置，解决了因坯宽不同造成的较窄断面铸坯边部冷却强度过大的问题，改进后的铸坯冷却均匀，铸坯质量得到了改善；扇形段加长，其长度由最初的 5.7m 增至 7.8m，并力求拉速达到 8m/min，有利于拉速的进一步提高。液芯压下技术是在铸坯出结晶器下口后，对铸坯进行挤压，液芯仍留于其中。经扇形段，液芯不断收缩直至薄板坯全部凝固。采用该技术后，结晶器下口厚度由 50mm 增至 70mm，上口随之增大，有利于长水口的插入。结晶器变大后可容纳更多钢水，在通过量不变的情况下，结晶器内钢水液面下降速度减慢、变稳，有利于夹杂物上浮和拉速提高。

（7）液压振动装置的应用。振动装置用于改善铸坯与结晶器壁的接触，通过自由选择的非正弦波振动曲线，按选定的运动方式振动，可使负滑脱时间缩短，有效减少熔融保护渣进入铸坯和结晶器壁间隙的机会，有利于表面质量的提高。

（8）电磁线圈的应用。电磁线圈安装在结晶器上部的两侧（如图 1-8 所示），具有控制液面平稳度和提高铸坯表面质量的作用。

CSP 工艺自 1989 年首次在美国纽柯公司克拉夫兹维尔厂建成投产后，世界范围内已建有 20 多套 CSP 生产线，这些新建的生产线中普遍采用了高压水除鳞、电磁搅拌、液芯压下、结晶器液压振动、第 1 架精轧机架前加立辊轧机、新型卷取机等多项新技术，使 CSP 生产线更优于传统长流程工艺来生产更多的热轧薄带钢。美国 Dynamics 厂 1995 年 12 月投产的 1 流 CSP 生产线的铸

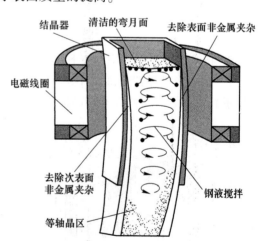

图 1-8 电磁搅拌装置示意图

坯厚度为 70mm，并第一次采用了液芯压下技术。邯钢 CSP 铸坯厚度为 60~80mm，因铸坯加厚而采用了 1 架粗轧和 6 架精轧的轧机组成，以减轻精轧机组承担的变形压力。随着铸坯厚度的增加及拉速的提高，出于对铸坯凝固质量的考虑，铸坯的冶金长度相应增加。

随着工艺技术及装备方面的改进，墨西哥 HYLSA 厂的 CSP 生产线已成功实现了厚度 1mm 左右的超薄带钢批量生产，美国 Dynamics 等厂也在试生产 1mm 的超薄带钢。从钢种

上看，CSP 工艺生产线可生产碳素钢、一般结构钢、深冲钢及硅钢等。随着第二代 CSP 工厂的开发，产品配置和产品质量得到进一步改善，所生产的钢种数量不断增加，如生产奥氏体和铁素体不锈钢以及电工钢，高精度的控轧控冷工艺使微合金细晶粒结构钢和微合金管线钢的生产成为可能。第二代 CSP 生产线采用双流连铸，年生产能力已达到 250 万~300 万吨。

1.3.3.2 ISP 工艺布置及特点

ISP 工艺是由德国德马克公司开发，最先采用液芯压下技术的薄板坯连铸连轧工艺。其典型工艺流程为：冶炼炉→钢包精炼炉→钢包回转台→中间包→薄片状浸入式水口→平行板式结晶器→铸轧区段→大压下量粗轧机→剪切机→感应加热炉→卷取箱→精轧机→层流冷却→地下卷取。其典型工艺布置如图 1-9 和图 1-10 所示。

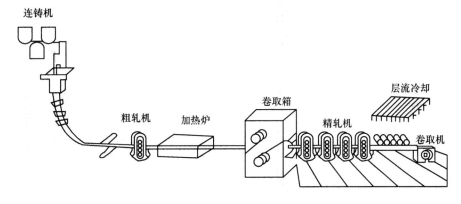

图 1-9 ISP 典型工艺布置图（一）

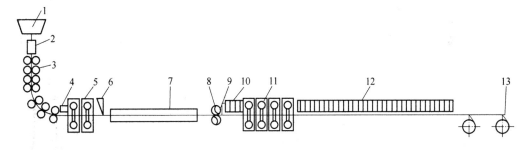

图 1-10 ISP 典型工艺布置图（二）

1—中间包；2—结晶器；3—扇形段；4—高压水除鳞机；5—2~3 架预压粗轧机；6—切断剪；
7—克雷莫纳感应加热炉；8—热卷箱；9—切头剪；10—高压水除鳞；11—4~5 架精轧机；
12—输出辊道和层流冷却；13—地下卷取机

ISP 生产线的特点为：

（1）早期采用的平行板型结晶器限制了浸入式水口的形状，导致水口钢流量有限且寿命低。近年来已将结晶器改为小漏斗形，这使得其采用的薄片型浸入式水口壁厚随之增大，出钢孔也改为底部出钢，寿命得到显著提高。

（2）生产线更短，设备布置更为紧凑。该工艺采用了中间卷取箱，不使用长的均热炉，因此生产线总长度仅约 180m，从钢水变成热轧带卷仅需 20~40min。

（3）为了使铸坯厚度能够减薄到可以卷取的程度，在卷取箱和铸机之间增加了 2~3 架大压下粗轧机，可将铸坯从 40mm 轧到 15mm。采用液芯压下和固相铸轧技术，可生产厚度为 15~25mm、宽度为 650~1330mm 的薄板坯，如不进精轧机，可作为中板直接外售。因为经粗轧后的中间坯比较薄，所以精轧机仅需 4~5 个机架就可以将中间坯轧至最小厚度 1.2mm 的带卷。

（4）铸坯的二次冷却采用气雾冷却或空冷，有助于生产较薄断面且表面质量要求高的产品。

（5）为了保证中间卷取时铸坯的温度，在大压下粗轧机与卷取箱之间采用了大功率感应加热炉，感应加热炉长约 18m。采用感应加热使中间坯在此区段加热和均匀温度较为灵活，且升温效果好；但也造成 ISP 的电耗相对较高。Cremona 炉（克雷莫纳炉）实际上是一个双工位的卷取机，加热中间坯，同时将长中间坯卷取并送至精轧机，可提供 9min 的缓冲时间，但其设备较复杂，维修困难。

（6）将结晶器改为带小鼓肚的橄榄状，使薄片型浸入式水口壁厚随之增加，出钢孔改在底部，其寿命显著提高。

（7）工艺流程热量损失小，采用的铸轧技术和二冷气雾冷却方式等使 ISP 生产线能耗少，节能效果明显。

ISP 技术的主要特点是采用矩形平板结晶器及扁平薄型浸入式水口、直结晶器弧形铸机。由德马克公司与意大利阿尔维迪（Arvedi）合作研制的 ISP 连铸机采用了扁平形浸入式水口（如图 1-11 所示），水口的厚度为 30mm，壁厚为 10mm，宽为 250mm。由于要求水口具有耐热冲击和耐磨，因此对水口材质的要求很高，一般采用含氮化硼和氧化锆较高的高铝石墨材料以静压法压制成型。由于断面呈扁形，故比圆形或椭圆形断面的单位质量金属液的接触面要大，因而相对地减轻了 Al_2O_3 在水口壁上的沉积。这种扁平形的水口在使用前的烘烤预热中

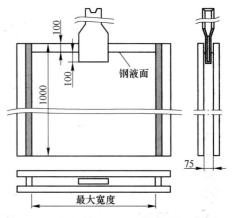

图 1-11 平行板结晶器用的薄片型浸入式水口

应特别注意，做到均匀预热，以避免由于热应力而引起水口裂纹。该浸入式水口的最大注速可达 3t/min，在采用结晶器液面控制器时，连续浇铸时间可达 4h。

最初的 ISP 是 1992 年在意大利 Arvedi 厂建成投产的，铸坯厚度为 60mm，经 0 段的液芯压下减薄到 45mm，在铸机后设有 3 架在线粗轧机，在不切断铸坯的情况下将其轧成厚为 15~25mm 的中间坯；切定尺后的铸坯，通过安装在辊道上的感应加热炉加热后进入克雷莫纳炉加热保温的卷取箱，两卷位的中间坯卷交替向精轧机（最初时是 4 架精轧机，现已增加了第 5 机架以生产更薄的产品）送料。该 ISP 生产线的生产能力可达 80 万吨/年，最薄成品为 1mm。

荷兰 Hoogovens 钢厂的 ISP 生产线，铸坯厚为 90mm，经液芯压下后为 70mm，成品厚度为 1~25mm。连铸机铸出的板坯经剪切后进入辊底式隧道炉，再经 2 架粗轧机及温度控制段进入 5 架精轧机组。该生产线的特点是采用半无头轧制生产超薄带钢，成品厚度最薄

约0.8mm。由于辊底炉长度为312m，因此允许铸坯加长，最长可达一般坯长的4倍。这样，可使更多的带钢在有一定卷取张力的情况下进行轧制，既避免了超薄带钢在离开轧机经层流冷却辊道通向卷取机的过程中产生漂浮和不稳定，也减少了单卷轧制时头尾的厚度超差，从而也提高了成品的收得率。在粗轧与精轧之间设有强冷却温度控制段，使低碳和超低碳的超薄带钢在精轧机组中进行铁素体单相区轧制，避免超薄带钢在精轧过程中由于温降产生奥氏体向铁素体的相变（即两相区轧制），避免因流变应力的突变影响轧制过程的稳定，避免造成带钢力学性能不均、产品厚度波动及板形缺陷。ISP工艺在中间坯进入精轧机组前就使其在强冷段内将温度从A_{r3}以上降到A_{r3}以下，完成铁素体转变后再进入精轧机组。该机组为单流铸机，生产能力为150万吨/年，它代表了ISP的最新技术成果。

目前，ISP工艺可以生产深冲钢、结构钢、高碳钢、管线钢及不锈钢等，其技术含量较高。该工艺采用的液芯压下、大压下粗轧机和感应加热等技术都很有特色，但是设备较复杂，对管理水平和技术水平要求较高。现采用ISP工艺的厂家主要有意大利克雷莫纳阿维迪厂、韩国浦项光阳厂、美国ISP-CO蒙彼利埃厂、南非萨尔达尼亚厂以及荷兰霍高文艾莫伊登厂等，国内尚无钢厂采用。

1.3.3.3　FTSR工艺布置及特点

FTSR是由达涅利公司开发和推出的灵活式薄板坯连铸连轧工艺，是继CSP连铸连轧后又一种新的生产工艺，该工艺的主要特色是高可靠性和高灵活性。连铸机的核心技术是连铸机的结晶器，这种结晶器简称为双高式结晶器，即为H^2结晶器（凸透镜型结晶器）。该工艺也采用动态液芯压下，轧制部分能进行半无头轧制和铁素体轧制，铸坯厚度增加到70~90mm和三点除鳞等技术。该生产工艺不仅为生产高质量的超薄带钢提供了技术保证，同时也达到了环保、节能降耗、降低生产成本、提高市场竞争力的目的。典型FTSR工艺流程如图1-12和图1-13所示。

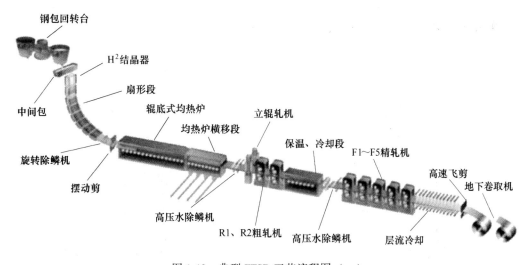

图1-12　典型FTSR工艺流程图（一）

该工艺按不同要求有两种方案可供选择：第一种方案是浇铸50~75mm厚的铸坯，其后接6~7架精轧机，用于生产碳素钢和低合金钢；第二种方案是浇铸80~90mm厚的铸坯，其后接2机架粗轧机和4~5机架精轧机，可生产各种不同钢种的带钢。其典型工艺

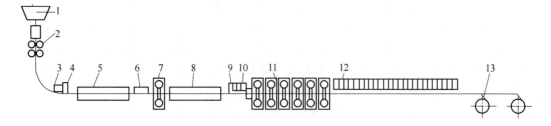

图 1-13 典型 FTSR 工艺流程图 (二)

1—中间包；2—结晶器；3—高压水除鳞机；4—切断剪；5—辊底式隧道加热炉；6—粗轧高压水除鳞机；

7—带立辊粗轧机；8—加热炉；9—切头剪；10—精轧高压水除鳞机；11—5~6 架精轧机；

12—输出辊道和层流冷却装置；13—地下卷取机

流程为：炼钢炉→炉外精炼炉→薄板坯连铸机→旋转式除鳞机→隧道式加热炉→二次除鳞机→立辊轧机→粗轧机→保温辊道→三次除鳞装置→精轧机→输出辊道和带钢冷却装置→地下卷取机。

唐钢 FTSR 超薄热轧带钢生产线的工艺流程为：转炉钢水包→LF 精炼→大包回转台→中间包→结晶器→0~9 扇形段→旋转除鳞机→剪切机→引锭杆回收→剪后输出辊道→引锭杆存放→辊底式加热炉→立辊轧机→高压水除鳞→2 架粗轧机→保温罩/中间冷却→飞剪切头→高压水除鳞→5 架精轧机→层流冷却→高速飞剪/填充辊道→两台地下卷取机→取样、检查→打捆→称重→打印→入库。

FTSR 工艺主要的技术特点是采用 H^2 结晶器，长 1.2m，在铜板结晶器的下口宽面仍具有凸出的形状，一直延伸到二冷 0 段末铸坯才逐步从凸形变成矩形，铜板结晶器连带 0 段一起被称为长漏斗形结晶器，或称为 H^2 结晶器。它具有 CSP 漏斗形结晶器的优点，但又减小了铸坯的变形率，有利于生产包晶钢在内的一些裂纹敏感性钢种并有利于提高拉速。FTSR 工艺采用的结晶器如图 1-14 和图 1-15 所示。

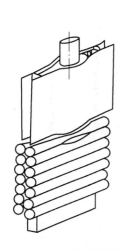

图 1-14 FTSR 采用的结晶器

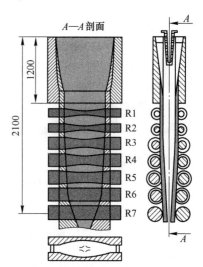

图 1-15 FTSR 的 H^2 结晶器

FTSR 工艺按不同的要求，结晶器出口铸坯厚度为 50~90mm，经动态液芯压下后为

35~70mm。在采取半无头轧制的情况下，最薄的产品可达到 0.7~1.0mm，单流铸机生产线生产能力可达 160 万吨/年。加拿大阿尔戈马钢厂双流铸机的 FTSR 生产线于 1997 年建成，年产能为 200 万吨。埃及阿达比亚 AL-EZZ 重工业公司的带钢直接生产厂单流铸机生产线一期规模为 120 万吨/年，它能代表 FTSR 的先进技术水平。该生产线的特点是按铁素体轧制和半无头轧制设计，成品厚度为 0.7~20.0mm，宽度为 800~1600mm。铸机配有 70mm 及 90mm 两种不同厚度的长漏斗形结晶器，经动态液芯压下后铸坯厚度为 50mm 或 70mm。其采用辊底式隧道炉，当进行单卷轧制时可储存 4~6 块铸坯；若进行半无头轧制，可储存 1 块长坯。另设有 1 架带立辊的不可逆四辊粗轧机，精轧机组为 5 架四辊轧机，精轧机前设有强力冷却控温段。为了实现超薄带钢的无头轧制，在精轧机后设有带钢强力冷却系统、高速滚筒式飞剪及近距离轮盘卷取机。为了进行厚规格产品的单卷轧制，在后面还设有层流冷却及 1 台地下卷取机。

FTSR 工艺可满足大型钢铁联合企业的要求，按大型钢铁联合企业的质量标准铸造和轧制相应的钢种，是比较灵活的生产高质量产品的薄板坯连铸连轧工艺，其产品能够达到比过去更好的尺寸公差。现已被加拿大阿尔戈马苏圣玛丽厂、美国纽柯赫特福德厂以及我国唐钢等厂家采用。

FTSR 工艺采用的轧制技术包括：

（1）半无头轧制技术。FTSR 工艺不仅解决了超薄带钢的直接穿带及甩尾困难的问题，而且在提高超薄带钢质量方面有以下优点：机架间带钢张力可以保持稳定，使带钢厚度及平直度偏差减至最小；减少了单块轧制时因带钢头尾形状不良所带来的废品量，提高了产品质量及成材率；轧机具有变规格辊缝控制功能，用于半无头轧制时能快速调整辊缝大小，以实现轧件厚度的变化；在其辊缝变化过程中，轧机的速度也将同时进行调整，以保证各架轧机秒流量相等；为实现半无头轧制过程中的高速分卷，超薄热轧带钢生产线装备了高速飞剪和剪前、剪后夹送辊，两台高速地下卷取机；在高速飞剪剪切分卷后，为了保证薄规格带钢头部稳定通过输送辊道，在两台卷取机前装备了特殊的高速通板装置。

（2）动态 PC（Pair Cross）技术。在半无头轧制过程中，由于板坯长度大，因此轧件与工作辊的接触时间相当长，这样会使工作辊产生比单块轧制时大得多的热凸度；如果不对轧机进行在线动态调整，将会对带钢的板形造成严重影响。而普通 PC 轧机交叉角的调整，只能在轧制间隙时间无负荷状态下进行，在轧制过程中带负荷状态下交叉角是不能进行调整的；超薄热轧带钢生产线上 F1~F3 轧机均采用了新型动态 PC 轧机，在轧制过程中带负荷状态下能够对 PC 交叉角进行动态调整，从而使超薄热带生产时的产品质量在设备上有了保证。

（3）工作辊弯辊技术。超薄热轧带钢生产线在 R2~F5 轧机上均安装了工作辊弯辊装置，它对保证带钢的质量起着不可缺少的作用。由于它的控制能力有限，因此它经常与PC 结合使用。半无头轧制时轧件凸度动态调整过程中，工作辊弯辊与动态 PC 是相互结合的，即在轧制间隙时先对 PC 交叉角及弯辊力进行预设定，轧件咬入后通过弯辊对轧件凸度进行动态调整。当弯辊力的调整不能满足轧辊热凸度增长的要求时，开始进行动态PC 设定，此时弯辊力也同时进行调整，以保证轧件凸度过渡平稳；PC 交叉角动态设定结束后继续由弯辊进行调整；如此反复进行，从而保证半无头轧制时产品质量的稳定。

（4）铁素体轧制技术。在生产超薄带钢时温降比较大，精轧难以实现在完全奥氏体状态下轧制，末机架精轧机产生的非均匀变形可能导致带材的跑偏和板形缺陷；此外，在奥氏体和铁素体共存的情况下轧制，还会引起带钢力学性能不均匀和最终产品的厚度波动（由于变形抗力的变化，引起轧制力的变化，使得厚度控制难度加大）。对超低碳钢和低碳钢，精轧在完全铁素体或绝大部分为铁素体状态下进行，可以克服在 $\gamma \rightarrow \alpha$ 相变区轧制的危害。铁素体轧制还可以减少产品表面缺陷，改善带钢的平直度，以及减少氧化铁皮的产生。超薄热轧带钢生产线在末架粗轧机 R2 与首架精轧机 F1 之间留有 20m 以上的距离，其间布置了层流冷却装置及切头飞剪，以适应铁素体轧制。轧件通过该区间的水冷，完成了由奥氏体向铁素体的转变，然后进入精轧机轧制。应用半无头轧制技术能够实现轧制速度的提高，从而减少带钢的温降，以保证卷取温度在 650℃以上。

（5）三次高压水除鳞。在整个轧制过程中板坯始终处于很高的温度下，没有传统板坯温度下降到室温的过程，并且薄板坯表面较薄的氧化铁皮与铸坯接触紧密不易去除，因此铸坯表面的除鳞对于保证最终热轧板带表面质量特别重要。近几年，高压水除鳞技术不断发展，除提高水压外，在保证进入精轧机坯料的轧制温度的前提下，增加除鳞机数量也很重要。唐钢超薄热带生产线就采用了三次高压水除鳞，分别为扇形段出口旋转式除鳞（水压 24MPa）、粗轧前除鳞（水压 38MPa）和精轧前除鳞（水压 38MPa）。

（6）ORG（Online Roll Grinder）在线磨辊装置。在 F4、F5 轧机前均安装了 ORG 装置，以在保证产品质量的前提下降低轧辊消耗，它能够在线动态对轧辊进行修磨。

（7）工艺润滑装置。在每架轧机上均安装了工艺润滑装置，它在提高产品的表面质量、减少轧辊磨损、降低轧制力和能耗等方面起到一定的作用。

FTSR 综合吸取了 CSP 漏斗形结晶器和 ISP 液芯压下技术的优点，减轻了坯壳的变形率，具有相当的灵活性，能浇铸范围较宽的钢种，可提供表面和内部质量良好、力学性能和化学成分均匀的汽车工业用板。FTSR 工艺生产线可生产低碳钢、超低碳钢、包晶钢、中碳钢、高碳钢、合金钢、高强度低合金钢、硅钢及不锈钢等。

1.3.3.4 CONROLL 工艺布置及特点

CONROLL 工艺是 20 世纪 80 年代中期由奥钢联与瑞典阿维斯塔谢菲尔德（Avesta Sheffield）AB 厂共同开发和推广的，该工艺用于生产特殊钢和不锈钢等。后来在奥钢联林茨厂的试验过程中证实了其生产优质碳素钢种的灵活性。CONROLL 工艺实际上是由常规板坯连铸和热轧发展而来的，因此其工艺布置与传统工艺也十分类似，只不过更为紧凑和连续。奥钢联于 1988 年在瑞典的 Avesta 公司建成投产第一台 CONROLL 工艺连铸机，第二台于 1995 年在美国的 Armco Mansfield 钢厂建成投产。

CONROLL 工艺采用步进式均热炉，采用两台连铸机配一套轧机的形式。连铸机与轧机直接相接，整个均热炉分为加热段和均热段。CONROLL 法采用垂直平行的结晶器（如图 1-16 所示），扁平形浸入式水口，结晶器振动由液压装置控制，可实现正弦和非正弦形状振动。结晶器中设置的弹片导向系统可减少振动时产生的结晶器位移，结晶器出口的板坯厚度为 70mm，通过铸轧可将板坯进一步压到 50mm，然后进入相连的轧制工序。

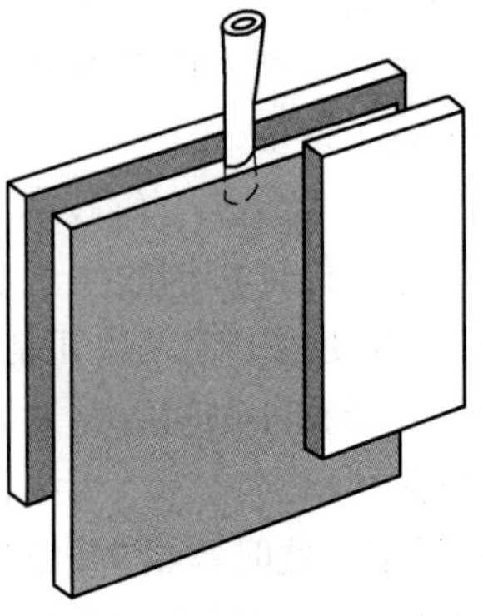

图 1-16　CONROLL 平行板式结晶器

CONROLL 薄板坯连铸连轧生产工艺的主要特点是：

（1）流场优化的深中间包；采用平行板式结晶器；快速更换浸入式水口。铸坯厚度为 80~150mm，典型铸坯厚度为 90mm。平行板式结晶器，可远距离调节宽度和热监控。新的设计方案中推荐使用液芯压下技术，可将铸坯厚度从 90mm 压缩到 70mm。

（2）有自动开浇功能的结晶器液面控制系统；可在线调节振幅、振频和波形的液压振动装置；合理的结晶器保护渣；I-STAR 中间支承分节辊；优化的辊列布置，可降低界面应力；电磁制动（EMBR）；动态冷却控制系统等。

（3）采用步进式加热炉作为铸机与轧机之间的连接。

（4）轧机与传统板带生产线一样，分为粗轧和精轧两部分，粗轧机架一般为 2 架，精轧机架为 5~6 架，粗轧与精轧之间设卷取箱。

该技术可生产的品种比较宽，包括低碳钢、包晶钢、高碳钢、管线钢、硅钢、合金钢、铁素体不锈钢和马氏体不锈钢。目前已被美国阿姆科公司曼斯菲尔德厂、捷克的 No-vaBut 厂和我国的鞍钢等钢厂采用。CONROLL 虽然也提供薄板坯（小于 90mm）的生产技术，但从已投产的 CONROLL 生产线来看，主要还是采用了其中等厚度铸坯的配置模式。典型的 CONROLL 中等厚度板坯连铸连轧生产线配置如图 1-17 所示，CONROLL 薄板坯连铸连轧生产线配置如图 1-18 所示。

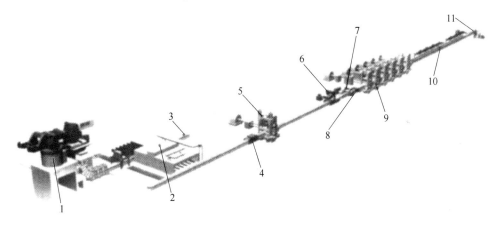

图 1-17　CONROLL 技术中等厚度板坯连铸连轧生产线配置
1—薄板坯连铸机；2—步进梁式加热炉；3—事故辊道；4，7—高压水除鳞；5—可逆式万能轧机；
6—卷取箱；8—滚筒式切头剪；9—精轧机组；10—层流冷却；11—地下卷取机

1.3.3.5　ESP 工艺布置及特点

ESP 是意大利阿维迪公司在 ISP 薄板坯连铸连轧技术基础上发展起来的带钢无头轧制技术。由一台 250t 电炉及 LF 精炼炉提供钢水，连铸机采用平行板式直-弧形结晶器，经长漏斗形结晶器快速冷却，在扇形段液芯压下进入 3 架粗轧机低速大压下后，中间带坯经感应加热送入 5 机架精轧机轧成极薄带钢。经液芯压下铸坯直接进入强力粗轧机轧制成中厚板，而后经剪切也可下线出售。ESP 生产线可在一个连铸浇次内（2200 多吨钢水）实现无头轧制和动态规格变化。在单块轧制极薄带钢时最易发生的事故是穿带和甩尾，而无头轧制大大减少了穿带和甩尾的几率，使得轧制过程变得稳定。ESP 工艺生产线布置紧凑，不使用长的加热炉或克雷莫纳炉，生产线全长仅约 180m。ESP 生产线配置如图 1-19 所示。

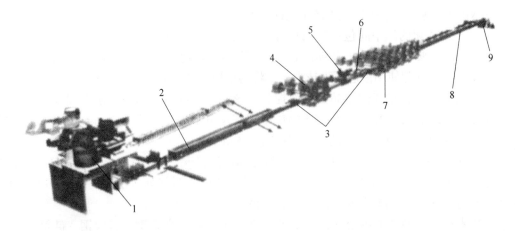

图 1-18 CONROLL 技术薄板坯连铸连轧生产线配置

1—薄板坯连铸机（带有液芯软压下）；2—隧道式辊底加热炉；3—高压水除鳞；4—立辊和粗轧机；
5—卷取箱；6—转鼓式切头剪；7—精轧机组；8—层流冷却；9—地下卷取机

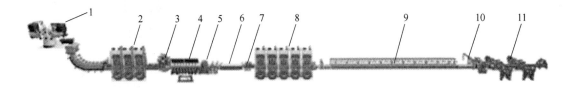

图 1-19 ESP 生产线配置

1—薄板坯连铸机；2—大压下粗轧机；3—摆剪；4—推料/推废；5—转鼓飞剪；6—感应加热；
7—高压水除鳞；8—精轧机组；9—层流冷却；10—高速飞剪；11—地下卷取机

ESP 工艺的主要技术特点：

（1）采用加厚的薄板坯（结晶器出口坯厚为 70~110mm），有利于提高产品的力学性能和表面质量。

（2）采用高拉速连铸机，具有较高的浇铸速度，设计拉速可达 6.5m/min。可通过优化铸机配置及提高厚度、浇铸速度变化的灵活性等超常规技术来实现较高的浇铸速度。不仅使单流产量达到 200 万吨/年，同时也为无头轧制工艺的实现创造了条件。

（3）稳定的浇铸期工艺控制。铸机还配有电磁制动及软压下系统。在铸坯成型和板坯固化的稳定控制方面都取得了重大的改进，针对不同钢种所需的保护渣也进行了优化。通过控制摩擦和结晶器的角度布置，实现在高浇铸速度下进行稳定控制。

（4）连铸机出口配有大压下粗轧机。充分利用铸坯高温及反梯度温度分布的特性，对板坯实施大压下轧制，并带来如下良好效果：可以改善铸坯内部组织；使最终产品的各向同性更好；变形抗力小，降低轧制能耗；调整中间坯厚度及凸度，以满足最终产品的要求；延长工作辊的单元轧制量，以适应无头轧制的要求。

（5）具有中间坯感应加热装置，可灵活调整带坯的温度。

（6）精轧机组采用高性能轧机。精轧机将产品轧制成最终厚度，同时保证满足产品的目标尺寸（厚度、凸度和平直度等）。精轧机配备了所有的现代化执行机构，例如：液压厚度自动控制、实现工作辊弯辊/工作辊窜辊、磨损补偿、动态工作辊冷却、快速垂直液压活套装置、精确的传动系统和辊缝润滑系统等。

（7）采用全液压地下卷取机，可保证薄规格产品高质量、稳定卷取。

（8）可进行单块钢或无头两种方式轧制。一个浇次内的无头轧制比例可达到92%。

（9）自动化技术得到广泛应用。在产品的厚度控制、温度控制、板形控制、工艺模型的灵活性及标准化方面都得到全面提升。工艺控制技术、传感器技术、数据管理等自动化技术贯穿自浇铸到冷却和卷取的全工艺流程。

ESP工艺的主要优势：

（1）技术优势。ESP生产线是第一条能够在7min内完成从钢水直至地下卷取机的带卷热轧全连续生产线，而原有的ISP薄板坯连铸连轧生产线从钢水浇铸到产出成品带钢需要15min。ESP技术在高温下轧制，提高了产品微观组织的均匀性，使产品的性能得到提高；整个生产线从连铸开始到成品卷取机不超过190m，非常紧凑，属于超短流程，设备投资和厂房投资均降低，收得率相对提高。ESP生产工艺避免了新带卷在精轧机中的穿带，因此能安全可靠地大量生产薄规格（0.8~1.0mm）带卷。预计从钢水到带卷，钢的收得率可以达到98.0%~98.5%，而ISP工艺仅有96.5%。ESP工艺可以生产高品质超薄带钢，部分可以代替冷轧产品，直接进行酸洗和镀锌。

在节能环保方面，ESP技术可以在高温下充分利用连铸坯高温能量，即使实施较大的压下量，产生的轧制力也较低。与常规热连轧机比较，减少2~3座加热炉；同CSP薄板坯连铸连轧比，也减少200多米长隧道加热炉；并且在高温下轧制又大大降低了轧机的功率，降低能耗。ESP与ISP工艺相比，取消了克雷莫纳炉，但其感应加热炉的功率相比有所增加，目前ISP感应加热炉的最大功率为20MW，ESP感应加热炉的最大功率为36MW。此外，ESP工艺与其他薄板坯连铸连轧工艺不同，在提高生产线能力和效率时，ESP需要较少的能量。在极限拉速下，即7.6m/min（坯料为70mm×1250mm）和8.3m/min（坯料为55mm×1250mm）时，感应加热器能量输入将降为零。ESP的能耗比ISP减少25%~30%，比传统热带钢轧机减少约35%。与能耗降低相关的是直接或间接的温室气体和有害气体的排放减少，生产一般规格带卷时降低40%~50%，而生产较薄规格时降低50%~60%。在水消耗方面，其耗水量比最好的传统生产带卷方式降低约50%。

（2）品种结构优势。ESP工艺设计产品大纲为从低碳钢到高碳钢以及合金钢的完整产品系列，包括高等级优质钢种。ESP工艺采用无头轧制技术，减少了穿带次数，因而可以通过ESP工艺大量生产能够在诸多领域中替代冷轧产品的薄规格（厚度0.8~1.0mm）的热轧产品，可以替代部分冷轧产品，提高了产品的附加值。

（3）成本优势。ESP生产线由于采用带钢无头连铸连轧工艺和紧凑式短流程生产，因此具有优异的工序成本优势。ESP工艺的工序成本约是传统工序成本的50%，约是其他薄板坯工艺工序成本的60%。ESP工艺的全品种产品大纲，预计98%的金属收得率，比传统热带钢生产工艺的生产成本低30%~40%，同双辊薄带铸轧生产工艺相比，具有很好的综合竞争优势，是一个值得关注和期待的新工艺。

2015年2月，由阿维迪公司提供，世界第二条、国内第一条批量生产超薄热轧产品的ESP生产线成功落户山东日照钢铁公司并已投产，于2015年7月首次生产出厚度为0.8mm的超薄热轧带钢。这条优质超薄热轧带钢生产线的设计年产能为255万吨，产品最大宽度达1600mm，最小厚度仅为0.8mm。另外两条相同的ESP生产线也进入调试和生产状态。

阿维迪投资的第一条生产线已经证明了 ESP 工艺的优势，但带卷的表面质量有待进一步完善和提高。ESP 是节能降耗和环境友好型生产线的代表，在未来钢铁行业不断向节能环保、生产高效低耗、产品高品质方向发展的进程中，该工艺已逐步凸显出其较强的竞争优势。

1.3.4 薄带连铸工艺布置及特点

1.3.4.1 薄带连铸原理及概况

薄带连铸技术是冶金及材料研究领域的一项前沿技术，是钢铁业中最典型的高效、节能和环保短流程技术，也是钢铁业中最具挑战性的技术之一。它将连铸、轧制及热处理等工序整合为一体，省去了传统的再加热和热连轧工序，因此，薄带连铸技术带来了钢铁工业革命性的变化。

研究中的薄带连铸工艺方案众多，其中研究最多、发展最快的是双辊式薄带连铸工艺（如图 1-20 所示）。目前，世界上已有多条双辊式薄带铸轧试验线和接近工业化水平的半工业生产线，例如美国纽柯的 Castrip、蒂森克虏伯的 Eurostrip、新日铁的 Hikari、浦项的 PoStrip 和宝钢的 Baostrip 等。

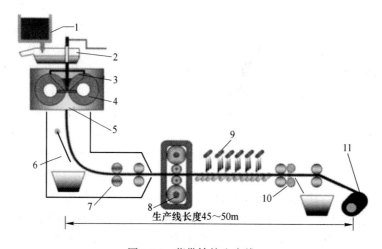

图 1-20 薄带铸轧生产线

1—保温钢包；2—中间包；3—陶瓷侧衬板；4—结晶辊；5—液位、带厚、铸轧力及速度控制；
6—N_2 气氛保护感应加热；7—带钢张力控制；8—单机架薄带轧机；9—雾化冷却；
10—带头剪切跟踪；11—热轧卡罗塞尔卷取机

由于薄带连铸技术开发难度较大、投入费用较多，有些涉及该领域的钢铁公司或研究机构最终放弃，纽柯、新日铁、蒂森克虏伯、浦项和宝钢等是研究较深入并取得一定成绩的钢铁公司。2015 年由宝钢自主集成的中国第一条钢铁薄带铸轧工业化示范生产线生产的产品已批量投放市场，并获得用户的肯定。

薄带连铸技术工艺方案因结晶器的不同分为带式、辊式和辊带式等，其中研究最多、进展最快、最有发展前途的当属双辊薄带连铸技术。该技术在生产 0.7~2mm 厚的薄钢带方面具有独特的优越性。其工艺原理是将金属液注入一对反向旋转且内部通水冷却的铸辊之间，使金属液在两辊间凝固形成薄带。双辊铸机依两辊辊径的不同分为同径双辊铸机和异径双辊铸机。两辊的布置方式有水平式、垂直式和倾斜式三种，其中尤以同径双辊铸机发展最快，已接近工业化规模生产的水平。

与传统的轧制工艺相比，薄带连铸技术省去了连铸机、加热炉、粗轧机等设备，生产线可被压缩至 50m。不仅如此，该技术还简化了热带钢的生产工序，钢水可以直接被铸成厚 1.6~3.6mm 的薄带坯，再被轧制成厚 0.8~2.5mm、宽 1100~1680mm 的薄带钢。由于铸机被简化，轧线缩短，生产流程也更紧凑，因而生产和投资成本更低（如图 1-21 所示）。

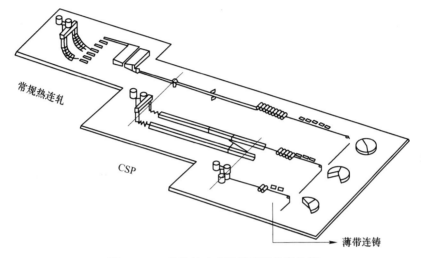

图 1-21　三种热轧生产线长度及投资比较

薄带连铸技术实现重大突破有助于解决钢铁生产中的技术问题：更快速的凝固能够抑制偏析元素（铜、硫、磷等）在钢水凝固过程中的偏析，有助于有效利用高磷矿、劣质废钢等资源；更短的生产流程对加工高合金材料（如高强汽车板、高硅钢等）具有独特技术优势。

1.3.4.2　薄带连铸技术的发展优势与存在的问题

A　薄带连铸的发展优势

该工艺的优点主要有：采用薄带连铸技术将连续铸造、轧制、甚至热处理等整合为一体，使生产的薄带坯稍经轧制一次性形成工业成品，简化了生产工序，缩短了生产周期，其工艺线长度仅 50m 左右。设备投资也相应减少，产品成本显著降低，并且薄带质量较好。与传统的板带生产工艺流程相比，基建投资大幅度减少，据测算与传统工艺相比可节约基建投资 30%~50%；由于实现了"一火成材"，钢材生产的节能效率和生产效率大大提高，与连铸连轧过程相比，每吨钢可节省能源约 800kJ，CO_2 排放量降低约 85%，NO_x 降低约 90%，SO_2 降低约 70%。

薄带铸轧技术尤其适合我国钢铁工业的发展情况，薄带连铸生产规模小、工艺流程短，节约设备投资；适合生产不锈钢、电工钢等高附加值产品。

B　薄带连铸存在的问题

薄带连铸技术有待进一步完善。近十几年，尽管薄带连铸技术取得了很大进展，但是，离工业化大生产还有一定距离，例如：钢水注入系统和浇铸过程存在控制不稳定问题，保证连铸过程的稳定性还有一定困难；连铸机侧封板结构设计还有待完善，带钢边部质量控制水平需要加强，漏钢现象还时有发生等。

目前影响薄带连铸产业化的主要问题首先是生产成本和表面质量。薄带连铸中耐火材料消耗、结晶器消耗在工序成本中所占比例较高。其次，薄带坯由于比表面积大，在生产过程中没有二次处理措施，对铸态的表面质量要求非常高；产品的表面质量问题主要表现为裂纹、冷隔、表面凹坑和夹渣等。再次是带钢的断面形状和厚度公差的控制精度。

总之，薄带连铸技术被公认为是最有可能彻底颠覆传统钢铁制造流程长、能耗高、排放大的一项革命性技术，是当今钢铁业界绿色、环保的发展方向。薄带连铸技术是冶金及材料研究领域内的一项前沿技术，它的出现正为钢铁工业带来一场革命，它改变了传统冶金工业中薄型带材的生产过程。

1.3.5　传统热连轧和连铸连轧不同工艺方案应用选型

传统热连轧和连铸连轧的生产工艺有以下几种：

（1）传统厚板坯热连轧。传统厚板坯热连轧经过多年的发展，采用将连铸后的厚板坯热送热装轧制或直接轧制的传统工艺。这种传统工艺最主要的特点是：工艺稳定、生产效率高、产品质量好，能生产的钢种范围广，可稳定生产以汽车面板为代表的许多高档板材品种。因此钢铁企业应当根据自身产品定位选择合适的板带生产工艺，如果企业将产品定位于高质量和较全的品种，计划生产超深冲钢、高强钢、奥氏体不锈钢、高级别管线钢等，则应当选择采用厚板坯常规热连轧工艺。

在一些汽车工业较为发达的国家，汽车板等高档品种的生产大多采用上述常规厚板坯经粗轧、精轧的生产工艺。主要"瓶颈"包括压缩比问题、薄规格连铸坯内部质量问题以及轧后带卷表面质量问题等。目前薄板坯连铸连轧生产线只能生产中低档及薄规格产品，对于轿车板等高级钢板的生产还在试验阶段。

（2）薄板坯连铸连轧。因为薄板坯连铸连轧的板坯薄、厚度小，经简单补温即可直接进行精轧，省去了加热和粗轧工序，具有流程短、设备重量轻、投资小的特点，是经济型的热连轧宽带钢生产线。该种布置的生产线成品带钢的厚度范围是 0.8~12.7mm，按其板形板厚控制技术水平，较适合生产 1.5mm 以下薄规格热轧板。目前市场对这种薄规格热轧产品需求每年都在增长，而且部分产品可代替冷轧板，因此具有较大的发展潜力。如果企业将生产产品的钢种定位于一般品种，主要希望增大薄规格带钢产量和追求较低的投资和生产成本，那么采用薄板坯连铸连轧工艺应该是首选。

现阶段薄板坯连铸连轧与最初的设计思路相比有几个重大变化：

1）不再强调板坯越薄越好，一般采用厚度为 70mm 左右铸坯；

2）连铸机的垂直段加长至 8m 以上；

3）板坯宽度可达 1560mm 以上；

4）轧线布置采用粗轧+精轧机组的方式。

事实证明，薄板坯太薄，虽然减少了轧机的压力，但整条生产线的产量和产品质量都受到不利影响。一般来讲，铸坯厚度为 50mm 和宽度为 1000~1300mm 的 CSP 铸机，其单流年产量为 90 万吨左右，而铸坯厚度为 70mm、宽度为 1000~1600mm 的 CSP 铸机，年产量可达 130 万~140 万吨。1999 年 Gallatin 厂把铸坯厚度从 55mm 改为 65mm 以后，产量增加 10%以上，2000 年其单流年产量已达到 120 万吨（宽度 1016~1626mm），目前最高月产已达 12.5 万吨。

（3）中厚板坯连铸连轧。中厚板坯连铸连轧采用坯厚为 150mm 左右的中厚板坯，其工艺介于常规板坯生产工艺和薄（中）板坯连铸连轧工艺之间，该工艺方案的配置可采用两种：

1）配备 1 台连铸机，连铸能力小于轧机能力，年产量最多为 300 万吨。

2）配备 2 台连铸机，铸机和轧机能力匹配较好，接近于常规工艺，年生产规模可达 400 万~450 万吨，但总投资增加，铸轧协调及生产组织和管理有一定难度。

目前，一些研究和少量生产试验表明，将连铸坯厚度增至 90~150mm 即可生产高级别钢种，若铸坯厚度达 150mm 以上甚至可以生产汽车板，而且具有投资省、成本低的优势。以奥钢联开发的 CONROLL 工艺为代表的中等厚度板坯生产工艺，铸坯厚度达到 90~150mm，实际生产为 135mm，年产能规模为 270 万吨，采用步进式加热炉衔接连铸机与热连轧机。应用显示，采用 5m 弯曲半径的直弧形连铸机在生产厚 100~150mm 板坯时，可获得较好的板坯质量。

为了扩大中厚板坯连铸连轧的产品品种，提高该机型的市场竞争力，奥钢联、达涅利和住友金属等公司对此做了大量试验研究工作，这些机组的设计标准都很高，有的中等厚度板坯连铸连轧机组设计时的品种包括了汽车板甚至汽车面板和高级家电板。但美国 Armco 公司的 CONROLL 工艺目前只生产 304 和 409 不锈钢；加拿大 Algoma 公司的 FTSR 中薄板坯连铸机产品方案虽包括汽车面板和高级家电板，但实际只生产了包晶钢等。

高档带钢产品的生产对板坯表面质量要求很高，虽然连铸工艺技术不断完善，但仍然不能保证所生产的连铸坯 100%无缺陷，汽车用面板和高级别管线钢等这类高附加值品种还有相当数量的连铸板坯轧制前需离线修磨，这在连铸并直接轧制方式下，给生产组织带来极大不便，不能发挥连铸连轧的技术优势。因此，该工艺到底能否生产高档品种，目前仍然存在争议。对于高级别品种的生产，目前投产的这些生产线均处于试验阶段，尚未进行高级别品种的工业生产，更没有经用户使用认可的成功例证。因此，采用中等厚度板坯连铸连轧生产高档产品还有待于生产工艺的进一步发展和成熟。

CSP、ISP、FTSR 和 CONROLL 都是较为成熟的薄板坯连铸连轧工艺；实际应用时，应根据具体的生产条件和产品大纲来选择生产线。

据不完全统计，全世界已建成投产的薄板坯连铸连轧机总数已经超过 40 套，我国的珠钢、邯钢、包钢、马钢、鞍钢、涟钢、唐钢等十几套已经投产，表 1-1 是近年来国内薄板坯连铸连轧建厂情况汇总。

表 1-1 近年来国内薄板坯连铸连轧建厂情况汇总

序号	厂家	机型	连铸流数	铸坯厚度/mm	产品厚度/mm	产能估计/万吨·年$^{-1}$	投产时间
1	珠钢	CSP	2	50~60	1.2~12.7	180	1999 年 8 月
2	邯钢	CSP	2	60~90	1.2~12.7	250	1999 年 12 月
3	包钢	CSP	2	50~70	1.2~12.0	200	2001 年 8 月
4	鞍钢	ASP（1700）	2	100~135	1.5~25.0	240	2000 年 7 月

序号	厂家	机型	连铸流数	铸坯厚度/mm	产品厚度/mm	产能估计/万吨·年⁻¹	投产时间
5	鞍钢	ASP（2150）	4	135~170	1.5~25.0	500	2005 年
6	马钢	CSP	2	50~90	0.8~12.7	200	2003 年 9 月
7	唐钢	FTSR	2	70~90	0.8~12.0	250	2002 年 1 月
8	涟钢	CSP	2	55~70	0.8~12.7	240	2004 年 2 月
9	本钢	FTSR	2	70~85	0.8~12.7	280	2004 年 11 月
10	通钢	FTSR	2	70~90	1.0~12.0	250	2005 年 12 月
11	济钢	ASP（1700）	2	135~150	1.5~25.0	250	2006 年 11 月
12	酒钢	CSP	2	52~70	1.2~12.7	200	2005 年 5 月
13	武钢	CSP	2	50~90	1.0~12.7	253	2009 年 2 月
14	日钢	ESP	1	70~110	0.8~6.0	255	2015 年 2 月

1.4　炉卷轧机生产工艺

炉卷轧机生产线是热轧板带的另一种生产工艺，其设计特点是在可逆轧机的入口和出口侧分别配置了一台卷取炉。由于轧件在轧制过程中可以进入卷取炉中进行保温，从而减少了轧件的温降，因此适用于轧制变形温度范围比较窄的钢种，如不锈钢和特殊钢等。炉卷轧机生产线相比于热连轧生产线具有投资省、占地面积小、生产和布置形式灵活等特点；但其产量较低，因此特别适用于资金不充足、厂房面积不大和年产量要求不高的中小型钢铁企业。由于炉卷轧机生产线布置形式较为灵活，钢铁企业可以根据自身的要求为其配置最适宜的生产线布置形式，从而制定出合理、可靠、经济的工艺方案。

1.4.1　炉卷轧机的发展

炉卷轧机又称斯特克尔轧机（Steckel Mill）。自美国于 1932 年研制出第一台试验性炉卷轧机并于 1949 年正式应用于工业生产以来，到现在已有 80 多年。炉卷轧机经历了传统型、改造型和现代型三个发展阶段。随着现代冶金技术的发展和现代传动及自动化控制技术的应用，炉卷轧机已步入了蓬勃发展的时期。

（1）传统型炉卷轧机（1932~1960 年）。炉卷轧机发明于 20 世纪 30 年代，该发明解决了成卷热轧薄板轧制过程中温度降低太快的问题，使得带卷在轧制过程中进行可逆式的往复轧制，直到轧制过程完成，这就是所谓的炉卷轧制方法，图 1-22 为炉卷轧机轧制示意图。

传统炉卷轧机的优点是：轧制过程中可大幅减少钢卷的温降；与经典的热连轧相比所需设备数量少，投资低；工艺道次较灵活，适合于生产批量不大而品种较多的产品；适合于低节奏、难加工的不锈钢及特种合金钢等的生产。

传统炉卷轧机的缺点是：由于是单机架多道次轧制，精轧时间长，二次氧化铁皮多，所轧制的产品表面质量较差，不能生产薄板；技术经济指标较低，各项消耗较高；轧辊易磨损，换辊频繁；工艺操作要求高等。

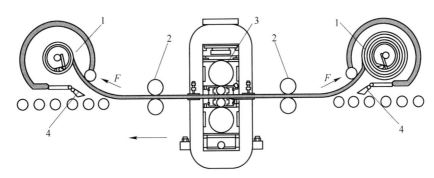

图 1-22　炉卷轧机示意图

1—带保温炉的卷取机；2—夹送辊；3—四辊可逆轧机；4—升降导板

（2）改造型炉卷轧机（1960~1980 年）。由于传统炉卷轧机所固有的工艺缺陷并存在产品表面质量较差的不足，从而阻碍了炉卷轧机的发展。20 世纪 60 年代，美国 Tippins 公司等通过对炉卷轧机的潜在能力和不足之处的研究，开始用现代控制技术来改造传统炉卷轧机。1980 年前后，发达国家纷纷兴建新的或改造旧的炉卷轧机，但主要还是用来专业化生产不锈钢和特种合金钢，仅有少部分炉卷轧机生产碳素结构钢。

在此阶段由于冶金及轧制工艺和控制技术还没有发生质的飞跃，因此炉卷轧机的发展主要是停留在一般性的改进上，并没有发生根本性的变化。

（3）现代炉卷轧机（1980 年至今）。进入 20 世纪 80 年代后，冶金工业技术突飞猛进，近终型连铸技术、连铸连轧技术、现代控制技术、计算机技术、新型材料技术、数字传动技术、变频调速技术等的普及应用使得冶金轧制工艺技术发生了质的飞跃，给炉卷轧机的发展带来了新的生机。

1.4.1.1　现代炉卷轧机的主要特点

（1）新流程：随着薄板坯连铸技术的发展，国外出现了一批以生产中厚板为主、兼生产薄板卷的综合型炉卷轧机；它与炼钢炉、精炼炉、中薄板连铸机共同组成了新一代集约型的板带材生产线。20 世纪 90 年代以来，在全世界新建和改建炉卷轧机近 20 多台，其中以生产不锈钢、不锈钢兼碳钢或碳钢和低合金钢为主。

（2）新工艺：现代炉卷轧机采用了提高中间带坯进炉卷轧机的厚度、在炉卷轧机上采用高的压缩比、提高轧制速度、减少轧制道次、提高卷重、使轧制温度均匀化等新工艺。

（3）新设备：新设备的应用在现代炉卷轧机的关键部位得到了较好的体现，主要表现在以下几个方面：

1）采用高刚度的轧机。将轧机允许的最大轧制力加大、轧机的刚度提高，使得轧机弹跳减小，其允许的最大轧制力比传统相应的炉卷轧机提高了近 1 倍。

2）卷取炉内的卷取芯轴采用带水冷芯轴的预热转鼓，这种采用了新型设计和新型材料的转鼓其表面温度可达 950℃，卷取带钢厚度可达 25mm。

3）采用了带有封闭式炉底和新型炉型的卷取炉，采用计算机控制炉内气氛，减少了热损和炉内氧化，提高了炉温控制精度和均匀分布度。

4）采用了具有较短换向时间的交流变频主传动电机，其加速与反转时间比直流电机减少。

5）在炉卷轧机内设有在线轧辊修磨系统，轧辊不必更换就可在线进行修磨，通过轧制过程中轧辊表面的修磨，可改善带钢的表面质量和增加轧制里程。

（4）新技术：现代炉卷轧机全面引用了带钢热连轧的新技术，如坯料采用连铸坯或连铸薄板坯；采用步进式加热炉；采用了高效的高压水除鳞技术；粗轧机采用带立辊轧边的四辊可逆式轧机；在中间辊道中采用了保温技术；在炉卷轧机后设立了层流冷却系统；在地下卷取机上采用了液压踏步控制系统等。更重要的是炉卷轧机还采用了下述新技术：液压厚度自动控制技术、速度补偿、张力补偿、头尾补偿及测厚仪监控等技术，使得所生产的带钢的纵向厚度公差已接近或达到热连轧机的水平。在板形自动控制技术方面，通过弯辊和窜辊控制技术减少轧辊磨损并改善带钢平直度和断面形状。通过应用预先精确设定的计算机模型对辊缝实时调整，使板形和厚度等公差值都得以改善。

1.4.1.2 现代炉卷轧机存在的不足

尽管现代炉卷轧机作了上述的许多改进，使其功能、质量和技术水平有了明显提高，但限于炉卷轧机自身工艺设备所固有的原因，与现代热连轧生产薄带卷相比，仍存在以下不足：

（1）由于板带纵向（特别是头尾）和横向温度不均，而现有的弥补措施又不能从根本上改善，使得其最小轧制厚度受到限制，小于 1.2mm 的带卷生产目前仍难以在炉卷轧机上实现，而现代热连轧技术已可生产出 0.8mm 的热轧带卷。

（2）薄带卷的表面质量稍差。这是由于单机架多道次轧制和卷取炉内二次氧化铁皮去除困难所致。尽管采取了改善表面行之有效的在线磨辊和强化除鳞等措施，炉卷轧机生产的薄带卷的表面质量仍比现代热连轧机生产的要稍差一些。

（3）由于炉卷轧机的年产量一般为 100 万吨左右，与生产量高的热连轧相比，在生产薄带卷时其成本也略高一点。

1.4.2 炉卷轧机的现状

炉卷轧机原本是为了经济而灵活地以中、小规模生产热轧带钢而开发的，但随着技术发展使其能够以更高能力生产更多规格的产品。板-卷轧机方案的推出，实现了用同一套设备既生产钢带也生产钢板，更进一步展示了炉卷轧机工艺的经济性和灵活性。预计将会有更多的中等规模钢厂或大型钢厂在传统板材轧机的改造中，采用中薄板连铸机和炉卷轧机的集约化模式，因为采用该模式，投资省（约为同规模常规热连轧机投资的60%）、见效快、建设周期短；占地面积少；有利于产品结构与品种的调整。

1.4.2.1 炉卷轧机生产线布置形式

目前国内已投产的炉卷轧机生产线布置形式有多种，分别为单机架布置形式、1+1布置形式、1+1+3 布置形式和双机架串列布置形式，并根据不同的产品大纲可以扩展出多种不同的生产线布置形式。

A 单机架布置形式

单机架布置形式的炉卷轧机生产线即为 1 架带附属立辊的四辊可逆式炉卷轧机（如图 1-23 所示）。目前国内的南钢 3500mm 炉卷轧机、安钢 3500mm 炉卷轧机、兴澄特钢 3500mm 炉卷轧机和中铝沈加 1750mm 炉卷轧机生产线为此布置形式（如图 1-24 和图 1-25

所示）。图1-24和图1-25的区别是立辊轧机的布置位置不同，当立辊轧机在炉卷轧机前布置时，其主要优点是立辊在第1道次轧制时即可投入使用。又由于上传动立辊轧机在地面以上的机构庞大，操作人员难以在入口侧观察钢板的咬入状况，因此主操作台通常布置在炉卷轧机的出口侧。当立辊轧机在炉卷轧机后布置时，通常考虑轧件在完成一定程度的成型轧制后，再借助立辊轧机辅助实现边部形状控制，这对于短坯料的轧制尤其有利。此时主操作台通常布置在炉卷轧机的入口侧，便于人工目视观察来料的状态。采用上传动方式时，立辊轧机和炉卷轧机可以采用吸附式或分体式。目前立辊轧机也有采用下传动方式的，立辊轧机和炉卷轧机一般是分体式。

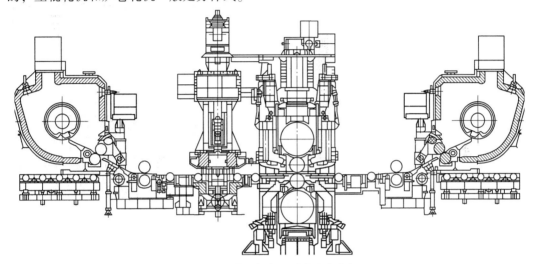

图1-23 单机架布置形式炉卷轧机

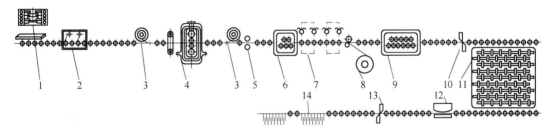

图1-24 单机架布置形式示意图（钢卷和中板：立辊轧机在前）

1—加热炉；2—除鳞机；3—卷取炉；4—立辊轧机 E1/炉卷轧机 S1；5—飞剪；6—预矫直机；7—冷却装置；
8—卷取机；9—热矫直机；10—分段剪；11—冷床；12—双边剪；13—定尺剪；14—堆垛装置

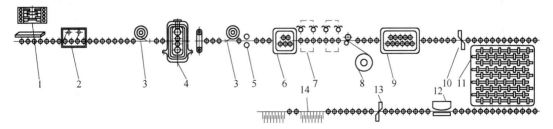

图1-25 单机架布置形式示意图（钢卷和中板：立辊轧机在后）

1—加热炉；2—除鳞机；3—卷取炉；4—炉卷轧机 S1/立辊轧机 E1；5—飞剪；6—预矫直机；7—冷却装置；
8—卷取机；9—热矫直机；10—分段剪；11—冷床；12—双边剪；13—定尺剪；14—堆垛装置

单机架布置形式的炉卷轧机生产线以生产中板为主，因此需要配置一条完整的中板精整线。精整线的设备组成和布置情况需要根据实际厂房所占面积、年产量和成品规格等要求进行配置，配置方式非常灵活。图 1-23 所示生产中板的工艺流程为：合格无缺陷板坯→加热炉→粗除鳞机→炉卷轧机→切头→预矫直→快速冷却→热矫直→分段→冷床缓冷→切边→切定尺→堆垛→入库。

现代单机架炉卷轧机有三种不同的特有的卷板生产模式：

（1）单张钢板往复轧制方式。在这种模式下轧机还是像传统的中板轧机一样，利用小的板坯进行生产。轧机还能进行横轧，以生产比连铸坯更宽的中板。这种模式适用于生产厚板和特殊规格的中板，以及需要控轧的管线钢等。例如：用于轧制厚度大于 20mm 的厚钢板，当使用长板坯轧出长度大于 50m 时，需经飞剪剪切成倍尺母板长度，经加速冷却或直接进入热矫直机及冷床。

（2）卷轧钢板方式。在此种模式下，轧机轧制大坯料，它开始的操作与中板轧机一样，进行平轧道次，然后利用炉卷进行卷轧（精轧）；到最后一道次输出，轧成一块非常长的中板（母板），经过热平整，然后再进行切分成成品倍尺宽度，在冷床上冷却，最后进入精整线，切成成品长度的产品。这个模式可以生产范围广泛的中板产品，包括控轧的中厚板材，如用于轧制生产厚度不大于 20mm 的中厚钢板。当轧件厚度不大于 25mm 时，长轧件进入轧机入口或出口卷取炉进行保温，往复轧制到成品厚度后从出口卷取炉下面送往飞剪剪切不大于 50m 母板长度，经加速冷却或直接进入热矫直机及冷床。

（3）钢卷轧制方式。在这个模式下也轧制大板坯，开始像普通中板轧机那样进行平轧，然后进行炉卷轧制。在最后一道轧件经过层流冷却后，在地下卷取机上卷取成热轧宽厚带卷，如用于轧制商品钢卷等。采用卷取炉由轧机往复轧制到厚度为 2.5 ~ 20mm 的带钢，经层流冷却后进入地下卷取机卷成钢卷。

这三种生产模式提供了生产整个中板领域的最灵活的生产方法。它们也是保证冶金性能和尺寸精度等较有效的生产方法。上述三种轧制方式都包括控制轧制以及控制冷却工艺。以上三种生产方式中与众不同的是卷轧钢板的生产方式，这种生产方式既不同于普通的中板生产方式又不同于连轧成钢卷的生产方式。这种生产方式主要是用于生产厚度比较薄的中板产品，由于采用的是当轧件厚度轧到不大于 25mm 时，长轧件进入机前或机后卷取炉进行保温，这样既减少了轧件的温降，同时可使轧件在卷取炉与轧机之间形成张力，提高了带钢的厚度和板形精度。

B 1+1 布置形式

1+1 布置形式的炉卷轧机生产线即为 1 架带附属立辊的四辊可逆式粗轧机和 1 架四辊可逆式炉卷轧机组成。目前国内的酒钢、张家港浦项、东方特钢、宝钢等炉卷轧机生产线为此布置形式，其布置如图 1-26 所示。

1+1 布置形式的炉卷轧机生产线以生产钢卷为主。此生产线生产钢卷的工艺流程为：合格无缺陷板坯→加热炉→粗除鳞机→粗轧（E1/R1）→飞剪→精除鳞机→炉卷轧机→层流冷却→卷取→打捆→称重→喷印→入库。

此生产线根据钢铁企业的实际要求还可以生产中板，但其年产量一般要求较低，因此仅需要配置一条简易的中板精整线。由于不同的钢铁企业的厂房、年产量及成品规格等条件都有差别，其工厂平面布置形式非常灵活，可以根据加热和冷床不同的布置位置给出三种不同的工厂平面布置形式（见图1-27~图1-29）。

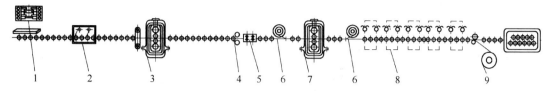

图 1-26　1+1 布置形式示意图（钢卷）

1—加热炉；2—粗除鳞机；3—立辊轧机 E1/粗轧机 R1；4—飞剪；5—精除鳞机；
6—卷取炉；7—炉卷轧机 S1；8—层流冷却；9—卷取机

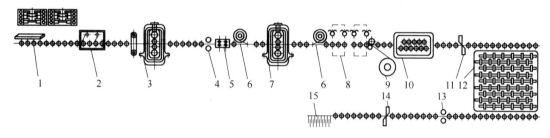

图 1-27　1+1 布置形式示意图（钢卷和中板：冷床在后）

1—加热炉；2—粗除鳞机；3—立辊轧机 E1/粗轧机 R1；4—飞剪；5—精除鳞机；6—卷取炉；7—炉卷轧机 S1；
8—冷却装置；9—卷取机；10—热矫直机；11—分段剪；12—冷床；13—圆盘剪；14—定尺剪；15—堆垛

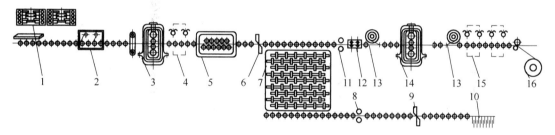

图 1-28　1+1 布置形式示意图（钢卷和中板：冷床在中间）

1—加热炉；2—粗除鳞机；3—立辊轧机 E1/粗轧机 R1；4—快速冷却；5—热矫直机；6—分段剪；
7—冷床；8—圆盘剪；9—定尺剪；10—堆垛；11—飞剪；12—精除鳞机；13—卷取炉；
14—炉卷轧机 S1；15—层流冷却；16—卷取机

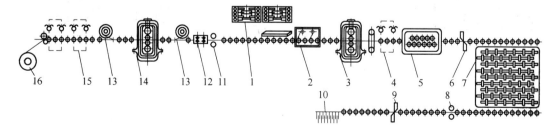

图 1-29　1+1 布置形式示意图（钢卷和中板：加热炉在中间）

1—加热炉；2—粗除鳞机；3—立辊轧机 E1/粗轧机 R1；4—快速冷却；5—热矫直机；6—分段剪；
7—冷床；8—圆盘剪；9—定尺剪；10—堆垛；11—飞剪；12—精除鳞机；13—卷取炉；
14—炉卷轧机 S1；15—层流冷却；16—卷取机

C 1+1+3 布置形式

1+1+3 布置形式的炉卷轧机生产线即为 1 架带附属立辊的四辊可逆式粗轧机+1 架四辊可逆式炉卷轧机+3 机架精轧机组；此生产线的最大特点是炉卷轧机轧制最后一道次与 3 架精轧机组形成连轧关系。此布置形式在国际上有 SMSDemag 公司在芬兰的 Outokumpu 公司轧线改造工程中应用过，目前国内的泰山钢铁 1750mm 炉卷轧机生产线在原来 1+1 的基础上也进行此项技术的改造，并于 2013 年实现生产，其布置示意图如图 1-30 所示。

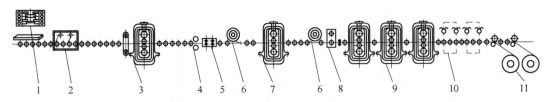

图 1-30 1+1+3 布置形式示意图（钢卷）

1—加热炉；2—粗除鳞机；3—立辊轧机 E1/粗轧机 R1；4—飞剪；5—精除鳞机；6—卷取炉；
7—炉卷轧机 S1；8—蒸汽除鳞；9—精轧机组 F1/F2/F3；10—层流冷却；11—卷取机

1+1+3 布置形式的炉卷轧机生产线以生产钢卷为主，适用于 1+1 布置形式的炉卷轧机生产线改造，年产量要求更大和成品厚度要求更薄的钢铁企业，并且可以根据不同的产品大纲扩展为 1+1+1 和 1+1+2 布置形式。此生产线生产钢卷的工艺流程为：合格无缺陷板坯→加热炉→粗除鳞机→粗轧（E1/R1）→飞剪→精除鳞机→炉卷轧机→蒸汽除鳞→精轧机组（F1/F2/F3）→层流冷却→卷取→打捆→称重→喷印→入库。如果对新建热轧生产线而言，同样规格的 1+7 热连轧机组比 1+1+3 炉卷轧机形式的生产线更优化。

D 双机架串列布置形式

双机架串列布置形式的炉卷轧机生产线即为双机架四辊可逆式炉卷轧机（如图 1-31 所示），此生产线的最大特点是在轧制过程中 2 架炉卷轧机和立辊轧机形成连轧关系。目前国内的昆钢 1725mm 炉卷轧机生产线为此布置形式，其布置如图 1-32 所示。

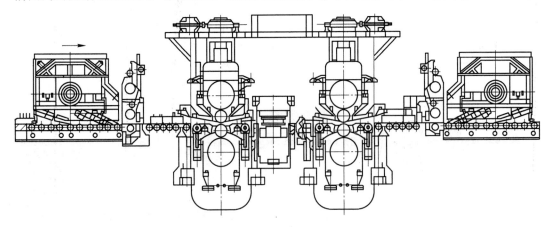

图 1-31 双机架串列布置形式炉卷轧机

双机架串列布置形式的炉卷轧机生产线以生产钢卷为主。这种布置形式的两个机架总是同时工作，分享了同样的负担，而不像 1+1 炉卷轧机那样不平衡；根据轧制节奏的匹

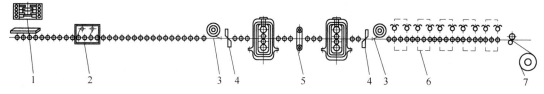

图 1-32　双机架串列布置形式示意图（钢卷）

1—加热炉；2—粗除鳞机；3—卷取炉；4—夹送辊剪；5—立辊轧机 E1/炉卷轧机 S1/S2；6—层流冷却；7—卷取机

配，粗轧机组经常处于等待状态，轧机利用率不是很高。此生产线生产钢卷的工艺流程为：合格无缺陷板坯→加热炉→粗除鳞机→粗轧（S1/E1/S2）→切头尾→精轧（S1/S2）→层流冷却→卷取→打捆→称重→喷印→入库。

E　1+2 布置形式

1+2 布置形式的炉卷轧机生产线即为 1 架带附属立辊的四辊可逆式粗轧机+2 机架四辊可逆式炉卷轧机，其设计思想是相对于双机架串列布置形式的炉卷轧机生产线增加了单独的粗轧区域。目前国内外还没有此布置形式，其布置如图 1-33 所示。

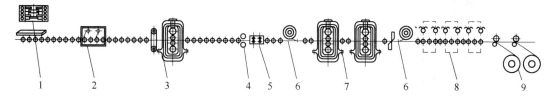

图 1-33　1+2 布置形式示意图（钢卷）

1—加热炉；2—粗除鳞机；3—立辊轧机 E1/粗轧机 R1；4—飞剪；5—精除鳞机；6—卷取炉；
7—炉卷轧机 S1/S2；8—层流冷却；9—卷取机

1+2 布置形式的炉卷轧机生产线以生产钢卷为主，适用于年产量较大和成品厚度要求较薄的钢铁企业。此生产线生产钢卷的工艺流程为：合格无缺陷板坯→加热炉→粗除鳞机→粗轧（E1/R1）→飞剪→精除鳞机→炉卷轧机（S1/S2）→层流冷却→卷取→打捆→称重→喷印→入库。

1.4.2.2　炉卷轧机生产线布置形式工艺特点比较及分析

上述五种布置形式的炉卷轧机生产线从工艺方面分析有各自的优缺点，本书主要针对不同生产线形式的年产量、钢种、生产线长度、极限规格及产品表面质量等工艺特点进行比较分析，从而能够根据不同钢铁企业的基本要求来配置最经济合理的工艺方案。

A　年产量的比较及分析

五种布置形式的炉卷轧机生产线最大年产量的比较如表 1-2 所示。

表 1-2　五种布置形式的 1800mm 炉卷轧机生产线年产量比较

布置形式	单机架	1+1	1+1+3	双机架串列	1+2
年产量/万吨	60~80 钢卷、中板[1]	80~100 钢卷[1]、中板	160~180 钢卷[1]、中板	120~130 钢卷[1]、中板	140~160 钢卷[1]、中板

①为生产产品的主要类型。

五种布置形式的炉卷轧机年产量分析：

（1）单机架布置形式的年产量最低，这是由于整个轧制阶段（粗轧和精轧）均在1架炉卷轧机上实现，因此生产"瓶颈"为炉卷轧机，导致了其年产量较低。

（2）1+1布置形式由于精轧只有1架炉卷轧机，对于生产较薄规格的产品需要可逆轧制5~7道次，因此炉卷轧机是主要生产"瓶颈"，导致了其年产量相对较低。

（3）1+1+3布置形式由于增加了3架精轧机组，减少了炉卷轧机的可逆轧制道次，从而平衡了粗轧和精轧的生产能力，其年产量较大，产品的表面质量也得到较大的改善。

（4）双机架串列布置形式由于轧制一个轧程为2道次连轧，相对于1+1布置形式减少了可逆轧制道次，因此其年产量比1+1布置形式要高。

（5）1+2布置形式由于与双机架串列布置形式相比，单独配置了粗轧和精轧区域，较大地提高了炉卷轧机的生产能力，因此其年产量比双机架串列布置形式要高。

B 生产钢种的比较及分析

五种布置形式的炉卷轧机生产线生产钢种的比较如表1-3所示。

表1-3 五种布置形式的炉卷轧机生产线生产钢种的比较

布置形式	单机架	1+1	1+1+3	双机架串列	1+2
生产钢种	不锈钢、碳钢[①]	不锈钢[①]、碳钢	不锈钢[①]、碳钢	不锈钢[①]、碳钢[①]	不锈钢[①]、碳钢

①为生产的主要钢种。

五种布置形式的炉卷轧机生产钢种的分析：由于单机架布置形式主要生产中板，从市场角度分析，碳钢中板的市场需求比不锈钢大，因此生产的产品以碳钢为主，如普碳钢、低合金高强度钢、船板、汽车大梁及管线用钢等。

C 生产线长度的比较及分析

五种布置形式的炉卷轧机生产线长度的比较如表1-4所示。

表1-4 五种布置形式的炉卷轧机生产线长度的比较

布置形式	单机架	1+1	1+1+3	双机架串列	1+2
生产线长度	长	较短	长	短	较长

五种布置形式的炉卷轧机生产线长度分析：

（1）由于单机架布置形式主要生产中板，因此生产线需要配置完整的中板精整线，从而导致了生产线长度比较长，投资较大。

（2）由于双机架布置形式没有单独配置粗轧和精轧区域，不需要考虑中间辊道的长度，因此较大地缩短了生产线的长度，投资也是较少的。

（3）其余布置形式单独配置了粗轧和精轧区域，需要根据中间坯的长度考虑中间辊道的长度，因此生产线长度较长。从精轧区的轧机数量方面考虑，1+1布置形式生产线长度最短，1+1+3布置形式生产线长度最长。

D 极限规格的比较及分析

五种布置形式的炉卷轧机生产线不锈钢钢卷极限规格的比较如表1-5所示。

表 1-5 五种布置形式炉卷轧机生产线不锈钢钢卷极限规格的比较

布置形式	单机架	1+1	1+1+3	双机架串列	1+2
极限规格/mm	—	2.5	2.0	2.5	2.0

表 1-5 中的极限规格均是生产不锈钢钢卷时的最小可轧厚度，由于单机架布置形式以生产中板为主，因此对其极限规格不做对比。

五种布置形式的炉卷轧机的极限规格分析：由于 1+1+3 和 1+2 布置形式相对于 1+1 布置形式减少了精轧可逆轧制道次，降低了带钢在精轧过程中的温降，提高了带钢的终轧温度，从而更有利于轧薄。

E　表面质量的比较及分析

五种布置形式的炉卷轧机生产线表面质量的比较如表 1-6 所示。

表 1-6 五种布置形式的炉卷轧机生产线表面质量的比较

布置形式	单机架	1+1	1+1+3	双机架串列	1+2
表面质量	差	较差	好	一般	好

五种布置形式的炉卷轧机的表面质量分析：与热连轧生产线相比，炉卷轧机生产线产品的表面质量较差，主要原因是：

（1）带钢在精轧过程中需要进入到卷取炉中进行保温，从而使带钢表面产生较多的二次氧化铁皮，导致其表面质量较差。

（2）炉卷轧机生产线的精轧轧机数量较少，会造成工作辊辊耗量较大，导致带钢的表面质量较差。

基于上述分析，由于 1+1+3 布置形式减少了带钢进入卷取炉的次数，并且精轧轧机数量最多，因此其生产的带钢表面质量最好。

炉卷轧机生产线布置形式非常灵活的特点，不同布置形式的炉卷轧机生产线其工艺流程、年产量、钢种、生产线长度、设备重量、极限规格及产品表面质量等工艺特点也有所不同，钢铁企业可以根据自身的要求为其配置最适宜的生产线布置形式，从而制定出合理经济的工艺方案：

（1）产品类型主要为中板时，建议选用单机架布置形式。

（2）产品类型主要为钢卷时，需要根据钢铁企业的基本要求（如所要求的年产量、生产的钢种、厂房的可用面积、最小的产品厚度等），对生产线的形式进行选择。

（3）目前国内还没有 1+2 布置形式的生产线，其可能成为未来炉卷轧机的发展方向。

1.5　热轧带钢生产主要设备

为了灵活生产高质量的热轧带钢，新建的常规热连轧带钢厂基本由以下设备组成：3~4 座步进梁式加热炉、高压水粗除鳞、板坯定宽压力机、两辊（或四辊）可逆粗轧机 R1（带有立辊 E1）、四辊可逆粗轧机 R2（带有立辊 E2）、保温罩和热卷箱（位于 R2 和精轧机之间）、边部加热器、曲柄式飞剪（或转鼓式飞剪）、精轧前高压水除鳞、精轧前小立辊（精轧前侧导辊）、7 机架精轧机、输出辊道及层流冷却装置（含强冷区）、3 个地下卷取机（含强力卷取机）、托盘运输系统及钢卷库等，具体工艺流程如图 1-34 所示。

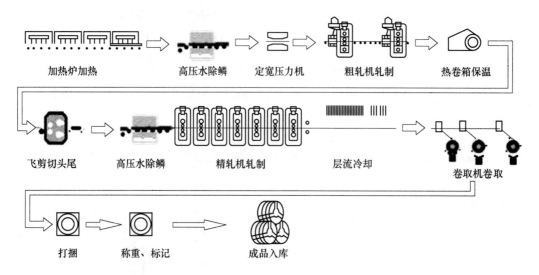

加热炉加热　　　高压水除鳞　　定宽压力机　　粗轧机轧制　　热卷箱保温

飞剪切头尾　　　高压水除鳞　　精轧机轧制　　　层流冷却　　　卷取机卷取

打捆　　　称重、标记　　　成品入库

图 1-34　常规半连续热连轧带钢生产线设备布置图

新建热轧厂在粗轧和精轧机上装备有非常先进的调节系统和高效率的带钢轧制工艺模型，从而使带钢厚度、板形、宽度、终轧和卷取温度的控制精度极高。整个热轧厂按板坯装炉方式为冷装、热装或直接热装热轧进行设计。粗轧机之前采用定宽机可以灵活地调整板坯宽度，精轧机采用板形和板厚控制系统，在各个系统的共同作用下，可以获得灵活的轧制规程。

板坯从连铸机通过输送辊道直接送到板坯库。若板坯冷装则由天车吊到板坯库中间存放。热装的板坯先放到保温坑，保温坑位于加热炉入炉辊道侧。直接热装的板坯直接送到加热炉入炉。从板坯库、保温坑或直接从连铸机来的板坯，一般在入炉前都要在称重辊道上称重。

1.5.1　新建宽带钢常规热连轧机组所用设备主要特点

新建宽带钢热连轧厂所有设备的设计方案均为创新且采用最新的和未来将要发展的系统技术，从而可使新的待建热轧厂达到一流水平。

1.5.1.1　高生产率和高减宽量的粗轧机组

（1）加热炉后设有一次高压水除鳞机。

（2）连续操作的定宽压力机，并具有如下技术特点：

1）在传动侧和操作侧各使用两个偏心轴，挤压模具绝对平行，能够沿板坯长度方向有很好的边部平直度。

2）入口侧和出口侧的夹送辊保证板坯运行平稳。

3）采用周期性原理，避免了振动。

4）同其他挤压工艺相比，具有低的冲击力。

5）挤压模内外同时冷却，并具有充分的冷却时间，延长了使用寿命。

6）只需要一种形式的挤压模。

7）短行程功能可以控制头尾形状。

（3）立辊 E1、E2 通过液压调节，具备有效的宽度控制系统（AWC 和 SSC）。

（4）R1/R2 前后的侧导板采用液压调节，可以减小板坯的翘曲和楔形。

（5）可逆粗轧机 R1、R2 装有液压压下，用于辊缝的精确、平行调节，上辊的精确调整可避免中间坯的镰刀弯，同时沿中间坯全长可进行厚度控制。

（6）机架具有高刚度，如大的牌坊立柱断面和工作辊、支撑辊等的正确尺寸。

（7）粗轧机 R1、R2 的主传动采用电机双传动布置，避免中间坯头部和尾部上翘、下扣或打滑。

（8）R2 通过阶梯垫和液压定位，实现自动轧制线调整。

（9）位于粗轧机 R2 和精轧机之间的保温罩，采用特殊的绝热材料保证薄板轧制。

1.5.1.2 灵活、高能力的精轧机

热连轧精轧机组具有带钢板形、厚度、速度和张力调节等灵活先进的控制手段与控制功能。

（1）曲柄式飞剪具有下述特点：

1）保证了高的剪切精度；

2）简单设计，剪切力强，高可靠性；

3）快速剪刀更换系统，采用液压剪刀夹紧装置。

（2）飞剪前有边部加热器。

（3）所有机架都采用工作辊窜辊和弯辊系统，以控制带钢板形并能实现自由规程轧制。

（4）前部机架采用 CVC 技术控制板凸度。

（5）后部机架采用板轮廓控制系统作为平直度控制和自由轧制的前提。

（6）每根工作辊窜辊采用两个单独的位置控制窜辊缸，且带同步控制，轴向力小，轴承寿命长。

（7）带钢通过精轧机组时轧制稳定，使用阶梯垫来缩短液压压下系统的最大工作行程。

（8）采用低摩擦液压缸、液压驱动和低惯量的活套，用于控制带钢张力。

（9）为了测量传动侧和操作侧不同的带钢张力，在 F4、F5、F6 机架处口安装张力差活套。

（10）先进的机架间冷却系统适于增产和控温的需要。

（11）高的轧机刚度和较大的立柱高度，有利于轧制的稳定和减少轧机的振动。

（12）采用无键的油膜轴承，保证了轧辊之间低的偏心度。

（13）采用阶梯垫实现轧线的自动调整。

1.5.1.3 输出辊道及带钢层流冷却

（1）精确的分段层流冷却系统。

（2）高响应修正区用于冷却区末端快速控制。

（3）可选择冷却策略包括：

1）前段冷却；

2）后段冷却；

3）预设定冷却；

4）间断冷却。

（4）每个集管组前后都有侧喷。

（5）通过优化精轧机组和卷取机间辊道的间距，使带钢头部稳定地到达卷取机。

（6）采用强冷系统。

（7）采用边部遮挡。

（8）精轧机后部安装了带钢表面检查系统。

1.5.1.4 万能地下卷取机

（1）夹送辊前采用液压驱动侧导板用于减轻带钢边部损坏，减少侧导板磨损。

（2）最新发展的液压夹送辊单元用于带钢平整的卷取。

（3）液压驱动助卷辊 AJC（自动踏步控制）结合位置控制卷筒膨胀过程，实现带钢头部和尾部无损卷取。

（4）夹送辊具有抛光器。

1.5.2 加热炉区设备

热连轧加热炉不但要具备一般加热炉的性能，可以针对碳钢、硅钢及不锈钢等加热的特点进行设计，还要满足产量和加热质量高以及运行成本低的要求。若有必要，短坯可以双排装炉。当需处理有缺陷板坯或加热炉发生事故需要出空时，经由板坯库辊道提供了板坯返回输送，以便将板坯从主轧跨送到板坯库。步进梁式加热炉设备组成如图 1-35 所示。

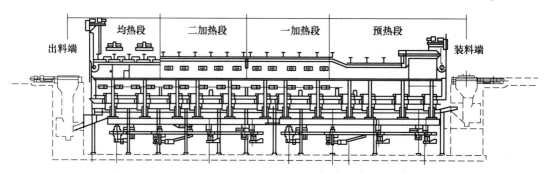

图 1-35 步进梁式加热炉设备组成

1.5.2.1 加热炉工艺设备及设施

（1）炉型结构：加热炉供热系统可分为 5 个温度控制段，即均热段上、均热段下、二加热段上、二加热段下和一加热段。在供热的分配上，使加热段上下有足够的供热量，能保证钢坯加热的需要；均热段上下足够的供热富裕量，能实现灵活的加热制度；钢坯在加热段进行充分的加热与热透，在均热段继续保温（低温加热时）或迅速升温，到达出钢口处达到目标出钢温度，钢坯在高温下停留时间短，这样可减少钢坯的氧化与脱碳。这也需要采取合理的烧嘴配置与选型以及优化的燃料燃烧控制系统来实现。

（2）加热炉钢结构：加热炉钢结构包括炉底钢结构、炉子两端和两侧钢结构、炉子上部钢结构、操作和检修平台等。

（3）加热炉砌体结构：加热炉采用不同材质和牌号的复合结构并整体施工的内衬，具有良好的耐高温剥落性和绝热性，提高炉衬的寿命，保证加热炉长期稳定工作，改善加热炉区域的操作环境温度，并使炉壁温度符合相应的标准。

（4）支撑梁及垫块：加热炉支撑梁包括活动梁和固定梁，水梁在出料端合适位置交错布置，水梁和立柱采用汽化冷却。为减少被加热板坯与水冷梁接触处的"低温黑印"，在加热炉的钢坯和水冷梁之间，在不同的温度段设不同材质、不同高度的耐热垫块，以消除钢坯和水冷梁之间接触处水冷黑印，并缩小接触处和两个支撑梁中间钢坯表面的温差。

（5）炉门：加热炉炉门包括装料炉门、出料炉门和检修炉门。装料和出料炉门内侧衬以轻质浇注料及硅酸铝纤维毯。检修炉门在炉子两侧预热段、加热段及均热段的炉底处各设一个，供检修时出入炉内和运送材料，平时用砖砌好，以减少散热。

（6）加热炉燃烧系统：加热炉燃烧系统主要包括：烧嘴、助燃空气系统、煤气系统、排烟系统、氮气吹扫和放散系统以及其他辅助设施。

（7）加热炉压缩空气系统。

（8）水冷系统：加热炉液压站、炉门、炉门横梁等冷却部件为水冷；水冷系统包括：净环水、浊环水、加热炉地坑排水、安全事故水等。

1.5.2.2 加热炉汽化冷却系统

加热炉汽化冷却系统由除氧给水及加药系统、汽包、循环水泵、水梁冷却回路及排污系统等组成。

1.5.2.3 加热炉区机械设备

步进梁式加热炉区由以下设备组成：炉后装料辊道、装钢机、装料炉门升降机构、炉底步进机械、出料炉门升降机构、出钢机、炉前出料辊道、出料炉间辊道、退料辊道、步进炉液压系统和加热炉干油润滑系统等。

1.5.2.4 加热炉炉型的确定和技术决策

（1）炉型符合加热板坯高产、优质和氧化烧损少的要求。考虑综合加热质量和节能两方面因素，在加热炉设计中，可采用预热段、一加热段、二加热段为蓄热燃烧、均热段为常规燃烧的新型组合蓄热供热方案；上部均热段采用平焰烧嘴，下部均热段采用常规侧向低 NO_x 烧嘴脉冲供热；其他各供热段采用侧向蓄热式烧嘴供热。充分适应不同钢种、不同产量的加热要求，对钢坯实行有效灵活的加热工艺制度，适应多品种加热。

（2）根据不同材质钢种加热的特点，采取了保证加热质量的措施。对于不锈钢加热炉，由于它的表面黑度低、导热系数小，尤其是在800℃以下的低温阶段，必须设定较低的炉温，在低温缓慢加热，控制加热速度。因此，加热不锈钢的温度制度与加热普碳钢不完全相同，各供热段的长度、热负荷配备等要满足不锈钢加热质量和产量的要求。加热炉的供热能力配置应考虑有较大的调节范围，可适应不同钢种在不同产量下的不同加热制度。由于部分不锈钢在高温下强度低，在加热炉水梁布置、垫块大小等方面均需采取优化设计，保证板坯悬臂小，垫块压痕小。如果是针对不锈钢坯料加热时，为防止坯料在加热过程中出现塌腰或头部下垂，需选择合理支撑梁结构及配置。同时对不同的温度控制段，设置不同高度与不同材质的耐热滑块，在保证垫块使用寿命的前提下，尽可能减少坯料与垫块接触处的黑印。步进框架动作轻缓，对钢坯实现轻抬、轻放，防止不锈钢表面产生划痕。由于不锈钢对温度准确性和稳定性要求严格，同时为了减少氧化烧损，采用先进的自动化控制系统。

（3）适应连铸连轧工艺的要求。加热炉装料采用最大 10m 的长行程装机，碳钢直接热装生产时可将钢坯直接装入炉内 8m 的位置，在连铸板坯直接热装时能提供适当的缓冲时间，以满足轧机解决短时故障或换辊的需要，尽量减少热坯下线的出现。可采用先进的 L2 热装支持功能，尽可能提高热装比。

（4）加热炉满足低耗、节能的要求。炉体砌筑采用复合炉衬，强化绝热，减少热损失，节能，提高炉子使用寿命。炉底水梁和立柱采用优化设计，减少管底比，并采用双重绝热包扎，节能效果好。炉底水梁、立柱应采用成熟、可靠的汽化冷却技术，有效防止水梁立柱内壁结垢，提高梁、柱的使用寿命，同时又可产生蒸汽供生产和生活利用。设置高效金属管状空气预热器，可把助燃空气预热至 600℃，有效回收烟气余热，大量节约燃料。

（5）采用蓄热式烧嘴，可使除均热段的各供热段的空气预热，节约燃料。

（6）在烟道中设置空气、煤气预热器，分别将助燃空气预热至 450℃，煤气预热至 200℃，充分回收烟气的余热，降低加热炉的能耗。

（7）步进机构采用双轮斜轨方式，该方式带有刚性良好的整体升降框架和平移框架及可靠的定心装置，步进机构易于安装调整，维修量少，运行可靠，跑偏量小。同时，步进机构采用节能型的液压系统。

（8）配备实用、可靠、先进仪表及电气和自动化控制系统，实现基础自动化和热工仪表的优化控制，为保证炉区过程控制（操作自动化与物料系统的全线跟踪管理）建立扎实可靠的基础，配备二级系统及板坯温度自动计算系统。

1.5.2.5 主要节能措施

（1）合理配置不供热的热回收段，充分利用高温烟气预热入炉的冷料，降低排烟温度，在炉型结构与供热方式上也为提高热装率和热装温度创造条件。

（2）在炉子烟道上设置空气预热器和煤气预热器，回收出炉烟气带走的热量，节约燃料，降低炉子的单位热耗。

（3）采用高温合金的耐热垫块以及高温端支撑梁交错技术，以减少水管黑印，同时也达到了不因减小坯料断面温差而延长均热时间的目的，从而减少了燃料消耗。

（4）采取合理的支撑梁及其立柱的配置，力求减少冷却管的表面积，同时对支撑梁及其立柱采用耐火纤维毯与低水泥耐高温浇注料双层绝热结构进行包扎，以减少冷却管的吸热损失和冷却水的用量。

（5）采取整体浇注带复合层的炉顶和炉墙结构，保证炉子有较长的使用寿命，同时加强炉子砌体的绝热，减少散热损失。

（6）合理配置炉子两侧操作炉门及检修炉门，结构设计做到开启灵活、关闭严密，减少炉气外逸和冷风吸入的热损失。

（7）确定合理的各种能源介质及管路系统参数，降低外部能源介质供应的能耗。

（8）采用先进合理的烧嘴选型与配置，提高加热板坯温度均匀性；同时设计合理炉型曲线及供热分配，改善炉内温度分布均匀性，缩短坯料加热时间，提高加热炉产量。

（9）步进机构采用节能型的液压系统，降低装机容量节约电耗。系统采用变量泵与比例阀以及配套的行程检测与控制装置，步进梁升、降、进、退及开始托起与放下钢坯时均以低速运行，实现"慢起慢停""轻托轻放"，以减少氧化铁皮脱落和避免由于撞击而使水冷梁的绝热层遭受破坏及擦伤炉内坯料。

1.5.3 粗轧区设备

1.5.3.1 高压水除鳞机

热连轧高压水粗除鳞机（如图1-36所示）的主要用途是用高压水去除加热后钢坯表面产生的一次氧化铁皮，并将钢坯经加热炉出炉及除鳞后送入粗轧R1机前运输辊道。高压水除鳞装置位于高压水除鳞辊道之上，由入口罩、出口罩、中间罩和上罩构成一个基本封闭的除鳞箱体。箱体内装有两排除鳞集管，一排工作，另一排备用，也可以两排同时工作；上除鳞集管采用液压缸驱动杠杆使高度可调，以保证最佳除鳞效果。当钢坯在除鳞辊道上运行时，上下集管的高压喷嘴可同时喷射高压水进行除鳞（目前不锈钢高压水除鳞压力可达28MPa）。除鳞机设有氧化铁皮收集挡板摆动装置、挡水板等。除鳞辊道由多个辊子组成，每个辊子由电机单独传动。

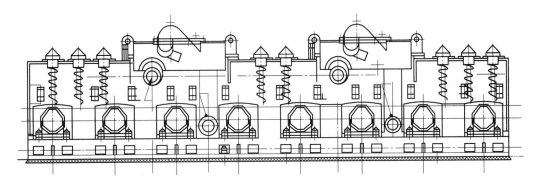

图1-36　高压水粗除鳞装置

1.5.3.2 定宽压力机

定宽压力机（如图1-37所示）位于一次高压水除鳞机和R1粗轧机之间，用于粗轧之前一道次大减宽。定宽压力机侧压模块水平且相对布置，用于钢坯以启-停方式运行挤压。侧压工具在水平方向连续且同时摆动，合拢时对钢坯挤压减宽。在启-停方式下，打开时钢坯向前移动。定宽压力机包括：入口侧导板、底座、牌坊、机械压下装置、侧压滑

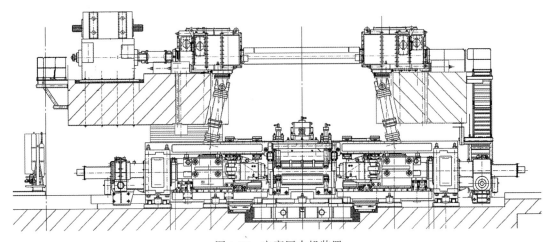

图1-37　定宽压力机装置

架、偏心轴及压杆、工具滑块、入口和出口夹送辊机构、导向辊（预防瓢曲辊）、主齿轮装置和定宽压力机输出辊道等。

定宽压力机的主要技术特点是：宽度调整能力大，减宽效率高，一道次最大侧压量可达 350mm，平均侧压量为 200mm，从而减少了连铸板坯的宽度规格，连铸板坯宽度规格与没有采用定宽压力机前相比可以减少 50% 以上。此外，定宽压力机侧压后的板坯形状规整，切损少，比采用大立辊切损约减少一半；侧压板坯边部凸起量较立辊轧制小得多，避免了立辊压下凸起的"狗骨"缺陷，有效减少了水平轧制后的鱼尾切损，提高了成材率。定宽压力机还可以起到一定的除鳞效果。

1.5.3.3 粗轧机组

E1/R1 粗轧机（如图 1-38 和图 1-39 所示）入口和出口辊道与 E1/R1 机前和机后工作辊道一同将轧件反复送入 E1/R1 轧机配合轧制。每根辊子由交流变频调速电机通过联轴器直接单独传动，速度可调。E1/R1 轧机入口和出口侧导板对中装置用于将轧件在进入轧机前对中轧制中心，使轧件顺利通过 E1/R1 轧机，防止轧件跑偏，同时对轧件测宽。轧机前后侧导板机构由导板、推杆装置、液压缸等组成。导板分为喇叭段和平行段两段，喇叭段导板入口端铰接在辊道架上，出口端与平行段导板铰接在一起。传动侧和操作侧的导板形成一个喇叭形式，引导轧件对中。

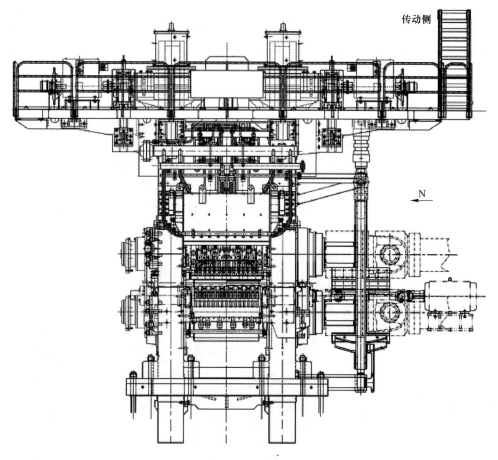

图 1-38 二辊粗轧 R1 装置

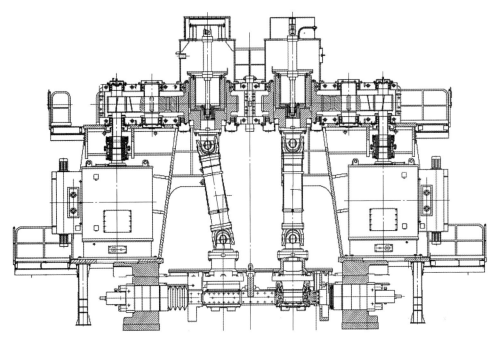

图 1-39 粗轧立辊装置

E1 立辊轧机附着在 R1 二辊（或四辊）粗轧机入口侧，用于控制板坯的宽度和形状，同时将板坯的边部由铸态组织变为轧态组织，避免在水平轧制中产生边裂。E1 立辊轧机由主传动、机架装配、轧辊装配、侧压装置、主传动箱支架及接轴提升装置、导板装置、E1 机前高压水除鳞、机架辊、冷却水装置、更换工具、平台走梯和配管等组成。

R1 二辊（或四辊）可逆式粗轧机组通过一道或三道的可逆轧制将板坯轧制和宽展成中间厚度的板坯。辊缝压下一般采用电动压下（也可采用全液压压下），两台交流电机分别通过蜗轮蜗杆转动压下丝杠，两台压下电机间有离合器可进行单侧压下调整。

液压压下系统安装在 R1 两侧的压下传动轴和上工作辊轴承座之间，与机械压下系统重叠；机械压下系统通过这一辅助液压辊缝调节系统对上辊的机座水平进行精确的校准和调整。液压缸可有载进行调节，可对辊缝进行单侧或同步调节，便于控制辊缝形状，减少中间坯楔形的产生，并起到过载保护的作用。

R1 粗轧机输出辊道用于配合 R1 可逆轧制时承接和输送轧件，也将板坯送往 R2 轧机。

R2（如图 1-40 所示）轧机输入辊道位于 R1 轧机输出辊道与 R2 轧机入口工作辊道之间，用于将板坯运送到 R2 轧机入口工作辊道，并配合 E2/R2 轧机轧制时承接和输送轧件。辊道由辊子传动装置、辊子装配、辊道架、侧挡板、盖板等组成。电机直接通过齿式联轴器传动辊道。

R2 轧机入口和出口工作辊道布置在 E2/R2 前后，用于运送坯料，配合 E2/R2 工作，实现粗轧机组的可逆轧制。辊道由辊组、辊道架、联轴器、电机、电机底座等组成。

R2 轧机入口和出口侧导板位于粗轧机 R2 入口和出口侧，依靠侧导板的对中作用将板坯对准轧制中心线，便于轧制。

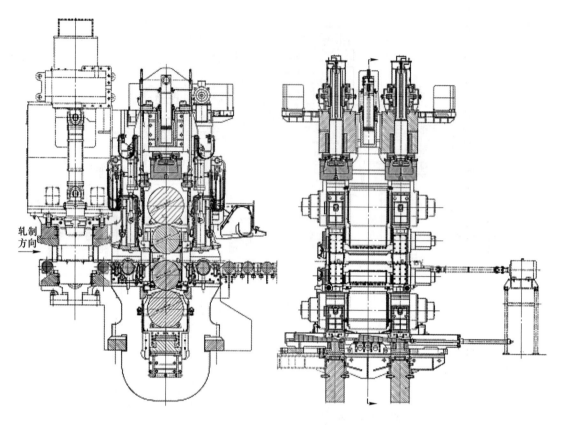

图 1-40 粗轧 R2 四辊轧机装置

E2 立辊轧机位于粗轧机 R2 入口侧，与粗轧机 R2 形成紧凑布置，立辊机架与粗轧机架牢固相联，主要用于控制中间坯的宽度和形状，同时将板坯的边部由铸态组织变为轧态组织，避免在水平轧制中产生边裂。立辊轧机由主传动装置、主传动箱支承立柱、侧压装置、轧辊装配、机架装配、导板装置、接轴提升装置、机前除鳞装置、机架辊、冷却水装置、更换工具、平台走桥栏杆、配管等组成。

R2 四辊可逆粗轧机是设置在热连轧带钢生产线上的关键设备。其作用是与立辊轧机 E2 及前后侧导板、工作辊道组成粗轧机组，用于将板坯轧制成规定的中间坯厚度。

R2 轧机主传动采用两台大功率交流变频电动机单独直接传动上下工作辊实现可逆轧制。采用电动压下调整工作辊的开口度，压下装置由两台交流变频电机驱动，经压下减速机的蜗轮蜗杆及压下螺丝带动上轧辊调整辊缝，压下螺丝通过机电离合器同步，压下螺丝顶部装辊缝仪，压下电机端装有制动器，在压下减速机蜗杆外出端侧装设主令控制器各 1 台。

在压下螺丝和上支撑辊轴承座之间设置液压缸，机械压下系统通过这个辅助液压辊缝调节系统对上辊的机座水平进行精确的校准、对辊缝进行调节，便于轧制中间坯，并通过单独调整两侧液压辊缝减少镰刀弯的产生，并起到过载保护的作用。

为了对工作辊磨损进行补偿和对轧线进行调节，设置一个轧制线自动调节系统。轧机机架上面安装一个液压缸，通过连杆和抬升轨道来平衡上支撑辊。

上、下工作辊通过固定在轧机机架上的平衡缸块内的液压缸，分别进行平衡，并压在上、下支撑辊上。

R2 粗轧机座当中采用轧线调整装置，设置一个带有液压转换装置的梯形垫板系统用于下支撑辊轴承座下面的设备。该系统可按照轧辊的实际尺寸以很小的增加量对轧线进行调整。因此，下支撑辊通过液压系统升起，为更换梯形垫板提供空间。在轧机的入口、出口侧设机架辊各 1 根，由交流变频电机（自带编码器）直接传动。

R2 四辊可逆粗轧机本体由机架装配、轧辊及轴承、压下装置、平衡装置、下辊抬升装置、阶梯垫调整装置、机架辊、轧辊冷却及导卫装置等组成。

中间辊道位于 R2 轧机出口工作辊道之后、切头飞剪入口辊道之前，用于配合 R2 轧机可逆轧制时承接和输送轧件，并将板坯运送到切头飞剪。

保温罩位于中间辊道的上方，用于对进入精轧机的中间坯进行保温，减少中间坯的温降。保温罩通常由 1 个喇叭口形的入口罩和多个内壁固有保温材料的罩子、支架、底座以及回转装置组成。保温罩由升降回转装置控制。由液压缸和升降抬臂梁组成的升降回转装置将保温罩覆盖在中间辊道上，达到保温的目的。若不需保温或轧出废品，可由升降回转装置将罩子升起。

废品推出装置及收集台架分别位于中间辊道的两侧，用于处理事故状态下的中间坯，把中间坯从中间辊道上推至废品台架上。该设备包含推出装置及收集台架两大部分，当钢坯从粗轧机到达中间辊道时，起动推出装置将钢坯推到收集台架上，由行车将其吊走。粗轧区设备布置图如图 1-41 所示。

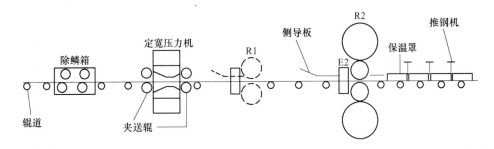

图 1-41　粗轧区设备布置图

1.5.4　精轧区设备

热连轧机组采用无芯移送式热卷箱（如图 1-42 所示）可有效保证中间带坯温差，同时缩短了车间轧线设备长度。热卷箱为强力型热卷箱，最大卷取速度达 6m/s。热卷箱的主要特点和优点如下：

（1）解决了常规热轧工艺生产线中间坯有效保温的问题，减少中间坯头尾温差大的问题。经成卷和开卷后，首尾倒置后开卷，以尾为头咬入轧机，减小中间坯头、尾温差，可以不用升速轧制而大大提高厚度精度，也有利于轧制和板形控制。

（2）粗轧后在入精轧机之前进行热卷取，以保存热量，减少温降，保温可达 90% 以上，中间坯边部温降也明显减少；在终轧温度相同的情况下，可以降低板坯出炉温度，有利于降耗节能减排。成卷和开卷后，上下表面变换，提高中间坯温度的均匀性。

（3）起储料作用，这样可增大卷重，提高产量，也有利于实现无头轧制。可使中间辊道缩短 20%～40%，节省厂房和基建投资，减少一次性投资。

（4）通过机械弯曲成卷和开卷过程能除掉或破裂大部分中间坯的氧化铁皮，改善除鳞效果，提高板面质量。

（5）提供了精轧机组相对"恒速"的轧制条件，对于采用先进的冷却工艺和装备，实现对带钢冷却过程中的相变控制以及最终相变产物的精确控制奠定了有利条件。大幅度降低轧机生产事故，提高了轧机生产效率和产量。在精轧机事故异常状态下，可以提供 8～9min 的冗余事故处理时间，从而减少废品及氧化铁皮损失，提高成材率，可以进行换规格轧制。

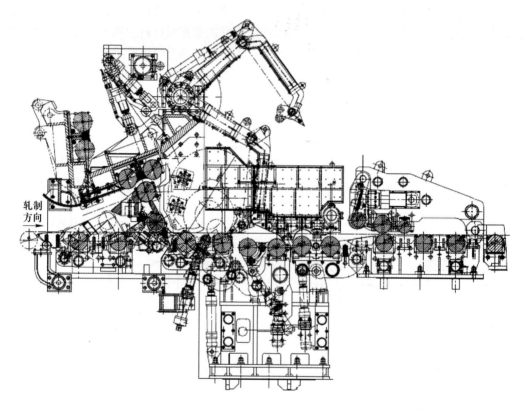

图 1-42 热卷箱设备布置图

（6）有利于大批量稳定生产超薄、超强带钢，提高了薄规格产品的卷重。

切头飞剪用于切去中间坯不规则的头部和尾部，以便于精轧机的咬入。曲柄式飞剪（如图 1-43 所示）和转鼓式飞剪（如图 1-44 所示）在热连轧生产线中都得到广泛应用，一般在 2000mm 以上热连轧生产线中曲柄式飞剪应用得更多一些。曲柄式飞剪与转鼓式飞剪相比，主要优点有：

（1）剪切断面质量好，有利于保证成材率。

（2）剪切能力强，剪切中间坯厚度大。

（3）剪刃更换方便。

（4）设备操作简便，便于维护。

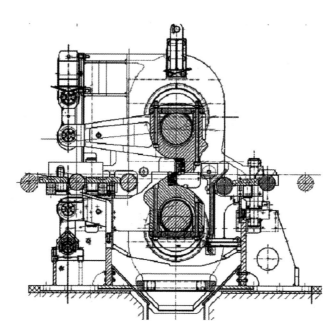

图 1-43 曲柄式飞剪布置图

切头飞剪入口辊道位于切头飞剪入口端，用于接收从中间辊道输送过来的中间坯，然后将中间坯送进切头飞剪。切头飞剪入口侧导板置于切头飞剪之前、切头飞剪入口辊道上，其作用是使中间带坯对中，并引导中间带坯顺利进入切头飞剪，由导板、推杆装置、液压缸等组成。

对双曲柄类型切头剪，在上下曲柄轴上各装有一个剪刃。剪刃由两个交流电机通过正齿轮装置、齿形联轴器和曲柄轴（包括闸）驱动。换剪刃时，由剪子侧面插入的换剪刃装置进行换剪刃操作。

转鼓式飞剪有两对刀片，一对弧形刀片用于切头，另一对直刀片用于切尾。两对刀片呈 180°布置。

精轧除鳞用于除去轧件表面在粗轧过程中形成的二次氧化铁皮，主要由除鳞辊道、

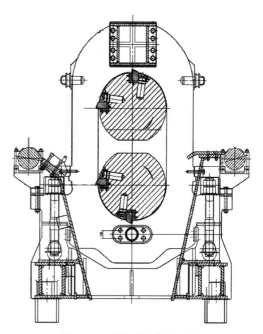

图 1-44 转鼓式飞剪布置图

前后夹送辊、除鳞箱体等组成。除鳞辊道主要用于输送带材至 F1 精轧机。

前后夹送辊正常工作时用液压缸压紧上夹送辊，电机传动下夹送辊将带材送入精轧机，出现事故时在液压缸和下夹送辊电机共同作用下将带材从轧机中拉出；前后夹送辊能挡住水和氧化铁皮飞溅，后夹送辊可将带材表面的水挤掉。

在精轧 F1 轧机的入口侧，配置附着式的立辊轧机（F1E），其目的是进一步提高板宽

的精度，与侧导板相比更能保证中间坯进入精轧机的对中性。辊缝由一套液压压下系统调整。

F1~F7（如图 1-45 所示）精轧机设备位于精除鳞箱之后、精轧机输出辊道之前，串列式布置。前接切头飞剪，后接层流冷却卷取区，之间与活套辊、侧导板、导卫装置、工作辊换辊装置、支撑辊换辊装置等配合共同完成从中间坯料轧制到成品带钢的全轧制过程。

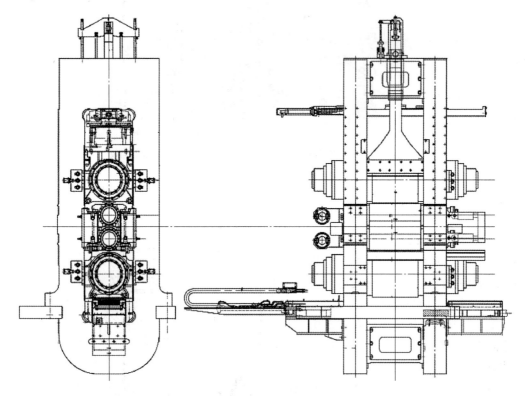

图 1-45　热连轧精轧机组

精轧机组牌坊窗口上部和上支撑辊轴承座之间装有液压辊缝调整油缸（AGC），所有精轧机装有工作辊窜辊和弯辊系统，以控制板形、平直度和凸度。工作辊通过鼓形齿主联轴器、减速器、齿轮机座、鼓形齿主接轴由主电机驱动。液压控制活套安排在 F1~F7 机架之间。轧线高度通过下支撑辊轴承座下的阶梯垫板自动调整。为了让液压辊缝调节缸有足够的工作范围，能够在一定范围内补偿上辊磨损，以及在换辊时能大行程地提升上辊让位，在轧机牌坊上横梁和 F1~F7 液压辊缝调节缸之间装有阶梯垫。上阶梯垫通过液压调整，用以补偿轧辊辊径的变化，与 AGC 一起完成轧制所需的开口度。机上设有接近开关配合换辊和轧机工作。

侧导板、导卫及活套装置安装在精轧机 F1~F7 的入口和出口处，连接精轧机组。入口侧导板在操作侧和传动侧各有个带位置传感器的液压缸对导板进行开口度调节。入口侧导板的标高可通过由电机传动的偏心机构调整，调整量由安装在偏心机构轴端的编码器检测；入口上下导卫板及出口上导卫板分别由气缸进行控制，使导卫上的刮板轧钢时一直顶在工作辊上；换辊时退出，保证换辊正常进行。入口侧导板及出口上下导卫板分别安装于车架上，通过液压缸在轧钢时移进轧机，换辊时移出轧机。

液压活套是保证在轧制过程中，对带钢在机架间产生一个恒定的张力，在两机架间形成一个缓冲区，保证各机架的连续轧制。一个活套装置由一个液压缸传动活套架，使活套辊绕活套架的转轴转动，活套辊为被动辊。通过转动活套架改变活套辊的角度位置，控制带钢的套量。传动电机的速度由 F1~F6 机架后的液压活套来调节控制。为了能够测量传动侧和操作侧的带钢张力，有的精轧机组在 F4~F6 轧机上的活套辊子都布置在压力传感器上（张力差活套）。

工作辊换辊由快速换辊装置完成，可在所有机架人工启动自动换辊程序后同时进行换辊。各个轧机单独进行支撑辊换辊。为减少天车吊运工作辊到轧辊间的时间，拆卸下来的工作辊可以直接由电机驱动的牵引车从轨道上运往轧辊间。

精轧机组设置多种冷却水装置，以满足不同轧制功能的需求，包括：逆喷水、支撑辊冷却水、轧制润滑、防剥落水/辊缝冷却水、工作辊冷却水、抑尘水、机架间强冷水（只有 F1/F2 后有）和机架间冷却等。

1.5.5 层流冷却装置和卷取设备

精轧后输出辊道位于精轧机组之后，经带钢冷却区，将带钢输送到卷取机入口辊道。辊子和轴承座、电机、边板一起安装在支架上。

层流冷却装置（如图 1-46 和图 1-47 所示）位于精轧机组之后、地下卷取机组之前。层流冷却装置能根据带钢厚度、温度、钢种及轧制速度等工艺参数，控制喷水组数、调节水量，将带钢由终轧温度冷却至所要求的卷取温度。

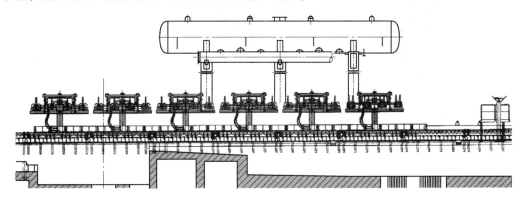

图 1-46 热连轧层流冷却装置（一）

根据带钢厚度、钢种、轧制速度、终轧温度、水温及卷取温度等工艺参数，对冷却的控制模型进行预设定，并对模型反馈更新，从而控制冷却单元的开闭，调节冷却水量，实现带钢冷却温度的精确控制。在带钢冷却过程中，侧喷扫水喷嘴按层流冷却控制模型控制。上集管工作位置由接近开关控制。

地下卷取机（如图 1-48 和图 1-49 所示）安装在层流冷却后面，用于将精轧机轧制后的成品带钢卷成钢卷；卷取时，卷取机与夹送辊和精轧机形成稳定张力，保证卷取质量。卷取机是具有自动踏步控制功能的全液压地下卷取机；其优点是钢卷卷形好、带头无擦伤或压痕、卷取质量好（包括头几圈钢卷）、噪声低等。

卷取机入口辊道位于卷取机前，用于将带钢传送到卷取机。

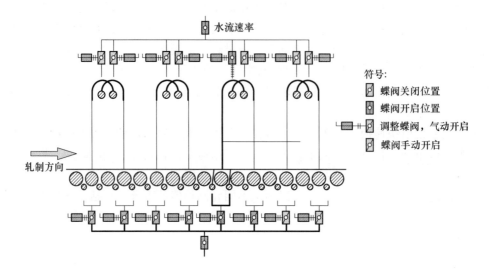

图 1-47 热连轧层流冷却装置（二）

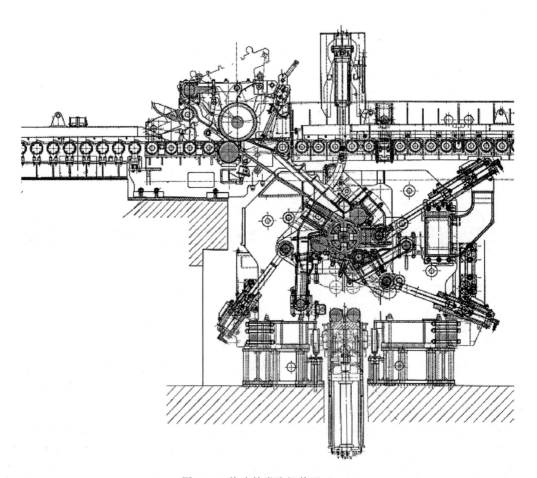

图 1-48 热连轧卷取机装置（一）

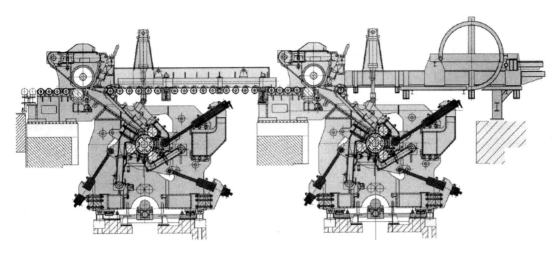

图 1-49 热连轧卷取机装置（二）

卷取机入口侧导板位于卷取机入口辊道上，用于对进入夹送辊的带钢进行导向和对中，引导带钢顺利进入夹送辊。卷取时，两侧侧导板保持适当的侧压力，在不损伤带钢的情况下，保证卷取时带钢不跑偏，防止钢卷出现"塔形"。

侧导板分为操作侧侧导板和传动侧侧导板，侧导板由平行段和倾斜段组成。传动侧侧导板和操作侧侧导板各由 1 台液压缸驱动，液压缸上配有位置传感器，用于检测侧导板的开口度和移动速度，液压系统设有压力传感器，用于检测液压缸活塞腔的压力。操作侧侧导板同传动侧侧导板，采用液压同步。

夹送辊安装在卷取机入口侧机架上。其作用是将带钢引向卷取机，卷取时与卷取机保持稳定张力。

卷取机用于对精轧机轧制完的带钢进行卷取，以便运输和贮存。卷取时，与夹送辊建立稳定张力，保证带钢的卷取质量。卷取机是三辊式卷取机，带有踏步控制。助卷辊彼此分开，具有独立的枢轴和回转驱动装置。枢轴通过液压驱动并直接连在护板的杠杆上。助卷辊与卷筒间的力可以根据不同的带卷厚度进行调整。

助卷辊的枢轴传动液压功能为伺服阀控制。助卷辊为位置和压力控制，以确保下列功能：

（1）带钢进入之前，助卷辊的辊缝调整。

（2）根据带钢头端过卷情况，辊子的踏步调整。

（3）卷取操作完成之前，根据预运算钢卷直径，进行助卷辊的预定位。

（4）导向带钢尾部并压紧到钢卷外层直径。

（5）自动模式（校准）中，辊子的零校准。

在液压控制下，卷取机芯轴可以膨胀和收缩。当带钢进入卷取机时，芯轴处于预膨胀位置，并且芯轴上形成第一个卷之后，最终膨胀。该芯轴在传动侧以两个双排轴承支撑，卷取操作时，以操作侧的外置轴承支撑。在电机和卷取机芯轴之间装配一个更换齿轮传动，以便在进行厚规格带钢卷取时增加扭矩。

卸卷小车安装在卷取机正下方，用于将卷取机卷取完的钢卷从卷筒上卸下，并运输至打捆站上；还可用于更换卷筒，即将卷筒更换工具放到卸卷小车上，利用卸卷小车将卷筒运出卷取机外。

1.6 热连轧生产线常用检测仪表

在热连轧带钢的生产中，作为热轧带钢质量监控和记录的轧线仪表是各大型热轧带钢厂必备的仪表装置。20 世纪 70 年代，国内一般热轧工程的轧线仪表配置简单，仅有轧制力压头、测厚仪和红外高温计等简单轧线仪表。20 世纪 80 年代，随着以宝钢为代表的现代化热轧工程问世，许多热轧带钢生产企业均引进了大量的世界上的先进轧线仪表，使热轧产品的质量得到提高；与此同时，国内其他热轧厂也先后进行了一些改造，轧线仪表也开始采用当时世界上的先进产品，目的在于提高自动化控制水平和热轧产品的质量。20 世纪 90 年代，热轧工程迅猛发展，许多先进的轧线仪表广泛应用到热轧工程中。2000 年以后，随着市场对热轧产品的质量要求越来越高，为了提高热轧产品的销售竞争力、降低成本、减少环境污染、提高工作环境和保障人身安全等，新建热连轧生产线仪表的设计和应用更加完善，对自动化控制和产品质量的监控记录更加有效。但由于每个热连轧工程的具体情况不同（如经济状况、工艺流程、使用轧线仪表的习惯性以及备品备件和生产维护经验等），其配置的轧线仪表也不尽相同。由于热连轧仪表的型号多、制造厂多、每个热轧工程的电气商和机械商力推的轧线仪表产品也各有不同，热连轧工艺流程也不同，其轧线仪表配置也不相同。热连轧带钢工程的轧线仪表主要集中分布在加热炉后的高压除鳞装置到卷取机之间。各个热连轧带钢工程的轧线仪表，根据轧钢工艺要求，分别设有板坯及带钢的在线温度、宽度、厚度、凸度、平直度、上下表面质量、轧制力以及重量等特殊仪表测量系统，各测量系统的电子柜部分放在相应区域主电室或操作室或轧线仪表室，测量信号送热轧带钢生产线上的基础自动化控制系统。常规热连轧生产线仪表配置详见表 1-7 和图 1-50。

表 1-7　热连轧常用仪表配置

序号	位置及测量内容	测量仪表	数量
1	加热炉出钢侧板坯测温	红外高温计	2
2	粗轧高压除鳞装置后板坯测温	红外高温计	1~2
3	粗轧机 R1 出口钢板测温	红外高温计	1~2
4	粗轧机 R2 出口钢板测温	红外高温计	1~2
5	精轧 FM 入口中间坯测温	红外高温计	2
6	精轧 FM 出口带钢测温	红外高温计	1~2
7	结合层流冷却需要输出辊道带钢测温	红外高温计	2~4
8	卷取机入口钢板测温	红外高温计	2
9	粗轧机 R1、R2 轧制力测量	压磁或应变片式测量仪	4
10	E1、E2 立辊轧制力测量	压磁或应变片式测量仪	4
11	精轧机 F1~F7 轧制力测量	压磁或应变片式测量仪	14
12	粗除鳞出口板坯宽度测量	CCD	1
13	粗轧机 R1、R2 出口钢板宽度测量	CCD	2
14	精轧机出口钢板宽度测量	CCD	1
15	精轧机出口厚度、凸度测量（或多功能仪）	X 射线，红外高温计	1
16	精轧机出口平直度测量		1
17	精轧出口钢板上表面质量检测，卷取机入口钢板下表面质量检测	上下表面检测仪	1

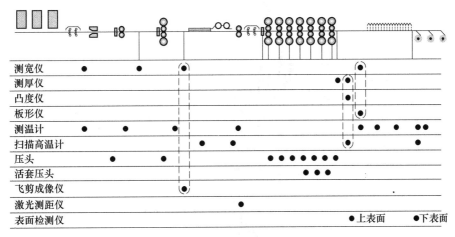

图 1-50 热连轧常用仪表配置

1.6.1 红外高温计

热轧过程产品性能控制与温度密切相关，而高温计是对热轧生产线轧件温度检测和反馈的重要手段，现代热连轧生产线中对带钢温度测量基本上采用单点红外高温计，对重要位置的温度测量采用扫描高温。主要安装位置包括加热炉出钢侧、粗轧高压除鳞后、粗轧机前后、精轧入口、精轧出口、层冷辊道及卷取机前等。

1.6.2 测宽仪

热轧带钢的宽度在线检测装置一般为非接触式，可实时提供带钢的宽度、宽度偏差、中心位置、跳动高度以及温度等信息。在线宽度检测可用于宽度闭环自动控制，有助于提高轧制过程中带钢的宽度精度，改善产品的质量，减少成品的切边，增加产品的收得率，降低运行成本。

通常，测宽仪是采用摄像立体视觉测量方式，利用热钢板的红外辐射实现宽度测量的。该系统采用立体视觉测量原理，通过架设在钢板正上方的测头内的两个摄像探头，从两个角度摄取热钢板的图像，信息送入专用的高速数字图像信号处理器系统进行分析处理，得到钢板准确的宽度信息，并显示相关数据与测量曲线。粗轧测宽仪具有检测和计算带钢头尾形状的功能，也常作为优化剪切的功能选项。

由于采用了立体视觉测量方法，可以准确测量出钢板边缘在空间中的位置，并计算两个边缘的直线距离，因此，测量结果不受钢板位置或测量距离变化的影响，避免了带钢横摆、跳动、倾斜引起的测量误差，能够实现高精度测量。测宽仪系统的工作原理与组成如图 1-51 和图 1-52 所示。

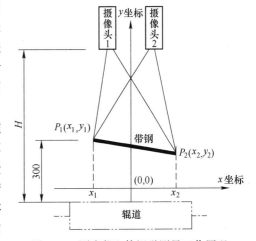

图 1-51 测宽仪立体视觉测量工作原理

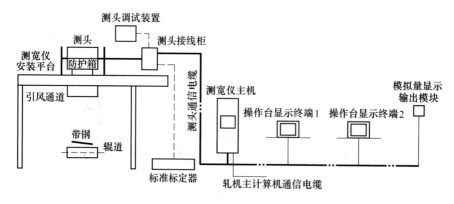

图 1-52　测宽仪组成框图

测宽仪一般设计 1~3 套安装在轧线不同的位置，通常至少设置两台，一台用于测中间坯宽度，另一台用于精轧出口测带钢宽度，如果在精轧后配备多功能仪，其也具有测宽功能。对只有 1 台粗轧机的轧钢厂，测宽仪一般安装在粗轧机前或后（根据数学模型和控制方法确定）；当有多台粗轧机时，一般有 2 套测宽仪分别设置在不同的粗轧机前或后；有的钢厂在卷取机前设置 1 套测宽仪。

1.6.3　轧制力压头

轧制力压头的安装与轧机的机械安装制造密切相关，一般由轧线机械商与电气商协商确定采用测量轧制力的形式，是采用圆盘形压头、圆环形压头，还是采用矩形压头，由轧线机械商在轧机上安装轧制力压头的位置确定。在下支撑辊轴承座下方安装选用矩形压头，一般在压下螺母上安装用圆环形压头，在上支撑辊轴承座上方安装选用圆盘形压头。

1.6.4　多功能仪

多功能仪用于在线测量高速运动带钢的板形、厚度、楔度、凸度、宽度和温度等，检测内容包括平直度和带钢断面形状。其中厚度检测功能可用于 AGC 控制，而板形检测的目的主要是为了板形反馈控制，通过实测板形数据对板形模型进行修正，并提供产品的板形质量报告。板形检测装置形式繁多，按是否接触被测带钢，可分为接触式和非接触式两大类；按测量单元的布置形式可分为固定式和移动式两种。

接触式板形检测装置用于和板带直接接触，检测到的板形信号比较直接，可靠度高，因此测量的板形指标比较精确，可以达到±0.5I 单位。但是这种直接接触，检测辊在接触中将产生磨损，需要频繁重磨，重磨之后还要进行重新标定。尤其是在检测过程中检测辊易划伤板带表面，造成板带缺陷。接触式装置一般用于冷轧板形检测，对于热轧带钢，由于工作处于高温、高湿和高尘等恶劣环境，所以板形的检测一般采用非接触式。

非接触式板形仪分为固定式和移动式两种。固定式板形检测系统需要沿带钢横向设置多个检测器，其中在带钢边部测点密度应当大些，因为带钢边部厚度变化较大。这种方法能够准确获得带钢横截面瞬态的厚度分布，测量频率高，精度好，可以用于在线反馈控制，但是由于受到检测器尺寸的限制，不能得到横截面上任意一点厚度。

固定式的由于需要设置多个检测器，设备投资相对较大。为了降低成本，采用移动式板形检测系统，将射线测量单元安装在测量小车上，小车可以横向移动，测量时通过小车的移动，扫描整个带钢横截面，就可以绘制出连续的截面厚度曲线，为了获得带钢边部准确的厚度分布，小车在带钢边部位置的横向移动速度要低于在带钢中部的移动速度。但是这种形式测得的横截面厚度曲线不是同一横截面上的厚度，对于要求不高的场合可以采用这种形式。一般宽带钢热连轧更多地采用固定式的多功能板形测量仪。

热连轧带钢在精轧机出口大都设置测厚仪和凸度仪（多功能仪），目前使用最广泛的制造商为德国 IMS 公司和美国瑞美公司（现在改名为赛默飞世尔科技有限公司）。在热连轧带钢工程上，这两家公司都在力推具有宽度、温度、平直度、中心线厚度、横截面凸度等多参数测量的多功能仪。由于产品的设计原理在某些方面不同，导致产品的组件及外形不同，因此安装尺寸也不相同。

1.6.4.1 IMS 公司的多功能仪（称立体测量瞬时多通道凸度仪）

多通道凸度仪可以同时测量热连轧精轧出口带钢的中心厚度、横向厚度凸度、中心线温度、横截面凸度分布、断面形状、宽度和平直度等（如图 1-53 所示）。

多通道凸度仪测量原理是采用振荡式 C 型架辐射探测。振荡式 C 型架包含了多个射线检测器单元（电离室）。每个单元（电离室）对应一定区域的射线，射线源和检测单元（电离室）位于 C 型架的上臂和下臂处。单元（电离室）数量和检

图 1-53 立体测量瞬时多通道凸度仪

测器总数由所需测量的带钢宽度决定。检测器单元（电离室）以一定间距分布在带钢宽度上，每个检测器单元（电离室）和相对应的辐射源组成一个完整的独立的测量通道。

C 型架可以在带钢截面方向上来回振荡，这样可以保证整个带钢宽度方向都得到辐射探测。通过了解带钢确切宽度和带钢相对于中心线的位置，不管带钢的形状和位置如何，测量仪都可以精确测出带钢的凸度。

带钢相对于中心线的位置，可以通过凸度仪用辐射测宽功能测得，或通过设置在凸度仪边上的独立的宽度测量仪测得（IMS 多功能仪同时具备辐射测宽和激光测宽功能，当然如有需要，也可提供该宽度测量仪）。这样，带钢位置的任何水平偏差都可以测得，并在多功能仪计算机中得到补偿。

多功能仪精确测量所需的其他数据包括：用作合金补偿的轧制卷材的化学成分，以及获得轧制带钢速度用以把测得数据沿卷材长度方向的准确位置进行显示，带钢在轧制线上垂直位置的变化则由 LasCon 系统测量。

A 带钢中心线厚度测量（用于 AGC）原理

带钢中心厚度是把中心线区域上选择的几个通道上的测量信号取平均值获得的。所需选择的最多通道数由带钢宽度决定。最少需选择 2 个通道才能计算该平均值，这两个通道应在辊道的中心相交。

如果利用较多通道来获得厚度平均值（比如不少于 6 个），则需采用合理性验证流程来避免对计算厚度平均值的干扰（比如某个通道上的小水滴或氧化铁皮）。

如果没有补偿，带钢位置的偏移和带钢轮廓的变化会造成测量值的偏差。IMS 多功能仪通过内置 IMS LasCon 测量系统进行带钢位置变化的自动补偿。

B 带钢截面凸度测量

"截面凸度"测量是对带钢横截面宽度方向上相应的实际厚度分布的检测。通过所有的检测单元（电离室）在任何时候都能收到经过多功能仪的辐射信号而对轧制带钢作几乎 100% 长度和宽度方向上的检测。

对 IMS 多功能仪而言：

（1）如果没有补偿，带钢位置（方位）的偏移和带钢轮廓的变形会造成测量值的偏差。通过内置 IMS LasCon 激光轮廓测量系统就可以进行带钢位置变化的自动补偿。

（2）为了进行精确的定位测量（尤其是在带钢边缘和高/低点探测），在每个通道单独设置了设计精良的准直仪来优化辐射束控制，这对避免次级辐射是至关重要的。

（3）截面温度测量通过扫描温度计来测量，其温度数据也可以用来补偿带钢凸度数据，以此来消除带钢长度方向上，甚至带钢宽度方向上温度不同的影响。

（4）利用多项式和/或几何平滑方式对凸度数据进行处理，以此来消除进入测量位置的小水滴和少量氧化铁皮的影响。

a 带钢凸度和楔形

凸度和楔形是通过截面凸度厚度数据来获得的，凸度通过定义操作侧（或传动侧）钢边部参考位置、带钢中心位置、传动侧（或操作侧）带钢边部参考位置来计算获得，楔形通过定义操作侧和传动侧带钢边部参考位置的参数计算获得。

b 带钢边缘降

边缘降值也从基本的截面凸度曲线值获得。为了有更好的计算和显示，也可以定义一个较大的带钢的边缘区域。

c 带钢宽度

带钢宽度和有关真实边缘位置的必要信息由凸度仪通过辐射度分析和 IMS LasCon 测量仪通过光学测量获得。带钢宽度可由带钢左边缘和右边缘的间距以及对带钢轮廓造成的误差作自动修正后获得。

d 带钢轮廓

带钢断面轮廓和测量区域的带钢位置由两个在线内置激光装置和一个安装在 C 型架边的用于 IMS LasCon 轮廓测量仪的 CCD 面阵相机测得。

（1）带钢轮廓不仅是一个很重要的带钢质量的控制变量，而且也用来补偿中心线厚度、截面厚度和带钢宽度数据。

（2）带钢轮廓如为"下陷"，则表示中部凹入；如为"弓起"，则表示中部凸起。带钢断面轮廓和平直度不是同一个概念。

C IMS 轮廓测量仪 Laser Contour Gauge——LasCon 的测量原理

在热轧宽带钢生产过程中，必须对尽量多的带卷的凸度和厚度进行尽可能精确的测量，也包括带材穿带刚出精轧机出口的几米。

由于从精轧出口辊道到卷取机的距离一般超过 100 多米，所以在带钢进入卷取机建立起带钢张力之前的带钢长度一般为卷材总长的 7%~10%，这就要求凸度仪能尽量多地测量卷材头部的凸度和厚度。

但问题是带材头部在离开最后一架精轧机进入和在进入卷取机之前，其方位角可能很快改变，尤其是带钢比较薄的时候。在带钢头部刚出末架精轧机的几米，带钢轮廓、离辊面高度和带钢的位置都可能发生很大变化。当带钢不平直或不在正确的轧制位置时，对凸度和厚度的测量就会出现较大偏差。因此，为了准确测出卷材头部的凸度和厚度数据，就有必要采取措施对这些偏差作修正。

LasCon 激光轮廓测量仪可以非常迅速地测量出带钢的轮廓、倾斜角度和与水平垂直位置的偏差（相对于轧制线的平面），这些就用来补偿 X 射线多功能仪的凸度和厚度数据。

IMS 的 LasCon 测量仪从 C 型架直接测得带钢的即时轮廓，而不受测点带钢位置的影响。这一带钢的"空间"信息主要用来修正带钢厚度和凸度测量数据。

IMS 的 LasCon 测量仪主要由两个线性激光单元和一个 CCD 面阵相机组成。激光单元安装在 C 型架上，激光束垂直照射到带钢表面，保证测量总是在带钢长度方向上的同一位置作出的，而不受测量区域的带钢位置的影响，这也保证带钢轮廓的取得与凸度数据的取得在同一位置。

特别是当带钢头部前几米在刚刚离开精轧末机架而几乎处于"飞离辊道"状态时，这种测量就变得尤其重要。

当带钢离开精轧末机架出口而未进入层流冷却输出辊道前时，带钢轮廓和位置的变化速度常常是很快的，在厚度较薄时尤为如此，所以必须尽快获得带钢的轮廓信息，才能用于轧制带钢前几米的凸度和厚度补偿。LasCon 测量仪的轮廓数据更新率小于 10ms。CCD 面阵相机呈一个角度，安装在 C 型架附近距离 1.5~2m 处，（激光单元内置在 C 型架上），可装在现场的安装支架或测量室上，甚至为了节省空间、便于安装而直接集成在 C 型架上（如图1-54 所示）。

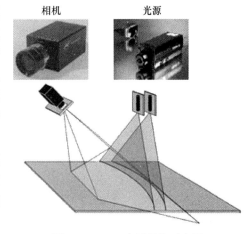

图 1-54 LasCon 测量仪示意图

IMS 的 LasCon 测量仪在凸度仪系统中有以下功能：

（1）确定带钢横向和纵向倾斜角度以及带钢与轧制线的角度。

（2）把测得数据与相应的带钢位置作正确匹配。

（3）对测得的所有参数根据轧制线变动进行厚度修正。

（4）利用横向和纵向倾斜角度数据修正厚度测量数据。

（5）带钢轮廓补偿后的带钢宽度测量。

（6）带钢平直度测量。

1.6.4.2 赛默飞世尔公司的多功能仪 Sipro RM312（X 射线瞬时热轧带钢凸度测量系统）

赛默飞世尔科技的瑞美 SIPRO 主要应用于热轧带钢生产，同时也能够用于有色金属的轧制测量场合。系统采用了两个高能 X 射线发生器和一个状态稳定的探头阵列，并将其安装在一个 C 型架内，便于维护，适合于严酷的热轧环境。所有信号的处理和计算都是由主电柜内的运算系统来完成的。通过网络接口，上位机能对系统进行完全控制。可用于自动凸度和平直度控制系统以及其他类似控制系统。

与 IMS 的多功能仪的最大区别在于，赛默飞世尔的多功能仪的 C 型架是固定，在测量过程中不会左右摆动。两个 X 射线源产生的射线由探头阵列模块检测到。阵列安装在 C 型架下臂带冷却的抽拉底座上，位于带钢下方。多通道探头阵列中的每个探头都有一个独立的模拟信号，信号强度与 X 射线的强度及被测材料的厚度相对应。每路信号在探头底座上经过模数转换后经由高速串行总线传回测厚仪主电柜。探头阵列在板带宽度方向上的分辨率为 5mm，探头阵列连续覆盖整个板宽，且探头之间没有间隙。

赛默飞世尔科技的多功能仪同样能够提供极快的非接触式横截面凸度测量数据、带材中心线厚度数据（用于 AGC 控制）、精确的宽度测量数据、温度凸度，以及带材平直度、带钢位置和其他一些测量数据。

1.6.5　带钢平直度仪

热连轧宽带钢在精轧机出口通常都采用平直度仪来检测精轧出口带钢的板形，例如德国 IMS 公司、英国 SHAPE 公司的产品等。一般平直度仪安装在精轧出口的平直度仪小房内。

IMS 平直度测量仪采用地形表面测量原理（如图 1-55 和图 1-56 所示），对连续通过的轧制带钢给出大面积表面的三维显示。因为带钢中央和/或边缘的浪形会造成带钢相对轧制中心线的偏移，造成投影仪投影到带钢表面的直线发生变形，所以通过特殊相机测得的初步测量数据正确处理可以获得轧制带钢的不平直度和轮廓。测量的基础是光栅技术，投影仪把一系列深浅不同的线条投射到带钢表面上，覆盖测量带钢的整个宽度，一个 CCD 矩阵相机不断测量被照亮的区域。

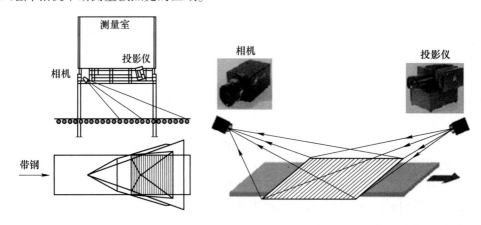

图 1-55　平直度测量仪测量原理示意图（一）

1.6.6　带钢在线表面检测装置

发达国家整个轧钢流程基本都配备有表面在线检测系统，包括热轧到冷轧以及后续的精整和涂镀生产线等。德国的蒂森钢铁公司规定，所有出厂的热轧带卷都必须有表面监测系统提供的检测报告，没有检测报告该带卷不能出厂。韩国的浦项制铁在其整个公司的轧

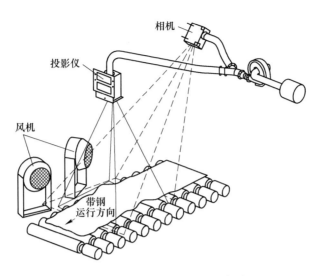

图 1-56 平直度测量仪测量原理示意图（二）

钢生产线上用了40套以上表面监测设备。由于用户对板带产品表面质量的要求越来越高以及采用人工检测方法检测表面缺陷比较困难等原因，热轧带钢表面在线检测对提高产品质量等方面有着重要的意义，包括：

（1）进行热轧带钢质量控制，提高产品质量，减少企业经济损失。采用表面在线检测系统可以及时发现热轧板带产品的表面缺陷，从而采取措施避免缺陷的继续产生，减少由此造成的经济损失。

（2）减轻工人劳动强度，精简人员和岗位。采用表面在线检测系统可对表面质量进行全连续的自动检测，从而减轻了检测人员的劳动强度，并且可以减少检测岗位，做到一个检验员可同时检测多条生产线。

（3）正确评估产品表面质量，减少贸易纠纷事件。采用表面在线检测系统可以降低缺陷的漏检率和误检率，从而保证产品的出厂质量，避免用户的质量异议，维护企业的形象。

目前，热轧带钢在线表面检测系统主要的供应商包括有：

（1）德国 Parsytec（百视泰）公司，采用"面阵 CCD 摄像机+频闪氙灯"的图像采集方式。

（2）美国 Cognex（康奈视）公司，采用"线阵 CCD 摄像机+卤素灯"的图像采集方式。

（3）法国 VAI-SIAS（西门子–奥钢联）公司，采用"线阵 CCD 摄像机+卤素灯"的图像采集方式。

（4）北京科技大学高效轧制国家工程研究中心推广的热轧带钢表面检测仪表在国内热连轧工程中也得到广泛的应用，采用"线阵 CCD 摄像机+激光线光源"的图像采集方式。

1.6.6.1 带钢在线表面检测装置的光学检测方法

（1）激光扫描方式：源于20世纪70年代，采用点扫描方式检测整个带钢表面；因精度低、扫描速度慢，对灰尘、杂质比较敏感以及光学系统设计复杂、安装调试和维护困难等原因，目前已基本淘汰。

（2）线阵CCD摄像机：采用线扫描方式检测整个带钢表面，具有扫描速度快、精度高，可以用一个或两个摄像头检测整个表面，可以很容易实现带钢表面无遗漏、无重复的检测等优点，需要的检测空间较小。但不适用于钢板有大的跳动的情况。

（3）面阵CCD摄像机：采用面扫描方式检测整个带钢表面，具有扫描速度非常快、不需要很高的曝光速度、不需要附加的导向辊等优点。但由于单台摄像机分辨率低，必须采用多个面阵CCD摄像头同步采集方式才能检测整个带钢表面，需要的检测空间也较大。

1.6.6.2 带钢在线表面检测装置的光源

（1）频闪氙灯：频闪发光，发光频率为50Hz，只适用于面阵CCD；亮度高，但均匀性不好，并且发散，需要3~4台，灯管寿命约为2个月。

（2）卤素灯：连续发光，适用于线阵CCD；亮度低、不均匀、发散，需要多台，体积庞大；灯泡的连续使用寿命为1~2个月。

（3）激光线光源：连续发光，适用于线阵CCD；聚光性、均匀性好，只需要1~2台；连续使用寿命为1年以上。

带钢在线上、下表面检测设备都需要安装在事先建好的检测小房内，具体的位置有以下三种：

（1）上、下表面都在层流冷却后、卷取机前。

（2）上表面在精轧机后、层流冷却前，下表面在层流冷却后、卷取机前。

（3）上、下表面都在精轧机后、层流冷却前。

带钢在线上、下表面检测设备系统难点包括：

（1）由于层流冷却与卷取前侧导板的距离很近，带钢输送辊道的辊子的间距只有40mm左右，要充分考虑下表面检测设备安装的问题。

（2）要考虑高温、水汽和热辐射等对设备防护的问题以及堆钢时对设备的撞击。

（3）由于受水、氧化铁皮、光照不均的影响，要尽可能地提高系统的检测精度，尤其是对不明显的缺陷的检测，以满足系统进行缺陷检测算法时对检测精度的要求。

热轧带钢生产线的表面缺陷在线检测系统的总体结构如图1-57和图1-58所示。

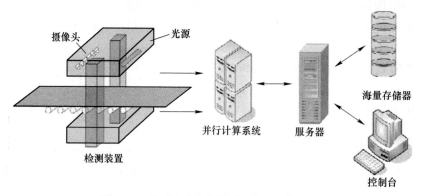

图1-57 表面缺陷在线检测系统的总体结构

表面缺陷在线检测系统由检测装置、并行计算机系统、服务器和控制台等组成。检测装置由摄像机和光源组成。上下表面各用一套，用于采集上下表面的图像。采用CCD摄

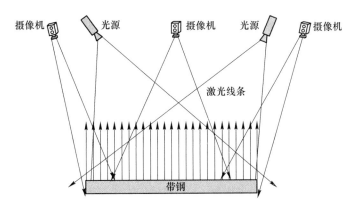

图 1-58   表面缺陷在线检测装置摄像机和光源组成

像头采集生产线上热轧带钢的表面图像，并且将图像传递给并行计算系统，由并行计算系统通过快速图像处理算法对图像进行分析和处理，以检测热轧带钢的表面缺陷，并且通过模式识别算法对缺陷进行自动分类和分级；然后将缺陷信息通过千兆以太网传给服务器，并保存在服务器的数据库中，通过海量存储器来保存大量的缺陷历史数据。同时，将这些信息通过控制台反馈给检验人员或生产人员，并对严重缺陷或周期性缺陷进行报警，以便生产人员采取措施，避免缺陷的继续产生，达到控制热轧带钢表面质量的目的。

1.6.6.3   表面缺陷在线检测系统的缺陷检测原理

（1）利用光在有缺陷表面与无缺陷表面在反射性质上的不同。

（2）摄像头采集由带钢表面反射过来的光，根据反射光的光强不同在灰度上形成差别，从而检测缺陷所在的区域。

（3）采用光源发射的光比红光强得多以及采用滤色镜滤除红光等手段来消除钢板表面辐射的红光，系统选用 LED 面光源（如图 1-59 所示），发射的光是平行光，摄像头放置的位置不是在入射光的反射光路上。因此，如果带钢表面没有缺陷的话，那么光源在钢板表面产生镜面反射，摄像头采集不到光源发射的光，图像的背景是黑的。如果钢板表面有三维缺陷（凹凸性的缺陷，如划痕、折印、辊印等），那么入射光在钢板表面产生漫反射，摄像头就可以采集到光线，因此在图像中，缺陷区域是亮的。这种照明方式是通常所说的"暗场照明"。

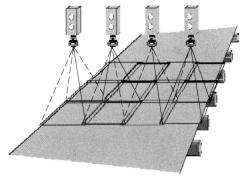

图 1-59   表面缺陷在线检测装置
选用 LED 面光源

摄像头检测采用多个面阵摄像头同步采集，相邻摄像头采集到的图像之间有重叠，摄像头的数目由钢板的宽度和检测精度确定。

参 考 文 献

[1] 刘玠. 热轧生产自动化技术 [M]. 北京：冶金工业出版社，2006.

[2] 刘文仲，宋勇，万海龙，等.适应半无头轧制工艺的热轧计算机控制系统跟踪 [J].冶金自动化，2004，28（4）：36~39.

[3] 刘相华，王国栋.热轧带钢新技术的发展 [J].钢铁研究，2000（5）：1~3.

[4] 黎万超，韩小云，张拥军，等.带钢设备和产线系统精度检测技术的研究及应用 [J].钢铁研究学报，2012（S1）：11~14.

[5] 刘军，张志勤.日本热轧带钢无头轧制工艺与设备的开发 [J].鞍钢技术，2000（8）：18~22.

[6] 黄波.武钢第二热轧带钢厂工艺设备特点 [J].轧钢，2001，18（5）：40~42.

[7] 陆岩.新型带钢连铸连轧设备 [J].钢铁研究学报，1991（2）.

[8] 王利民.热轧超薄带钢 ESP 无头轧制技术发展和应用 [J].冶金设备，2014（S1）.

[9] 郑亮.浅议热轧工程轧线仪表的常规配置 [J].现代制造技术与装备，2016（3）.

[10] 陈连生，朱红一，任吉堂.热轧薄板生产技术 [M].北京：冶金工业出版社，2006.

[11] 冯运莉，陈华辉，陈礼斌.唐钢超薄热轧带钢生产线的质量控制技术 [J].钢铁钒钛，2005.

[12] 周强.2050 热连轧机组主要设备参数及其特点 [J].中国重型设备，2016.

[13] 方聪丽，郑晓虎.热轧工程轧线仪表的常规配置 [J].钢铁技术，2010.

[14] 马博，赵华国，孙韶辉，孙立峰.炉卷轧机生产线布置型式及工艺特点分析 [J].一重技术，2013.

2 热连轧电气自动化系统构成

2.1 热轧带钢控制系统的结构和功能

2.1.1 控制系统的结构

热轧带钢控制系统是随着计算机软硬件技术发展而发展起来的。

在可编程逻辑控制器（PLC）出现之前，主要是通过继电逻辑和分立式电路模板完成，早期的轧钢控制系统主要用于电机速度控制、电动辊缝控制、厚度控制系统上。20世纪60年代初，美国的 Mclouth 钢铁公司的带钢热连轧生产线上使用了计算机进行计算并完成机组的辊缝和速度控制，这可以算是最早的热轧带钢计算机控制系统。随后在英国和日本都出现了使用计算机进行控制的热轧生产线。

20世纪70年代末，我国武钢从日本引进了1700mm 热连轧生产线，这是国内第一条由两级计算机组成的自动化控制系统的轧钢生产线，如图 2-1 所示，分别是监控计算机（SCC）级和直接数字控制计算机（DDC）级。SCC 级由 1 台 TOSBAC-7000/2S 型计算机构成，负责全线的设定计算、带材跟踪、显示和报表等工作。DDC 级由 3 台 TOSBAC-40C 型计算机构成，完成轧线设备顺序控制、辊道速度控制、轧机辊缝控制、厚度闭环控制、温度闭环控制和产品质量分类。4 台计算机之间通过 Data Link 进行通信。当时 SCC 计算机的字长为 24 位，内存只有 48KB，内存存取周期为 $0.9\mu s$，外存使用磁鼓只有 512KB。DDC 计算机字长 16 位，内存 56~64KB，内存存取周期为 $0.8\mu s$。

早期用于 L1 级设备控制主要由晶闸管和继电器组成的逻辑电路完成，随着可编程控制器（PLC）的问世，原来的复杂的电路和继电逻辑被 PLC 控制器逐渐取代。但是对于复杂实时多任务的控制场合，PLC 就显得捉襟见肘了，于是就出现了多 CPU 高性能控制器，如西门子的 SimaticTDC、GE 的 VMIC、VAI 的 VANTAGE、东芝的 V 系列闭环控制器、达涅利的 HiPAC、西马克的 X-Pact 等。这些高性能控制器用于解决轧钢过程中高速的闭环控制问题。

随着计算机技术的进步，L2 级计算机也开始采用 ALPHA/DEC 小型机，操作系统使用的是 OPENVMS，稳定性好，不易受到攻击，但是不开放。后来随着 PC 机的不断发展成熟，其性能和稳定性也大大提高。L2 级计算机也开始采用 PC 服务器，同时使用 Windows 操作系统替代 OPENVMS 系统。

从 20 世纪 80 年代中后期开始，国内自主对武钢 1700mm 轧机的控制系统进行了技术升级，热连轧计算控制系统不再局限于完成轧机设备的控制，同时也加入了对板坯库、磨辊间、成品库的管理和控制。随后又在 90 年代和 2009 年进行了第二、第三次计算机控制系统的升级，如图 2-2 所示，实现了来料热送热装和自由规程轧制，不仅提高了生产效率，而且大大提高了产品的尺寸精度和性能，为企业带来了巨大的经济效益。

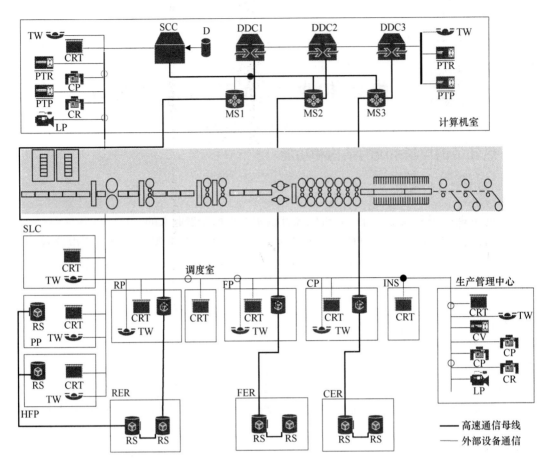

图 2-1　武钢 1700mm 热连轧计算机控制系统（改造前）

SCC—监控计算机；DDC—直接数字控制计算机；D—磁鼓；PP/SLC/HFP—加热炉操作室；

RP/FP/CP—粗轧/精轧/卷取操作室；INS—检查室；RER/FER/CER—粗轧/精轧/卷取电气室；

MS—高速母线主站；RS—高速母线从站；I/OTW—输入/输出打字机；TW—输出打印机；

CRT—显示器；CR—读卡机；PTR—纸带读取机；PTP—纸带穿孔机；LP—行式打印机；

CP—卡片穿孔机；CV—卡片检孔机

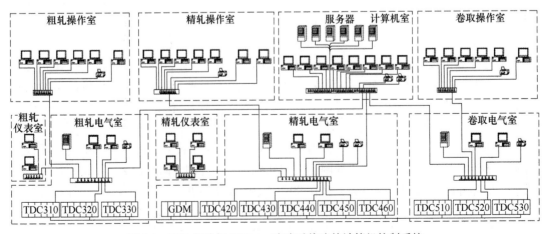

图 2-2　2009 年武钢 1700mm 改造后热连轧计算机控制系统

武钢 1700mm 热连轧计算机控制系统的几次成功升级，其应用软件全部立足于国内，标志着我国在热连轧电气自动化控制系统方面完全可以独立自主完成，可以不再依赖进口。热轧带钢计算机系统发展到现在，已经半个世纪了，发展特点主要体现在：

（1）控制系统从最初的一级控制发展到现在的多级控制，如图 2-3 所示，系统的功能也从单控制器集中完成，演变为分区、多控制器分散完成。

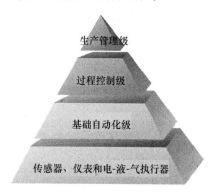

1）L3 级（生产管理级）：生产调度、生产监督、库存管理、物流跟踪。

2）L2 级（过程控制级）：过程控制、过程日志报表、过程监视、优化控制。

3）L1 级（基础自动化）：顺序控制、逻辑控制、设备控制、数据采集。

4）L0 级（传感器执行器）：实际数值采集传送、动作执行、驱动控制。

图 2-3 多级热连轧计算机控制系统

（2）计算机系统结构开放，有利于系统的维护和正常高效运行，有利于系统今后的扩充和升级。

（3）控制功能不断完善，从简单到复杂，从低级到高级。从代替人工操作的设定控制，发展到产品质量控制、故障诊断。

（4）大量使用网络技术，减少现场硬线数量，减少故障点，减轻维护人员的工作负荷。

2.1.2 控制系统的特点

带钢热连轧生产线设备种类多、结构复杂、液压设备多，自动化程度要求高，其控制系统可以称得上是冶金生产行业最复杂的系统。其基本特点如下：

（1）控制回路多而且相对集中。以带钢热连轧精轧机组为例，7/8 个轧机上集中了数十个机电设备的位置控制、70 多个液压位置或恒压力控制、自动厚度控制（前馈、反馈、偏心补偿及监控 AGC）、自动板形控制（前馈及反馈闭环自动板形控制）、主速度（级联）控制、6/7 个活套高度及活套张力控制、精轧机组终轧温度控制、自动加减速及顺序控制，总共将近 100 个控制回路。

（2）快速性要求高。现代轧机设备的液压位置控制和液压压力控制系统的采样周期为 1~2ms，一般的机电设备的采样周期一般为 6~20ms。设备控制或工艺参数（厚度、宽度、板形等）的周期则应小于 10ms，这与以热工参数（温度、压力、流量）为主的生产过程控制相比，控制周期快 20~100 倍。

（3）信息能在各控制站之间快速更新。特别是在精轧区域内，多个控制功能联系紧密且相互影响，并共享输入和输出模块，因此要求数据信息在各控制站之间以及控制站内各 CPU 之间能快速更新。一般控制器内部的背板通信或缓存都能满足毫秒以内的更新速率，而控制器之间就必须通过超高速通信网络来实现信息沟通。

（4）功能间联系紧密且相互影响。由于众多功能最终的影响都将集中到精轧机轧辊和轧件之间的变形区，因此功能间相互影响显著。例如，当自动厚度控制系统调整压下控制厚度时，必将使轧制力发生变化，从而改变轧辊辊系弯曲变形而影响辊缝形状，最终影响出口断面形状和带钢平直度（板形）；而当自动板形控制系统调整弯辊控制断面形状及平直度时，必将改变辊缝形状而影响出口厚度。又如，当终轧温度控制改变机架间喷水或加速度时，必将使各机架轧制温度变化，最终又将会影响到出口厚度和板形。因此功能间要相互协调，相互传递补偿信号。

（5）功能之间需共享输入和输出数据。一般情况下，I/O 信号只能从一处接入到控制系统里，而同一信号可能要被不同的 CPU 或 CPU 内不同的功能访问，因此需要共享信号。另外，各个功能之间、前后逻辑之间也是如此，例如，AGC 和 APC 都是用输出控制信号控制液压压下；活套高度控制和主速度级联都是控制主电机速度；AGC 和 ASC 都需要轧制力信号等。

可以看出，"高速计算"和"高速通信"是热轧控制系统的基本特点。因此在控制器的选型和系统架构上要充分考虑这两点。选取快速计算能力、多控制器、每台控制器内部多 CPU 以及 CPU 与 CPU、控制器与控制器间的高速通信能力，将是配置带钢热连轧计算机控制系统的前提。一般控制器内部的背板通信或缓存都能满足几毫秒以内的更新速率，而控制器之间就必须通过超高速通信网络来实现信息沟通。

目前能够提供宽幅热轧计算机控制系统的厂家不多，国际上有西门子、西马克、TEMIC 等，国内有北科大轧制中心、麦思科、金自天正、中冶赛迪等。这些厂家的计算机控制系统结构基本上都采用多级方式，各个厂家在 L2 级和 L3 级都采用 PC 服务器，在 L1 级采用大型 PLC/PAC 和高性能 HPC，L0 级采用全数字调速驱动系统。系统内使用的通信网络一般分为三类：

第一类：工业以太网。L1 级与 L2 级服务器和人机接口（HMI）、L2 级与 L3 级之间、L1 级的各个控制区域之间通过工业以太网连接在一起，实现彼此的信息交换。通过以太网，L2 级服务器和人机接口把轧制工艺参数设定值和对电气设备的操作下达到 L1 级控制器，同时 L1 级把各设备的状态和工艺、电气参数及故障信息收集起来，进行简单处理后上传给 L2 级服务器和人机接口系统。

工业以太网的主要特点如下：

（1）数据传输速率：10/100/1000Mbps。

（2）传输介质：光缆（大于 100m）或超 5 类电缆（小于 100m）。

（3）通信协议：TCP/IP。

（4）全双工防止冲突。

（5）交换技术支持并行通信。

第二类：现场总线。L1 级各控制器与其远程 I/O 站之间、与传动控制器之间采用现场总线网络。远程 I/O 站把 I/O 状态和数据通过现场总线上传给 L1 级控制器。L1 级控制器把设定参数和控制指令传送给各传动系统，各传动控制器把电机的运行状态数据和电气参数送到 L1 级控制器和人机接口。目前在冶金自动化领域中用得最多的现场总线是 Profibus-DP。

Profibus 网是一种实时、开放性工业现场总线网络。它的特点是：使用数字传输，易于正确接收和差错检验，保证了数据的可靠性和准确性，有利于降低工厂低层设备之间的电缆连接成本，易于安装、维修和扩充，能及时发现故障，便于及早处理。它的最大优点是能充分利用智能设备的能力。

Profibus 通信协议符合欧洲标准 DIN19245 中的第 1~3 部分，即 Profibus-DP 协议，该标准允许少量数据的高速循环通信，因而总线的循环扫描时间是极小的，在特定环境下总线通信时间可小于 2ms。这是由于：

（1）优化的 Profibus-DP 信息服务构造，提高了数据传输效率。

（2）高度的容错性与数据的完整性。

（3）标准信息帧结构。

Profibus 网基本性能如下：

（1）数据传输速率：1.5~12Mbps。

（2）每网段站数：32 个。

（3）传输介质：屏蔽双绞电缆。

（4）数据传输方式：主从令牌方式。

第三类：高速通信网络：L1 级控制器之间需要进行数据交换，普通网络的通信速度不能满足其实时性和快速性的要求，需要使用特殊的网络。如在西门子 TDC 控制器之间可以使用 GDM（全局数据内存网），在西马克 X-Pact 控制器之间可以使用 RFM（反射内存网），在东芝的 nv 控制器之间可以使用 TC-net。

2.1.3 控制系统的功能

一般热轧计算机控制系统按照轧线可以分为炉区、粗轧区（含定宽机、热卷箱）、精轧区（含飞剪、精除鳞）、卷取区（含层流冷却和运输）四个区段。另外，还包括介质和辅助系统的控制，如液压站、润滑站、高压水泵站、磨辊间设备等控制。

L2 级（过程自动化级）主要功能有：

（1）炉区：板坯位置在线跟踪；最佳炉温优化设定；板坯温度在线计算；板坯温度反馈控制；数据管理及统计；上下位机通信。

（2）粗轧区：粗轧区内的轧件跟踪；粗轧轧制规程的预计算、再计算和后计算；道次间修正计算；宽度控制参数的计算和优化；粗轧轧制规程模型参数的自学习；粗轧区轧制节奏计算；定宽机设定计算；热卷箱设定计算；模拟轧制。

（3）精轧区：精轧区内的轧件跟踪；精轧轧制规程的预计算、再计算和后计算；精轧冷却水的计算与设定；穿带自适应；厚度控制参数的计算和优化；板型控制参数的计算、设定和学习优化；终轧温度计算和控制；模拟轧制。

（4）卷取区：卷取区内的轧件跟踪；卷取温度（CT）计算和控制；卷取设备的张力、速度、压力、辊缝（开口度）等计算和设定；控制参数的优化；模拟轧制。

（5）其他：原始数据管理（PDI）；过程数据采集和处理；全线物料跟踪；外部通信管理；画面管理；轧辊数据管理；生产数据管理；历史数据管理；报表；新产品开发和工艺维护；系统维护和故障诊断。

L1 级（基础自动化级）主要功能有：

（1）炉区控制器主要完成功能：加热炉入口侧（板坯上料辊道、入炉辊道）板坯运送及跟踪；入炉辊道上板坯手动、自动定位；装/出钢连锁；装钢机的速度控制、位置控制及逻辑联锁控制；出钢机的速度控制、位置控制及逻辑联锁控制；加热炉出口侧（出炉辊道、除鳞机前辊道）板坯运送及跟踪；板坯除鳞控制；加热炉入、出口侧急停控制；炉区人机界面功能；故障判断及报警；数据通信功能；加热炉本体控制（燃烧、步进梁、炉内板坯跟踪）。

（2）粗轧区控制器主要完成功能：操作方式选择；初始设定（速度、辊缝、轧制力）；物料跟踪；速度主令；顺序控制；辊道速度控制；高压水除鳞控制；粗轧冷却水控制；侧导板控制；模拟轧钢；自动换辊控制；粗轧机辊缝位置控制（EPC+HGC）；粗轧机自动厚度控制（HAGC）；粗轧机速度控制、速降补偿；立辊开口度控制；立辊自动宽度控制（AWC）；立辊短行程控制（SSC）；立辊与粗轧机微张力控制；立辊速度控制；急停、快停逻辑联锁控制；保温罩/废钢推出机控制；热卷箱控制（自动卷取-开卷控制、主动移送控制、双工位控制、与粗轧和精轧同步控制等）；粗轧区人机界面功能。

（3）精轧区控制器主要完成功能：操作方式选择；初始设定（速度、辊缝、轧制力）；物料跟踪；速度主令、速降补偿；顺序控制；辊道速度控制；模拟轧钢；飞剪剪切控制；精除鳞箱、除鳞夹送辊控制；精轧立辊控制；活套高度、张力控制；基准启动逻辑控制；弯辊控制；窜辊控制；侧导板位置控制；轧机调零和调平；液压辊缝位置控制（HGC）；自动厚度控制（AGC）；动态平直度控制（DFC）；动态板形控制（DPC）；机架间带钢冷却控制；精轧机轧辊冷却水控制；自动换辊控制；急停、快停逻辑联锁控制；终轧温度控制（FTC）；与介质系统接口；精轧区人机界面功能。

（4）卷取运输区控制器主要完成功能：操作方式选择；初始设定；物料跟踪；速度主令；顺序控制；输出辊道控制；模拟卷取；层流冷却控制（CTC）；夹送辊辊缝位置和压力控制；助卷辊辊缝位置和压力控制、踏步控制（AJC）；卷取张力控制；带尾位置控制；卷径计算；卷筒、助卷辊、夹送辊、辊道速度超前、同步、滞后控制；多卷取机自动选择；卸卷小车位置控制；与介质系统接口；完善、便捷的系统故障诊断功能；卷取区、运输区人机界面功能；钢卷运输控制（托盘运输系统控制或步进梁、快慢速链的控制）；钢卷在线检查设备控制；与打捆机、喷印机、称重设备之间接口。

（5）介质等辅助设施控制器完成的主要任务：泵启停控制；液位保护控制；油温保护控制；压力保护控制；人机界面功能；与轧线控制器通信。

下面就热轧自动化里面几个重要的控制功能做一个简单介绍。

2.1.3.1 自动厚度控制（AGC）

对于现代带钢生产，一般要求成品带材全长95%以上厚度偏差小于±0.03mm。L2级的辊缝设定模型的准确性主要是解决带钢头部厚度精度，但在同一根带材轧制过程中，由于头尾温差、轧辊磨损、轧制速度等变化，都会引起厚度的波动。为了消除这些干扰的影响，减小带钢厚度公差，提高热轧带钢全长厚度精度，需要根据厚度波动情况对辊缝进行实时控制，也即自动厚度控制。

20世纪90年代以前的轧机的辊缝主要靠电动压下调节，速度慢，精度低。90年代后开始在精轧机配置液压缸来调节辊缝，到现在液压辊缝调节已经是热连轧的标准配置了，不但在精轧机，在粗轧机也设置有液压缸。液压压下相对于电动压下具有如下优点：

（1）惯性小，反应快，截止频率高，对外来干扰跟随性好，调节精度高。

（2）由于系统响应快，因此对轧辊偏心引起辊缝发生周期变化的干扰能进行有效的消除。

（3）可以实现对轧机刚度系数的调节，因此可根据不同的轧制条件选择不同的刚度系数，来获得所要求的轧出厚度。

自动厚度控制 AGC 系统采用的基本方程是弹跳方程：

$$h = S + \frac{P - P_0}{C} + S_F + O + G$$

但为了进一步提高计算精度，需考虑补偿措施，主要包括弯辊力变化造成的厚度变化的补偿量 S_F、油膜厚度变化补偿量 O 以及辊缝零位变化补偿量 G。

以 7 机架精轧机组为例，AGC 组合策略如图 2-4 所示。

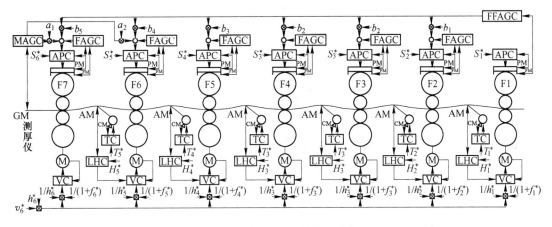

图 2-4　精轧机组 AGC 控制系统策略

PM—位置测量；FM—轧制力测量；AM—角度测量；CM—张力测量；GM—厚度测量；S_i^*—辊缝参考值；

T_i^*—张力参考值；f_i^*—前滑；v_i^*—Fi 机架的带材速度；

H_i^*—入口带材厚度；h_i^*—出口带材厚度；$i = 1 \sim 7$

每架轧机都通过自身的轧制力传感器和液压缸位移传感器实测的轧制力和辊缝，进行轧制力前馈 AGC（也称 F-AGC、GM-AGC、BISRA-AGC）控制。由于来料硬度变化而造成 F1 出口的厚度产生偏差，F1 轧机此时作为测量机架，将硬度偏差前馈给 F2~F7 轧机进行硬度前馈 AGC（FF-AGC）控制，带材轧出精轧机组后测厚仪把实测的带材厚度反馈给控制系统，数据经过处理后，F7、F6 轧机开始投入监控 AGC（MAGC）。最终 AGC 控制器计算得到综合给定值，输出给辊缝控制器（APC）完成辊缝调节。同时由于 AGC 对辊缝的调整带来轧机秒流量发生变化，那么还要把流量变化的数据传递给速度控制器（VC）、活套高度控制器（LHC）和张力控制器（TC）控制器，完成速度和活套高度及张力的调整。由于 AGC 投入后各机架的辊缝值都已偏离 L2 级的设定值，为了不影响下一块带钢进入精轧机组，缩短辊缝调节的时间，AGC 系统设有自动复位的功能。在 AGC 系统开始工作时，首先记忆各机架的辊缝设定值，在 AGC 系统工作结束且还未接收到新辊缝设定时，将各机架辊缝自动恢复到所记忆的辊缝设定值大小。相关厚度控制模型和算法参见第 7 章。

2.1.3.2　自动宽度控制（AWC）

宽度也是现代化热连轧带钢的一个重要指标，宽幅带钢一般要求通长的 95% 以上的宽度波动小于 8mm，而且头尾的失宽段要尽可能短。

宽度控制一般在热连轧的粗轧区域完成，主要通过控制立辊的开口度来实现。当轧线配置定宽机时，是由定宽机和立辊配合来完成的。立辊的控制功能主要包括自动宽度控制（AWC）和头尾短行程控制（SSC），以及 L2 级的宽度模型计算。本节介绍 L1 级的控制内容，L2 级宽度模型在后面章节介绍。下面先分析造成全长宽度不均匀的原因。奇道次时中间坯展宽由立辊挤压后进行轧制产生的"狗骨"与水平辊轧制时产生的宽展组成；偶道次轧制时立辊打开，只有水平辊轧制时产生的展宽。中间坯的展宽决定了中间坯各道次的出口宽度，而展宽量又受到来料宽度、厚度、轧辊直径、压下量、侧压量、温度等多方面因素的影响，致使中间坯宽度在全长方向上变化不均，尤其是头尾的变化较大。

（1）带坯头尾的宽度变动。由于缺乏"刚端"，没有一个力能回牵轧件，立辊（特别是侧压量较大时）在轧制带坯头部及尾部时将出现非稳定段。经随后的水平轧制，又加剧了带坯头部和尾部的失宽现象。

（2）由于温度不均，特别是水印区，造成轧出宽度不匀。

（3）精轧机组活套起套以及卷取机速度环向张力环切换过程的拉钢，都将造成成品宽度波动。

（4）中间坯进精轧机之前，温度变化较大时精轧的宽展量也会有所变化。

AWC 系统一方面应能克服粗轧区本身所造成的宽度不均，还应能补偿精轧机、卷取机所造成的有规律的宽度变动。由于精轧区及卷取机所造成的宽度不均只能由精轧出口处测宽仪实测，在宽度设定模型及 AWC 控制系统中除粗轧机后测宽仪外应充分利用成品测宽仪所提供的信息，即利用此信息对中间 B_{RC} 进行修正，并获得有规律的宽度变动在 AWC 控制中加以补偿。

为了克服侧压后轧件的端部非稳定变形造成随后水平轧制出现的失宽现象，在奇道次轧件进入和离开立辊时，L1 级控制器会按照 L2 级下达的折线或连续曲线控制立辊开口度。一般的 SSC 曲线是先将开口度加大，当板坯咬入（或立辊前 HMD 检得）时随轧入长度增加开口度逐步减小，离开时相反。为了准确实现 SSC，L1 级需对板坯头尾及轧制的长度进行精确跟踪，以便按给定曲线对开口度进行控制。可以通过头部到达立辊前 HMD 及尾部离开 HMD 作为起点并按立辊速度进行延时跟踪计算。相关宽度控制模型和算法参见第 7 章。

2.1.3.3   助卷辊踏步控制（AJC）

热连轧的卷取机有三个助卷辊和弧形裙导板，它们的作用是引导带钢头部使之弯曲成型并卷紧在卷筒上。助卷辊的转动速度是由传动系统控制的。助卷辊的合拢和张开是液压缸来实现的。助卷辊和卷筒之间的辊缝是可调的，辊缝大小直接影响卷取质量。辊缝过大，钢卷不易卷紧，而头几圈容易打滑；辊缝过小，带钢咬入时会产生撞击，引起助卷辊跳动，同样钢卷也不易卷紧，甚至打滑。通常卷取机根据带钢厚度、材质由计算机来设定辊缝值。

自动踏步控制（Auto Jump Control，AJC）的目的是尽可能减少在卷取时由于带头和助卷辊相撞而在带钢表面产生压痕。对带钢表面质量的这种损伤在带钢较厚时更为明显。

自动踏步控制功能的实现，依赖于助卷辊的高响应性的液压伺服控制系统，以及精确的带头检测装置和准确的位置跟踪。AJC 控制系统如图 2-5 所示，包括带钢头尾跟踪、助卷辊位置控制和压力控制。

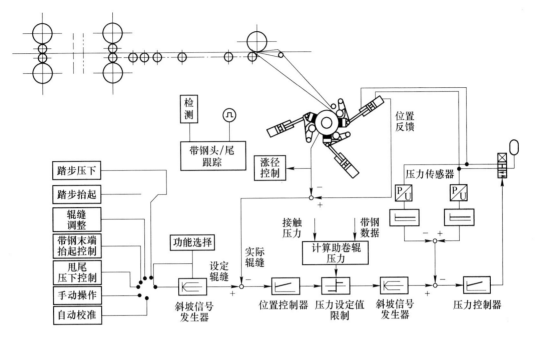

图 2-5 AJC 控制系统

自动踏步控制的基本原理是：每个助卷辊都装有位置和压力传感器，程序自动跟踪并计算带钢头部位置并适时给液压缸发出跳跃信号。在带钢卷取过程开始后，每当带钢头部卷到距离任一助卷辊很近的位置时，该助卷辊都以位置控制方式迅速抬起，和带钢脱离接触，为了安全起见，助卷辊的跳跃量略大于带钢厚度。而当带钢头部通过助卷辊后，该助卷辊则迅速回靠以压紧卷筒上的带钢，并按压力控制方式运行。该过程将持续到卷取若干圈后全部助卷辊打开为止。良好的踏步控制系统应在保证带钢头部不与助卷辊相撞的前提下，尽可能缩小助卷辊和带钢脱离的时间，使卷形不受影响。助卷辊与卷筒之间的初始辊缝间隙设定值见表 2-1。

表 2-1 助卷辊与卷筒之间间隙设定值

助 卷 辊	设 定 值	说 明
1 号助卷辊	$(1.2 \sim 1.5)h$	
2 号助卷辊	$(1.0 \sim 1.2)h$	h 为带钢厚度
3 号助卷辊	$(0.8 \sim 1.2)h$	

带钢进入卷取机完成第一圈卷取时，从第二圈开始，3 个助卷辊依次跳跃，跳跃量为带钢厚度 $h+\delta$，δ 值一般为 3~5mm。跳跃的目的是避开每圈的带钢头部，待头部通过后又迅速压向钢卷。位置控制（APC）和压力控制（AFC）交替动作，在踏步过程中，卷筒要进行二次扩张，二次扩张量由位移传感器测量。助卷辊踏步控制如图 2-6 所示。

需要注意的是，进行踏步控制时要保证每个时刻至少有两个助卷辊处于压力控制方式压在带卷表面，以防止钢卷松散。

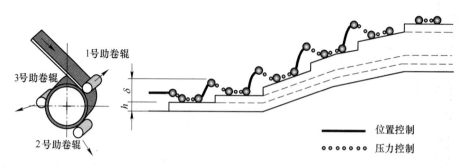

图 2-6   助卷辊踏步控制

h—带钢厚度；δ—跳跃量

2.1.3.4   自动板形控制（ASC）

自动板形控制（ASC）由过程控制级（L2）和基础自动化级（L1）共同完成。L2 级完成模型计算，L1 级完成闭环控制。

板形设定在自动状态下由 L2 板形设定模型根据精轧设定模型计算的结果计算 F1~F7 机架工作辊的窜辊位置和弯辊力，并将设定值下达给 L1。每块带钢可进行 2~3 次板形预设定计算。

板形设定控制主要是为保证带钢头部的凸度目标值和精轧机下游各机架比例凸度，从而也保证带钢平坦度目标值。

A   轧辊辊形计算

工作辊综合辊形计算包括初始辊形即磨削辊形的计算、磨损辊形的计算、热辊形的计算和将三者合并及相应的等效处理，计算出能用于弯辊设定的工作辊综合辊形的特征参数。工作辊初始辊形计算依赖所采用的工作辊辊形，在磨床能保证磨削精度的前提下，可直接采用设计辊形。

工作辊严重磨损和热胀是热轧的一个显著特点，也是影响板形的最主要的两个干扰因素。磨损辊形计算模型和热辊形计算模型是板形设定的两个基础模型，对提高板形设定精度具有非常重要的作用。由于轧制过程中影响工作辊磨损的因素很多，且各因素多具时变性，只能考虑影响磨损的主要因素，通过大量的现场实测，对模型参数进行评估，得出适合热连轧的工作辊磨损计算模型。

工作辊热辊形的计算同样复杂，而且不好直接验证。为了提高计算的速度，同时保证计算精度，在对边界条件进行合理处理的基础上，采用二维差分法计算轧制过程中任意时刻的热辊形。在工作辊初始辊形、磨损辊形、热辊形计算完毕后，对其进行综合。工作辊综合辊形是一条非常复杂的曲线，需对其进行简化，提炼出既能描述轧制过程中工作辊的综合辊形的真实情况，又能满足在线设定要求的特征参数。

支撑辊综合辊形计算包括初始辊形即磨削辊形的计算、磨损辊形的计算、热辊形的计算和将三者合并及相应的等效处理，计算出能用于弯辊设定的支撑辊综合辊形的特征参数。支撑辊初始辊形计算依赖所采用的支撑辊辊形，在磨床能保证磨削精度的前提下，可直接采用设计辊形。

支撑辊严重磨损是热轧的一个显著特点，也是影响板形的最主要的干扰因素之一，其计算精度对提高板形设定精度具有重要的作用。由于支撑辊的换辊周期较长，换辊周期内轧制的品种、规格很多，影响其磨损的因素很多，从理论上进行计算很困难，也只能采用经验模型，通过大量的现场实测，对模型参数进行评估，得出适合热连轧的支撑辊磨损计算模型。

相对工作辊的热辊形而言，支撑辊热辊形较稳定，辊身各点温差变化不大。因此，支撑辊热辊形的计算可采用经典的简化计算模型。在支撑辊初始辊形、磨损辊形、热辊形计算完毕后，对其进行综合。支撑辊综合辊形也是一条非常复杂的曲线，需对其进行简化，提炼出既能描述轧制过程中支撑辊的综合辊形的真实情况，又能满足在线设定要求的特征参数。

B　工作辊窜辊设定

工作辊窜辊设定主要完成 F1~F7 工作辊窜辊位置的设定计算。

针对不同的工作辊辊形配置，窜辊的目的也有所不同。对于平辊形或普通辊形的工作辊辊形配置，通过窜辊调整，可以改善辊面的不均匀磨损，达到增加同宽规格轧制长度和单位总轧制长度、延长工作辊换辊周期、实现自由规程轧制的目的。但对于特殊辊形曲线（如北科大轧制中心的 HVC）的工作辊辊形配置，通过窜辊调整，则主要是达到增加轧机板形控制能力、改善带钢板形的目的。

C　弯辊力计算

根据各机架出口带钢目标凸度和平坦度，由弯辊力计算模型和机架入口、出口的凸度、平坦度计算模型，按照弯辊设定策略求出各机架所需弯辊力。在对各个机架的弯辊力进行设定计算时，若该机架的工作辊为带特殊曲线的辊形，应将弯辊力设定为合适值。当计算出的弯辊力超限时，还需视情况按一定的策略调整前一机架的弯辊力设定计算值的大小。

在各机架弯辊力的设定计算中，对于某些工况，很难将精轧出口的目标凸度和目标平坦度都准确地保持在一个值上，或者有时不能保证机架间平坦度（尽管满足板形良好准则）以便使轧制过程更加顺利。因此，在将精轧出口凸度控制在偏差范围内的前提下，可以依次改变各机架的弯辊力或窜辊量，以使各机架间的带钢宽度方向的不均匀延伸降低。优化计算采用简单的登山法，目标函数为各机架出口平坦度的加权之和。

D　板形闭环控制

弯辊力前馈控制：轧制力波动是板形控制的重要的干扰因素。在热连轧板带生产中，由于轧制温度、材质、精轧来料厚度、辊形等无法准确预知的因素以及 AGC 系统对于辊缝的不断调整，轧制力在轧制过程中会在很大的范围内波动。轧制力变化影响本机架出口带钢凸度，破坏机架间的协调平衡，如果任其发展而不加以干预，则带钢的板形必然也会随之波动，造成生产的不稳定和带钢板形的恶化。为了消除这种由于轧制力的波动给带钢板形带来的不良影响，最有效的方法是使弯辊力随轧制力的波动以一定周期做出相应的补偿性调整，以稳定承载辊缝的形状，使带钢顺行、轧制生产稳定。这一功能由弯辊力前馈控制模型来完成，通常也称小闭环模型，即 F1~F7 工作辊弯辊力根据各机架轧制力变化而进行相应的前馈调节控制，以保证带钢全长板形的稳定。

凸度反馈控制：凸度反馈控制在 L1 周期进行，可在 HMI 上由操作工选择是否投入。根据凸度仪检测带钢实际凸度值，与目标凸度值进行比较，得出凸度反馈控制偏差，依次调整各机架弯辊力，以消除凸度偏差。

平坦度反馈控制：平坦度反馈控制在 L1 周期进行，可在 HMI 上由操作工选择是否投入。根据平坦度仪检测带钢实际平坦度值，与目标平坦度值进行比较，得出平坦度反馈控制偏差，依次通过调整各机架弯辊力，以消除平坦度偏差。由于精轧出口带钢宽度存在温差，带钢经层流冷却和轧制空冷后，带钢平坦度会发生变化。精轧出口轧出完全平坦的带钢，冷却到室温后，带钢又会出现平坦度缺陷。因此，应根据不同的钢种、规格，预先确定合理的平坦度控制目标即补偿策略，以使产品交货时平坦度良好。平坦度仪检测到的是带钢宽度各点的纤维长度差或应力差（测量点数、检测的信号类型与平坦度仪有关），需对其检测到的信号进行模式识别，将其分解成可用于控制的偏差分量，包括一次分量、二次分量和高次分量，分别与一次浪形、二次浪形和高次浪形的控制有关。

在热轧板形控制中，一次浪形和二次浪形较多，尤其是二次浪形。一次浪形的产生原因主要与操作穿带和运行稳定控制有关。对于二次浪形，弯辊调节非常有效，是当前热轧平坦度反馈控制要完成的主要工作。

板厚板形解耦控制：板形板厚之间是一个相互干涉扰动的过程，但是以前板形板厚的控制被作为两个彼此独立的系统进行研究。实际上，由于耦合的存在，板形板厚两个控制系统同时对有载辊缝的控制，必然导致两者不能得到正确的精度，具体表现为对板形的调节影响板厚的调节，对厚度的调节影响了板形的控制。采用单输入单输出（SISO）的控制方法，虽然可以通过反馈、前馈以及 PID 等控制方法来抑制一些随机干扰因素，但是本质上无法摆脱两者之间的相互干扰，而且反馈控制和 PID 控制本质上讲是一种"有差调节"，即控制效果只能是尽量消除"已经存在"的误差。没有从根本上解决板形和板厚的互动影响，因而无法克服两者的质量控制瓶颈，从而降低了两者的控制效果，最终难以进一步提高两者的质量指标，不能完全发挥轧机的轧制潜力。

相关板形控制模型和算法参见第 8 章。

2.1.4　自动化控制系统配置

根据目前国内外热连轧生产线的设备配置水平，为满足轧线的工艺要求、产品质量要求，相应的自动化系统硬件会采用"可编程逻辑控制器（PLC）+高性能控制器（HPC）"的形式。对于逻辑、顺控等低速应用使用 PLC，对自动位置、压力等高速液压闭环控制对象使用高性能控制器。一套典型的自动化控制系统主要配置如下：

（1）过程自动化级（L2 级）配置：核心设备由 2 台高档 PC 服务器和 1 台磁盘阵列柜组成过程控制器（PCS），1 台高档 PC 服务器用作历史数据服务器（HDS）。此外，配备 2 套软件维护开发终端（DEV）和 1 套 HMI 终端，以及几台打印机，方便操作和技术人员对过程控制计算机系统进行监视、维护和开发，保证了故障处理的快速响应和日常维护的规范管理。

（2）基础自动化级（L1 级）配置：基础自动化级（L1 级）配置见表 2-2。

（3）在轧线的炉区、粗轧区、热卷箱/飞剪、精轧区、卷取运输区操作室里设置若干台 HMI 计算机，在计算机室配置 2 台 HMI 服务器。HMI 系统采用客户-服务器架构。

（4）在电气控制室内设置若干台 L1 级工程师站，用于系统程序维护。

（5）计算机室配置 1 台具有网管能力的 3 层网络核心交换机，在各主电室和操作台配置若干具有网管能力的本地交换机。干线采用千兆网络，站点/支线使用百兆网络。

表 2-2　基础自动化级（L1 级）配置

序号	用　途		控制器类型	数量	单位	备　注
1	加热炉区	1 号加热炉电控	大型 PLC	1	套	
		1 号加热炉仪控	大型 PLC	1	套	
		2 号加热炉电控	大型 PLC	1	套	
		2 号加热炉仪控	大型 PLC	1	套	
		3 号加热炉电控	大型 PLC	1	套	
		3 号加热炉仪控	大型 PLC	1	套	
		加热炉区外围控制	大型 PLC	1	套	
2	粗轧区	R1 粗轧逻辑、顺序控制	大型 PLC	1	套	
		R1 粗轧 AGC、AWC 控制	HPC	1	套	CPU×2
		R2 粗轧逻辑、顺序控制	大型 PLC	1	套	
		R2 粗轧 AGC、AWC 控制	HPC	1	套	CPU×2
		定宽机控制	大型 PLC	1	套	
		热卷箱控制	大型 PLC	1	套	
		粗轧区域介质控制	中型 PLC	1	套	
		高压除鳞泵站控制	中型 PLC	1	套	
3	精轧区	飞剪控制	大型 PLC	1	套	
		换辊控制	大型 PLC	1	套	
		精轧区主令速度控制	HPC	1	套	CPU×3
		精轧 AGC 工艺控制	HPC	1	套	CPU×4
		精轧板形控制	HPC	1	套	CPU×2
		精轧区域介质控制	中型 PLC	1	套	
4	卷取及运输区	层流冷却区控制	大型 PLC	1	套	
		1 号卷取控制	HPC	1	套	CPU×2
		2 号卷取控制	HPC	1	套	CPU×2
		3 号卷取控制	HPC	1	套	CPU×2
		运输区控制	大型 PLC	1	套	
		卷取区域介质控制	中型 PLC	1	套	
5	高速网络设备		GDM、RFM 等	1	套	

（6）配置 1 套多通道高速数据采集系统，记录生产过程数据，可用于事后的故障分析。

（7）设置 1 套 VPN 远程监控系统，可以实现非现场的故障远程协助排除和处理。

2.2　自动化控制系统的硬件

2.2.1　过程控制级系统的软硬件

过程控制级主要完成工艺模型计算和设定、模型自学习以及钢卷数据管理、历史数据存贮和生产报表等工作，因此对控制器的计算能力、文件处理能力、数据库处理能力都有较高的要求。早期的处理器技术还未发展成熟，PC 级以 8 位机和 16 位机为主，性能不能满足 L2 级的要求，所以 2000 年左右及以前的 L2 级系统普遍使用 64 位的小型机来承担这些工作，如 Compaq（康柏）公司的 ES20/40 小型机，它收购了 DEC 美国数字设备公司并继续研发和使用 DEC 的 Alpha 系列处理器，最早的工艺为 0.5μm，主频为 200MHz，后来有了主频 1GHz，工艺为 0.18μm 的芯片。虽然这些数据现在看来已经十分落后了，但是这是当时最好的，当然价格也十分昂贵。选择小型机作为 L2 级控制器的另两个重要原因是其出色的稳定性和计算机病毒少。所以尽管当时 PC 机已经发展到 486、奔腾 CPU，性能也能满足过程控制的要求，但是正是由于后两点，所以没有成为 L2 级的首选。

随着 PC 技术的持续发展，PC 服务器的稳定性大大提高，而且 Windows 操作系统也越来越被人们所接受，所以从 2002 年左右开始，L2 级计算机纷纷转向 PC 服务器。当然，还有个重要的原因就是 PC 服务器的价格远远低于小型机的价格。另外，小型机使用的操作系统是 OpenVMS 或 UNIX，但这两款操作系统开放性差、价格高，对外设的支持也不如 Windows 丰富，也一直困扰着 Alpha 小型机的普及。

现在，热轧自动化各大系统集成商在 L2 级的硬件选型上主要有两种方案，一种是使用容错式服务器，另一种是使用服务器集群方式。容错式服务器采用的是部件级别的冗余，即主机内部有冗余的 CPU 部件和 I/O 部件，同时 CPU 部件和 I/O 部件交叉通信（见图 2-7），用部件冗余的方式消除了系统内部包括 CPU、内存、I/O 控制设备以及硬盘（RAID1）甚至底板的单点故障。

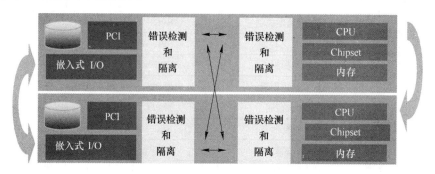

图 2-7　容错式服务器结构示意图

容错式服务器在 Windows 平台下可以达到 99.9997% 的可靠性，平均每年非计划外的停机时间小于 3min。这种实测数据包括了操作系统和其他软件的因素，从某种程度上说明，Windows 平台的容错式服务器的可靠性甚至超过了任何 UNIX 操作系统平台下的服务器。同时其独特的冗余结构和容错技术，改进和完善了 Windows 操作系统的可靠性和稳定性，包括驱动程序的强化、在线转存功能，所有部件具有热插拔驱动功能、快速重启功能等。

容错系统可以在任何 CPU、内存单元或 I/O 单元发生故障的情况下，瞬间切换到冗余的部件上，而不丢失任何动态数据或状态。因此容错式服务器避免集群所产生的故障切换和恢复时间，以及该过程中动态数据的丢失。

当然容错式服务器的价格很高，对于稳定性要求高的生产线是首选。

集群式服务器一般可采用热备形式，如图 2-8 所示。当然要求不高的场合也可以冷备。

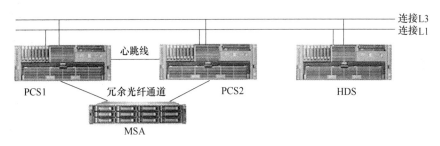

图 2-8 集群热备式服务器方案

服务器集群形式的整体可靠性通常只能达到 99.9%~99.99%，即只能保证系统的每年平均计划外故障停机时间在 53min 到近 9h。另外集群服务器的故障切换是建立在软件的基础上，随着数据库越来越大，应用的复杂性越来越高，切换时间可以从几分钟甚至到几十分钟，而且切换过程中会停止实时数据处理和对外服务。但是因为这种方案总体造价低，所以是采用最多的一种形式。采用双机热备集群形式的 L2 及服务器系统的网络结构如图 2-9 所示。

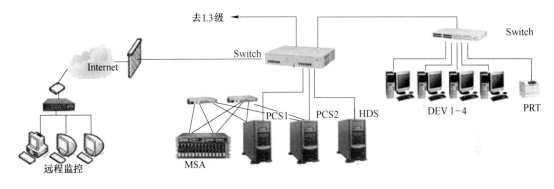

图 2-9 L2 硬件系统双机热备方案

2.2.2 基础自动化级的软硬件

2.2.2.1 可编程逻辑控制器

可编程逻辑控制器（Programmable Logic Controller）诞生于 20 世纪 60 年代，是一种数字运算操作的电子系统，专为在工业环境应用而设计。它主要用来代替继电器实现逻辑控制。它采用一类可编程的存储器，用于其内部存储程序，执行逻辑运算、顺序控制、定时、计数与算术操作等面向用户的指令，并通过数字或模拟 I/O 模板控制各种类型的机械或生产过程。可编程序控制器及其有关外部设备，都按易于与工业控制系统联成一个整体并易于扩充其功能的原则设计。随着技术的发展，到现在为止可编程控制器的功能已经大大超过了逻辑控制的范围，成为最可靠、应用最广泛的工业控制器，具有如下特点：

（1）采用模块化结构，便于集成和扩展。

（2）I/O 接口种类丰富，包括数字量（交流和直流）、模拟量（电压、电流、热电阻、热电偶等)、脉冲量、串行数据等,与外部连接极为方便。

(3) 运算功能完善,除基本的逻辑运算、浮点算术运算外,还有三角运算、指数运算、定时器、计数器和 PID 运算等。

(4) 编程方便,可靠性高,易于使用和维护。

(5) 通信功能强大,配合不同通信模块(以太网模块、各种现场总线模块等)可以与各种通信网络实现互联。

(6) 另外,通过不同的功能模块(如模糊控制模块、视觉模块、伺服控制模块等)还可完成更复杂的任务。

世界上比较著名的使用比较广泛的大型 PLC 生产厂商主要有德国西门子公司、美国罗克韦尔公司、GE FANUC 公司、法国施耐德公司、日本三菱公司等。中国大陆和台湾地区也出现很多 PLC 品牌,但以中小型的居多,如和利时、浙大中控、浙大中自、南京冠德、智达、永宏、台达、盟立等。下面分别介绍在我国钢铁热轧行业主要使用的几个品牌。

A   西门子公司的 SIMATIC S7-400 PLC

西门子公司的 SIMATIC S7 PLC 是其 S5 系列的升级换代产品。S7 系列以其模块化、易扩展、坚固耐用、网络支持广和界面友好的设计而成为在冶金行业使用最为广泛的控制器之一。

S7-400 是用于中高档性能范围的可编程控制器,如图 2-10 所示。它具有模块化、无风扇的设计,坚固耐用、扩展方便,极强的通信能力和友好的用户操作性。它具有各种级别的 CPU 模板以及许多方便的使用功能,种类齐全的信号模板和特殊功能模板,其模板可在通电的状态下实现热插拔,使用户能为各种自动化项目找到合适的解决方案。它具有很高的电磁兼容性,

图 2-10   西门子 S7-400 系列 PLC

可允许运行的环境温度高达 60℃,且抗冲击、耐振动,能最大限度地满足各类工业环境的考验。

S7-400 采用模块化设计,使其能够按照不同的需求灵活组合。一般包括:电源模板(PS)、中央处理单元(CPU)、各种信号模板(SM)、通信模板(CP)、功能模板(FM)、接口模板(IM)、信号 I/O 模板。

S7 系列 PLC 的编程语言为 STEP7,为生成用户程序,STEP7 提供了 5 种标准化编程语言:语句表(STL)、梯形图(LAD)、功能图(FBD)、连续功能图(CFC)和顺序功能图(SFC)。

STEP7 具有较完整的操作集,包括二进制逻辑、括号命令、结果分配、保留、计算、装入、传输、比较、生成补码、块和定点、浮点运算函数、阶跃函数、三角函数、根函数及对数函数等。

系统功能包括中断屏蔽、数据复制、时钟功能、诊断功能、故障和出错处理、模板参数分配及中断和信号发送功能等。

S7 PLC 中的 CPU 主要技术参数（以 S7-400 的 CPU416-3 规格说明）：

（1）内置 5.6MB 代码内存和 5.6MB 数据内存。

（2）每条二进制指令的执行时间为 0.03μs。

（3）最大可支持到 16K 数字 I/O 或 8192 模拟 I/O。

（4）带有钥匙开关选择操作方式，拔下钥匙可限制用户对数据的访问权限。

（5）设有口令字保护，来确定访问权限。

（6）提供诊断寄存器，可保留 120 个故障或中断事件。

（7）集成 2 个 Profibus-DP 接口，可直接接入 Profibus 网，速率最快达 12Mb/s。

（8）集成 1 个 PROFINET 接口，可以直接连接 PROFINET 网络和普通以太网络。

除了标准 S7-400PLC 外，还提供 S7-400H 容错冗余型 PLC 和 S7-400F/FH 故障安全型 PLC。

S7-400H 容错冗余型 PLC 是通过两个并行的 CPU 互为热备来实现的，这两个 CPU 通过光纤连接，并通过冗余的 Profibus-DP 线路对冗余 I/O 进行控制。在发生错误时，将会出现一个无扰动的控制传输，即未受影响的热备设备将在中断处继续执行而不丢失任何信息。容错冗余型 PLC 的编程方式与非冗余标准型 PLC 的编程方式相同，都使用 STEP 7 平台。

S7-400F/FH 故障安全型 PLC 是对 S7 系统控制器的一个补充，是基于容错冗余型 S7-400H PLC 技术的安全型 PLC。当错误事件发生时，S7-400F/FH 立即进入安全状态或安全模式，这就确保了人、机器、环境和过程的高度安全，它将标准自动化功能和与安全技术相关的技术融为一体。S7-400F/FH 的 CPU 基于 S7-400H 系统的 CPU，并增加了 F 库。F 库包括经德国技术监督委员会认可的预装配的基本功能块以及安全型 I/O 模块的参数化工具。

B 西门子公司的 SIMATIC S7-300 PLC

SIMATIC S7-300 PLC 是一种体积小巧功能强大的通用型 PLC，如图 2-11 所示，能适合于自动化工程中的各种中型应用场合，是西门子公司市场占有率最大的一个 PLC 系列。S7-300 PLC 具有以下显著特点：

（1）循环周期短，处理速度快。

（2）指令集功能强大，可用于复杂功能。

（3）产品设计紧凑。

（4）模块化结构。

图 2-11 西门子 S7-300 系列 PLC

（5）支持多种通信协议，如工业以太网、Profibus、AS-Interface、EIB、MPI 等。

（6）无电池设计，程序存储在 MMC 程序卡中。

（7）免维护。

S7-300 PLC 具有各种不同档次的 CPU 可供选择，同时还提供集成了运动控制功能和 I/O 的紧凑型型号。此外，S7-300 PLC 中的 I/O 模板与西门子的远程 ET200M 型远程 I/O 站的模板通用，这就进一步减少了运行备件的种类和数量，为维护带来了便利。

C 西门子公司的 SIMATIC S7-1200/1500 PLC

2011 年，西门子推出 SIMATIC S7-1200 系列 PLC，如图 2-12a 所示，用于逐渐取代 S7-200 型 PLC。控制器实现了模块化和紧凑型设计，并具有一定的可扩展性，最多可扩展连接 8 个信号模块。集成的 PROFINET 接口可用于编程，与 HMI、PLC 通信，同时支持 16 个 TCP/IP native、ISO on TCP 和 S7 通信链接。CPU 集成 50KB 的工作内存及 2MB 的加载内存和 2KB 的记忆内存。集成运动控制功能，还具有闭环回路控制功能，最多可支持 16 个 PID 控制回路，可以实现多种类型的自动化任务。

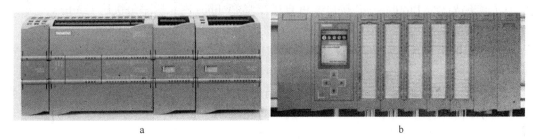

图 2-12   西门子 S7-1200 系列 PLC（a）和西门子 S7-1500 系列 PLC（b）

2013 年，西门子推出更高端的 SIMATIC S7-1500 系列 PLC（图 2-12b），用于逐渐取代 S7-400 型 PLC。它集成了运动控制、工业信息安全、故障安全和系统诊断功能。已上市产品有 6 种型号的 CPU，可完成中、高端性能的应用。目前最高端的 CPU 位指令处理时间最短可达 1ns，浮动运算也只需 6ns，并集成运动控制，可控制高达 128 轴。支持高达 32GB 的存储卡，可存储项目数据、归档、配方和相关文档。I/O 地址空间达到 32K，扩展能力更强，最大可以扩展至每机架 32 个模块。新的 I/O 模块结构设计使得用户接线更加简便和整洁。CPU 模块的前面板配置了一块显示屏，可以显示文本和数据信息。S7-1500 的诊断功能更加强大，不需要额外编程，只需配置即可实现诊断，即便 CPU 处于停止模式，也不会丢失系统故障和报警消息。集成系统诊断功能、模块系统诊断功能支持即插即用模式，各种信息都可以在 CPU 显示器上显示出来，并可送到人机界面（HMI）上显示。值得一提的是，集成的软件保护功能，能够防止对 CPU 和存储卡内程序的未经授权的拷贝、访问和修改。全新的 S7-1500 具有标准型和故障安全型两种不同类型的 CPU 模块。

新的 1200/1500 系列 PLC 采用西门子最新的 TIA 博途（Portal）软件编程。TIA 博途是西门子新一代的工程设计软件平台。它采用统一的工程组态环境，具有直观化的用户界面、高效的导航辅助设计过程，用户可以很快速地从 STEP7+WINCC 的平台转移到 TIA 博途平台。它集成了硬件组态、参数设置以及调试和诊断操作，支持多人同时编程，具有 4 级访问权限设置（HMI 连接需要密码），能够更好地保护用户知识产权。

D GE FANUC 90-70 系列 PLC

GE 90-70 系列可编程序控制器是 GE Fanuc PLC 家族中功能十分强大的一款产品，它适合用于大中规模自动化系统，为国际上少数采用开放式结构的 PLC 控制器之一，如图 2-13 所示。它采用了最新的设计和制造技术，系统配置和安装简易。机架总线采用开放式的 VME 总线结构，因此除了能使用 GE-FANUC 公司自己的 I/O 模板和通信模板外，还兼容第三方厂家的各类 VME 模板，如基于 VME 总线的高速 I/O 模板、RESOLVER 输入模板、SSI 模板、高速内存映象网模板等，因而便于用户集成性能更为完善和强大的控制系统。GE 90-70 可编程序控制器的 CPU 模块具有一系列不同性能规格的型号。在系统配置中，除本身的机架 I/O 模块外，还可通过工业现场总线网络与远程 I/O 模块相连接，构成一个功能强大、价格合理的控制系统平台，以满足各种大规模、复杂的高速控制要求。

图 2-13　GE 90-70 系列 PLC

其硬件有如下特点：

（1）CPU 模块具有浮点运算功能。

（2）系统机架采用标准的 VME 总线结构。

（3）开关量最大为 12288 点，模拟量最大为 8192 点。

（4）CPU 内存从 512K 字节到 6M 字节。

（5）具有高密度（32 点）的 AC 或 DC 输入/输出模块。

（6）简易的模板锁卡，可防止错误安装 I/O 模块。

（7）具有标准的硬件方式，可响应开关量或模拟量中断输入。可处理 64 个事故中断和 16 个时间中断。

（8）很方便的系统和模块自诊断功能，且极易故障排除。

（9）在 CPU 模块内，有电池支持的日历和时钟。

其软件结构有如下与众不同的特点：

（1）具有功能很强的编程及组态软件，采用结构化的编程方式。除可采用一般的梯形图逻辑编程方式外，还具有用 C、SFC、STATE LOGIC 等多种编程语言编程的能力。

（2）在 PLC 中采用多任务结构，多达 16 个任务，其中一个为 RLD（梯形图）或 SFC（顺序流程图）外，其余的全部为独立的 C 语言程序。

（3）RLD（梯形图）采用模块化结构，整个梯形图程序由许多 BLOCKS 构成（其中一个为主块 MAIN-BLOCK）。梯形图结构化有利于程序的编写和调试，并便于功能间的联系和隔离。

（4）允许用户用 C 语言开发和定义新的功能块在梯形图中调用，大大增加了系统开发能力。

E　GE FANUC PACSystems™ 系列 PLC

PACSystems 系列 PLC 是 GE 公司推出的原 90 系列 PLC 控制器的升级换代产品，分为 RX3i、RX7i 两个系列，如图 2-14 所示。PACSystems 控制技术建立在标准的嵌入式体系结构上，采用通用的操作系统，高集成化设计。将过程控制、运动控制和离散控制等部分的硬件和软件工具统一

图 2-14　GE FANUC PAC 控制器

在一个控制器中，并在一个平台中实现所有不同硬件的软件编程、配置和诊断。虽然PACSystems系统与传统的PLC很相似，但PAC系统的性能却全面得多。PAC是一种多功能控制平台，它包含了多种用户可以按照自己意愿组合、搭配和实施的技术和产品。而PLC仅是一种基于专有机构的产品，只具备了制造商认为必要的性能。

PACSystems系统具有先进的技术特性和扩展特性，能兼容GE-Fanuc现有的控制系统。RX7i主要性能如下：

(1) Pentium® CPU（300~1800 MHz）。

(2) VME64底板总线，提供了比目前90-70系统高4倍的带宽。

(3) 内置于CPU模块的两个RJ-45形式的10/100M TCP/IP自适应以太网端口，连接到一个内置的自适应的交换机。从而使得机架到机架间的连接，不再需要配备额外的交换机或集线器。

(4) 最多64MB用户内存用于带有所有文档的完整程序的储存和快速执行，这一切功能都在一个CPU中实现。

(5) 强大的指令集支持用户定义的用于高速运算的功能块（C语言编程）。

(6) 高容量的电源模块（100W和350W），无需外接电源。

(7) 支持VME第三方生产的模板，在同样一机架里支持现有的90-70 I/O模块和新的I/O模块。

PACSystems产品由以下控制器组成：

(1) 工业PC，一个全集成的显示屏和工业PC主机。

(2) 基于PCI总线和VME总线的可插拔模块，能为多种设备提供标准接口。

(3) 基于VME64的控制器机架RX7i，提供了所有标准VME模块，包括90-70系列I/O模块和VMIC模块。

(4) 控制器机架RX3i提供了高速PCI总线数据传输率和更广泛的扩展功能来支持90-30系列I/O模块。

F 施耐德Modicon TSX Quantum

施耐德电气公司推出的Quantum PLC具有强大的处理能力，继承了Modicon的传统。Modicon是第一台PLC的发明者。Quantum PLC可以满足大部分离散和过程控制的经济和灵活的控制要求，它易于和Modicon 984/584与Sy/Max控制系统的集成，如图2-15所示。

Quantum系统同时提供了IEC要求的全部5种编程方式：LD、FBD、SFC、IL、ST，将传统DCS与PLC的优势完美地结合于一体，是一种先进的控制器。

图2-15 施耐德Modicon TSX Quantum
系列PLC

它包括Quantum系列CPU模板、I/O模块、远程I/O模板、通信模板、电源模板、底板等。

(1) Quantum系列CPU模板：Quantum系列PLC提供4种功能强大的CPU模板，可以满足从简单的逻辑控制到复杂的生产过程控制对CPU的最佳选择。其中140CPU11302

和 140CPU11303 都为 80186 处理器，时钟频率 20MHz；140CPU43412A 为 80486 处理器，时钟频率 66MHz；140CPU53414A 为 80586 处理器，时钟频率 133MHz，用此 CPU 的单机控制器能支持超过 300 个控制回路和 65000 I/O 点，背板总线速率高达 80M。

（2）Quantum 系列 I/O 模板：Quantum 系列 I/O 模板将送至和来自现场装置的信号转换成 CPU 能够处理的信号电平和格式。所有与总线相连的 I/O 模板都经过光电隔离，以确保安全和无故障操作，所有 I/O 模板都可以由软件进行组态配置。

（3）Quantum 系列电源模板：Quantum 系列电源模板用于插在底板上的 CPU 模板、I/O 模板、通信模板等所有模板供电。根据系统不同的配置，电源有以下三种可选模式：

1）独立电源。

2）独立可累加电源：当 PLC 总消耗量大于一个电源模板的额定电流时，可采用两个以上独立电源模板插在同一底板上，各个电源模板输出电流累加。

3）冗余电源：对于那些不可中断的控制系统，需要电源热备冗余。

（4）Quantum 系列网络接口模板：有 9 种网络接口模板：

1）通过同轴电缆连接的单/双通道远程 I/O 借口模板。

2）通过双绞线的 Modibus Plus 电缆连接的单/双通道分布式 I/O 接口模板。

3）通过双绞线的 Modibus Plus 电缆连接的单/双通道网络可选模板。

4）通过光纤 Modibus Plus 电缆连接的光纤模板。

5）通过双绞线或光纤电缆连接的单通道以太网 TCP/IP 接口模板。

6）通过双绞线连接的 InterBus 接口模板。

7）通过双绞线或光纤电缆连接的 SY/MAX 以太网模板。

8）通过双绞线连接的 LonWorks 接口模板。

9）通过光纤电缆连接的 MMS 以太网模板。

（5）Quantum 系列智能/专用 I/O 模板：Quantum 系列智能/专用 I/O 模板在模板参数或程序初始下装以后，在 Quantum 控制器的最小介入情况下进行。Quantum 系列智能/专用 I/O 模板包括下列部分：

1）高速计数器模板。

2）ASCII 借口模板。

3）高速中断模板。

4）单轴运动模板。

5）多轴运动模板。

（6）Quantum 系列模拟器模板：模拟器模板分为离散量和模拟量的仿真模拟板，其中离散量模拟器模板用于产生多至 16 个二进制输入信号，而模拟量模拟器模板有 2 通道输入、1 通道输出，采用 4~20mA 模板信号。

G 施耐德 Modicon M580 ePAC 控制器

2013 年施耐德公司推出全新的 M580 控制器，被命名为 ePAC，如图 2-16b 所示。Modicon M580 完全基于工业以太网实现连接和通信。Modicon M580 使用 ARM 架构微处理器将标准的以太网嵌入自动化控制器，并且将它应用到内部的背板总线、控制总线和现场总线的通信中，可以实现本地的、远程的设备间无缝的连接和通信的优化。信息可以在控制器、现场设备、HMI/SCADA 系统、工程工作站以及其他智能设备间实时共享，保证系统的实施性和时间一致性。授权的用户可以在与系统平台连接的任何设备上进行配置和调整参数，在无需停机的情况下增加模块、改变架构，甚至修改应用。Modicon M580 提供了一个开放并且安全的系统，先进的网络安全功能能够最大限度地减少病毒攻击事件的发生，有效增强网络信息安全防护能力。

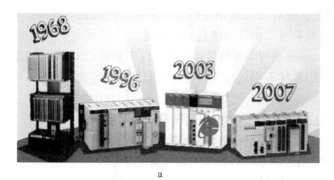
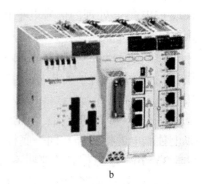

图 2-16　施耐德公司 PLC 控制器

a—施耐德 PLC 产品家族；b—施耐德 Modicon M580

H　Rockwell 公司 PLC 控制器

Rockwell（Allen-Bradley）公司的 PLC-5（图 2-17a）是其早期产品，它在包括冶金、石化、水处理、矿山等几乎所有的行业都有广泛的应用。PLC-5 技术成熟，在大中型应用领域是一种比较好的选择。最近几年，PLC-5 又增加了多种通信功能，增加了它的分布式控制的能力。

图 2-17　Rockwell 公司 PLC 控制器

a—PLC-5 系列；b—ControlLogix 控制器

ControlLogix 控制器（图 2-17b）是 Rockwell（Allen-Bradley）公司继 PLC-5 之后推出的控制器，它将顺序控制、过程控制、传动控制、运动控制、通信技术、最新 I/O 技术等集成在一个小型的具有竞争力的平台里。由于 ControlLogix 控制器采用了模块化的结构，因此用户就有可能设计、建立和更改控制平台。该控制器采用了 RSLogix5000 系列编程环境，提供了易于使用的符合 IEC 1131-3 标准的接口，采用结构和数组的符号化编程，以及专用于顺序控制、运动控制、过程控制和传动控制的指令集，大大提高了编程效率。其 Netlinx 开放式网络结构提供了通用的通信工具用于各种不同类型的网络，例如 Ethernet、

ControlNet、DeviceNet 等。

ControlLogix 控制器可以是一个简单的机架，也可以是由多个机架和网络共同组成的高度分布式控制系统。用户还可以将 ControlLogix 控制器作为一个网关（geteway）使用，包括和其他网络连接所需要的通信模块，这样的 ControlLogix 系统并不需要控制器。如果将 ControlLogix 网关集成在现有的 PLC 系统中，现有网络的用户就可以同其他网络收发信息。ControlLogix 控制器提供了各种各样的输入输出模块，以适应从高速离散控制到过程控制的多种应用场合。ControlLogix 控制器采用了生产者/客户（producer/consumer）技术，这种技术允许多个 ControlLogix 控制器共享输入信息和输出状态。

Rockwell（Allen-Bradley）公司开发的 RSView32 软件是一种集成的基于部件的 HMI，可用来监视和控制自动化设备与过程。RSView32 软件对 Logix 系列产品提供了优先兼容性，用户可以采用 RSView32 软件和 RSLinx 软件来采集、控制和传送工厂级数据。也可以和微软产品共享数据，RSView32 的标签组态、报警组态、记录数据都是与 ODBC 兼容的，可以直接把这些数据记录存入 ODBC 数据源，例如微软 SQL 服务器、Oracle、SyBase，并通过图形来观察数据趋势。

2.2.2.2 高性能控制器

高性能控制器（HPC）往往指的是能够在一个控制器框架内部同时管理和使用 2 块及以上的 CPU、完成实时多任务处理的控制器。每块 CPU 模板都可以轮流（申请）作为控制器内部总线的主控制器，并占有背板总线，因此可以共享公共内存和相关的 I/O。第一个 CPU 除了完成控制任务外，一般还要兼作总线仲裁控制器，以协调其他各个 CPU 对总线的访问。每个 CPU 可以单独完成各自的控制任务，运行周期也可以不同。控制器还配有各种高低速 I/O 模板，以及多种通信协议模板、高速通信网络模板等。

多 CPU 控制器的 CPU 之间的数据交换通过控制器背板总线完成，区域内每个控制器之间的数据交换通过高速通信网络完成，区域间控制器之间的数据交换通过主干网（如以太网、现场总线等）完成。

目前在国内热轧自动化系统里使用比较多的高性能控制器有西门子公司的 TDC 控制器、西马克公司的 X-Pact 控制器、东芝的 nv 系列控制器。

A SIMATIC TDC 控制器

SIMATIC TDC（Technology and Drives Control）控制器（图 2-18）是德国西门子公司推出的一款数字控制系统，用于实时、多任务的复杂生产过程控制和需要高速运算的控制场合，尤其是驱动、能源和过程工程领域中的大型工厂，如连续轧钢过程的控制等。SIMATIC TDC 擅长解决处理复杂的传动、控制和通信任务，在单一平台上拥有最大数量的框架和最短的循环周期，是对西门子公司生产的 SIMATIC S7 控制器的理想扩充。它是一种集成在 SIMATIC 中的工艺和驱动自动化系统，其组态

图 2-18 SIMATIC TDC 控制器

和编程也可以使用 SIMATIC 工具进行。SIMATIC TDC 由一个或多个模板机架组成，多处

理器运行方式可以实现性能的几乎无限制扩展。采用 64 位背板总线技术，使得各模板之间的数据交换可以在处理器周期内完成。

SIMATIC TDC 的突出特性主要表现在以下几方面：

（1）模块化的可扩展结构。SIMATIC TDC 是一种模块化的多处理器系统，由一个或多个机架组成，在机架上可以安装 CPU、I/O 模板和通信模板。电磁屏蔽 19″机架 UR5213 允许硬件扩展，具有较高的性能裕量，总共有 21 个槽位用于扩展模板，并可通过 64 位背板总线连接。对于有很高控制性能要求的场合，在一个机架内可最多允许 20 个 CPU 模板多处理器运行，可连接 44 个机架在一起工作。

（2）64 位结构的高性能 CPU。中央处理单元 CPU551 适用于有较高运算要求的开环和闭环控制任务。它采用 64 位 RISC 技术设计，主频 800MHz，支持浮点运算，内存 1Gbyte 的 SDRAM 和 1Mbyte 同步高速缓存，其性能是上一代产品 SIMADYN D 控制器 PM6 CPU 性能的 10 倍。CPU 可保证严格根据可调的采样时间间隔（100μs）进行循环处理。对于每一个循环周期，操作系统本身只需要 25~50μs 的循环时间。可见它的运算速度非常快，例如 PI 调节器的计算时间为 1~3μs。另外，CPU 本身还集成有 4 个具有报警能力的数字量输入和一个诊断接口。2015 年刚推出的最新型号的 CPU555，性能又进一步提高。CPU555 采用 64 位 2GHz 英特尔 CPU，内存扩大到 2GB SDRAM（DDR3-1333MHz），3 级缓存也扩到 3Mbyte。另外还提供 1MB 电池后备的 SDRAM，用于在 CPU 掉电后保存必要的内存运行数据。同时 CPU555 模板还集成了 3 个 PROFINET 网口，通信处理器采用 32 位 450MHzCPU，并单独为通信处理器配置了 256MB SDRAM（DDR2-400）通信用内存。这样一来，在一般的应用场合，可以省去单独配置额外的以太网模板。CPU555 的程序存储卡也从 PCMCIA 卡形式更换为更通用的 MMC 卡形式。

（3）丰富的 I/O 模板。虽然 I/O 模板只有少量可选，但这些 I/O 模板本身却提供了多项选择来用于连接分布式 I/O 点。SM500 I/O 模板就具有 16 点二进制输入/输出、8 点模拟量输入/输出以及 4 点积分型模拟量输入，另外，它还可连接 4 个增量位置编码器和 4 个绝对位置编码器，使用 6 个 LED 来指示 I/O 模板的运行状态。

（4）提供全局数据存储器 GDM。全局数据存储器 GDM（Global Data Memory,）用以实现 CPU 之间、控制器之间的高速数据交换。GDM 最多可以支持 44 个 TDC 控制器、836 个 CPU 模板之间的数据通信。此外，GDM 还可以实现同步（采样时间、时钟时间）和报警功能。刷新时间小于 1ms。

（5）提供高性能的通信模板。通信模板 CP50M1 和 CP51M1 可提供高性能的通信，可连接 MPI、Profibus DP、快速以太网（使用 TCP/IP 或 UDP），模板还内置 8MB 的缓存，用于同一机架内部 CPU 之间数据的通信。

SIMATIC TDC 使用 STEP7 具进行组态，采用图形化和标准块方法进行编程。硬件组态工具使用 STEP7 的 HW Config 软件，而编程软件为 CFC 连续功能图，丰富的组态库 D7-SYS 提供了大约 330 个经过验证的标准功能块，例如 PI 调节器、斜坡函数发生器、定位程序块、电子凸轮盘、相移程序块等。

这些功能块（FB）都可以在工艺图中调用，并图形化相互连接。在调用时，每个功能块都可以赋值 5 种组态的循环采样时间的一种。用户还可以使用标准 ANSI-C 语言编制专用程序功能块，以实现更为复杂和专门的控制功能。在 CFC 中，可以在线插入和删除程序块，可以创建、修改或删除功能块之间的连接。因此可以在线优化用户程序，从而避免了费时费事的程序编译和装载过程。

TDC 控制器不但被西门子公司用于轧钢控制，国内的自动化系统集成商也大都采用 TDC 作为 L1 级的主控制器。

B GE 高性能控制器

GE 的高性能控制器（图 2-19）基于 VME 总线，从 2015 年底开始由从 GE 分离出去成立的 Abaco Systems 公司负责开发和运营。Abaco Systems 公司专门从事于开放结构总线的嵌入式计算机产品的开发和研究，其产品包括：单板计算机（SBC），通信和网络产品如内存映像网，光纤通道和 SCSI 主站适配器，千兆以太网，以及数据采集和控制产品，如模拟量和数字量 I/O、分布式 I/O、软件驱动和基于 PC 的 I/O 系统。

图 2-19 GE 高性能控制器

Abaco Systems 控制器的 CPU 采用 Intel 公司生产的处理器和 PC/AT 平台。常见的 CPU7768 模板采用主频为 2.16 GHz Intel Core 2 Duo 处理器，基于 Intel 945GME 芯片组，内置 2GB 的 SDRAM，还可以配置 8G 的闪存用于程序存储，最快控制周期可小于 1ms，集成 2 个千兆以太网端口。支持不同的操作系统如 VxWorks、QNX、LynxOS、Solaris、Linux、Windows NT 和 Windows 2000，可以应用于实时仿真系统和模拟器，非常适合于快速生产过程的分布式控制。

基于 VME 总线的 GE VMIC 控制器执行 VME64 模式，支持 VME 总线的中断处理、中断控制，具有四个可编程的实时计时器和看门狗计时器，支持通用串行总线（USB），可用软件设定参数及复位，可引导的内置闪存，硬件实现字节排列顺序的实时转换，具有 PMC 扩展插槽。

与其他工业控制器相比，Abaco Systems 的 CPU 控制器相当于一个小型计算机，其 CPU 模板的面板上还设置有 VGA 接口可以连接显示器，并带有 2 个 SATA 硬盘接口可连接若干 SATA 硬盘，还设置有 2 个串行接口、2 个千兆以太网接口及 4 个 USB 接口，还有 PS/2 键盘和鼠标等接口。另外，还提供各种 I/O 模板和通信模板，可以组成更为复杂的控制系统。因为控制器采用 VME 总线，所以可以使用大量的第三方生产的模板，极大地丰富了其产品的使用范围。CPU 支持多种操作系统，包括 Windows® XP、VxWorks® 和 Linux®。

2000 年前后，GE 的产品在中国冶金行业占有较大的市场，但是随着 2003 年 GE 退出中国和亚太市场，GE FANUC 的 PLC/PAC 产品，包括 VMIC 控制器在国内的市场份额也逐年萎缩。

C X-Pact 控制器

X-Pact® 控制器（图 2-20）基于 PCI 总线使用 VxWorks 嵌入式内核的高性能控制器，是德国西马克（SMS）公司推出的用于自动化程度高、控制复杂度高、对实时性要求严格的场合使用的控制器，主要特点如下。

图 2-20 X-Pact® 5 槽嵌入式控制器

（1）组态灵活、易扩展。

（2）符合 IEC 61131-3 标准的图形化编程环境。

（3）具备故障诊断功能，支持远程服务。

（4）支持多种通信接口（EtherCat、Profibus、以太网等）。

X-Pact® 系统采用最新的 Intel® Core™ 2 Duo CPU。主要参数如下：

（1）主频：2.3GHz。

（2）内存 8GB RAM，硬盘 128 GB SSD。

（3）插槽数：5 槽（用于 APC 或 APC Express（APCe）卡）。

（4）网口：2×10/100/1000 MBit。

（5）串口：2×RS232。

（6）实时时钟。

（7）扫描周期：0.2 ms。

（8）操作系统：VxWorks。

（9）24 VDC 供电，无风扇设计。

X-Pact® 系统使用 LogiCad 图形化平台进行配置和编程，支持使用 C 语言编写程序块，支持在线测试和 I/O 模拟，可以调试程序逻辑。

D nv 控制器

nv 系列控制器（图 2-21）是日本东芝 v 系列控制器的升级，基于 C-PCI 总线技术，集成了顺序控制、回路控制和计算机控制，结构简洁，型号丰富，可以适用于不同的控制场合。相比 v 系列具有下列特点：

（1）使用 ASIC 硬件运行 IEC61131-3 指令，大大提高计算能力，顺序指令的执行周期为 20ns，控制周期最短可以达到 0.5ms。

图 2-21 nv 系列一体化控制器

（2）通过冗余架构和 ECC 内存校验，可靠性大大提高。

（3）通过 TC-net I/O 串行 I/O 系统可以实现 100Mbps 的通信速率，以及最短 100μs

的快速数据 I/O 能力。

（4）上位监控网络可以支持 1Gbps 以太网，同时还可以使用内部的"TC-net 100"实时以太网络。

（5）使用 nV-Tool 工具进行编程，符合 IEC61131-3 标准要求。

nv 系列中常用的 PU811/821 的性能参数如下：

（1）MPU 能力：32 位总线宽度，66MHz 操作频率，360MIPS/1.4GFLOPS 的吞吐能力。

（2）数字协处理器：32 位总线宽度，50MHz 操作频率，20ns 的执行速度。

（3）支持多种 I/O 模板和通信模板。

2.2.2.3 基于 PC 的工业控制器

PC 机早已经深入到包括工业应用在内的人们日常生活的方方面面。通常情况下，在工业环境下，PC 机典型的应用就是人机界面和数据处理等，但是这些任务并不会耗尽 PC 机的全部计算性能。那么，是否能够利用这些尚未使用的资源，将 PC 变成一个控制器呢？答案是肯定的。基础自动化级使用的控制器中，还有一类就是基于 PC 的控制器。基于 PC 的控制器可以分成两种，一种是在 PC 的操作系统下，如 Windows，直接安装软PLC 程序，运行后把 PC 机变成一个"软 PLC"；另一种是在 PC 机中再插一块带实时内核的板卡，程序下载到板卡中执行，如此形成一个"PLC"。两者都可以完成传统意义上的PLC 的工作，但是显然后者比前者的实时性、时钟精度要更高，可以应用于要求更加苛刻的场合。这些"软 PLC"软件在设计时，都考虑了对 PC 的多核处理器的优化，例如某几个核用于 Windows 操作系统本身及其应用程序，而另外几个核专门用于软 PLC 环境的运行，这样就大大提高了运行效率和计算精度。基于 PC 的控制器无疑是一种低成本的解决方案。

一般的，基于 PC 的控制器具有下述功能：

（1）全面的编程环境，支持 IEC61131-3 的编程语言（指令语句表（STL）、梯形图（LAD）、顺序功能图（SFC）、功能块图（FBD）、结构文本（ST））。

（2）可以调用高级语言，如 C 语言，编制用户功能块。

（3）功能块库的管理功能。

（4）全面的调试环境，可以单步运行，设置程序断点。

（5）程序在线调试、下载。

（6）可以实现对软 PLC 变量的在线监视、强制和修改。

（7）变量观察表可以实现数据记录、变量曲线显示（示波器功能）等。

（8）提供图形化控制面板，既可以对控制器硬件、网络等进行配置，又可以监控控制器的运转状态。

（9）提供 OPC 功能，可以让第三方软件，如 Scada 系统访问内存数据。

（10）本地 I/O 扩展：支持多种类型的本地 I/O 接口板卡，如模拟量、数字量、脉冲量、同步串行接口等。

（11）网络开放性：支持以太网 TCP/IP 协议和各种现场总线，如 Profibus、InterBus、CANopen、DeviceNet、Lightbus、DH、Modbus 等。

可以看出，基于 PC 的控制器具有下述优点：

（1）系统既可以运行在嵌入式 PC 中，也可以运行在单板式计算机中，还可以运行在工控机上，也可以运行在普通 PC 上，可以满足各种场合的需求。

（2）在一个系统上，既实现了 Windows 应用（如 MS office、C 语言、用户程序等），又完成了自动化控制任务，实现了跨平台应用。

（3）控制器的性能可以根据 PC 本身处理器的性能进行扩展，可以满足高端应用。

（4）通过共享内存技术，可以在"软 PLC"和 Windows 操作系统下的应用程序之间进行快速的数据交换。

（5）通过通用 PC 硬件平台实现了系统的开放性。

（6）可充分利用不断出现的高性能 PC 和创新技术，实现系统的投资安全性和可升级性。

2.2.2.4　可编程自动化控制器（PAC）

随着 PLC 技术的不断发展，出现了可编程自动化控制器（Programmable Automation Controller，PAC），比如西门子 S7-1500、Modicon M580、GE PAC 等。它是将可编程逻辑控制器（PLC）可靠、坚固、易于扩展等特点与工控机（IPC）强大的计算能力、数据处理能力和众多的第三方软件结合在一起的多功能控制器。系统的硬件和软件无缝集成，不但提高了控制系统的性能，而且更容易进行编程，可以完成更为复杂的功能。PAC 具有 PC 处理器、内存及软件，并且拥有 PLC 的稳定性、坚固性和分布式特点。具体特点如下：

（1）具有通用开发平台和单一数据库，以满足不同领域自动化系统设计和集成的需求。

（2）可以同时满足逻辑控制、过程控制、运动控制和人机界面等功能需求。

（3）允许用户根据系统实施的要求在同一平台上运行多个不同功能的应用程序，并根据控制系统的设计要求，在各程序间进行系统资源的分配。

（4）采用开放的模块化的硬件架构以实现不同功能的自由组合与搭配，减少系统升级带来的开销。

（5）支持 IEC61158 现场总线规范，连接相应总线模块。

（6）支持工业以太网，可以与工厂的 EMS、ERP 等系统轻易集成。

2.2.2.5　编程环境

为了实现对自动化控制器的配置和编程，各大控制器厂家都推出了自己的编程环境（图 2-22），能够完成硬件配置，支持符号编程，支持在线监视、修改和下装，支持浮点运算，支持离线仿真调试和信号强制。后来为了统一，国际电工委员会制定了 IEC 61131 标准，这是 PLC 编程语言的国际标准，我国在 1995 年 11 月发布了 GB/T 15969-1/2/3/4（等同于 IEC 61131-1/2/3/4）标准。IEC 61131-3 标准被广泛地应用于主流 PLC（包括软 PLC）、PAC、HPC、DCS、数控系统和 RTU 等产品中。该标准定义了 5 种编程语言，即：

（1）指令表 IL（Instruction List）：与汇编语言类似的一种编程语言，由操作码和操作数组成，对设计人员要求较高。

（2）结构文本 ST（Structured Text）：用结构化的语言进行编程，语法类似于 BASIC、PASCAL、C 和 Fortran 等高级语言，可以完成较复杂的算法，需要具有一定的高级语言基础，对设计人员要求较高，直观性和操作性较差。

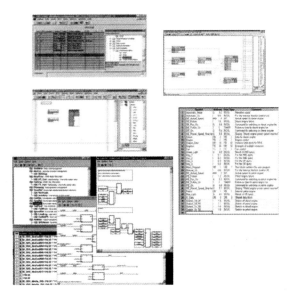

图 2-22　编程环境

（3）梯形图 LD（Ladder Diagram）：是最常用的编程语言，类似于继电器控制逻辑的一种编程语言，容易掌握，是一种最为基本的编程方式，为多数技术人员所采用。

（4）功能块图 FBD（Function Block Diagram）：与数字逻辑电路类似的编程语言，采用带管脚的图形模块进行编程，直观性强，在复杂的控制系统中使用功能块图可以大大缩短编程调试时间。

（5）顺序功能图 SFC（Sequential Function Chart）：为了满足顺控要求而设计的编程语言，编程时将顺序流程的过程分成步和转换条件，根据转换条件对功能流程顺序进行调配。它以功能为主线，使用图形式表达，按照功能流程的顺序一步一步地执行，条理清楚。

2.3　自动化系统的通信

2.3.1　基础自动化级通信的主要特点

带钢热连轧计算机控制系统往往具有较大的系统规模，由多台控制器多层系统分级完成控制，这些系统之间必须进行数据交换，需要网络支持。自动化系统控制功能多，相互之间联系紧密，而且既分散又集中，需要与不同层次的计算机系统进行通信，交换数据的速率要求也不一样，因而不同层次间的通信要采用不同的网络系统。对于冶金工业流程而言，各级计算机系统的通信速度大致是：L3 级和 L2 级之间数据交换周期为 1s 以上；L2级和 L1 级之间数据交换周期为 50~100ms；不同区域之间的 L1 级数据交换周期对于冶炼过程为 200ms，对于轧钢过程为 50~100ms；而同一区域 L1 级的不同控制器之间数据交换周期对于冶炼过程为 20~50ms，对于轧钢过程为 1~10ms；L2 级和 L1 级与 HMI 之间数据交换周期为 500~1000ms。L1 级控制器与控制对象之间的通信周期也不尽相同，如对于控制周期为 2~3ms 的快速液压回路，通信周期应在 1ms 以内；而对于控制周期在 20ms 以内的厚度、宽度等参数的回路，通信周期应在 5ms 以内，因此应该合理地设计通信网络并配置合适的通信功能模板。

另外，为了尽可能减少系统的硬线连接数量，在自动化级会大量地采用远程 I/O 技术，同时与传动系统及其他系统之间也通过通信网络连接。一般而言，基础自动化级与下级的传动和执行器器之间采用现场总线通信，而与上级（过程控制级和 HMI）通过快速以太网通信，在基础自动化级内局部对实时性要求很高部分的还可能需要使用更高速的通信网络，如内存映象网、全局数据内存网等。

可见自动化的通信具有种类多、实时性要求高、稳定性要求高、连接设备多等特点。现在轧钢控制系统中更多使用的是工业以太网和现场总线技术。

1980 年 Xerox、DEC 和 Intel 公司共同起草了一份 10Mbps 的以太网标准。1985 年以太网协议首次成为正式的 IEEE 标准，以后又产生了大量的修订版和增补版。802.3 标准公布以后，以太网很快就在世界范围内的局域网市场上取得领先地位。1995 年，IEEE 公布 IEEE802.3u 快速以太网 100BASE-X 标准。到目前已有 1Gbps 和 10Gbps 的产品问世，尤其是 1Gbps 的工业以太网已在工业控制中得到广泛的应用。交换式以太网技术的出现使得以太网的通信效率成倍提高。另外 Ethernet 的传输介质也从昂贵且较难施工的同轴电缆发展到目前廉价的双绞线和光纤，稳定性和抗干扰性也大大提高，完全能够适应现场强电磁环境的要求。

现场总线是 20 世纪 80 年代中期在国际上发展起来的。2000 年国际电工委员会（IEC）通过了 IEC 61158 标准，包括 8 种类型的现场总线：基金会现场总线 FF、美国 Rockwell 公司的 Control Net、德国西门子的 Profibus、丹麦 Process Data 公司的 P Net、Fisher Rosemount 公司的 FF HSE、美国波音公司的 Swift Net、法国 Alstom 公司的 WorldFIP、德国 Phoenix Contact 公司的 Interbus。如今的控制系统中都大量使用现场总线，一方面是因为在系统中使用现场总线技术可以大大减少系统硬线连接的数量，增强系统的可维护性和简洁性；另一方面是因为许多现场总线技术已经十分成熟，硬件功能完善，且价格也比较适中。

2.3.2 基于串行接口的通信

串行通信是最常见的通信方式。它是指通信的发送方和接收方之间数据信息的传输是在单根数据线上，以每次一个二进制的 0 或 1 为最小单位进行传输。串行通信的特点是：数据按位顺序传送，最少只需一根传输线即可完成，成本低但传输速度慢。串行通信的距离可以从几米到几千米。RS-232、RS-422 与 RS-485 都是串行数据接口标准。

RS232 是计算机与通信工业中应用最广泛的一种串行接口。RS-232 被定义为一种在低速率串行通信中增加通信距离的单端标准，它采取不平衡传输方式，由电子工业协会（EIA）作为工业标准在 1962 年发布并命名为 EIA-232-E。RS-232 的接口形式为 DB25 和 DB9 两种标准 D 形接口。RS232 的传送距离最大约为 15m，常见的传输速率一般为 4.8/9.6/19.2/38.4Kbps。

RS-422、RS-485 与 RS-232 不一样，其数据信号采用差分传输方式，也称作平衡传输。它使用一对双绞线，传输距离可以达到几公里。RS-422 的标准称为 TIA/EIA-422-A，它改进了 RS-232 通信距离短、速率低的缺点，它将传输速率提高到 10Mb/s，传输距离可达 4000ft（1219.2m）。RS-422 是一种单机发送、多机接收的单向、平衡传输规范。在

RS-422 基础上，EIA 又于 1983 年制定了 RS-485 标准 TIA/EIA-485-A，它增加了多点、双向通信能力，即支持多主结构，并增加了发送器的驱动能力和冲突保护特性。

RS232 在计算机上使用很广泛，但在工业环境中，由于受到环境的影响则很少采用，相反 RS422/485 却使用很广泛。现在有很多厂家能够提供小巧的 RS232-RS422/RS485 转换器，可以方便地实现计算机与控制器之间的连接。

现在，许多在线检测仪表，如高温计、压力仪、流量仪除硬线接口外还提供串行接口。有些工业控制器的 CPU 模板上还集成了串行接口，用于连接编程器和进行模板配置。还有一些特殊功能模块上也设有串行接口，用于完成模板固件的升级和参数的配置。此外，许多控制器生产商还提供专门的串行控制器模板并通过编程配置来完成串行通信任务。

2.3.3 基于以太网的通信

以太网是目前应用最广泛的一种网络。以太网是开放式广域网，可以用于复杂和广泛的对实时性要求不高的通信系统。工业上使用的以太网称为工业以太网，它符合国际标准 IEEE802.3，使用屏蔽同轴电缆、屏蔽双绞线和光纤等几种通信介质。由于工业现场环境比较恶劣，电磁干扰很强，因此对通信电缆的屏蔽性能要求很高，必须使用带屏蔽层的电缆。其拓扑结构可以是总线型、环型或星型，传输速率 10M/100M/1000Mbit/s。目前工业上最高用到 1000Mbit/s。采用电气网络时两个终端间最大距离 4.6km。如果使用光纤可达几十公里。

在工业控制系统中，以太网可以用于区域控制器之间、控制级之间或与人机界面之间的通信。

快速以太网主要包括 100Base-TX、100Base-FX、100Base-T4 和 100Base-T2 四种，其中应用最广泛的是 100Base-TX 和 100Base-FX。快速以太网的快速实际上是相对 10M 以太网来说的，虽然快速以太网的传输速率是 10M 以太网的 10 倍，但它们的拓扑结构和介质几乎完全一样，快速以太网的帧结构和介质访问控制方式完全沿袭 10M 以太网的标准。

从 OSI 参考模型来看，快速以太网与 10M 以太网一样也占有物理介质、物理层和数据链路层，如图 2-23 所示。从 IEEE802 标准来看，它具有 MAC 子层和物理层（包括物理介质）的功能。

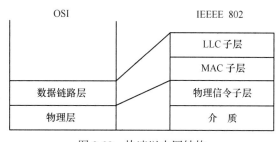

图 2-23　快速以太网结构

在统一的 MAC 子层下面，有四种百兆比特以太网的物理层，每种物理层连接不同的媒体来满足不同的布线环境，如图 2-24 所示。

局域以太网从 10M 开始，发展到现在，千兆甚至万兆以太网已经出现。千兆以太网

图 2-24　4 种快速以太网的物理层

以高效、高速、高性能为特点，已经被大量应用于冶金行业。千兆以太网和 10M/100M 以太网完全兼容，并利用了原以太网标准所规定的全部技术规范，其中包括 CSMA/CD 协议、以太网帧、全双工、流量控制以及 IEEE802.3 标准中所定义的管理对象。作为以太网的一个组成部分，千兆以太网也支持流量管理技术。

构建以太网络，需要交换机、网卡、光纤收发器（距离大于 100m）、双绞线或光缆。其组成结构如图 2-25 所示。

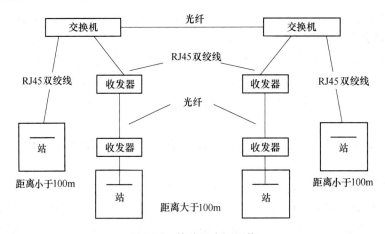

图 2-25　快速以太网网络

（1）传输介质：在 100M/1000M 以太网络中主要使用双绞线与光缆两种介质。对于 100Base-TX 和 1000Base-T，可以选用阻抗为 100Ω 的 5 类非屏蔽双绞线，也可以选用 150Ω 的屏蔽双绞线，屏蔽和非屏蔽双绞线的最大距离为 100m。

对于 100Base-FX 和 1000Base-LX/SX，一般选用 62.5/125μm 多模光纤，也可选用 50/125μm、85/125μm 和 100/125μm 的多模光纤。同一个完整的光缆段上必须选择同种型号的光缆，以免引起光信号不必要的损耗。对多模光纤，在 100M/1000Mbps 传输速率、全双工情况下，系统中最长的媒体段可达 2km。也支持单模光纤作为传输媒体，在全双工情况下，单模光纤段可达到 40km，甚至更长，但价格要比多模光纤贵。

（2）交换机：交换机是百兆快速以太网络星型结构的核心。按所用媒体可分为使用双绞线的集线器和使用光纤的集线器；按硬件设备可分为单台非扩展型、堆叠型和厢体型；按照通信速率可以分为 10M/100M/1000M。从 1997 开始，陆续出现了第 2 层交换和第 3 层路由的交换机产品，这种技术称之为"多层交换"（multilayer switching）。支持有选择的广播和组播抑制，支持 VLAN 及 VLAN 之间的数据包转发和防火墙功能，全面支持 TCP/IP 和 IPX 路由。

（3）网卡：网卡是一块计算机和传输媒体之间连接的物理部件，用于实现数据链路控制、媒体访问控制子层 MAC 的功能以及物理层的功能。网卡的作用是为计算机数据发送到网络电缆做准备；把数据发送到其他计算机上；控制计算机和布线系统之间的数据流；接收来自传输媒体的数据，并将其转换成计算机 CPU 能够理解的字节；向网络的其他部分宣告它的地址，以区别于网络上的其他网卡。

为了更好地在工业上应用以太网，要从通信协议、电源、通信速率、工业环境认证、简单通信功能和通信管理功能、电口或光口及散热等多方面考虑。还应该具有信号强弱、端口设置、出错报警、串口使用、多种冗余（生成树/快速生成树冗余（STP/RSTP）和环网冗余（RapidRingTM））、链路聚合（主干冗余（TrunkingTM））、服务质量（QoS）、虚拟局域网（VLAN）、简单网络管理协议（SNMP）、端口镜像等功能。

虽然脱胎于 Intranet、Internet 等类型的信息网络，但是工业以太网是面向生产过程，对实时性、可靠性、安全性和数据完整性有很高的要求。既有与信息网络相同的特点和安全要求，也有自己不同于信息网络的显著特点和安全要求：

（1）工业以太网实时性要求高，网络传输要有确定性，数据传输中可以采用加密的方式来防止关键信息窃取。工业以太网的实时性主要是由以下几点来保证的：限制工业以太网的通信负荷，采用 100M 的快速以太网技术提高带宽，采用交换式以太网技术和全双工通信方式回避固有的 CSMA/CD 机制。

（2）整个企业网络按功能可分为处于管理层的通用以太网和处于监控层的工业以太网以及现场设备层（如现场总线）。管理层通过以太网可以与控制层的工业以太网交换数据，上、下网段采用相同协议自由通信。

（3）工业以太网中周期与非周期信息同时存在。周期信息的传输通常具有顺序性要求，而非周期信息有优先级要求，如报警信息是需要立即响应的。

（4）工业以太网要为紧要任务提供最低限度的性能保证服务，同时也要为非紧要任务提供带宽，所以工业以太网同时具有实时协议也具有非实时协议。

（5）开放互联是以太网的优势，远程的监视、控制、调试、诊断等极大地增强了控制的分布性、灵活性，打破了时空的限制，但是对于这些应用必须保证经过授权的合法性和可审查性。

2.3.4 基于现场总线的通信

现场总线是应用于生产现场，在执行/传感设备与控制设备之间实现多节点、串行、双向、数字通信的网络系统，是一种开放的底层控制网络。

现场总线技术将专用的微处理器置于传统的传感器或执行器中，使它们具有通信能力，通过公开的、规范的通信协议，以双绞线等作为介质，把多个分散站点连接成一个网络系统，与上位机实现数据与信息交换。

现场总线给工业控制系统的体系结构带来巨大的变革。现场总线标准起草工作始于1984 年，经过十多年的努力，国际电工委员会（IEC）在 2000 年 1 月 4 日通过了 IEC 61158 国际标准。该标准包括 8 种类型的现场总线标准：Profibus、FF-H1、FF-HSE、Control Net、WorldFIP、Interbus、P-NET 和 Swift Net。到目前已经到第四版（2007），现场总线也从开始的 8 种增加到 20 种，见表 2-3。

表 2-3　IEC61158 第四版现场总线

类型	名　称	类型	名　称
Type1	TS61158 现场总线	Type11	TCnet 实时以太网
Type2	CIP 现场总线	Type12	EtherCAT 实时以太网
Type3	Profibus 现场总线	Type13	Ethernet Powerlink
Type4	P-NET 现场总线	Type14	EPA 实时以太网
Type5	FF HSE 高速以太网	Type15	Modbus-RTPS 实时以太网
Type6	SwiftNet 被撤销	Type16	SERCOS Ⅰ、Ⅱ 现场总线
Type7	WorldFIP 现场总线	Type17	VNET/IP 实时以太网
Type8	InterBUS 现场总线	Type18	CC_ LINK 现场总线
Type9	FF H1 现场总线	Type19	SERCOS Ⅲ 实时以太网
Type10	PROFINET 实时以太网	Type20	HART 现场总线

表 2-4 列出了一些在冶金行业常见的现场总线的性能数据。

表 2-4　部分现场总线的性能

总线协议	最高通信速率	最长距离
PROFINET	100Mbps	100m
Profibus	12Mbps/100m	1200m/9.6kbps
RS422/485	10Mbps	1200m/100kbps
CAN/CAN OPEN	1Mbps/40m	10000m/5kbps
Ethernet/IP	100Mbps	100m
ControlNet	5Mbps	6000m
DeviceNet	500kbps/100m	500m/125kbps

　　如今的控制系统中都大量地使用现场总线技术。一方面是因为在系统中使用现场总线技术可以大大减少系统硬线连接的数量，增强系统的可维护性和简洁性；另一方面是因为许多现场总线技术已经十分成熟，硬件功能完善，且价格也比较适中。

2.3.4.1　Profibus

　　Profibus（Process Field bus）协议是一种集成 H1（过程）和 H2（工厂自动化）的现场总线解决方案，是一种不依赖于制造商的开放式现场总线标准。采用 Profibus 标准系统，不同制造商所生产的设备无需对其接口进行特别调整就可以通信。Profibus 既可以用于高速且对时间苛求的数据传输，也可以用于大范围的复杂通信场合。它最早由西门子公司提出。

　　Profibus 满足 ISO/OSI 网络化参考模型对开放系统的要求，构成从变送器/执行器、现场级单元级直至管理级的透明的通信系统。Profibus 有三种类型，即 Profibus-FMS（现场总线报文规范）、Profibus-DP（分散外围设备）和 Profibus-PA（过程自动化）。这三种类型均使用单一的总线访问协议，通过 ISO/OSI 的第二层来实现包括数据的可靠性以及传输协议和报文的处理。它们分别适用于不同的领域：FMS 主要用于工厂、楼宇自动化中的单元级（Cell Levei）；DP 主要用于离散量的控制及楼宇自动化中，实现自控系统和分散式外部设备 I/O 及智能现场仪表之间的高速数据通信；PA 则用于过程控制。DP 和 FMS 用 RS485 传输，属于高速部分，传送速率在 9.6kbit/s～12Mbit/s 之间；PA 则属于低速部分。

Profibus 支持主从模式、纯主站模式、多主多从模式等，主站对总线有控制权，可主动发信息。对多主站模式，在主站之间按令牌传递决定对总线的控制权，取得控制权的主站，可向从站发送、获取信息，实现点对点通信。

Profibus 现场总线是世界上应用最广泛的现场总线技术，在冶金行业应用也十分普遍，它在结构和性能上优越于其他现场总线。Profibus 既适合于自动化系统与现场信号单元的通信，也可用于可以直接连接带有接口的变送器、执行器、传动装置和其他现场仪表及设备，对现场信号进行采集和监控，并且用一对双绞线替代了大量的普通电缆，节省了电缆的费用，也相应节省了施工调试以及系统投运后的维护费用。

2.3.4.2　CAN 和 CAN Open

CAN（Contoller Area Network，控制器局域网）是德国 Bosch 公司为解决现代汽车中众多的控制与测试仪器之间的数据交换而开发的一种串行数据通信协议，它是一种多主总线。其目的是用多点、串行数字通信技术取代常规的直接导线信号连接，可以大量节省车载设备的电缆布线。由于 CAN 总线芯片可靠性高、协议精练、价格低、货源广泛，在工业领域、尤其是汽车行业里获得应用。

CAN 芯片只提供了开放系统互连（OSI）参考模型中的物理层和链路层功能，一般用户必须直接用驱动程序操作链路层，不能直接满足工业控制网络的组态和产品互连要求。为了以 CAN 芯片为基础构成完整的工业控制现场总线系统，必须制定相应的应用层协议，实现系统的组态、设备互连和兼容功能。

CAN Open 是建立在 CAN 基础上的应用层协议，在机械制造、铁路、车辆、船舶、制药、食品加工等领域有大量应用。CAN Open 协议已经成为一种工业现场总线标准 EN-503254。

CAN Open 协议必须以 CAN 芯片为硬件基础，有效利用 CAN 芯片所提供的简单通信功能来满足工业控制网络的复杂应用层协议要求。

2.3.4.3　DeviceNet

DeviceNet 是 20 世纪 90 年代中期发展起来的一种基于 CAN 总线技术的符合全球工业标准的开放型通信网络。它既可以连接底端工业设备（如限位开关、光电传感器、电阻、电动机起动器、过程传感器、条形码读取器等），又可连接复杂的控制设备（如变频驱动器、面板显示器和操作员接口等），是分布式控制系统的理想解决方案。DeviceNet 是一种简单的网络解决方案，在提供多供货商同类部件间的可互换性的同时，减少了配线和安装工业自动化设备的成本和时间。DeviceNet 的直接互连性不仅改善了设备间的通信，同时提供了相当重要的设备级诊断功能，这是通过硬接线 I/O 接口很难实现的。

DeviceNet 虽然是工业控制网的低端网络，通信速率不高，传输的数据量也不大，但它具有成本低、效率高、可靠性高等优点。同时，由于 DeviceNet 采用 CAN 物理层和数据链路层规约，可以使用 CAN 规约芯片，也得到国际上主要芯片制造商的支持。

2.3.4.4　Modbus

Modbus 是一种工业通信和分布式控制系统协议，最早由 Modicon 公司推出，在法国

SChneider 公司兼并 Modicon 后，Modbus 成为 Schneider 公司的主要通信协议，并逐步被众多的硬件生产厂商所支持并广泛应用。

Modbus 是一种主从网络，允许一个主站和一个或多个从站通信，以完成编程、数据传送、程序上装下装及其主机操作。协议主要包括寄存器读写、开关量等命令。采用命令应答方式，每一种命令报文都对应着一种应答报文，命令报文由主站发出，当从站收到后，就发出相应的应答报文进行响应。每个从机必须分配给一个唯一的地址，只有被访问的从机才会反映包含它的地址。也可采用广播式命令，在广播式的报文中使用地址，所有的从机把它当作一个指令并进行响应，但不发回应答报文。

Modbus Plus 是为工业控制应用（如过程控制和监控信息传递）设计的局域网，采用单/双电缆布局，可连接最多 64 个可寻址节点。它是一种高速令牌循环式现场总线，采用 Modbus 的数据传输结构方式。作为一个判定性令牌传递总线，Modbus Plus 以 1Mbit/s 的速率进行通信，从而可以快速存取过程数据。

2.3.4.5　PROFINET

PROFINET 是西门子最早推出的基于工业以太网技术的现场总线，并且已经成为新的基于工业以太网技术的现场总线标准之一。其通信功能的实现是基于传统的以太网 TCP 或 UDP 通信机制，同时又采用 RPC 和 DCOM 机制进行加强。DCOM 可视为用于基于 RPC 分布式应用的 COM 技术的扩展，可以采用优化的实时通信机制应用于对实时性要求苛刻的应用领域。在运行期间，PROFINET 设备以 DCOM 对象的形式映象，通过对象协议机制确保了 DCOM 对象的通信。COM 对象作为 PDU 以 DCOM 协议定义的形式出现在通信总线上。通过 DCOM 布线协议 DCOM 定义了对象的标识和具有有关接口和参数的方法，这样就可以在通信总线上进行标准化的 DCOM 信息包的传输。对于更高层次上的通信，PROFINET 可以采用集成 OPC 接口技术的方式。

PROFINET 根据响应时间不同，定义了三种通信方式：TCP/IP 标准通信、实时（RT）通信和同步实时（IRT）通信。

（1）TCP/IP 标准通信：PROFINET 基于以太网技术，TCP/IP 是以太网的基本协议，虽响应时间在百毫秒的量级，但对于工厂的慢速应用方面是能够满足要求的。

（2）实时（Real-Time，RT）通信：自动化系统对传感器和执行器设备之间的数据交换的速度要求严格，一般最慢也要达到 5~10ms 的周期。对于普通基于 TCP/IP 的工业以太网技术来说，很难达到要求。因此，PROFINET 提供了一个优化的、基于以太网第二层（Layer 2）的实时通信通道，通过该实时（RT）通道，极大地减少了数据在通信栈中的处理时间，因此，PROFINET 可获得等同、甚至超过传统现场总线的实时性能。

（3）同步实时（Isochronous Real-Time，IRT）通信：运动控制（Motion Control）是对通信实时性要求最高的应用场合，PROFINET 的同步实时（IRT）技术可以满足运动控制的高速通信需求，在 100 个轴下，其响应时间小于 1ms，抖动误差小于 1μs。

2.3.4.6　EtherCAT

EtherCAT（Ether Control Automation Technology，以太网控制自动化技术）是以以太网为基础的开放架构的现场总线系统。最初由德国倍福自动化有限公司（Beckhoff Automation GmbH）研发。现在也成为现场总线国际标准之一。

EtherCAT 协议针对过程数据进行了优化，它被直接传送到以太网帧，或被压缩到

UDP/IP 数据报文中。UDP 协议在其他子网中的 EtherCAT 网段由路由器进行寻址的情况下使用。以太网帧可能包含若干个 EtherCAT 报文，每个报文专门用于特定存储区域，该存储区域可编制大小达 4GB 的逻辑过程镜像。由于数据链独立于 EtherCAT 端子物理顺序，因此可以对 EtherCAT 端子进行任意编址。从站之间可进行广播、多点传送和通信。

EtherCAT 网络性能，1000 个分布式 I/O 数据的刷新周期仅为 30μs，其中包括站点子循环时间。通过一个以太网帧，可以交换高达 1486 字节的过程数据，相当于 12000 个数字量 I/O，而传输时间只需 300μs。

EtherCAT 的特点还包括高精度设备同步，可选线缆冗余和功能性安全协议（SIL3）。与 100 个运动轴的通信只需 100μs，同步时间偏差小于 1μs。同时，可以向所有轴下达设置值和控制数据，并上传实际运行数据和状态。

以前需要本地专用硬件支持的功能，通过 EtherCAT 就可在软件中加以映射。EtherCAT 技术不仅与以太网完全兼容，而且该协议可与其他的以太网协议并存，并且共用同一物理介质，而不会对整个网络性能造成更多额外的负担。标准的以太网设备可通过交换机连接到 EtherCAT 系统里，而且不会影响循环时间。配备传统现场总线接口的设备可通过 EtherCAT 现场总线主站端口集成到网络中。这样，通过 EtherCAT 总线也可以形成超高速的控制回路。

2.3.5 超高速通信网络

虽然以太网的速率已经达到千兆或万兆，但是实时性不能满足某些严苛场合的要求。虽然现场总线也能达到 100M 级别，但是也不能满足高性能控制器高速数据交换的需求。一般的，高速控制器的制造商都会提出自己的高速网络，以满足相应的需求。比如在热轧自动化控制领域使用的高性能控制器，采用标准 VME/PCI/CPCI 总线的可以使用"内存映象网"，采用西门子为 TDC 的可以使用 GDM 网络，使用东芝 v/nv 系列控制器的可以使用 TC-net。超高速网络有专用的控制器，可以几乎不占用主控制器 CPU 时间，而且也无需额外软件编程，仅需配置即可使用，是工业领域中最快速的、实时的网络解决方案。

2.3.5.1 内存映象网（RFM net）

内存映象网又称为 RTNet（实时通信网），它是目前工业领域中最快速的通信网络。它可以提供基于 VME 总线、PCI 总线、CPCI 总线的版本。因此不但可以在基于 VME/CPCI 总线的专业控制器里使用，也可以在普通 PCI 总线的 PC 机中使用。内存映象网的通信速率可以达到 2.12Gbps，远远高于其他几种超高速网络。这使得具有不同操作系统或根本没有操作系统的计算机、工作站、PLC 和其他控制器可以实时、高速地共享数据。其基本特点为：

（1）拓扑形式为总线型或环型。

（2）通信速率 170~2120Mb/s。

（3）允许站与站之间距离 300~10000m。

（4）网上最多可连接 256 个站，并提供自动旁路开关。

（5）网上任一站可以向网上发送信息及中断信号到指定站或到网上所有站。

（6）不需要主处理器开销，主处理器仅是向网卡内存中写入信息（即刻传向网上各站）或从网卡内存读取信息（由网卡其他站写入内存映象网卡中）。

（7）网卡共享内存可有 256KB~4MB。

（8）适用于 VME 总线、PCI 总线、CPCI、PMC 总线，同一网中允许不同总线同时存在。

（9）具备错误检测功能、冗余传输模式，用于抑制额外错误。

2.3.5.2 全局数据内存网（GDM net）

全局数据内存网 GDM（Global Data Memory）是西门子公司为其 TDC 控制器开发和使用的一种高速通信网络。GDM 网络核心是 1 台网络存储器（根节点），它采用 TDC 框架但是没有 CPU 模板，只有 GDM 内存模板和光纤 I/O 模板。需要通信的其他 TDC 控制器（站点）通过自己控制器内安插的访问模板，分别经光纤连接到该核心存贮器，组成星形结构。数据传输模式包括握手模式、刷新模式、选择模式和多播模式。GDM 通信性能十分出众，对于一个由 20 台 TDC，其中每台 TDC 都有 4 块 CPU 而组成的控制器群，通过 1 个 GDM 网络每块 CPU 都可以在 1ms 内同时完成 60 字节数据包的发送和接收任务。GDM 网络具有下述特点：

（1）采用星型拓扑结构。

（2）通信速率可达 640Mbps。

（3）中央根站点由一块具有 2M 字节共享内存的中央内存模板和若干块接口模板组成。

（4）其他站点通过专用的存取模板经光纤电缆与中央根站点建立通信联系。

（5）每个站点距中央根站点最远距离为 200m。

（6）一个 GDM 网络最多可以支持 44 个站点，可以实现最多达 836 个 CPU 模板之间的数据通信。

（7）具备故障状态监测功能。

2.3.5.3 TC-net

TC-net 是日本东芝公司用于其控制器之间和实现高速通信的网络，也基于以太网技术，机理采用的是令牌式。只有拿到令牌的站点才能发送数据，而且每站点占用令牌的时间是固定且有限的。在固定的发送时间段内，各站首先要保证将本站中所有高速数据发送出去，然后再发送中低速的数据。如果在规定的时间段内，该站只发送了一部分中低速的数据，那么剩下的尚未发送的数据只有在下一个令牌周期到来后才能被发送出去。通信服务代替扫描传输（循环广播发送和接收）用于周期性的控制数据传输和一般信息传输。信息传输不仅支持 TCP/IP、UDP 协议，还包括东芝公司的"PCMP"（Proeess Control Message Protocol）协议。

在使用东芝 v/nv 系列控制的热轧自动化系统中，TC-net 用于完成 L1 级区域内部之间、区域之间以及和 L2 级之间的通信任务。表 2-5 描述了 TC-net 100 网络的性能数据。

在控制系统中，不一定都要用到 100μs 的最高扫描通信速度，一般会根据控制系统数据传输的具体需求而分成高、中、低三挡速度。高速模式可采用 2ms 周期，中速模式采用 50ms 周期，低速模式采用 100ms 周期。这样既满足实时响应的需要，又合理利用网络资源。高速模式速度并不是数据发送周期，而是令牌循环一周的时间。而中速模式、低速模式为数据传送的时间。

表 2-5 TC-net 100 通信特性

名　称	参　数
介质访问方式	DOMA（确定顺序多路访问）方式
拓扑结构	星形、环形
通信速率	100Mbps
支持冗余	是
连接的节点数	最多 254 节点/系统（包含可选的交换机 UTNH21A 在内）
线缆	5 类屏蔽双绞线或光纤
最大线缆长度	10m（双绞线），2km（光纤）
最远扩展长度	100m（双绞线），4km（光纤）
通信形式	扫描式或消息式
传输方式	扫描传输： 　高速扫描：0.1~160ms； 　中速扫描：2~1000ms； 　低速扫描：2~10000ms； 消息传输； TCP/IP 系统消息传输
扫描传输能力	128kW/系统（16 位/字） 2048 块/系统（64 字/块） 传输能力：576 块/节点（36kW/节点）
传输优先级	分 3 级： 　3 级：高速扫描 　2 级：中速扫描 　1 级：低速扫描

2.4 人机界面（HMI）

HMI 系统结构如图 2-26 所示。

2.4.1 人机界面的基本功能

人机界面（Human Machine Interface，HMI）是现代计算机控制系统的一个主要组成部分。它采用大屏幕高分辨率显示器显示过程工艺数据，画面内容丰富，可以动态地显示数字、棒图、模拟表、趋势图等，结合薄膜键盘、触摸屏、鼠标器、跟踪球等设备，使得生产工、维护人员和技术人员可以方便地进行操作。一般具有下列功能：

（1）操作员可以在任意时刻通过 HMI 监视生产过程的有关参数，包括过程变量、基准值、控制器输出值和反馈值等。

（2）具有过程数据的实时显示和历史记录功能。

（3）能够完成系统报警显示功能。

（4）应用多媒体技术，使得画面更加生动活泼，还可以提供语音功能。

（5）可连接多种自动化控制器（PLC）、计算机、电机控制器、智能仪表等各种工业控制设备。

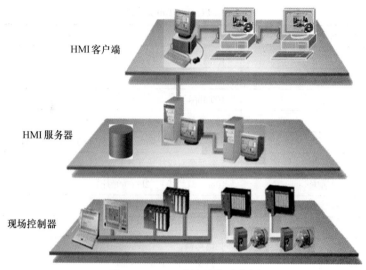

图 2-26 HMI 系统结构示意图

2.4.2 人机界面的组成和形式

人机界面产品由硬件和软件两部分组成，硬件部分包括处理器、存储器、显示屏、通信接口等。

人机界面的软件一般分为两种形式，即开发版和运行版。开发版功能全面，用于 HMI 界面的组态和开发，开发者使用开发版将 HMI 画面编辑好，然后就可以在运行版中运行。运行版软件只有运行环境，相对于开发版对计算机的资源占用更少，因此对硬件的要求也更低一些。

人机界面的形式一般有两种，一种是触摸屏式，一种是计算机式。触摸屏式的尺寸一般比较小，在 5 ~12in（127~304.8mm）之间，偏于安装在控制柜、台、箱的表面，采用嵌入式 CPU 和操作系统，坚固小巧，防护等级高，适宜在现场比较恶劣的环境下使用。计算机式 HMI 就比较灵活了，根据情况可以选择不同档次的 PC 计算机，显示器的尺寸也可以任意选择，可以运行比较复杂的界面和进行数据记录，但防护等级低，一般需要在室内使用。

2.4.3 人机界面的组态软件

人机界面使用专业的组态软件进行组态。这些组态软件一般都运行在以 PC 机为基础的环境下，而 Windows 又是最流行的操作系统。因此，人机界面的软件一般都是基于 Microsoft Windows 的。Microsoft Windows 平台为这些产品提供灵活和易于使用的环境，利用这些特点可以加快人机界面的开发速度，缩减开发成本，降低项目实施和运行周期，减少维护费用。一般人机界面组态软件至少应该具有下述基本功能：

（1）项目管理功能。
（2）集成化的开发环境。
（3）增强的图形功能。
（4）报警组态。

（5）趋势图功能。

（6）较强的数据库连接能力。

（7）画面模板及向导。

（8）开放的软件结构。

（9）提供多种通信驱动，可以与多种品牌的控制器建立通信连接。

更进一步地，人机界面组态软件还应该具有下述增强功能：

（1）内嵌高级编程语言，如 C 语言、VB 等。

（2）支持 ActiveX。

（3）全面支持 OPC 技术。

（4）具有交叉索引功能。

（5）支持分布式数据库。

（6）支持 C/S、B/S 部署方式。

（7）提供服务器冗余连接。

（8）灵活的专业报表生成工具。

（9）支持多国语言。

现在比较常用的国外的人机界面组态软件有西门子公司的 WinCC、Intellution 公司的 iFix、Wonderware 公司的 InTouch 和 GE 公司的 Cimplicity 等。这其中 Intellution 公司和 Wonderware 公司是专门从事开发组态软件的，通用性强，因此有很大的市场占有率。Cimplicity 和 WinCC 分别是 GE 和西门子公司为其各自的自动化产品所开发的配套产品，因此应用范围受到一定的局限。国产的组态软件在功能上也不逊色于国外软件并更符合国人的习惯，比较常见的国产软件有组态王、力控等。

参 考 文 献

[1] 孙一康，王京，等. 冶金过程自动化基础 [M]. 北京：冶金工业出版社，2006.

[2] 许教津，王辑志，何万民，等. 1700 工程技术总结 [R]. 冶金部技术工作组，武汉钢铁公司，1979.

[3] 孙一康. 带钢热连轧的模型与控制 [M]. 北京：冶金工业出版社，2002.

[4] 郭强，王京，张大志，等. 莱钢 1500mm 热连轧自动化控制系统 [C]. 2007 中国钢铁年会论文集，北京：冶金工业出版社，2007：5~64.

[5] 郭强，王京，王纯，等. 日照 1580mm 热连轧三电控制系统 [C]. 2007 中国钢铁年会论文集，北京：冶金工业出版社，2007：65~75.

[6] 张飞，郭强，王伟，等. 热连轧自动厚度控制系统 [J]. 金属世界，2010 (5)：51~57.

[7] 唐荻，郭强，宋勇. 热连轧自动化系统的发展和技术进步 [J]. 钢铁，2009，44 (8)：1.

[8] 刘文仲. 我国热轧过程控制计算机系统及数学模型的发展 [J]. 冶金自动化，2012，36 (4)：1~7.

[9] 郭强. 热卷箱自动化控制 [J]. 金属世界，2010 (5)：61~63.

[10] 刘玠. 热轧生产自动化技术 [M]. 北京：冶金工业出版社，2006.

[11] 张勇军，何安瑞，郭强. 冶金工业轧制自动化主要技术现状与发展方向 [J]. 冶金自动化，2015 (3)：1~9

[12] 东芝公司. High-speed Serial I/O System TC-net I/O Instruction Manual [R]. 第二版. 2008 (10).

[13] 王静，韩东，崔丽. TC-net 网络在热轧控制系统中的应用 [J]. 冶金自动化，2013 (S1).

3 热轧带钢模型理论基础

3.1 轧制变形区理论

热轧带钢是指在板坯充分再结晶温度以上的温度范围内所完成的塑性变形过程。变形过程的轧制力、前滑等模型都与变形区塑性变形直接相关。

3.1.1 变形区几何参数

热轧带钢的生产中，从粗轧到精轧都可视为简单轧制过程，所谓简单轧制过程即上下轧辊的直径相同，转速相等，轧辊无切槽，两个轧辊均为主传动，无外加推力，轧辊视为刚体。

轧制时，金属的塑性变形并非在轧件的整个长度上同时产生，而是变形的瞬间，金属的塑性变形仅产生在轧辊附近的区域，该区域称为轧制变形区。轧制变形区是轧件充填两辊之间那部分金属的体积，即从轧件入辊的垂直平面到出辊的垂直平面与轧件和轧辊接触弧所围成的金属体积，如图 3-1 中的 ABCD 部分，该区域被称为几何变形区。实际上，在几何变形区前后不大的区域内也会有塑性变形产生，这两个区域称为非接触变形区。

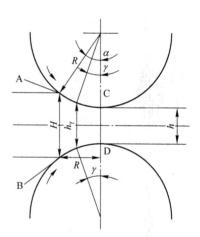

图 3-1 变形区基本参数

图中 R 为轧辊半径，H 为轧制前的入口轧件厚度，h 为轧制后的出口轧件厚度，$\Delta h = H - h$ 为绝对压下量。咬入角 α 是指轧件开始轧入时，轧辊与轧件最先接触的点和轧辊中心的连线与上下轧辊轴心线所构成的圆心角。从图 3-1 中的几何关系可以求出：

$$\cos\alpha = 1 - \frac{\Delta h}{2R} \tag{3-1}$$

在咬入角比较小时，$1 - \cos\alpha = 2\sin^2\frac{\alpha}{2} \approx \frac{\alpha^2}{2}$，所以式 (3-1) 可以简化为：

$$\alpha = \sqrt{\frac{\Delta h}{R}} \tag{3-2}$$

变形区长度 l 是指轧件与轧辊接触圆弧的水平投影长度：

$$l = \sqrt{R\Delta h - \frac{\Delta h^2}{4}} \tag{3-3}$$

因为 $\dfrac{\Delta h^2}{4} \ll R\Delta h$，忽略 $\dfrac{\Delta h^2}{4}$，则 l 可以用下式表示为：

$$l = \sqrt{R\Delta h} \tag{3-4}$$

3.1.2 咬入条件

为了轧制过程稳定实现，必须使轧辊能咬入轧件并拖进辊缝使金属填充于轧辊之间。轧件开始被轧辊咬入时的轧件受力分析如图 3-2 所示。

轧辊对轧件作用径向正压力 P 的同时，由于轧辊与轧件之间有相对的切向滑动，还对轧件作用切向摩擦力 T。摩擦力的方向垂直于径向正压力 P，并指向轧辊旋转的方向。将它们投影到垂直和水平方向上，如图 3-3 所示。

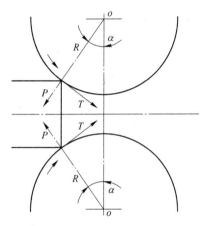

图 3-2 咬入时轧件受力分析

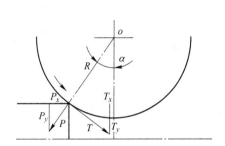

图 3-3 P 和 T 的受力分析

在咬入时，轧件在垂直方向受到分力 P_y 和 T_y，在水平方向受到分力 P_x 和 T_x。垂直方向的力使轧件在上下两个方向同时受到压缩。只有当轧件受到上下两个方向的压缩并且产生塑性变形时轧件才能咬入，这是轧件被轧辊咬入的前提条件。水平方向的合力则直接将轧件曳入辊缝中。

综上所述，轧件被轧辊咬入的条件为：

$$T_x \geqslant P_x \tag{3-5}$$

由图 3-3 可知：

$$P_x = P\sin\alpha,\ T_x = T\cos\alpha\ \text{且}\ T = \mu P \tag{3-6}$$

式中，μ 为轧件与轧辊接触表面间的摩擦因数。

所以咬入条件可以写成下面的形式：

$$\tan\alpha \leqslant \mu \tag{3-7}$$

在咬入过程中，金属和轧辊的接触表面一直是连续增加的。随着金属逐渐进入辊缝，轧制径向压力 P 和摩擦力 T 已不再作用在 α 处，而是向着变形区出口方向移动。模拟情况如图 3-4 所示。

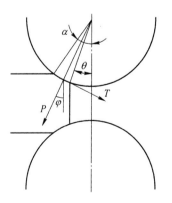

图 3-4 金属进入变形区情况

图 3-4 中 θ 角表示轧件咬入后轧件前端与轧辊中心线所成的夹角。随着轧件逐渐进入，θ 角逐渐变小。开始咬

入时，$\theta = \alpha$；在金属完全充填辊缝后 $\theta = 0$。随着金属逐渐充填变形区，轧制径向压力 P 的作用角由原来的 α 角变成 φ 角。假设压力沿接触弧均匀分布，则 φ 角的大小为：

$$\varphi = \frac{\alpha - \theta}{2} + \theta$$

即

$$\varphi = \frac{\alpha + \theta}{2} \tag{3-8}$$

所以，随着 θ 角由 α 减小到 0，φ 角将由 α 变成 $\dfrac{\alpha}{2}$。

当 $\varphi = \alpha$ 时，金属开始咬入；而当 $\varphi = \dfrac{\alpha}{2}$ 时，金属充填满整个变形区，轧制过程建立。

当金属进入到变形区某一位置时，P_x 和 T_x 也在变化。随着 φ 角的减小，T_x 增加，P_x 减小，水平轧入力比水平推出力越来越大，这时咬入条件比开始时好很多。

金属充填辊缝后，$\varphi = \dfrac{\alpha}{2}$，继续进行轧制的条件仍为 $P_x \leqslant T_x$，根据物理概念，将摩擦因数 μ 描述成摩擦角 $\tan\beta = \mu$。那么开始咬入条件和稳定轧制条件变为下式：

$$\beta \geqslant \alpha \quad 和 \quad \beta \geqslant \frac{\alpha}{2} \tag{3-9}$$

所以，按照金属进入轧辊的程度，咬入条件向有利的一方转化，也就是说，随着轧件逐渐进入轧辊，咬入越来越容易。

3.1.3 变形程度和变形速度

在轧制时，变形程度沿接触弧是变化的（如图 3-5 所示），所以变形区中任意断面上的变形程度为：

$$\varepsilon_x = \frac{H - h_x}{H} \tag{3-10}$$

式中，ε_x 为任意断面上的变形程度。

变形区中平均变形程度可表示为：

$$\varepsilon_{\mathrm{m}} = \frac{1}{l} \int_0^l \frac{H - h_x}{H} \mathrm{d}x \tag{3-11}$$

式中，h_x 为变形区任意断面上轧件高度；x 为变形区任意断面与轧辊中心连线的距离。

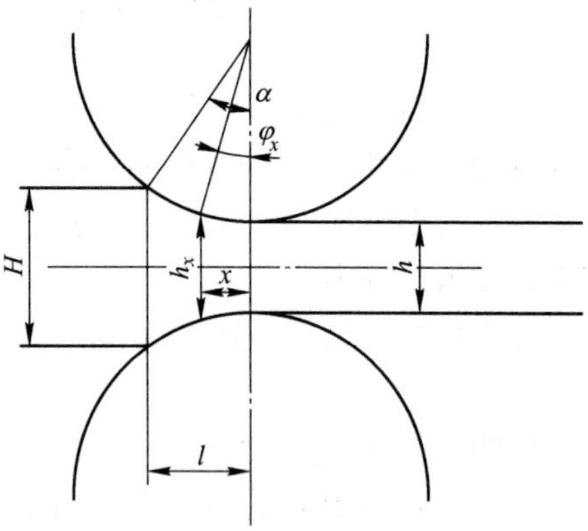

图 3-5 变形区中任意断面上的变形程度

当把接触弧看成抛物线时，根据泰勒公式：

$$h_x = h + \frac{\Delta h}{l^2} x^2$$

将 h_x 带入式（3-11）得：

$$\varepsilon_{\mathrm{m}} = \frac{\Delta h}{lH} \int_0^l \left(1 - \frac{x^2}{l^2}\right) \mathrm{d}x$$

积分后：

$$\varepsilon_m = \frac{2}{3} \frac{\Delta h}{H} \tag{3-12}$$

在大变形情况下，不能将接触弧看成抛物线时，应该采用对数应变（真正变形程度）来表示。其真正变形程度为：

$$e = \int_H^h \frac{dh_x}{h_x} = \ln \frac{H}{h} = \ln \frac{1}{1-\varepsilon} \tag{3-13}$$

金属塑性变形的变形速度是指单位时间的应变量（真正变形程度），其单位为 s^{-1}，即变形程度对时间的导数。在轧制时，变形区中任意断面 x 上的变形速度 u_x 为：

$$u_x = \frac{de}{dt} = \frac{dh_x}{h_x} \cdot \frac{1}{dt} = \frac{dh_x}{dt} \cdot \frac{1}{h_x}$$

变形区中 u_x 是一个变量，由图 3-6 可知，离轧辊连心线 x 处的断面变形速度 u_x 为：

$$u_x = \frac{2v_y}{h_x} \quad \text{（上下两辊作用）}$$

式中，v_y 为垂直方向的压下速度。

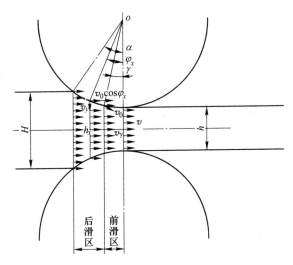

图 3-6　变形区速度图

热轧时轧辊和轧件之间没有相对滑动（彼此黏着），可以认为轧件沿接触弧上各点的线速度与轧辊的线速度相等。所以，垂直速度为：

$$v_y = v_0 \sin\varphi_x$$

式中，v_0 为轧辊线速度。因此有：

$$u_x = \frac{2v_0 \sin\varphi_x}{h_x} = \frac{2v_0 \sin\varphi_x}{h + 2R(1 - \cos\varphi_x)}$$

当轧制带钢时，咬入角 φ_x 较小，可以认为：

$$\sin\varphi_x = \varphi_x$$

$$1 - \cos\varphi_x = 2 \sin^2 \frac{\varphi_x}{2} \approx \frac{\varphi_x^2}{2}$$

那么

$$u_x = \frac{2v_0\varphi_x}{h + R\varphi_x^2}$$

为了计算变形阻力，一般采用变形区中变形速度的平均值，称为轧制时平均变形速度 u_m：

$$u_\mathrm{m} = \frac{1}{\alpha}\int_0^\alpha u_x\mathrm{d}\varphi_x = \frac{1}{\alpha}\int_0^\alpha \frac{2v_0\varphi_x}{h + R\varphi_x^2}\mathrm{d}\varphi_x$$

经整理得：

$$u_\mathrm{m} = \frac{v_0}{l}\ln\frac{H}{h} \tag{3-14}$$

3.1.4　中性角、前滑和后滑

由于在变形区内被轧金属遵循体积不变定律，因此在变形区中随着厚度的变小金属移动速度将逐渐变快。假设轧制时无宽展，并且轧件均匀变形，其速度变化如图 3-6 所示。考虑到轧辊上各点的水平分速度从入口点到出口点的变化从 $v_0\cos\alpha$ 到 v_0，而轧件由于：

$$v'H = vh \quad （体积不变定律）$$

式中，v' 为入口水平速度；v 为出口水平速度。因此 v' 要比 v 小。由此可知，变形区中必定有一断面，其轧件的水平速度和该点轧辊水平速度相等，此断面称为中性面，轧辊上的该点称为中性点。中性点和轧辊中心的连线与轧辊中心线间的夹角称为中性角 γ（见图 3-6）。

中性面的出口侧变形区称为前滑区，入口侧变形区称为后滑区。对连轧机组重要的是各机架的带钢出口速度 v 和入口速度 v'，为了易于计算，定义一个前滑值 f：

$$f = \frac{v - v_0}{v_0} \times 100\% \tag{3-15}$$

由此可得：

$$v = v_0(1 + f)$$

变形区内轧件的每一断面处流量应相等，即

$$v'H = v_\gamma h_\gamma = vh$$

式中，v_γ 为中性面金属流动的水平速度；h_γ 为中性面厚度。

由图 3-6 可得：

$$v_\gamma = v_0\cos\gamma$$
$$h_\gamma = h + 2R(1 - \cos\gamma)$$

由于：

$$v_\gamma h_\gamma = vh$$

此式可写成：

$$\frac{v}{v_\gamma} = \frac{h_\gamma}{h} \quad 或 \quad \frac{v}{v_0} = \frac{h_\gamma\cos\gamma}{h}$$

因此：

$$f = \frac{v - v_0}{v_0} = \frac{v}{v_0} - 1 = \frac{h_\gamma\cos\gamma}{h} - 1$$

$$= \frac{[h + 2R(1 - \cos\gamma)]\cos\gamma}{h} - 1$$

$$= \frac{(1 - \cos\gamma)(2R\cos\gamma - h)}{h}$$

此式即为 Fink 的前滑公式，其主要变量为中性角 γ。考虑到 γ 角很小，可设：

$$\cos\gamma \approx 1 , \ 1 - \cos\gamma = 2\sin^2\frac{\gamma}{2} \approx 2\left(\frac{\gamma}{2}\right)^2 = \frac{\gamma^2}{2}$$

因此可得：

$$f = \frac{\gamma^2}{2}\left(\frac{2R}{h} - 1\right)$$

当 $\dfrac{2R}{h} \gg 1$ 时，亦可进一步简化为：

$$f = \frac{R}{h}\gamma^2 \tag{3-16}$$

同理，根据后滑值 β 定义：

$$v' = v_0(1 - \beta)$$

由于：

$$v'h_0 = vh$$

则后滑值与前滑值的关系为：

$$1 - \beta = \frac{h}{H}(1 + f) \tag{3-17}$$

3.1.5　轧件宽展

轧制时，沿轧件宽度方向的变形即横向尺寸的变化称为宽展。对于一般情况下的自由宽展，是指金属质点在横向流动过程中除受接触面上的摩擦阻力外，不受其他阻碍和限制的宽展，如图3-7所示。

表示宽展的指数有绝对宽展量和相对宽展量。若以 B 和 b 分别表示轧制前后试样的宽度，则：

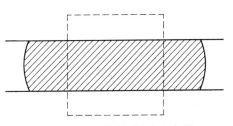

图3-7　平辊轧制时的自由宽展

绝对宽展量：

$$\Delta b = b - B \tag{3-18}$$

相对宽展量：

$$\frac{b - B}{B} = \frac{\Delta b}{B} \tag{3-19}$$

轧件的相对宽展量还可以采用宽展系数 $w = \dfrac{b}{B}$ 和对数宽展系数 $\ln w = \ln\dfrac{b}{B}$ 表示。

宽展是一种复杂的变形过程。由于轧辊与轧件接触面上存在着摩擦，以及变形区几何形状和尺寸不同，因此沿接触表面上金属质点的流动轨迹与接触面附近的区域和远离的区域是不同的。它一般由以下几个部分组成：滑动宽展 ΔB_1、侧面翻平宽展 ΔB_2 和侧面变形宽展 ΔB_3，如图 3-8 所示。

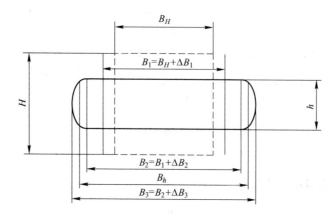

图 3-8 宽展沿轧件横断面高度的分布

滑动宽展是指变形金属在轧辊的接触面上与轧辊之间产生相对滑动，使轧件宽度增加的量。侧面翻平宽展是由于接触表面摩擦阻力较大，使轧件侧面的金属在变形过程中翻转到接触表面上来，结果轧件宽度增加。侧面变形宽展是当轧件与轧辊接触表面之摩擦力极大时，两接触表面之间无法相对滑动，此时，接触面附近之金属流动落后于远离接触表面的金属，轧件的侧面变成鼓形而形成的宽展量。因此，轧件总的绝对展宽量为：

$$\Delta b = \Delta B_1 + \Delta B_2 + \Delta B_3 \tag{3-20}$$

影响轧件宽展的因素很多：

（1）相对压下量越大，宽展越大。板坯入口厚度一定时，随着压下量增加，变形区长度增加，因而使轧件金属纵向塑性流动阻力增加，根据最小阻力定律，金属沿横向运动的趋势增大，因而使宽展加大。

（2）其他条件不变时，轧辊直径越大，宽展越大。相同的压下量，轧辊直径增加时变形区长度加大，使纵向的阻力增加，金属更容易向宽展方向流动。

（3）总压下量一定时，轧制道次越多，宽展越小。因此，带钢热连轧的粗轧宽展不但与板坯厚度和中间坯厚度相关，而且还与粗轧道次数有关。

（4）摩擦系数越大，宽展越大。因此，凡是影响摩擦系数的因素，都将通过摩擦系数引起宽展的变化，比如轧辊材质和表面状态、轧件钢种化学成分、轧制温度、轧制速度等。

3.1.6 变形区应力状态

在轧制过程中，轧件在轧辊间随轧制压力增大而产生塑性变形。由于金属塑性变形时体积不变，当变形区金属在垂直方向受到压缩时，在轧制方向便产生延伸，在横向产生宽展。而延伸和宽展均受到接触面上摩擦力的限制，使变形区中金属呈三向压应力状态。

轧制时，整个变形区内部各点的应力状态分布是不均匀的。一般地说，当有前后张力轧制时，在变形区中部的金属呈三向压应力状态；在靠近入口和出口端，由于张力的作用，金属呈一向拉应力两向压应力状态，如图 3-9 所示。

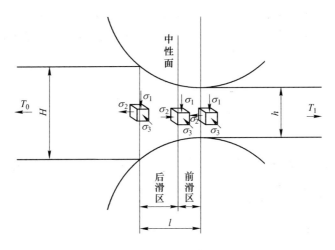

图 3-9 变形区应力状态

变形区内部应力状态的形成，主要是由于接触弧上单位压力和摩擦力以及张力等的影响。但造成应力状态分布不均匀的现象，则受许多因素的影响。

在复杂应力状态下发生塑性变形的条件，不决定于某一个应力分量，而决定于一点的各应力分量之间符合某一种关系的组合。这种关系就叫屈服条件，也称屈服准则或塑性方程。屈服条件的数学表达式是各应力分量的函数，即：

$$f(\sigma_x, \sigma_y, \sigma_z, \tau_{xy}, \tau_{yz}, \tau_{zx}) = C \tag{3-21}$$

式中，C 为与变形材料性质有关的常数。塑性变形是在一定的应力状态下发生的，而任何应力状态都可用最简便的三个主应力表示，因此上式可用主应力表示：

$$f(\sigma_1, \sigma_2, \sigma_3) = C \tag{3-22}$$

在压力加工中通常应用以下两种学说，一个是最大剪应力不变学说（屈雷斯加屈服条件），一个是形状变化位能学说（弹性形变能不变条件）。

根据最大剪应力学说，物体在各种应力状态下，当作用于物体该点的切应力达到最大值，即临界切应力 $\tau_{\max}$ 时，材料就屈服了。

$$\tau_{\max} = \frac{\sigma_1 - \sigma_3}{2} = C \quad (\sigma_1 > \sigma_2 > \sigma_3) \tag{3-23}$$

用单向拉伸屈服应力状态（$\sigma_1 = \sigma_s$，$\sigma_2 = \sigma_3 = 0$）带入上式求得常数 $C = \frac{1}{2}\sigma_s$，整理后得到下式：

$$\sigma_1 - \sigma_3 = \sigma_s \tag{3-24}$$

形状变化位能学说则认为，当材料质点内所积累的单位体积弹性形变能（形状变化能量）达到某一定值时，材料就屈服了，而这个定值只与材料性质有关，与应力状态无关，即：

$$\frac{1}{3}\sqrt{(\sigma_1 - \sigma_2)^2 + (\sigma_2 - \sigma_3)^2 + (\sigma_3 - \sigma_1)^2} = C \tag{3-25}$$

将单向拉伸屈服应力状态带入上式求得常数 $C = \frac{\sqrt{2}}{3}\sigma_s$，整理后得到下式：

$$(\sigma_1 - \sigma_2)^2 + (\sigma_2 - \sigma_3)^2 + (\sigma_3 - \sigma_1)^2 = 2\sigma_s^2 \tag{3-26}$$

可以看出，形状变化位能学说考虑了中间主应力的影响。为了弄清 σ_2 的影响，需要引入一个指数以便于数学运算。设

$$\xi = \frac{\sigma_2 - \dfrac{\sigma_1 + \sigma_3}{2}}{\dfrac{\sigma_1 - \sigma_3}{2}} \tag{3-27}$$

由于 σ_2 必定在 σ_1 和 σ_3 范围内变化，故 ξ 应在-1（当 $\sigma_2 = \sigma_3$ 时）和+1（当 $\sigma_2 = \sigma_1$ 时）之间。当 $\sigma_2 = \dfrac{\sigma_1 + \sigma_3}{2}$ 时，$\xi = 0$。

由式（3-27）可得：

$$\sigma_2 = \xi \frac{\sigma_1 - \sigma_3}{2} + \frac{\sigma_1 + \sigma_3}{2}$$

因此可得：

$$\sigma_1 - \sigma_3 = \frac{2}{\sqrt{3 + \xi^2}} \sigma_s$$

令

$$\beta = \frac{2}{\sqrt{3 + \xi^2}}$$

则

$$\sigma_1 - \sigma_3 = \beta \sigma_s \tag{3-28}$$

式中，β 为中间主应力的影响系数。

由于 ξ 是在+1 和-1 之间变化，所以当 $\xi = 1$ 时，$\beta = 1$；当 $\xi = -1$ 时，$\beta = 1$；当 $\xi = 0$ 时，$\beta = 1.15$。所以 β 是在 1~1.15 范围内变化。

由此可以看出，形状变化位能学说所考虑的中间主应力 σ_2 对结果影响不大，当 $\sigma_2 = \sigma_3$ 或 $\sigma_2 = \sigma_1$ 时，上述两个学说所得的结果相同。

在计算带钢轧制的变形抗力时，如果宽展很小，则可看作平面变形，即 $\varepsilon_2 \approx 0$。根据列维-米赛斯理论，即物体内一点的应变增量的分量同相应的应力偏量的分量成正比，则：

$$d\varepsilon_2 = \sigma_2' d\lambda = (\sigma_2 - \sigma_m) d\lambda$$

由于：

$$\sigma_m = \frac{1}{3}(\sigma_1 + \sigma_2 + \sigma_3)$$

因此：

$$d\varepsilon_2 = \frac{2}{3} d\lambda \left[\sigma_2 - \frac{1}{2}(\sigma_1 + \sigma_3) \right] \tag{3-29}$$

对于 $\varepsilon_2 \approx 0$，则 $\sigma_2 = \dfrac{\sigma_1 + \sigma_3}{2}$，此时 $\beta = 1.15$。一般而言，由于粗轧道次的宽展大，此时 β 可认为等于 1.0。

3.2 传热学基础

传热学是对不同温度的物体间或不同温度的部分之间热量传递的规律进行研究的一门学科。热轧过程中，轧件在加热、辊道上运送及轧制时存在两类传热过程：轧件内部导热和轧件表面与周围介质间的热交换。轧件内部导热是指当轧件表面与中心温度存在不同时，热量在轧件内的传递。比如，板坯在加热炉中进行加热时，中心温度明显低于表面，热量传递方向为由表面向中心。轧件表面与周围介质间的热交换包括热辐射、热对流、热传导三种热交换方式，轧件在轧制过程中这三种热交换方式一般都存在。

（1）热辐射：热辐射是依靠物体表面发射电磁波来传递热量的。热辐射是轧件在辊道上运送时的主要交换方式。

（2）热对流：对流传热是指由于流体的宏观运动，流体各部分之间发生相对位移，冷热流体相互掺混所引起的热交换。在轧线上存在自然对流和强制对流两种方式，自然对流是当空气与高温轧件表面接触以后由升温而膨胀上升，而冷空气下降与轧件接触，如此循环将热量传走。强制对流指高压水除鳞、轧机间喷水以及精轧后的层流冷却，通过大量淋水将热量带走。

（3）热传导：当轧件与轧辊接触时，由物体内部分子或原子直接交换热量，实现从高温到低温处转移热量的过程。

对任何一种热交换，其基本公式都将涉及以下量：

（1）热量 Q，单位为 J（焦耳）或 cal（卡），1cal＝4.187J。

（2）热流量 Φ，单位时间热流量，即单位时间通过单位面积交换的热量，其单位为 W（瓦），1W＝1J/s。

（3）热流密度 q，为单位时间通过单位面积交换的热量，单位为 W/m²。

（4）密度 γ，为单位体积的质量，单位为 kg/m³。

（5）比热容（质量热容）c，为单位质量物体的温度每升高 1 度所吸收的热量，其单位为 J/（kg·K）（K 为绝对温度）或 J/（kg·℃）。

3.2.1 辐射传热

物体本身温度将导致产生电磁波，其波长范围为 0.1~1000μm，大部分是红外线。辐射传热过程通过电磁波进行能量的转换，传递路线为热能—辐射能—热能。辐射能以光速进行传递，不需借助媒介，更不需要相互接触。

热射线投射到物体后，遵循着可见光的规律，其中部分被物体吸收，部分被反射，其余则透过物体。被物体吸收的那部分辐射能变为热能。所谓黑体是指入射的电磁波全部被吸收，既没有反射，也没有透射。单位时间内，单位面积黑体在波长 λ 附近的单位波长间隔内，向半球空间所发射的能量为：

$$E_{b\lambda} = \frac{C_1 \lambda^{-5}}{e^{\frac{c_2}{\lambda T}} - 1} \tag{3-30}$$

式中，λ 为波长；C_1、C_2 为普朗克常数；T 为物体热力学温度。

因此，黑体在全部波段的总辐射能量为：

$$E_b = \int_0^\infty E_{b\lambda} d\lambda = \int_0^\infty \frac{C_1 \lambda^{-5}}{e^{\frac{c_2}{\lambda T}} - 1} d\lambda = \sigma \left(\frac{T}{100}\right)^4 \tag{3-31}$$

上式就是斯蒂芬-玻耳兹曼公式，σ 为黑体的辐射系数，其值为 $5.69\mathrm{W}/(\mathrm{m}^2 \cdot \mathrm{K}^4)$。

实际物体的辐射不同于黑体，通常把实际物体的辐射力与同温度下黑体的辐射力比值称为实际物体的发射率，也称黑度系数，用 ε 表示。因此，实际物体的辐射能量为：

$$E = \varepsilon E_b = \varepsilon \sigma \left(\frac{T}{100}\right)^4 \tag{3-32}$$

黑度系数只与物体本身的材质、表面温度和表面状况有关，与外界无关。

任何物体都在不断向外辐射能量（绝对零度-273℃除外），同时又不断吸收别的地方投射来的辐射能。所谓辐射传热就是不同物体间相互辐射和吸收能量的综合过程。显然，辐射传热的净结果是高温物体向低温物体传递了能量，根据得到能量的多少决定是被加热还是被冷却。高温轧件在空气中逗留时就是不断地通过辐射向周围空间散出热量造成温降。辐射散失的热量为：

$$Q = E_1 F\tau - E_2 F\tau = \varepsilon \sigma \left[\left(\frac{T}{100}\right)^4 - \left(\frac{T_0}{100}\right)^4\right] F\tau \tag{3-33}$$

式中，E_1 为散失到周围介质中的能量（单位面积和单位时间内散失的）；E_2 为吸收的能量（单位面积和单位时间内吸收的）；F 为散热面积，对板坯来说 $F = 2BL$（B 为板坯宽度，L 为长度），m^2；τ 为时间，s。

上式由于 $T_0 \ll T$，因此一般忽略环境温度。采用微分形式可写成：

$$\mathrm{d}Q = \varepsilon \sigma \left(\frac{T}{100}\right)^4 F \mathrm{d}\tau \tag{3-34}$$

由于散热造成的温降为 $\mathrm{d}T$，其热量为：

$$\mathrm{d}Q = -Gc\mathrm{d}T = -hBL\gamma\mathrm{d}T \tag{3-35}$$

式中，h 为坯厚，m；B 为坯宽，m；L 为坯长，m；γ 为密度，kg/m^3；G 为质量，kg；c 为比热容，$\mathrm{J}/(\mathrm{kg} \cdot \mathrm{K})$，不同温度下比热容将不同。

因此辐射温降公式为：

$$\mathrm{d}T = \frac{2\varepsilon\sigma}{\gamma ch \times 10^8} T^4 \mathrm{d}\tau$$

对其积分，由此可得：

$$T_{out} = 100 \left[\frac{6\varepsilon\sigma}{100\gamma ch}\tau + \left(\frac{T_{in}}{100}\right)^{-3}\right]^{-\frac{1}{3}} \tag{3-36}$$

式中，T_{in} 为该温降区段进入温度；T_{out} 为该温降区段出口温度。

3.2.2　热传导

热传导有两种类型：固体内热传导和接触热传导。

固体内的各点间有温度差时将发生热传导，因此固体内热传导过程取决于固体内温度的分布。某一时刻物体内各点温度分布的总和称为温度场，它是空间和时间的函数，即：

$$T = f(x, y, z, \tau)$$

式中，T 为温度；x、y、z 为空间坐标；τ 为时间。

在温度场中，同一时刻相同温度的各点组成的面称为等温面。相邻两等温面的温度差 ΔT 与两面间的法向距离 Δx 之比的极限称为温度梯度，即温度梯度是向量，规定其以温度增加的方向为正，与热量传递方向相反。对稳定的一维温度场，温度梯度可表示为 dT/dx。

单位时间内传导的热量与温度梯度及垂直于热流方向的截面积成正比，即傅里叶定律：

$$dQ = -\lambda dA \frac{\partial T}{\partial x} \tag{3-37}$$

式中，Q 为单位时间传导的热量，简称传热速率，W；A 为导热面积，即垂直于热流方向的表面积，m^2；λ 为比例系数，即为物质的导热系数，$W/(m^2 \cdot K)$ 或 $W/(m^2 \cdot \mathcal{C})$。导热系数在数值上等于单位导热面积、单位温度梯度在单位时间内传导的热量，故导热系数是表征物质导热能力的一个参数，为物质的物理性质之一。纯金属的导热系数一般随温度升高而降低。金属的导热系数大多随其纯度的增高而增大，因此，合金的导热系数一般比纯金属要低。

式中的负号是指热流方向和温度梯度方向相反，即热量从高温向低温传递。

根据傅里叶定律可推出导热微分方程。取导热体内一微立方单元，设各侧表面上导入的热密度为 q_x、q_y 或 q_z，导出热量密度为 q_x'、q_y' 或 q_z'，则

$$\begin{cases} q_x' = q_x + \dfrac{\partial q_x}{\partial x}dx \\[2mm] q_y' = q_y + \dfrac{\partial q_y}{\partial y}dy \\[2mm] q_z' = q_z + \dfrac{\partial q_z}{\partial z}dz \end{cases}$$

在 $d\tau$ 时间内导入和导出的热量为

$$\begin{cases} dQ_x = q_x dydzd\tau, & dQ_x' = \left(q_x + \dfrac{\partial q_x}{\partial x}dx\right)dydzd\tau \\[2mm] dQ_y = q_y dxdzd\tau, & dQ_y' = \left(q_y + \dfrac{\partial q_y}{\partial y}dy\right)dxdzd\tau \\[2mm] dQ_z = q_z dydxd\tau, & dQ_z' = \left(q_z + \dfrac{\partial q_z}{\partial z}dz\right)dydxd\tau \end{cases} \tag{3-38}$$

经 $d\tau$ 时间后，由单元体放出的热量为内导入和导出的热量：

$$\begin{aligned} dQ_x &= (dQ_x' - dQ_x) + (dQ_y' - dQ_y) + (dQ_z' - dQ_z) \\ &= \left(\frac{\partial q_x}{\partial x} + \frac{\partial q_y}{\partial y} + \frac{\partial q_z}{\partial z}\right)dxdydzd\tau \end{aligned} \tag{3-39}$$

另外，单元体的初始温度为 T_0，单位时间的温度变化为 $\dfrac{\partial T}{\partial \tau}$，$d\tau$ 时间的温度变化量为 $\dfrac{\partial T}{\partial \tau}d\tau$。引起温度变化所放出的热量为：

$$dQ = -c\gamma dV \frac{\partial T}{\partial \tau}d\tau \tag{3-40}$$

由于 $dV = dxdydz$，所以：

$$c\gamma \frac{\partial T}{\partial \tau}d\tau = \frac{\partial q_x}{\partial x} + \frac{\partial q_y}{\partial y} + \frac{\partial q_z}{\partial z} \tag{3-41}$$

根据傅里叶定律知：

$$q_x = -\lambda \frac{\partial T}{\partial x}$$

$$q_y = -\lambda \frac{\partial T}{\partial y}$$

$$q_z = -\lambda \frac{\partial T}{\partial z}$$

所以：

$$\frac{\partial T}{\partial \tau}d\tau = \frac{\lambda}{c\gamma}\left(\frac{\partial^2 T}{\partial x^2} + \frac{\partial^2 T}{\partial y^2} + \frac{\partial^2 T}{\partial z^2}\right) = a\left(\frac{\partial^2 T}{\partial x^2} + \frac{\partial^2 T}{\partial y^2} + \frac{\partial^2 T}{\partial z^2}\right) \tag{3-42}$$

其中，$a = \dfrac{\lambda}{c\gamma}$ 称为导温系数。

根据上述公式，在确定好边界条件和初始温度后，利用有限差分或有限元方法就可以求解出轧件内部的温度分布。

接触热传导是指两个相互接触的固体表面之间的热量传递。在热轧中，加热炉内板坯与水梁的接触、轧制时轧辊和轧件接触都会形成它们之间的热传递。接触传导的热量与接触面的温度梯度及垂直于热流方向的截面积成正比，可以用傅里叶公式计算。接触面之间的热传递效率（即接触热传导系数）往往受到接触面的粗糙度、氧化铁皮等因素的影响，一般需要通过实验测定或根据经验确定。

3.2.3 对流传热

对流传热大多是指流体与固体壁面之间的传热。此种热交换的强度和固体传热特性有关，但更主要是决定于介质液体的物理性质与运动特性。热轧中，轧件水冷时还常产生气泡、气膜等流体集态的改变，热交换过程更为复杂。

对流换热基本公式如下：

$$Q = \alpha(t_w - t_f)F \tag{3-43}$$

式中，Q 为对流换热量，W；t_w、t_f 为壁面和流体的平均温度，℃；F 为对流换热面积，m^2；α 为对流换热系数，$W/(m^2 \cdot ℃)$。

影响对流换热的诸因素都集中在对流传热系数 α 值中考虑：

$$\alpha = f(w, t_w, t_f, \lambda, c_p, \gamma, \mu, L, \phi) \tag{3-44}$$

式中，w 为流体的速度，m/s；t_f 为流体的温度，℃；t_w 为壁面的温度，℃；λ 为导热系数，$W/(m \cdot K)$；c_p 为定压比热容，$kJ/(kg \cdot ℃)$；γ 为密度，kg/m^3；μ 为动力黏度，$N \cdot s/m^2$，$\mu = \gamma\nu$；ν 为运动黏度，m^2/s；L 为换热表面的定型尺寸，m；ϕ 为壁面几何形状因素。

上式中对流换热系数只是一个定义，没有给出与影响它的各个物理量之间的内在关系，一般可在相似原理的指导下通过实验方法来确定。由相似性原理可知，同一类物理现象中，所对应的同名相似准数必相等，且准数之间存在某种函数关系。下面介绍对流换热常用的几个相似准数。

靠近壁面处的流体质点只沿流动方向上作一维运动，在传热方向上无质点的混合，传热主要以热传导的方式进行。流体在固体壁面处的导热热通量和对流热通量相等，因此对流换热微分方程为：

$$\alpha \Delta T = - \lambda \frac{\partial T}{\partial y}\bigg|_{y=0} \tag{3-45}$$

根据相似原理，同一类物理现象的物理本质相同，可以用同一数理方程来描述，且方程中对应的物理量成某一比例，即：

$$\frac{\alpha}{\alpha'} = C_\alpha ; \frac{T}{T'} = C_T ; \frac{y}{y'} = C_l ; \frac{\lambda}{\lambda'} = C_\lambda \tag{3-46}$$

将它们代入式（3-42），整理后得：

$$\frac{C_\alpha C_l}{C_\lambda} \alpha' \Delta T' = - \lambda' \frac{\partial T'}{\partial y'}\bigg|_{y'=0} \tag{3-47}$$

所以：

$$\frac{C_\alpha C_l}{C_\lambda} = 1 \tag{3-48}$$

把系统的几何量用换热表面的定型尺寸表示，而 $\frac{y}{y'} = \frac{l}{l'} = C_l$，将式（3-46）带入式（3-48）整理后得：

$$\frac{\alpha' l'}{\lambda'} = \frac{\alpha l}{\lambda} = Nu \tag{3-49}$$

式中，Nu 为努塞尔（Nusselt）准数，是表示对流换热强烈程度的一个特征数。从式（3-49）可以看出，两个对流换热现象相似，努塞尔系数必然相等。

采用同样的方法，从动量微分方程（纳斯埃-斯托克斯方程）：

$$\begin{cases} \rho\left(\dfrac{\partial w_x}{\partial \tau} + w_x \dfrac{\partial w_x}{\partial x} + w_y \dfrac{\partial w_x}{\partial y}\right) = F_x - \dfrac{\partial p}{\partial x} + \mu\left(\dfrac{\partial^2 w_x}{\partial x^2} + \dfrac{\partial^2 w_x}{\partial y^2}\right) \\ \rho\left(\dfrac{\partial w_y}{\partial \tau} + w_x \dfrac{\partial w_y}{\partial x} + w_y \dfrac{\partial w_y}{\partial y}\right) = F_y - \dfrac{\partial p}{\partial y} + \mu\left(\dfrac{\partial^2 w_y}{\partial x^2} + \dfrac{\partial^2 w_y}{\partial y^2}\right) \end{cases} \tag{3-50}$$

可以导出：

$$\frac{w' l'}{v'} = \frac{wl}{v} = Re \tag{3-51}$$

式中，Re 为雷诺（Reynolds）准数，它反映了流体流动时惯性力和黏性力对换热的影响。

同理，由能量微分方程：

$$\frac{\partial t}{\partial \tau} + w_x \frac{\partial t}{\partial x} + w_y \frac{\partial t}{\partial y} = \frac{\lambda}{\gamma c_p}\left(\frac{\partial^2 t}{\partial x^2} + \frac{\partial^2 t}{\partial y^2}\right) \tag{3-52}$$

可以导出：

$$\frac{w' l'}{a'} = \frac{wl}{a} = Pe \tag{3-53}$$

其中导温系数 $a = \dfrac{\lambda}{c\gamma}$。$Pe$ 称为贝克莱数，该特征数可以分解为：

$$Pe = \frac{v}{a} \times \frac{wl}{v} = PrRe \tag{3-54}$$

普朗特（Prandtl）准数 $Pr = \dfrac{v}{a}$，其物理意义是反映流体物理性质对对流换热影响的准数。Pr 取决于流体的种类，对于气体，只与气体的原子数目和温度有关。

描述同一现象的相似准数间存在着一定的函数关系，即准则方程。一般都以 Nu 为被决定的相似准数：

$$Nu = f(Re, Gr, Pr) \tag{3-55}$$

换热问题的准则方程通常都用幂函数形式表示：

$$Nu = C\,(GrPr)^n$$
$$Nu = CRe^n Pr^m \tag{3-56}$$

式中，C、n、m 可通过在相似的模型上做实验来求出。

例如，对于流体掠过平板时的紊流边界对流换热现象：

$$Nu = 0.0374Re^{0.8} Pr^{0.33} \tag{3-57}$$

通过在相似模型上做实验确定了准则方程，就可以计算出各种实际研究对象的对流换热系数。比如，根据空气物性参数和流动速度，计算出 Pr 和 Re，然后根据式（3-57）和式（3-58）就可计算出运动轧件与空气之间的对流换热系数（表3-1）：

$$\alpha = Nu \frac{\lambda}{l} \tag{3-58}$$

式中，l 为特征尺寸，对于平板为空气流动方向的板长。

表 3-1　运动轧件与空气的对流换热系数

运动速度 /m·s⁻¹	轧件温度/℃		
	850	750	650
	对流换热系数/W·(m²·℃)⁻¹		
4	10.827	11.252	11.677
5	12.878	13.384	13.889
6	14.839	15.422	16.005
7	16.728	17.385	18.042
8	18.558	19.287	20.016
9	20.338	21.137	21.935
10	22.074	22.941	23.807

3.3　建模与计算方法

3.3.1　概述

所谓建模，就是指用数学表达式来描述某种对象或过程的内在规律。根据对象或过程的复杂程度，数学表达式可以是表格形式，可以是单一的公式或一组公式，也可以是代数方程、微分方程等。

数学模型是实现轧制过程控制的核心技术。轧制一般涉及多种轧机、轧件等多个对象以及加热、变形、冷却、组织转变等多个复杂工艺过程，过程控制系统需要根据多个输入参数来确定多个输出参数。例如，热轧带钢头部穿过精轧机组时，过程控制系统根据相关参数，利用温度模型、轧制力模型、轧机弹跳模型等进行相关工艺参数的设定计算，使得轧件能够顺利穿带并且轧出的带钢头部温度、厚度、宽度命中目标值。

从模型建模角度，模型可分为机理模型与经验统计模型。机理模型指生产过程中的物理（化学）机理，应用相应的学科理论建立的具有普遍意义的数学方程，能较好地反映各因素的影响规律。但在实际生产中，任何纯机理模型很难与实际情况完全吻合，因此一般尚需对数学方程中多个系数利用实际现场中所收集的数据进行统计分析，使其在定量上与实际吻合。经验统计模型是在分析并确定了影响因素后直接进行统计分析来建立的模型。不管是机理模型还是经验统计模型，为了用于特定的轧机必须利用该轧机的大批实测数据对模型系数进行修正，以使模型用于该轧机的具体条件下能获得要求的预报精度。

本节将介绍建模和求解过程中经常用到的几种计算方法。

3.3.2 回归分析

为了更好地理解回归分析方法，下面将从单一自变量来讨论回归分析的一些基本概念。单变量线性模型的一般形式如下：

$$\hat{y}_i = a_0 + a_1 x \tag{3-59}$$

式中，$\hat{y}_i$ 为模型的预报值；x 为模型的输入参数。

假设 y_i 为对应输入变量 x_i 的 y 的实测值，而 $\hat{y}_i$ 为用 x_i 通过直线方程计算出的预报值，为使误差尽量小，可采用最小二乘方原则，即残差平方和最小的原则，得到：

$$Q = \sum_i (y_i - \hat{y}_i)^2 = \sum_i (y_i - a_0 - a_1 x_i)^2 \tag{3-60}$$

选取合适的 a_0 和 a_1 使 Q 为最小，为此：

$$\frac{\partial Q}{\partial a_0} = 2 \sum_i (y_i - a_0 - a_1 x_i)(-1) = 0$$

$$\frac{\partial Q}{\partial a_1} = 2 \sum_i (y_i - a_0 - a_1 x_i)(-x_1) = 0$$

即

$$\sum_i y_i - \sum_i a_0 - a_1 \sum_i x_i = 0$$

$$\sum_i x_i y_i - a_0 \sum_i x_i - a_1 \sum_i x_i^2 = 0 \tag{3-61}$$

由于：

$$\sum_i a_0 = n a_0$$

而且：

$$\bar{x} = \sum_i x_i / n, \quad \bar{y} = \sum_i y_i / n$$

可得：

$$a_0 = \bar{y} - a_1 \bar{x} \qquad (3\text{-}62)$$

式中，$\bar{x}$、$\bar{y}$ 分别为 x_i 及 y_i 的平均值。

将 a_0 式代入式（3-61）可得：

$$\sum_i x_i y_i - \bar{y} \sum_i x_i + a_1 \bar{x} \sum_i x_i - a_1 \sum_i x_i^2 = 0$$

$$a_1 = \frac{\sum_i x_i y_i - \dfrac{1}{n} \sum_i y_i \sum_i x_i}{\sum_i x_i^2 - \dfrac{1}{n} \left(\sum_i x_i \right)^2} \qquad (3\text{-}63)$$

因此，通过收集一个线性过程的多组实测样本数据（x_i，y_i），采用上述方法就可计算出模型系数 a_0 和 a_1，使得模型对该过程的预报值的误差最小。

为了简便，可将上式分母转换：

$$\begin{aligned}
\sum_i x_i^2 - \frac{1}{n} \left(\sum_i x_i \right)^2 &= \sum_i x_i^2 - \bar{x} \sum_i x_i \\
&= \sum_i x_i^2 - \bar{x} \sum_i x_i + \bar{x} \sum_i x_i - \bar{x} \sum_i x_i \\
&= \sum_i x_i^2 - 2\bar{x} \sum_i x_i + n\bar{x}^2 \\
&= \sum_i \left(x_i^2 - 2\bar{x} x_i + \bar{x}^2 \right) \\
&= \sum_i \left(x_i - \bar{x} \right)^2 = l_{xx} \qquad (3\text{-}64)
\end{aligned}$$

（$x_i - \bar{x}$）称为自变量 x_i 点对其均值的"离差"，因此 l_{xx} 称为自变量 x 的离差平方和。同理可得：

$$\sum_i y_i^2 - \frac{1}{n} \left(\sum_i y_i \right)^2 = \sum_i \left(y_i - \bar{y} \right)^2 = l_{yy} \qquad (3\text{-}65)$$

$$\sum_i x_i y_i - \frac{1}{n} \sum_i x_i \sum_i y_i = \sum_i \left(x_i - \bar{x} \right)\left(y_i - \bar{y} \right) = l_{xy} \qquad (3\text{-}66)$$

l_{xy} 为变量 x 和 y 的离差乘积之和，称为 x 与 y 的离差内积。

这样模型系数 a_0 和 a_1 可简便地表示为：

$$a_0 = \bar{y} - a_1 \bar{x}$$

$$a_1 = \frac{l_{xy}}{l_{xx}} \qquad (3\text{-}67)$$

为了进一步讨论这批样本数据与回归直线（即线性模型）的接近程度，可做以下分析。回归模型预报值 $\hat{y}$ 与实测样本平均值 $\bar{y}$ 之差的平方和称为 $\hat{y}$ 的离差和，可用 U 表示：

$$U = \sum_{i=1}^{n} \left(\hat{y}_i - \bar{y} \right)^2 \qquad (3\text{-}68)$$

由图 3-10 可看出，每个实测值 y_i 的离差都可分解为：

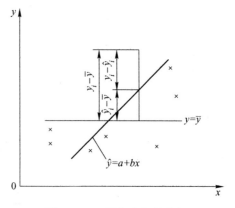

图 3-10   "平方和"的分解

$$y_i - \bar{y} = (y_i - \hat{y}_i) + (\hat{y}_i - \bar{y})$$

则实测值的离差平方和 l_{yy} 为:

$$
\begin{aligned}
l_{yy} &= \sum_i (y_i - \bar{y})^2 = \sum_i [(y_i - \hat{y}_i) + (y_i - \bar{y}_i)]^2 \\
&= \sum_i (y_i - \hat{y}_i)^2 + 2\sum_i (y_i - \hat{y}_i)(\hat{y}_i - \bar{y}_i) + \sum_i (\hat{y}_i - \bar{y})^2
\end{aligned}
$$

其中中间项:

$$\sum_i (y_i - \hat{y})(\hat{y}_i - \bar{y}_i) = \sum_i [y_i - (a_0 + a_1 x_i)][(a_0 + a_1 x_i) - \bar{y}]$$

由于:

$$a_0 = \bar{y} - a_1 \bar{x}$$

因此上式等于:

$$
\begin{aligned}
\sum_i (y_i - \hat{y})(\hat{y}_i - \bar{y}_i) &= \sum_i [y_i - (a_0 + a_1 x_i)][(a_0 + a_1 x_i) - \bar{y}] \\
&= \sum_i [(y_i - \bar{y}) - a_1(x_i - \bar{x})][a_1(x_i - \bar{x})] \\
&= a_1 \Big[\sum_i (x_i - \bar{x})(y_i - \bar{y}) - a_1 \sum_i (x_i - \bar{x})^2 \Big] \\
&= \frac{l_{xy}}{l_{yy}}\Big(l_{xy} - \frac{l_{xy}}{l_{xx}} l_{xx} \Big) = 0
\end{aligned}
$$

因此可得实测值 y_i 的离差平方和 l_{yy} 为:

$$l_{yy} = \sum_i (y_i - \bar{y})^2 = Q + U \tag{3-69}$$

由于残差平方和 Q 越小回归模型精度越高,因此 U 越大越好(U 的极限值是 l_{yy})。当 $U = l_{yy}$ 时,即 $Q = 0$ 时表明全部 n 组实测值全部在回归线上。一旦 $Q \neq 0$,表明必然有些 y 值没有落在回归线上,即回归直线与实测数据相关性差。为此定义线性相关系数 γ 为:

$$|\gamma| = \sqrt{\frac{U}{l_{yy}}} \quad \text{或} \quad \gamma^2 = \frac{U}{l_{yy}} \tag{3-70}$$

因此可得:

$$\gamma^2 = \frac{U}{l_{yy}} = \frac{a_1 l_{xy}}{l_{yy}} = \frac{\dfrac{l_{xy}^2}{l_{xx}}}{l_{yy}} = \frac{l_{xy}^2}{l_{xx} l_{yy}}$$

即

$$\gamma = \frac{l_{xy}}{\sqrt{l_{xx} l_{xy}}} \tag{3-71}$$

由于 l_{xy} 可以大于或小于零,因此相关系数 γ 也有正值与负值(取值范围 $-1 \sim +1$), γ 为正时为正相关,为负时为负相关。 γ 绝对值越大表明实验数据与回归直线相关性越强,根据数理统计中显著性检验理论可得 γ 的显著性(临界值表)。

评价回归模型的另一参数为误差的平均值——剩余标准差 S_y :

$$S_y = \sqrt{\frac{Q}{n-2}} \tag{3-72}$$

式中，$n-2$ 为 Q 的自由度（n 组数据减去 a_0、a_1 构成的两个线性约束）。

S_y 越小表明回归模型的精度越高，根据正态分布原理 3σ：

$$\hat{y}_i - 3S_y < y_i < \hat{y} + 3S_y$$

的可能性为 99.73%（如为 $\pm 2S_y$ 则可能性为 95.45%，$\hat{y} \pm S_y$ 的可能性则仅为 68.26%）。

以上是单个自变量的情况，具有多个自变量的线性模型可写为：

$$\hat{y} = a_0 + a_1 x_1 + a_2 x_2 + \cdots + a_m x_m \tag{3-73}$$

式中，$\hat{y}$ 为模型的预报值；x_1，x_2，$\cdots$，x_m 为模型的 m 个输入参数（即主要影响因素）。

同理，采用最小二乘方原则，即残差平方和最小的原则，得到：

$$Q = \sum_{j=1}^{n} \Delta_j = \sum_{j=1}^{n} \left[y_i - (a_0 + a_1 x_{1j} + a_2 x_{2j} + \cdots + a_m x_{mj}) \right]^2 \tag{3-74}$$

选取合适的模型系数使 Q 为最小，为此：

$$\frac{\partial Q}{\partial a_0} = 0, \qquad \frac{\partial Q}{\partial a_1} = 0, \qquad \cdots, \qquad \frac{\partial Q}{\partial a_m} = 0$$

由于：

$$\frac{\partial Q}{\partial a_0} = -2 \sum_{j=1}^{n} \left[y_i - (a_0 + a_1 x_{1j} + a_2 x_{2j} + \cdots + a_m x_{mj}) \right] = 0$$

可得：

$$n a_0 = \sum_{j=1}^{n} y_i - a_1 \sum_{j=1}^{n} x_{1j} - a_2 \sum_{j=1}^{n} x_{2j} - \cdots - a_m \sum_{j=1}^{n} x_{mj}$$

$$a_0 = \bar{y} - a_1 \bar{x}_1 - a_2 \bar{x}_2 - \cdots - a_m \bar{x}_m \tag{3-75}$$

其中：

$$\bar{y} = \frac{1}{n} \sum_{j=1}^{n} y_i, \quad \bar{x}_i = \frac{1}{n} \sum_{j=1}^{n} x_{ij} \quad (i = 1 \sim m)$$

另一方面：

$$\frac{\partial Q}{\partial a_i} = 2 \sum_{j=1}^{n} \left\{ \left[y_j - (a_0 + a_1 x_{1j} + a_2 x_{2j} + \cdots + a_m x_{mj}) \right] x_{ij} \right\}$$

$$= \sum_{j=1}^{n} x_{1j} y_j - a_0 \sum_{j=1}^{n} x_{ij} - a_1 \sum_{j=1}^{n} x_{1j} x_{ij} - \cdots - a_i \sum_{j=1}^{n} x_{ij}^2 - a_m \sum_{j=1}^{n} x_{mj} x_{ij}$$

$$= 0 \quad (i = 1 \sim m)$$

将 a_0 代入后，如设：

$$l_{ij} = \sum_{j=1}^{n} x_{ij} y_j - \frac{1}{n} \left(\sum_{j=1}^{n} x_{ij} \right) \left(\sum_{j=1}^{n} y_j \right) \quad (i = 1, 2, \cdots, m)$$

$$l_{ik} = l_{ki} = \sum_{j=1}^{n} x_{ij} x_{kj} - \frac{1}{n} \left(\sum_{j=1}^{n} x_{ij} \right) \left(\sum_{j=1}^{n} x_{kj} \right) \quad (i, k = 1, 2, \cdots, m)$$

则经简化整理后可得 a_1，a_2，$\cdots$，a_m 必须满足的下列 m 个方程（称正规方程）：

$$\begin{cases} l_{11} a_1 + l_{12} a_2 + \cdots + l_{1m} a_m = l_{1y} \\ l_{21} a_1 + l_{22} a_2 + \cdots + l_{2m} a_m = l_{2y} \\ \quad\quad\quad\quad\quad \vdots \\ l_{m1} a_1 + l_{m2} a_2 + \cdots + l_{mm} a_m = l_{my} \end{cases} \tag{3-76}$$

由此可解出 m 个未知数 a_1，a_2，$\cdots$，a_m。将 a_1，a_2，$\cdots$，a_m 代入 a_0 的公式即可求出未知数 a_0。

多元线性回归模型的剩余标准差为：

$$S = \sqrt{\frac{Q}{n-m-1}} \tag{3-77}$$

式中，Q 为剩余平方和，并有：

$$Q = l_{yy} - \sum_{i=1}^{m} l_{iy}a_i$$

而

$$l_{yy} = \sum_{i=1}^{n} y_i^2 - \frac{1}{n}\left(\sum_{i=1}^{n} y_i\right)^2$$

y 和 x_1，x_2，$\cdots$，x_m 的线性关系密集程度可用复相关系数 R 来检验：

$$R = \sqrt{1 - \frac{Q}{l_{yy}}} \tag{3-78}$$

R 越大表示 y 与 x_1，x_2，$\cdots$，x_m 线性关系越密切，如 R 太小则应改变模型结构。

为了分析回归模型的"显著性"，可引入 F 检验。由上述可知，回归模型精度越高时 Q 值应越小，U 值应越大越好，因此它们的比值是判断回归方程好坏的一个重要指数：

$$F = \frac{U/f_U}{Q/f_Q} \tag{3-79}$$

式中，f_U 及 f_Q 分别为 U 和 Q 的自由度（可以理解为 f_U 等于自变量的个数）。统计量 F 遵循自由度为 f_U 及 f_Q 的 F 分布，通过数学手册可以查到临界值 F_α。

给定 α，即可查出 F_α 值，如计算的 $F < F_\alpha$，则回归效果不明显；如 $F > F_\alpha$，则回归方程是有效的或称显著的。$\alpha = 0.1$ 时显著的程度为 90%，$\alpha = 0.05$ 时显著程度为 95%，$\alpha = 0.01$ 时显著程度则为 99%。

为了找到相关系数最大、剩余标准差最小、回归效果显著的多元线性方程，可以根据各因素对预报值影响机理上的分析，选用几个不同的自变量组合方案进行回归分析，经过 R、S、F 计算后选用一个结构不太复杂而精度较高的方案。

应该指出的是，实际数学模型一般说并不一定是线性的。但在通常情况下，通过某种类型的变换都能归结为上式的情形。

例如，轧制力公式 $P = Bl_c Q_p \times 1.15\sigma$，其中：

$$Q_p = a_1 + a_1 l_c/h_m + a_1 l_c/h_m \varepsilon + a_3 \varepsilon$$

$$\sigma = e^{bT+a} u_m^{cT+d} \varepsilon^n$$

对于 Q_p 公式，采用以下变换方式后立即可建立起线性模型，设

$$y = Q_p, \quad x_1 = l_c/h_m, \quad x_2 = l_c/h_m\varepsilon, \quad x_3 = \varepsilon$$

对于 σ 公式，可将 σ 公式两边取对数后得：

$$\ln\sigma = (bT+a) + (cT+d)\ln u_m + n\ln\varepsilon = a + bT + cT\ln u_m + d\ln u_m + \ln\varepsilon$$

然后可以采用：

$$y = \ln\sigma_y, \quad x_1 = T, \quad x_2 = T\ln u_m, \quad x_4 = \ln\varepsilon$$

3.3.3 插值算法

如前所述，考虑到对象或过程的复杂程度，数学模型的数学表达式可以是表格形式。实际上，在许多的工程问题以及科学研究中，各因素之间的关系经常很难有明显的解析表达，通常只是由观察与测试得到一些离散数值。为此，需要根据有限个点的离散数据，在区间上构造一个简单函数来描述数据的变化规律，然后利用它估算出在其他点处的近似值，这就是所谓的插值法。概括地说，就是用简单插值函数为离散数组建立连续模型。

假定区间 $[a, b]$ 上存在实值函数 $y = f(x)$，在该区间上 $n+1$ 个互不相同点 $a \leqslant x_0 < x_1 < \cdots < x_n \leqslant b$ 处的值是 y_0，y_1，$\cdots$，y_n，构造一个函数 $\varphi(x)$，使得：

$$\varphi(x) = y_i \quad (i = 0, 1, \cdots, n) \tag{3-80}$$

则 $\varphi(x)$ 为 $y = f(x)$ 的插值函数，点 x_0，x_1，$\cdots$，x_n 为插值结点，区间 $[a, b]$ 为插值区间，点 x 为插值点。通过插值函数 $\varphi(x)$ 可以估算区间 $[a, b]$ 上其他点 x 所对应的 y 值。

由于多项式结构简单，可被看作仅由加法和乘法运算构成，故常取多项式作为插值函数来近似代替难以计算的复杂函数：

$$\varphi_n(x) = a_0 + a_1 x + \cdots + a_n x^n \tag{3-81}$$

其中，$a_i(i = 0, 1, \cdots, n)$ 为 $n+1$ 个待定系数，则求插值多项式的问题就归结为求系数 a_i，同时 a_i 满足 $n+1$ 阶线性方程组：

$$\begin{cases} a_0 + a_1 x_0 + \cdots + a_n x_0^n = y_0 \\ a_0 + a_1 x_1 + \cdots + a_n x_1^n = y_1 \\ \vdots \\ a_0 + a_1 x_n + \cdots + a_n x_n^n = y_n \end{cases} \tag{3-82}$$

根据线性方程克莱姆法则，线性方程组的解存在且唯一。显然直接求解方程就可得到插值多项式，由于这种计算太繁杂，我们一般寻求其他方法。下面介绍几种常用的更简单的插值方法。

3.3.3.1 线性插值与抛物线插值

根据给定的插值点构造插值多项式方法很多，下面首先开始讨论 $n = 1$ 的简单情形。假定给定区间与端点函数值，求过这两点的插值多项式，这是最基础的插值问题，方程可从几何意义直接得到，如图 3-11 所示。两点式方程为：

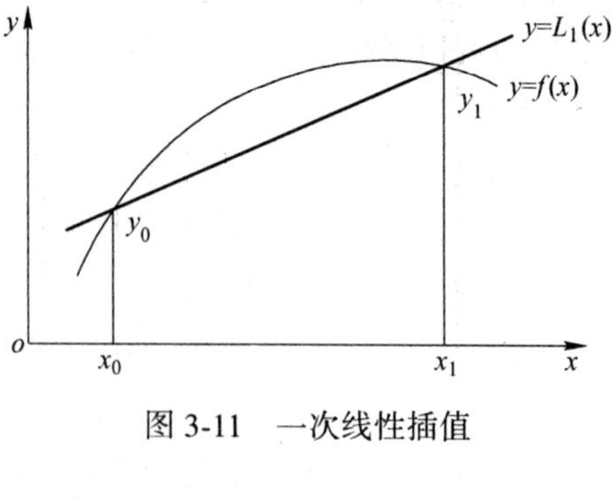

图 3-11 一次线性插值

$$L_1(x) = \frac{x - x_1}{x_0 - x_1} y_0 + \frac{x - x_0}{x_1 - x_0} y_1 \tag{3-83}$$

显然，可以看出两点式方程是由两个线性函数线性组合而成的，系数分别为 y_0 和 y_1，于是有：

$$L_1(x) = l_{1,0}(x) y_0 + l_{1,1}(x) y_1 \tag{3-84}$$

则，$l_{1,0}(x)$、$l_{1,1}(x)$ 也是线性插值多项式，且分别满足：

$$l_{1,0}(x_0) = 1, \ l_{1,0}(x_1) = 0, \ l_{1,1}(x_0) = 0, \ l_{1,1}(x_1) = 1 \tag{3-85}$$

我们称函数 $l_{1,0}(x)$、$l_{1,1}(x)$ 为线性插值基函数，如图 3-12 所示。

下面讨论 $n=2$ 时的情况，即需要求通过三个点 (x_0, y_0)、(x_1, y_1)、(x_2, y_2) 的二次插值多项式时，类似 $n=1$ 时的情况，首先构造线性插值基函数。

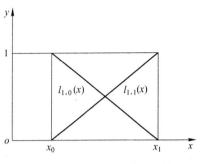

图 3-12　一次线性插值基函数

$$\begin{cases} l_{2,0}(x) = \dfrac{(x-x_1)(x-x_2)}{(x_0-x_1)(x_0-x_2)} \\[2mm] l_{2,1}(x) = \dfrac{(x-x_0)(x-x_2)}{(x_1-x_0)(x_1-x_2)} \\[2mm] l_{2,2}(x) = \dfrac{(x-x_0)(x-x_1)}{(x_2-x_0)(x_2-x_1)} \end{cases} \qquad (3\text{-}86)$$

同时满足条件：

$$l_{2,i}(x_j) = \begin{cases} 1, & j = i \\ 0, & j \neq i \end{cases} \quad (i, j = 0, 1, 2)$$

得到二次插值基函数 $l_{2,0}(x)$、$l_{2,1}(x)$、$l_{2,2}(x)$ 后，做基函数的线性组合，可以轻易写出通过三点 (x_0, y_0)、(x_1, y_1)、(x_2, y_2) 的二次插值多项式，因为它是通过三点的一条抛物线，所以也称该多项式为抛物线多项式：

$$L_2(x) = l_{2,0}(x)y_0 + l_{2,1}(x)y_1 + l_{2,2}(x)y_2 \qquad (3\text{-}87)$$

3.3.3.2　Larange 插值

上面我们对 $n=1$，2 时的情况，利用插值基函数得到了一次与二次插值多项式。下面把这种通过插值基函数来构造插值多项式的方法推广到一般情况。

先利用插值基函数构造一般插值多项式，首先给定 $y=f(x)$ 上 $n+1$ 个互异点 $(x_i, y_i)(i=0, 1, \cdots, n)$，使它满足：

$$L_n(x_i) = y_i \qquad (3\text{-}88)$$

首先构造 $l_{n,k}(x)(k = 0, 1, \cdots, n)$，关于点 $x_0, x_1, \cdots, x_n$ 的 n 次插值基函数多项式：

$$\begin{aligned} l_{n,k}(x) &= \frac{(x-x_0)\cdots(x-x_{k-1})(x-x_{k+1})\cdots(x-x_n)}{(x_k-x_0)\cdots(x_k-x_{k-1})(x_k-x_{k+1})\cdots(x_k-x_n)} \\[2mm] &= \prod_{\substack{j=0 \\ j \neq k}}^{n} \frac{x-x_j}{x_k-x_j} \end{aligned} \qquad (3\text{-}89)$$

同时满足条件：

$$l_{n,k}(x_j) = \begin{cases} 1, & j = k \\ 0, & j \neq k \end{cases} \quad (j = 0, 1, \cdots, n)$$

然后利用插值基函数，构造出所求的 n 次 Lagrange 插值多项式 $L_n(x)$：

$$L_n(x) = \sum_{k=0}^{n} y_k l_{n,k}(x) \qquad (3\text{-}90)$$

若引入记号，设：

$$\omega_{n+1}(x) = (x - x_0)(x - x_1) \cdots (x - x_n)$$

对 $\omega_{n+1}(x)$ 求其在 x_k 处的一阶导数：

$$\omega'_{n+1}(x_k) = (x - x_1) \cdots (x - x_k) \cdots (x - x_n) + (x - x_0)(x - x_2) \cdots (x - x_k) \cdots (x - x_n) +$$
$$(x - x_0) \cdots (x - x_{k-1})(x - x_{k+1}) \cdots (x - x_n) + \cdots +$$
$$(x - x_0) \cdots (x - x_k) \cdots (x - x_{n-1}) \big|_{x = x_k}$$

$$= 0 + 0 + \cdots + (x - x_0) \cdots (x - x_{k-1})(x - x_{k+1}) \cdots (x - x_n) + 0 + \cdots + 0$$

将 $x = x_k$ 代入，包含 $x - x_k$ 项的都为 0，则：

$$l_{n,k}(x) = \frac{\omega_{n+1}(x)}{(x - x_k)\omega'_{n+1}(x_k)} \quad (k = 0, 1, \cdots, n) \tag{3-91}$$

于是 n 次拉格朗日多项式 $L_n(x)$ 常表示为：

$$L_n(x) = \sum_{k=0}^{n} \left(\prod_{\substack{j=0 \\ j \neq k}}^{n} \frac{x - x_j}{x_k - x_j} \right) \quad \text{或} \quad L_n(x) = \sum_{k=0}^{n} \frac{\omega_{n+1}(x)}{(x - x_k)\omega'_{n+1}(x_k)} y_k \tag{3-92}$$

3.3.3.3   Newton 插值

Larange 插值公式提供完整的理论体系和求解插值多项式的思路，公式紧凑，其在理论上具有很高的价值。但在生产实践中，一旦实验节点数需要增减时，构造 Larange 插值公式的基函数就要重新构造，工作量上造成大量浪费。为了克服这个缺点，我们可重新构造一种逐次生成插值多项式序列 $N_0(x)$，$N_1(x)$，$\cdots$，$N_n(x)$ 的方法。

当 $n = 0$ 时，设零次差值多项式：

$$N_0(x) = a_0 = f(x_0) \tag{3-93}$$

当 $n = 1$ 时，一次插值多项式：

$$N_1(x) = N_0(x) + a_1(x - x_0) \tag{3-94}$$

它满足插值条件 $N_1(x_0) = N_0(x_0) = f(x_0)$，接着要满足 $N_1(x_1) = f(x_1)$，只需设定 $a_1 = \dfrac{f(x_1 - x_0)}{x_1 - x_0}$。

当 $n = 2$ 时，二次插值多项式：

$$N_2(x) = N_1(x) + a_2(x - x_0)(x - x_1) \tag{3-95}$$

显然它满足条件 $N_2(x_0) = N_1(x_0) = f(x_0)$ 和 $N_2(x_1) = N_1(x_1) = f(x_1)$，只需要满足 $N_2(x_2) = f(x_2)$ 这个方程就构造好了，那么可令 $N_2(x_2) = f(x_2)$，则：

$$N_2(x_2) = N_1(x_2) + a_2(x_2 - x_0)(x_2 - x_1)$$

$$N_1(x_2) = f(x_0) + a_1(x_2 - x_0) = f(x_0) + \frac{f(x_1) - f(x_0)}{x_1 - x_0}(x_2 - x_0)$$

$$a_2 = \frac{N_2(x_2) - N_1(x_2)}{(x_2 - x_0)(x_2 - x_1)} = \frac{\dfrac{f(x_2) - f(x_0)}{x_2 - x_0} - \dfrac{f(x_1) - f(x_0)}{x_1 - x_0}}{x_2 - x_1} \tag{3-96}$$

一般情况在 x_i 点的插值点为 $f(x_i)$，要求 n 次插值多项式 $N_n(x)$ 可满足：

$$N_n(x_i) = f(x_i) \quad (i = 0, 1, \cdots, n) \tag{3-97}$$

则 $N_n(x)$ 可表示为：

$$N_n(x) = a_0 + a_1(x - x_0) + \cdots + a_n(x - x_0)\cdots(x - x_{n-1}) \quad (3\text{-}98)$$

式中，a_0、a_1、$\cdots$、a_n 为待定系数。与 Larange 插值不同，这里的 $N_n(x)$ 是通过基函数 $\{1,\ (x - x_0),\ \cdots,\ (x - x_0)\cdots(x - x_{n-1})\}$ 逐次递推得到的。

为了明确给出系数 a_0、a_1、$\cdots$、a_n 的表达式与多项式 $N_n(x)$ 的一般形式，需引入差商并研究它的性质。令 $f[x_i] = f(x_i)$ 为 $f(x)$ 关于点 x_i 的零阶差商，则：

$$f[x_i,\ x_j] = \frac{f[x_j] - f[x_i]}{x_j - x_i} \quad (3\text{-}99)$$

称为 $f(x)$ 关于点 x_i，x_j 的一阶差商。

同理：

$$f[x_i,\ x_j,\ x_k] = \frac{f[x_j,\ x_k] - f[x_i,\ x_j]}{x_k - x_i} \quad (3\text{-}100)$$

称为 $f(x)$ 关于点 x_i，x_j，x_k 的二阶差商。

$$f[x_0,\ x_1,\ \cdots,\ x_k] = \frac{f[x_1,\ x_2,\ \cdots,\ x_k] - f[x_0,\ x_1,\ \cdots,\ x_{k-1}]}{x_k - x_0} \quad (3\text{-}101)$$

称为 $f(x)$ 关于点 x_0，x_1，$\cdots$，x_n 的 k 阶差商。

除此之外差商也可用相应节点上的函数值来表示：

$$f[x_0,\ x_1] = \frac{f(x_1) - f(x_0)}{x_1 - x_0} = \frac{f(x_0)}{x_0 - x_1} + \frac{f(x_1)}{x_1 - x_0} \quad (3\text{-}102)$$

$$
\begin{aligned}
f[x_0,\ x_1,\ x_2] &= \frac{f[x_1,\ x_2] - f[x_0,\ x_1]}{x_2 - x_0} \\
&= \frac{1}{x_2 - x_0}\left[\left(\frac{f(x_1)}{x_1 - x_2} + \frac{f(x_2)}{x_2 - x_1}\right) - \left(\frac{f(x_0)}{x_0 - x_1} + \frac{f(x_1)}{x_1 - x_0}\right)\right] \\
&= \frac{f(x_0)}{(x_0 - x_1)(x_0 - x_2)} + \frac{f(x_1)}{(x_1 - x_0)(x_1 - x_2)} + \frac{f(x_2)}{(x_2 - x_0)(x_2 - x_1)}
\end{aligned}
$$
$$\quad (3\text{-}103)$$

用数学归纳法可以得到：

$$f[x_0,\ x_1,\ \cdots,\ x_k] = \sum_{j=0}^{k} \frac{f(x_j)}{(x_j - x_0)\cdots(x_j - x_{j-1})(x_j - x_{j+1})\cdots(x_j - x_k)} \quad (3\text{-}104)$$

根据差商定义，将 x 看作 $[a,\ b]$ 上的一点，通过上面公式变形可得到：

$$f(x) = f(x_0) + f[x,\ x_0](x - x_0)$$

$$f[x,\ x_0] = f[x_0,\ x_1] + f[x,\ x_0,\ x_1](x - x_1)$$

$$\vdots$$

$$f[x,\ x_0,\ \cdots,\ x_{n-2}] = f[x,\ x_0,\ \cdots,\ x_{n-1}] + f[x,\ x_0,\ \cdots,\ x_{n-1}](x - x_{n-1})$$

$$f[x,\ x_0,\ \cdots,\ x_{n-1}] = f[x,\ x_0,\ \cdots,\ x_n] + f[x,\ x_0,\ \cdots,\ x_n](x - x_n)$$

顺序将后式代入前式，可得：

$$
\begin{aligned}
f(x) &= f(x_0) + f[x_0,\ x_1](x - x_0) + f[x_0,\ x_1,\ x_2](x - x_0)(x - x_1) + \cdots + \\
&\quad f[x_0,\ \cdots,\ x_n](x - x_0)\cdots(x - x_{n-1}) + f[x,\ x_0,\ \cdots,\ x_n]\omega_{n+1} \\
&= N_n(x) + R_n(x)
\end{aligned}
$$
$$\quad (3\text{-}105)$$

其中：

$$N_n(x) = f(x_0) + f[x_0, x_1](x - x_0) + f[x_0, x_1, x_2](x - x_0)(x - x_1) + \cdots +$$
$$f[x_0, x_1, \cdots, x_n](x - x_0) \cdots (x - x_{n-1}) \qquad (3-106)$$

$$R_n(x) = f[x, x_0, \cdots, x_n]\omega_{n+1}(x)$$

$N_n(x)$ 为牛顿插值多项式，$R_n(x)$ 为牛顿插值余项。显然，$N_n(x)$ 是次数不超过 n 次的多项式，并且满足条件 $N_n(x_i) = f(x_i)$ $(i = 1, 2, \cdots, n)$，其系数 $a_k = f[x, x_0, \cdots, x_k]$，$k = 0, 1, \cdots, n$。

在生产实践中，当 $f(x)$ 未知情况下，利用 Newton 插值多项式近似计算 $f(x)$ 所产生的误差（插值余项）的估计问题可通过上式得到解决。同时它解决了插值多项式中算法继承性问题，即增加一个节点相当于在牛顿多项式中增加一项即可，它解决了 Lagrange 插值公式的缺点，因而在实际数据处理中应用广泛。

3.3.4　有限差分法

在轧制过程中，轧件、轧辊的热边界条件非常复杂，而为了精确控制往往需要知道它们的温度分布，即温度场。从温度场求解方法上看，分别有解析法、有限差分法和有限元法。解析法多采用傅里叶变换和分离变量法对导热微分方程进行求解，需进行大量假设，只能解决较简单的传热问题。有限差分法由于其思想简单、计算速度快、能满足较好的计算精度，在工程上得到广泛应用。

有限差分法的求解思路是，将物理过程在时间上和空间上进行离散化，将解域划分为差分网格，把控制方程中的导数用网格节点上的函数值的差商代替进行离散，从而建立以网格节点上的值为未知数的代数方程组，然后进行求解。

有限差分法的数学基础是用差分代替微分，用差商代替微商。由微商的定义：

$$\left(\frac{\partial T}{\partial \tau}\right)_i = \lim_{\Delta x \to 0}\left(\frac{\Delta T}{\Delta \tau}\right)_i = \lim_{\Delta x \to 0}\frac{T_{i+1} - T_i}{\Delta \tau} \qquad (3-107)$$

当为较小的有限尺度时，微商可用有线差商近似表达为：

$$\left(\frac{\partial T}{\partial \tau}\right)_i \approx \left(\frac{\Delta T}{\Delta \tau}\right)_i = \frac{T_{i+1} - T_i}{\Delta \tau} \qquad (3-108)$$

根据差分方向不同，可分为以下三种差分公式：

向前差分：
$$\left(\frac{\partial T}{\partial \tau}\right)_i = \frac{T_{i+1} - T_i}{\Delta \tau}$$

向后差分：
$$\left(\frac{\partial T}{\partial \tau}\right)_i = \frac{T_i - T_{i-1}}{\Delta \tau}$$

中心差分：
$$\left(\frac{\partial T}{\partial \tau}\right)_i = \frac{T_{i+1} - T_{i-1}}{2\Delta \tau}$$

类似地，对于二阶微分采用二阶中心差分代替，即：

$$\left(\frac{\partial^2 T}{\partial \tau^2}\right)_i = \frac{T_{i+1} - 2T_i + T_{i-1}}{(\Delta \tau)^2} \qquad (3-109)$$

用差商代替微商的意义是用函数在某区域内的平均变化率来代替函数的真实变化率。下面以一维非稳态导热问题为例推导差分方程。

如图 3-13 所示，假设某一平板厚度 L，沿厚度方向划分网格，材料的各项热物性值均为常数且已知，初始条件已知为 T_0，边界条件则为边界上的温度固定并已知为 T_w，则该平板的温度分布变化问题可由以下方程构成：

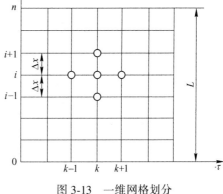

导热微分方程：

$$\frac{\partial T}{\partial \tau} = a \frac{\partial T^2}{\partial x^2} \quad (0 < x < L, \ t > 0)$$

$$(3-110)$$

初始条件：

$$T(x, 0) = T_0 \qquad (3-111)$$

图 3-13 一维网格划分

边界条件：

$$T(0, \tau) = T(L, \tau) = T_w \qquad (3-112)$$

由于导热微分方程在区域 $\{\tau > 0, 0 < x < L\}$ 内全部点成立，因此点 i 的导热方程可表示为：

$$\left(\frac{\partial T}{\partial \tau}\right)_i^k = a \left(\frac{\partial^2 T}{\partial x^2}\right)_i^k \qquad (3-113)$$

方程左边用向前差商近似：

$$\left(\frac{\partial T}{\partial \tau}\right)_i^k = \frac{T_i^{k+1} - T_i^k}{\Delta t}$$

方程右边用二阶中心差商近似：

$$\left(\frac{\partial^2 T}{\partial x^2}\right)_i^k = \frac{T_{i+1}^k - 2T_i^k + T_{i-1}^k}{(\Delta x)^2}$$

因此：

$$\frac{T_i^{k+1} - T_i^k}{\Delta \tau} = a \frac{T_{i+1}^k - 2T_i^k + T_{i-1}^k}{(\Delta x)^2} \qquad (3-114)$$

上式即为内部节点的差分方程。

将初始条件和边界条件也在空间和时间上进行离散，即可得完整的差分方程：

$$\begin{cases} T_i^{k+1} = Fo T_{i+1}^k + (1 - 2Fo) T_i^k + Fo T_{i-1}^k \\ T_i^0 = T_0 \quad (i = 1, 2, \cdots, n-1) \\ T_0^k = T_w, \ T_n^k = T_w \quad (k = 1, 2, 3, \cdots) \end{cases} \qquad (3-115)$$

式中，$Fo = \dfrac{a\Delta t}{(\Delta x)^2}$，称为傅里叶数，它可理解为两个时间间隔相除所得的无量纲时间，即 $Fo = \dfrac{\Delta \tau}{\dfrac{(\Delta x)^2}{a}}$，分子是所取时间间隔的时间，分母可看成是边界上的热扰动扩散到 $(\Delta x)^2$ 面上所需的时间。

以上差分方程采用前一时刻的温度场来计算下一时刻的温度场，在给定时间步长以及空间步长，并且已知初始条件及边界条件的情况下，按照时间间隔次数逐层计算，就可得

到物体在下一时刻的温度分布。因此该方程称为显式有限差分方程,其具体求解过程可分为以下三步:

(1) 设过程开始时各节点温度为 $T_i^0(i=0,2,\cdots,n)$,则 T_0^0 与 T_n^0 由边界条件提供,其余的 $T_i^0(i=1,2,\cdots,n-1)$ 由初始条件提供,这样时间计算步数 $k=0$ 上温度即可全部求得。

(2) 利用内部节点差分方程,可计算步数 $k=1$ 上所有内节点的温度 $T_i^1(i=2,3,\cdots,n-1)$,再利用边界条件得到 T_1^1 与 T_n^1,这样经过时间间隔后的各节点温度可全部求得。

(3) 依次类推,直至求得 t 时刻的所有节点温度分布值 T_i^k。

若将导热微分方程应用于节点 i 时,在 t_{k+1} 时刻:

$$\left(\frac{\partial T}{\partial \tau}\right)_i^{k+1} = a\left(\frac{\partial^2 T}{\partial x^2}\right)_i^{k+1} \tag{3-116}$$

方程左边按温度对时间的一阶向后差商近似:

$$\left(\frac{\partial T}{\partial \tau}\right)_i^{k+1} = \frac{T_i^{k+1} - T_i^k}{\Delta t}$$

方程右边用中心差商近似:

$$\left(\frac{\partial^2 T}{\partial x^2}\right)_i^{k+1} = \frac{T_{i+1}^{k+1} - 2T_i^{k+1} + T_{i-1}^{k+1}}{(\Delta x)^2}$$

则可得隐式差分格式内部节点差分方程:

$$T_i^k = T_i^{k+1}(1 + 2Fo) - FoT_{i+1}^{k+1} - FoT_{i-1}^{k+1} \tag{3-117}$$

完整的隐式差分方程格式:

$$\begin{cases} T_i^k = T_i^{k+1}(1 + 2Fo) - FoT_{i+1}^{k+1} - FoT_{i-1}^{k+1} \\ T_i^0 = T_0 \quad (i=1,2,\cdots,n-1) \\ T_0^k = T_w, \ T_i^k = T_w \quad (i=0,1,2,\cdots,n; \ k=0,1,2,\cdots) \end{cases} \tag{3-118}$$

不同于显式差分,隐式差分方程式是利用下一时刻的节点温度求解上一时刻的节点温度,因此不能采用逐节时间步数计算的方法来求解节点温度。对于隐式差分方程,可采用追赶法求解。可将差分方程写作如下形式:

$$a_i T_{i-1}^{n+1} + b_i T_i^{n+1} + c_i T_{i+1}^{n+1} = d_i$$

矩阵形式展开:

$$\begin{bmatrix} b_0 & c_0 & & & \\ a_1 & b_1 & c_1 & & \\ & a_2 & b_2 & \ddots & \\ & & \ddots & \ddots & c_{n-1} \\ & & & a_n & b_n \end{bmatrix} \begin{bmatrix} T_0^{k+1} \\ T_1^{k+1} \\ T_2^{k+1} \\ \vdots \\ T_n^{k+1} \end{bmatrix} = \begin{bmatrix} d_0 \\ d_1 \\ d_2 \\ \vdots \\ d_n \end{bmatrix}$$

$$\begin{bmatrix} 1+2Fo & -Fo & & & \\ -Fo & 1+2Fo & -Fo & & \\ & -Fo & 1+2Fo & \ddots & \\ & & \ddots & \ddots & -Fo \\ & & & -Fo & 1+2Fo \end{bmatrix} \begin{bmatrix} T_0^{k+1} \\ T_1^{k+1} \\ T_2^{k+1} \\ \vdots \\ T_n^{k+1} \end{bmatrix} = \begin{bmatrix} T_0^k \\ T_1^k \\ T_2^k \\ \vdots \\ T_n^k \end{bmatrix} \tag{3-119}$$

通过带入初始条件以及边界条件，采用基于 LU 分解的追赶法可以求得隐式差分方程各节点温度。

值得注意的是，在进行显式有限差分求解温度场时需要考虑算法的稳定性。若 $(1-2Fo)<0$，则表明 (k,i) 节点在 K 时刻的 T_i^k 越高，经时段后 T_i^{k+1} 越低，这种节点温度随时间的跳跃式变化是不符合物理规律的，所以称只有当 $Fo \leqslant 1/2$ 时差分方程才具有稳定性。采用隐式差分方程是无条件稳定的。

3.3.5 神经元网络

由于轧制过程物理现象复杂、具有很强的非线性特点，传统的建模方法越来越不能满足现代高精度轧制的需求。人工智能作为一门引领未来的技术，目前已经渗透到人类社会的各个方面。利用人工智能方法进行轧制过程建模和优化已经成为热连轧过程控制系统的发展趋势。

神经元网络是人工智能的重要分支，并且应用范围最广。神经元网络具有分布式处理和自学习等特点，能够处理多变量、含有不完整信息的问题。人工神经元网络是由人工神经元互连组成的网络，它是从微观结构和功能上对人脑的抽象、简化，是模拟人类智能的一条重要途径，反映了人脑功能的若干基本特征，如并行信息处理、学习、联想、模式分类、记忆等。图 3-14 是一个人工神经元模型，在这个模型中，神经元接收到来自 n 个其他神经元传递过来的输入信号，这些输入信号通过带权重

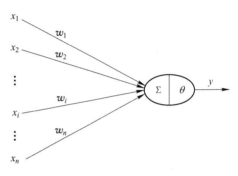

图 3-14　人工神经元模型

的连接进行传递，神经元接收的总输入值将与神经元的阈值进行比较，然后通过"激活函数"处理以产生神经元的输出。图中，x_i 表示来自第 i 个神经元的输入；w_i 表示第 i 个神经元的连接权重；θ 表示阈值；y 表示输出，$y=f\left(\sum_{i=1}^{n}w_i x_i - \theta\right)$，$f(\cdot)$ 表示激活函数。典型的激活函数有：

（1）阶跃函数：

$$\text{sgn}(x) = \begin{cases} 1, & x \geq 0 \\ 0, & x < 0 \end{cases} \tag{3-120}$$

（2）Sigmoid 函数：

$$\text{sigmoid}(x) = \frac{1}{1 + e^{-x}} \tag{3-121}$$

神经元网络按照连接方式的不同，可以分为前向型、随机型、反馈型和自组织竞争型。其中 BP 神经元网络是一种按误差逆传播算法训练的多层前馈网络，是目前应用最广泛的神经元网络模型之一。图 3-15 为典型的三层 BP 网络结构图，输入向量 $X = (x_1, x_2, \cdots, x_i, \cdots, x_n)^T$，设 x_0 为隐层神经元引入阈值；隐层的输出向量为 $Y = (y_1, y_2, \cdots, y_j, \cdots, y_m)^T$，设 y_0 为输出层神经元引入阈值；输出层的输出向量为 $O = (o_1, o_2, \cdots, o_k, \cdots, o_l)^T$，期望输出向量为 $D = (d_1, d_2, \cdots, d_k, \cdots, d_l)^T$。输入层到隐层单元的连接权值为 v_{ih}，隐层到输出层的连接权值为 w_{hj}。激活函数采用 Sigmoid 函数。

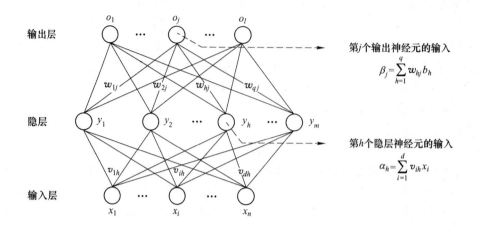

输出层 o_1 $\cdots$ o_j $\cdots$ o_l

第 j 个输出神经元的输入
$$\beta_j = \sum_{h=1}^{q} w_{hj} b_h$$

w_{1j} w_{2j} w_{hj} w_{qj}

隐层 y_1 y_2 $\cdots$ y_h y_m

第 h 个隐层神经元的输入
$$\alpha_h = \sum_{i=1}^{d} v_{ih} x_i$$

v_{1h} v_{ih} v_{dh}

输入层 x_1 $\cdots$ x_i $\cdots$ x_n

图 3-15　BP 网络结构

BP 网络的学习方法和步骤如下：

（1）权值初始化。对输入层到隐层单元的连接权值 v_{ji}，隐层到输出层的连接权 w_{ij}，隐层单元及输出层单元的输出阈值 θ_j，赋予区间（-1，+1）内的随机值。

（2）随机选取一组输入和目标学习样本 $P_K = (x_1^k, x_2^k, \cdots, x_n^k)$，$T_K = (y_1^k, y_2^k, \cdots, y_n^k)$ 给网络。利用传递函数，依次计算出隐层各单元的输入及输出，输出层各单元的输出、输入及各单元的响应。

（3）网络误差与权值调整。当网络输出与期望 E 输出不等时，存在输出误差 E，定义为：

$$E = \frac{1}{2}(D - O)^2 = \frac{1}{2}\sum_{k=1}^{l}(d_k - o_k)^2 \tag{3-122}$$

将以上误差定义式展开至隐层，则得：

$$E = \frac{1}{2}(D - O)^2 = \frac{1}{2}\sum_{k=1}^{l}[d_k - f(net_k)]^2 = \frac{1}{2}\sum_{k=1}^{l}\left[d_k - f\left(\sum_{j=0}^{m} w_{jk} y_j\right)\right]^2 \tag{3-123}$$

由上式可以看出，网络输入误差是各层权值 w_{ij}、v_{ji} 的函数，因此调整权值可以改变误差。显然，调整权值的原则是使误差不断地减小，因此应使权值的调整量与误差 E 的负梯度成正比，即

$$\begin{cases} \Delta w_{jk} = -\eta \dfrac{\partial E}{\partial w_{jk}} & (j = 0, 1, 2, \cdots, m; k = 1, 2, \cdots, l) \\[2mm] \Delta v_{ij} = -\eta \dfrac{\partial E}{\partial w_{ij}} & (i = 0, 1, 2, \cdots, n; j = 1, 2, \cdots, m) \end{cases} \tag{3-124}$$

式中，负号表示梯度下降，常数 $\eta \in (0, 1)$，表示比例系数，在训练中反映了学习速率。因此 BP 算法的学习规则是利用梯度最速下降法，使连接权值沿误差函数的负梯度方向改变。

BP 神经元网络的每一层连接权值都可通过学习来调节。假如输出响应与期望模式有误差，且超出合理范围，那么转入误差反向传播，并且不断修正每一层每一点连线的权值和隐层上神经元的输出阈值，再向前反复计算，直到达到预期效果。这种以梯度为基础的

误差下降算法，其优点是原理简单、实现方便，但是它收敛速度较慢，只能达到一阶收敛速度，尤其对于复杂的问题训练需要迭代几千乃至上万次才能收敛到期望的结果，而且该算法易陷入局部极小点，甚至出现锯齿形振荡，造成无法收敛。因此很多学者将其进行了改进，提出了很多改进的算法，主要有加入动量因子的 BP 算法、可变学习速度算法、牛顿法、共轭梯度法和 Levenberg-Marquardt 法等。

BP 神经元网络的训练需要人为设置大量的训练参数，并且很容易产生局部最优解。对于典型的单隐层前馈神经元网络结构，2004 年由南洋理工大学黄广斌副教授提出极限学习机 ELM 算法，只需要设置网络的隐层节点个数，在算法执行过程中不需要调整网络的输入权值以及隐元的偏置，并且产生唯一的最优解，因此具有学习速度快且泛化性能好的优点。

下面介绍一下 ELM 算法的基本原理。假设输入层有 n 个神经元，对应 n 个输入变量，隐层有 l 个神经元，输入层与隐层间的连接权值 w 为：

$$w = \begin{bmatrix} w_{11} & w_{12} & \cdots & w_{1n} \\ w_{21} & w_{22} & \cdots & w_{2n} \\ \vdots & \vdots & & \vdots \\ w_{l1} & w_{l2} & \cdots & w_{ln} \end{bmatrix}_{l \times n}$$

隐层神经元的阈值 b 为：

$$b = \begin{bmatrix} b_1 \\ b_2 \\ \vdots \\ b_l \end{bmatrix}_{l \times 1}$$

隐层神经元的激活函数为 $g(x)$，那么，对于 Q 个样本的训练集输入矩阵 X：

$$X = \begin{bmatrix} x_{11} & x_{12} & \cdots & x_{1Q} \\ x_{21} & x_{22} & \cdots & x_{2Q} \\ \vdots & \vdots & & \vdots \\ x_{n1} & x_{n2} & \cdots & x_{nQ} \end{bmatrix}_{n \times Q}$$

神经元网络的隐层输出矩阵为：

$$H(w_1, w_2, \cdots, w_l, b_1, b_2, \cdots, b_l, x_1, x_2, \cdots, x_Q)$$

$$= \begin{bmatrix} g(w_1 x_1 + b_1) & g(w_2 x_1 + b_2) & \cdots & g(w_l x_1 + b_l) \\ g(w_1 x_2 + b_1) & g(w_2 x_2 + b_2) & \cdots & g(w_l x_2 + b_l) \\ \vdots & & \vdots & \vdots \\ g(w_1 x_Q + b_1) & g(w_2 x_Q + b_2) & \cdots & g(w_l x_Q + b_l) \end{bmatrix}_{Q \times l}$$

再假设隐层与输出层间的连接权值 β 为：

$$\beta = \begin{bmatrix} \beta_{11} & \beta_{12} & \cdots & \beta_{1m} \\ \beta_{21} & \beta_{22} & \cdots & \beta_{2m} \\ \vdots & \vdots & & \vdots \\ \beta_{l1} & \beta_{l2} & \cdots & \beta_{lm} \end{bmatrix}_{l \times m}$$

则神经元网络的输出矩阵为 $\boldsymbol{H\beta} = \boldsymbol{T'}$。通常的神经元网络学习方法中，权值 w 都是要通过不断迭代进行调整的。事实上，根据 ELM 算法，w 和 b 不需要调整且可以在事先任意给定，而隐层与输出层间的连接权值 β 则通过求解以下方程组的最小二乘解获得：

$$\min_{\beta} \| \boldsymbol{H\beta} - \boldsymbol{T'} \|$$

其解为：

$$\hat{\beta} = \boldsymbol{H}^- \boldsymbol{T'}$$

式中，$\boldsymbol{H}^-$ 为隐层输出矩阵 $\boldsymbol{H}$ 的广义逆矩阵。

神经元网络通过数据集的训练，得到网络合适的连接权系数，从而能够正确实现输入输出的映射关系。正是由于 BP 神经元网络能够逼近各种连续变化的非线性输出/输入关系，在控制系统中，可以用神经元网络法建立数学热轧模型，还可以使用它对数学模型进行修正。目前主要的应用包括轧制力模型、温度模型、宽展模型、力学性能预报模型等。比如，神经元网络与传统的轧制力结合的方式可以采用下面两种：

（1）用神经元网络直接预报轧制力，如图 3-16a 所示。选取和轧制力相关的因素作为神经元网络的输入层。神经元网络的输出层为轧制力。利用现场采集的实际数据进行神经元网络的训练和仿真，然后确定隐层的数量，最终建立神经元网络轧制力模型。

（2）用神经元网络修正轧制力预报值，如图 3-16b 所示。本方法与方法（1）的区别在于神经元网络的输出层不是轧制力，而是轧制力的修正值。然后与常规数学模型预测的轧制力值进行结合，最后输出预报值。

用 BP 神经元网络预报热轧带钢力学性能时，输入层一般选择 C、Mn、Si、P 等各项化学成分参数以及各轧机轧制力、压下率、轧制速度、轧制温度等生产工艺参数，输出层可以是屈服强度、抗拉强度以及伸长

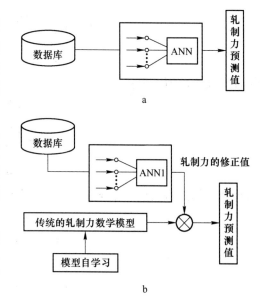

图 3-16　基于神经元网络的轧制力预报模型

率等力学性能参数。将热轧带钢生产过程中的可控工艺参数与力学性能之间的非线性关系，映射到人工神经元网络的多个层次间，通过训练的权值和阈值来体现，最终实现产品的力学性能的预报。不过值得注意的是，这种方法忽视了从冶金学机理上对力学性能模型的研究，会使热轧带钢的力学性能的规律封闭在"黑匣子"中，不利于对问题的认识和分析。

3.4　数据挖掘技术

数据挖掘的过程也称为知识发现的过程，它是一门涉及面很广的交叉性新兴学科，涉及数据库、人工智能、数理统计、可视化、并行计算等领域。数据挖掘是指从数据集合中自动抽取隐藏在其中的那些有用信息的过程，这些信息的表现形式可以是规则、概念、规

律及模式等。传统的查询和报表处理只是得到事件发生的结果，并没有深入研究发生的原因，而数据挖掘则主要是了解发生的原因，并且以一定的置信度对未来进行预测，用于为决策行为提供有利的支持。

数据挖掘的主要应用类型有：

（1）分类：按照分析对象的属性、特征，建立不同的类别来描述事物。

（2）聚类：识别出分析对象内在的规则，按照这些规则把对象分成若干类。

（3）关联：发现事物中某些属性同时出现的规律和模式。

（4）预测：把握分析对象发展规律，对未来的趋势作出预见。

（5）异常检测：对分析对象少数的、极端的特例的描述，揭示内在的原因。

常用的数据挖掘常用算法包括：统计学方法、聚类分析和模式识别、决策树分类技术、关联规则挖掘等。本节将对几种常用方法进行简单介绍。

3.4.1 聚类分析

数据挖掘的重要任务之一是发现大型数据中的积聚现象，并加以定量化描述。聚类分析就是按照某种相似性度量，将具有相似特征的样本归为一类，使得同一类内的相似度较高，而不同类之间的差异较大。

相似性的度量标准是基于数据对象描述属性的取值来确定的，通常利用所聚得的各类间的距离来进行描述。常用的距离计算公式是欧氏距离（Euclidean distance），具体公式如下：

$$d(i, j) = \sqrt{|x_{i1} - x_{j1}|^2 + |x_{i2} - x_{j2}|^2 + \cdots + |x_{im} - x_{jm}|^2} \qquad (3\text{-}125)$$

其中，$i = (x_{i1}, x_{i2}, \cdots, x_{im})$，$j = (x_{j1}, x_{j2}, \cdots, x_{jm})$，它们分别表示一个 m 维数据对象。

Manhatan 距离也很常用，计算公式如下：

$$d(i, j) = |x_{i1} - x_{j1}|^2 + |x_{i2} - x_{j2}|^2 + \cdots + |x_{im} - x_{jm}|^2 \qquad (3\text{-}126)$$

Minkowski 距离是欧氏距离和 Manhatan 距离的推广，计算公式如下：

$$d(i, j) = (|x_{i1} - x_{j1}|^q + |x_{i2} - x_{j2}|^q + \cdots + |x_{im} - x_{jm}|^q)^{1/q} \qquad (3\text{-}127)$$

其中，q 为正整数，当 $q = 1$ 时，即为 Manhatan 距离计算公式；而当 $q = 2$ 时，即为欧氏距离计算公式。

为表示每个变量所代表属性的重要性，可为每个变量单独赋一个权值。带权值的欧氏距离计算公式如下：

$$d(i, j) = \sqrt{w_1|x_{i1} - x_{j1}|^2 + w_2|x_{i2} - x_{j2}|^2 + \cdots + w_m|x_{im} - x_{jm}|^2} \qquad (3\text{-}128)$$

同样，Manhatan 距离和 Minkowski 距离也可以引入权值进行计算。

K-means 算法是聚类分析的典型算法，其思想是把 n 个数据对象划分为 K 个聚类，使所聚得的每类中的数据点到该类中心的平方和最小，具体流程如下：

（1）从 n 个对象中任意选取 K 个作为初始聚类中心。为便于描述，引入记号：

$$X = \{x_i \mid x_i \in R^n, i = 1, 2, \cdots, n\}$$

表示待聚类的数据集。用 $z_1, z_2, \cdots, z_k$ 表示 K 个聚类中心。$X_j(j = 1, 2, \cdots, K)$ 表示 K 个聚类。

（2）计算每个对象与各聚类中心的相似度（距离），将所有对象分配到相似度匹配最高（距离最近）的类别中。距离度量常采用欧氏公式计算：

$$d(x_i, x_j) = \sqrt{(x_{i1} - x_{j1})^2 + (x_{i2} - x_{j2})^2 + \cdots + (x_{im} - x_{jm})^2}$$

式中，$x_i = (x_{i1}, x_{i2}, \cdots, x_{im})$ 和 $x_j = (x_{j1}, x_{j2}, \cdots, x_{jm})$，表示两个 m 维的对象。

（3）重新计算 K 个聚类中心。计算公式如下：

$$z_j = \frac{1}{n_j} \sum_{x \in X_j} x$$

式中，n_j 表示同一类内对象的个数。

（4）与前一次得到的 K 个聚类中心进行对比，如果聚类中心发生变化（聚类准则函数未收敛），转（2），否则转（5）。一般采用误差平方和准则函数作为聚类准则函数，具体如下：

$$J = \sum_i^K \sum_j^{n_i} d(x_j, z_i)$$

式中，J 为数据集中所有对象的均方差之和，其聚类标准旨在使所获得的同一类内尽可能紧凑，而不同类之间尽可能分开。

（5）输出 K 个聚类。K-means 算法的工作流程如图 3-17 所示。

热连轧工况分析很难用精确的数学模型来计算，而且由于热连轧生产过程的高度复杂导致这方面的专家经验也具有模糊性和不确定性。通过聚类分析可将大量的历史热连轧工况数据样本进行自动分类，形成不同的工况集，每工况集的聚类中心可以看作是这一类工况的典型历史工况，它对后续同类产品的生产操作具有重要的指导意义。比如，通过记录每个典型工况及其对应的历史温度测量值，然后采用专家系统将当前工况与历史典型工况相匹配，确定当前轧制过程所属历史典型工况并提取其对应历史工况下的温度测量值，最后针对当前轧件的温度测量值和相应的历史温度值两个数据来源，采用数据融合技术进行融合处理，可以达到准确修正温度测量值的目的。

另外，其中不属于任何工况集的样本则可以看作异常样本，分析异常样本有利于及时发现和诊断产品质量、模型精度等方面的问题。表 3-2 是对从生产现场所收集到的 5000 多块带钢数据，依据钢种进行聚类，可发现部分异常工况，异常部分采用粗体显示。

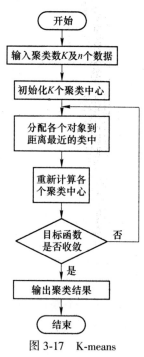

图 3-17 K-means 算法的工作流程

表 3-2 工艺过程异常的样本

带钢编号	FET 预测值 /℃	FET 实测值 /℃	Speed7 /m·s⁻¹	Force1 /kN	Force7 /kN	入口厚度 /mm	FDT 预测值 /℃	FDT 实测值 /℃
H7520202	**972.03**	**978.17**	**7.15**	**21763.3**	9856.5	41.10	872.79	875.13

带钢编号	FET 预测值 /℃	FET 实测值 /℃	Speed7 /m·s^{-1}	Force1 /kN	Force7 /kN	入口厚度 /mm	FDT 预测值 /℃	FDT 实测值 /℃
H7520259	**977. 96**	**980. 25**	**7. 08**	**20935. 9**	9839. 7	41. 10	874. 95	877. 64
H7521117	1017. 59	1019. 38	**4. 99**	17266. 1	**10607. 2**	41. 10	**858. 29**	**860. 11**
H7521116	1018. 57	1022. 19	**4. 99**	17298. 0	**10622. 4**	41. 10	**859. 85**	**861. 59**
正常带钢	1018. 31	1021. 42	6. 18	17272. 6	9805. 2	40. 84	876. 43	876. 60

由表 3-2 可知,样本中有 4 块带钢在轧制时出现了工艺过程异常,H7520202 和 H7520259 出现异常是因为在进入精轧之前,由于设备原因造成中间坯在辊道上停留时间过长,导致精轧入口温度偏低,从而引起后续多个工艺参数与正常带钢相比出现较大偏差,而经过控制系统的调节之后,精轧出口温度满足了设定要求;H7521117 和 H7521116 出现异常是因为对终轧目标温度进行了临时调整,系统通过降低轧制速度来进行温度控制,引起了部分工艺过程参数值的波动。

3. 4. 2 决策树

决策树学习算法是基于归纳推理的一种分类学习方法,采用自顶向下的递归方式,在内部节点进行属性值的比较,并根据不同的属性值判断从该节点向下的分支,在叶节点得到结论。由于其生成规则直观易懂且可解释性强,被广泛应用于数据挖掘领域。聚类过程与分类过程有所不同。在分类过程中,样本数据的类标号是已知的,分类的目的是从训练样本中提取出分类的规则,用于对其他类标号未知的对象进行类标识;而在聚类过程中,并不事先知道目标数据有关类的信息,除了集合知识外不考虑任何领域的知识,需要以某种度量为标准将所有的数据对象划分到各个类别中。因此,聚类是一种无监督的学习过程,而决策树分类是一种有监督的学习过程。

决策树每个非叶节点表示一个特征属性上的测试,每个分支代表这个特征属性在某个值域上的输出,而每个叶节点存放一个类别。使用决策树进行决策的过程就是从根节点开始,测试待分类项中相应的特征属性,并按照其值选择输出分支,直到到达叶节点,将叶节点存放的类别作为决策结果,如图 3-18 所示。使用决策树表达知识直观简洁。从决策树中可以直接观察出属性之间的相对重要性。从决策树的根节点开始,沿着每一条路径向下,属于对于分类的重要性逐渐下降。这样只要训练事例能够用"属性值"的方式表达出来,就能使用该算法来进行学习,进而高度自动化地建立起易于为用户所理解的模型。

决策树学习是从一组无秩序、无规则的实例所组成的训练样本数据集合中推理出决策树表示形式的分类规则。ID3 算法是决策树学习最早的经典算法,它是基于信息论的基本原理构造的,在实际中易实现,算法比较简单、直观,准确率高。

设训练样本集 X 中有 s 个训练样本数据,并且可以分为 m 个不同类,每个类别中的样本实例个数为 s_i,则某个实例属于类 C_i 的概率为:

$$P_{C_i} = \frac{s_i}{s}$$

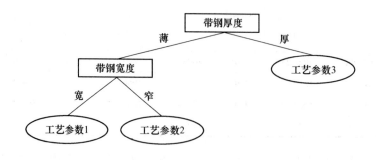

图 3-18　用于工艺参数选择的决策树示例

那么，对样本集 X 分类所需要的期望信息（即不确定程度）为：

$$H(C) = -\sum_{i=1}^{m} P_{C_i} \log_2 P_{C_i} = -\sum_{i=1}^{m} \frac{s_i}{s} \log_2\left(\frac{s_i}{s}\right) \tag{3-129}$$

根据对训练数据样本集 X 的观测，其中属性 A 具有 t 个不同的取值 a_1，a_2，$\cdots$，a_t，记 X_j 为训练样本中 $A = a_j$ 的实例集，其实例个数为 r_j。当 $A = a_j$ 时，训练样本集中属于类 C_i 的样本实例个数记为 s_{ij}，则属性 A 取值为 a_j 时它属于类 C_i 的概率为：

$$P_{C_iA_j} = P(C_i|A=a_j) = \frac{s_{ij}}{s_i}$$

此时决策树对 X_j 分类所需要的期望信息为：

$$H(X_j) = -\sum_{i=1}^{m} P_{C_iA_j} \log_2(P_{C_iA_j}) \tag{3-130}$$

按照属性 A 划分样本集，产生出的叶节点对于分类所需要的期望信息为：

$$H(C|A) = \sum_{j=1}^{t} \frac{r_j}{s} H(X_j) = -\sum_{i=1}^{m}\sum_{j=1}^{t} \frac{r_j}{s}\frac{s_{ij}}{s_i}\log_2\left(\frac{s_{ij}}{s_i}\right) \tag{3-131}$$

属性 A 对于分类所提供的信息量，即属性 A 的信息增益为：

$$Gain(C|A) = H(C) - H(C|A) \tag{3-132}$$

从上式可以看出，如果属性 A 的 $H(C|A)$ 值在所有属性中最小，那么 $Gain(C|A)$ 则最大，说明按照属性 A 分类的不确定程度最小。ID3 算法就是在每个非叶节点上选择信息增益最大的属性作为测试属性，对训练实例集进行分类并构造决策树来预测如何由属性对整个实例空间进行划分。决策树学习过程就是使得决策树对划分的不确定程度逐渐减小的过程。

C4.5 算法对 ID3 算法进行了补充和改进，增加了信息增益比例概念，克服信息增益选择属性时偏向于选择取值多的属性不足。增益比例中引入一个叫分裂信息的项，用来衡量属性 A 分裂样本集 X 的广度与均衡性，它的计算公式为：

$$Split(C|A) = -\sum_{i=1}^{t} \frac{r_i}{s}\log_2\left(\frac{r_i}{s}\right) \tag{3-133}$$

则信息增益比例为：

$$GainRate(C|A) = \frac{Gain(C|A)}{Split(C|A)} \tag{3-134}$$

利用决策树算法可以对热连轧控制中的人工操作经验进行学习，实现对控制策略建模，以进行工艺参数和模型优化。

3.4.3 关联规则

关联规则用来揭示数据项之间的相互依存关系。典型的例子就是网上购物车分析，通过发现大量用户放入他们购物车的商品之间的关联，根据目前正在浏览的用户所选择的商品，向他们推荐相关的其他产品。比如，某用户选购了一本数据挖掘的书，网站会提示其他用户还选购了哪些同类的书。

规则的支持度和置信度是规则兴趣度的两种度量，其中支持度是指数据项 A 和数据项 B 同时出现的概率，置信度则是出现数据项 A 的基础上出现数据项 B 的概率，它们分别反映所发现的规则的有用性和确定性。支持度表示这条规则在所有数据项集合中的代表性与适用性，其值越大，说明该关联规则越重要，应用越广泛。置信度是对关联准确度的衡量，表示强度。

数据项的集合称为项集，包含 k 个数据项的项集称为 k 项集。频繁地（即支持度不低于用户设定的阈值）同时出现在数据样本集中的项集称为频繁项集。关联规则挖掘就是通过迭代检索出数据样本集中的所有频繁项集，并利用频繁项集构造出满足用户最小信任度的规则。因此，挖掘关联规则问题就是寻找支持度和置信度分别大于用户给定的最小支持度和最小置信度的关联规则。

Apriori 算法是最为经典的一种关联规则挖掘算法，它采用逐层迭代的方法来搜索频繁项集，即通过 k 项集搜索 $k+1$ 项集。正如算法的名字，它使用了频繁项集性质的先验知识（Apriori）：频繁项集的所有非空集也都是频繁的，非频繁集的所有超集必是非频繁的。在搜索频繁项集的时候，Apriori 算法通过利用该先验性质优化对候选项的筛选过程，可以比较好地避免盲目的搜索，提高对高频项集的查找效率。

Apriori 算法实现步骤：

（1）简单统计所有含一个元素项集出现的频率，同时找出那些不小于最小支持度的项集（一维最大项集）。

（2）开始循环处理，直到再没有最大项集生成。循环过程如下，在 k 步中，根据第 k 步生成的 k 维最大项集产生 $k+1$ 维候选项集，然后对数据库进行搜索，得到候选项集的项集支持度，与最小支持度进行比较，从而找到 $k+1$ 维最大项集。

关联规则挖掘可以用于模型精度和产品质量问题诊断，通过对大量轧件的历史工程报表挖掘分析，可以找出模型精度差与相关因素数据项的关联性，从而确定可能影响模型精度的原因。图 3-19 是通过关联规则挖掘所发现的带钢头部厚度和 F7 机架轧制力预报精度的强相关性。

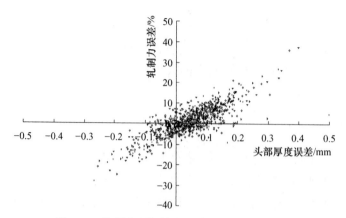

图 3-19   轧制力预报精度对带钢头部厚度的影响

3.5   模型自学习方法

不管用什么方法建立模型，其预报精度都是有限的。由理论方法建立起来的数学模型，既要假设一些条件，还要忽略一些条件，这些处理必然会带来一定误差。用统计方法建立起来的数学模型，由于受到实验方法、数据分布的限制也必然会产生误差。

另外，除了数学模型本身的误差以外，在实际生产过程中还有很多外界因素影响模型的预报精度。其中许多因素由于现场条件的限制，难以精确测量和建模，造成模型不能精确感知其变化，例如板坯化学成分会波动、加热温度不均、轧辊摩擦条件的改变、轧机设备间隙的变化、外界环境对仪表的干扰等。

因此，要保证模型的预报精度，一方面是要有良好的设备状态和稳定的工艺制度；另一方面是根据实测数据不断对模型进行自学习，通过在线修正模型自学习系数来适应外界因素的变化。

3.5.1   增长记忆式递推最小二乘法

为了方便描述，可将模型方程写成：

$$y = a_1 x_1 + a_2 x_2 + \cdots + a_m x_m \tag{3-135}$$

式中，a_1, a_2, $\cdots$, a_m 为模型待定参数。

现对变量 y, x_1, x_2, $\cdots$, x_m 进行了 n 次测量，取得了 n 组数据。由测量数据可以得出下面线性方程组：

$$
\begin{aligned}
y_1 &= a_1 x_{11} + a_2 x_{21} + \cdots + a_m x_{m1} + \Delta_1 \\
y_2 &= a_1 x_{12} + a_2 x_{22} + \cdots + a_m x_{m2} + \Delta_2 \\
&\vdots \\
y_n &= a_1 x_{1n} + a_2 x_{2n} + \cdots + a_m x_{mn} + \Delta_n
\end{aligned}
\tag{3-136}
$$

式中，Δ_1, Δ_2, $\cdots$, Δ_n 为测量误差（包含模型误差）。

由回归分析可知，通常模型参数 a_1, a_2, $\cdots$, a_m 是根据最小二乘法确定的，使残差平方和最小：

$$Q = \sum_{j=1}^{n} \left(y_j - \sum_{i=1}^{n} x_{ij} a_j \right)^2 = \sum_{j=1}^{n} \Delta_j^2 \tag{3-137}$$

以上公式也可以写成矩阵形式，设：

$$X_n = \begin{cases} x_{11} x_{21} \cdots x_{m1} \\ x_{12} x_{22} \cdots x_{m2} \\ \vdots \\ x_{1n} x_{2n} \cdots x_{mn} \end{cases}$$

$$A_n = \begin{pmatrix} a_1 \\ a_2 \\ \vdots \\ a_m \end{pmatrix} \quad Y_n = \begin{pmatrix} y_1 \\ y_2 \\ \vdots \\ y_n \end{pmatrix} \quad \Delta_n = \begin{pmatrix} \Delta_1 \\ \Delta_2 \\ \vdots \\ \Delta_n \end{pmatrix}$$

下标 n 表示用 $1 \sim n$ 组数据所得，因此线性方程组可以写成矩阵形式：

$$Y_n = X_n A + \Delta_n \tag{3-138}$$

同时残差平方和的矩阵形式：

$$Q = \sum_{j=1}^{n} \Delta_j^2 = (Y_n - X_n A)^{\mathrm{T}} (Y_n - X_n A) \tag{3-139}$$

符号 "T" 表示矩阵转置。

残差平方和取极值则得：

$$\left. \frac{\partial Q}{\partial A} \right|_{A = \lambda} = \left. \frac{\partial (Y_n - X_n A)^{\mathrm{T}} (Y_n - X_n A)}{\partial A} \right|_{A = \hat{A}}$$

$$= - 2 X_n^{\mathrm{T}} (Y_n - X_n A) \big|_{A = \hat{A}} = 0$$

因此：

$$X_n^{\mathrm{T}} X_n \hat{A} = X_n^{\mathrm{T}} Y_n \tag{3-140}$$

这是在残差平方和最小条件下的矩阵方程。若 X_n^{T}、X_n 是一个非奇异矩阵，则有：

$$\hat{A} = (X_n^{\mathrm{T}} X_n)^{-1} X_n^{\mathrm{T}} Y_n \tag{3-141}$$

$\hat{A}$ 为模型的系数矩阵。如果每来一组新数据，即要用上式重算一次，则由于需对矩阵求逆，为了保存大量历史数据必然要占用大量计算机内存，而且计算烦琐，不适应线性控制应用，因此需选用递推方式。

设由 n 次测量并通过上式计算得模型参数为 $\hat{A} = \hat{A}_n$，如果又进行了第 $n+1$ 次测量，为：

$$y_{n+1}, \ x_{1(n+1)}, \ x_{2(n+1)}, \ \cdots, \ x_{m(n+1)}$$

则

$$y_{n+1} = x_{1(n+1)} a_1 + x_{2(n+1)} a_2 + \cdots + x_{m(n+1)} a_m + \Delta_{n+1} \tag{3-142}$$

设

$$\omega_{n+1} = (x_{1(n+1)}, \ x_{2(n+1)}, \ \cdots, \ x_{m(n+1)})$$

在进行 $n+1$ 次测量后，新模型参数估算值用 $\hat{A}_{n+1}$ 表示，可得：

$$(X_{n+1}^{\mathrm{T}} X_{n+1}) \hat{A}_{n+1} = X_{n+1}^{\mathrm{T}} Y_{n+1} \tag{3-143}$$

$$X_{n+1} = \begin{pmatrix} X_n \\ \omega_{n+1} \end{pmatrix}, \quad Y_{n+1} = \begin{pmatrix} y_1 \\ y_2 \\ \vdots \\ y_n \\ y_{n+1} \end{pmatrix} = \begin{pmatrix} Y_n \\ y_{n+1} \end{pmatrix}$$

代入得:

$$\left\{ \begin{pmatrix} X_n \\ \omega_{n+1} \end{pmatrix}^{\mathrm{T}} \begin{pmatrix} X_n \\ \omega_{n+1} \end{pmatrix} \right\} \hat{A}_{n+1} = \begin{pmatrix} X_n \\ \omega_{n+1} \end{pmatrix}^{\mathrm{T}} Y_{n+1}$$

由矩阵运算法则得:

$$\left\{ \begin{pmatrix} X_n \\ \omega_{n+1} \end{pmatrix}^{\mathrm{T}} \begin{pmatrix} X_n \\ \omega_{n+1} \end{pmatrix} \right\} \hat{A}_{n+1} = (X_n^{\mathrm{T}}, \ \omega_{n+1}^{\mathrm{T}}) \begin{pmatrix} Y_n \\ y_{n+1} \end{pmatrix}$$

$$(X_n^{\mathrm{T}} X_n + \omega_{n+1}^{\mathrm{T}} \omega_{n+1}) \hat{A}_{n+1} = X_n^{\mathrm{T}} Y_n + \omega_{n+1}^{\mathrm{T}} y_{n+1} \tag{3-144}$$

可写成:

$$(X_n^{\mathrm{T}} X_n + \omega_n^{\mathrm{T}} \omega_n)(\hat{A}_{n+1} - \hat{A}_n)$$
$$= X_n Y_n + \omega_{n+1}^{\mathrm{T}} y_{n+1} - (X_n^{\mathrm{T}} X_n + \omega_n^{\mathrm{T}} \omega_{n+1})(X_n^{\mathrm{T}} X_n)^{-1} X_n^{\mathrm{T}} Y_n$$
$$= \omega_{n+1}^{\mathrm{T}}(y_{n+1} - \omega_{n+1} \hat{A}_n)$$

所以:

$$\hat{A}_{n+1} = \hat{A}_n + (X_n^{\mathrm{T}} X_n + \omega_{n+1}^{\mathrm{T}} \omega_{n+1})^{-1} \omega_{n+1}^{\mathrm{T}}(y_{n+1} - \omega_{n+1} \hat{A}_n) \tag{3-145}$$

设:

$$G_n = (X_n^{\mathrm{T}} X_n)^{-1}$$
$$G_{n+1} = (X_{n+1}^{\mathrm{T}} X_{n+1})^{-1} = (X_n^{\mathrm{T}} X_n + \omega_{n+1}^{\mathrm{T}} \omega_{n+1})^{-1}$$

因此:

$$\hat{A}_{n+1} = \hat{A}_n + G_{n+1} \omega_{n+1}^{\mathrm{T}}(y_{n+1} - \omega_{n+1} \hat{A}_n) \tag{3-146}$$

$\omega_{n+1} \hat{A}_n$ 表示对 y 值的第 $n+1$ 次预报值, y_{n+1} 为第 $n+1$ 次的实测值, $(y_{n+1} - \omega_{n+1} \hat{A}_n)$ 或 $(\omega_{n+1}^{-1} y_n - \hat{A}_n)$ 为预报误差, $G_{n+1} \omega_{n+1}^{\mathrm{T}}$ 为增益因子, 通过上式获得第 $n+1$ 次测量最新信息后模型参数 $\hat{A}_{n+1}$ 的修正计算公式, 它表示为第 n 次估算值 $\hat{A}_n$ 加上增益因子乘以所获得的预报误差。计算公式中保留了过去数据的作用, 同时又不用保留过去的大量数据, 还避免了每次求逆矩阵的复杂运算, 因此能应用于在线控制。因为以前的全部数据在计算中还发挥着很大的作用, 所以称之为增长记忆式递推最小二乘法。

该算法的缺点是增益因子 $G_{n+1} \omega_{n+1}^{\mathrm{T}}$ 随 n 增大而快速变小。虽然新的测量数据最接近于当时实际环境条件的数据, 但在被用来校正预估值时起的作用越来越小, 形成了数据饱和。这主要是因为该算法对全部实测数据样本 "一视同仁", 随着实测数据样本的不断增多, 后面新进来的单个样本已经很难左右 "大局", 其能起到的作用越来越小, 甚至都可以忽略不计, 使得模型对实际环境的适应能力越来越迟钝。

3.5.2 指数平滑法

设多元线性模型为：

$$y = a_1 x_1 + a_2 x_2 + \cdots + a_m x_x + \beta \tag{3-147}$$

式中，β 为预报值与实际值的偏差或修正量。

为了简化问题，可以认为建模时所确定的系数 a_1，a_2，$\cdots$，a_m 是对系统过程的固有特性描述，能够正确反映各输入参数变化对模型预测值的影响。系统状态以及未知因素对模型精度的影响通过 β 常数项来反映。因此，可应用最近的样本数据来反求出模型误差 β，以估算当前的系统状态或未知因素对模型精度的影响，使得模型能够适应当前环境的变化，获得比较高的预测精度。

但考虑到最近的样本数据可能存在测量误差等偶然因素影响，那么根据该样本所估算出的模型误差 β 不是真正反映系统状态的变化，必然对后续预测不具有参考意义。因此，β 可根据每次预报与实际的偏差来修正，但不会立即全部用上次偏差来替换，而用一种带衰减的方法来对模型误差进行部分修正，以防止偶发因素对模型精度造成破坏：

$$\hat{\beta}_{n+1} = \hat{\beta}_n + \alpha(\beta_n^* - \hat{\beta}_n) \tag{3-148}$$

式中，$\hat{\beta}_n$ 为第 n 次设定的所采用的自学习系数值；β_n^* 为第 n 次设定执行后根据实际值所反求出的自学习系数值；$\hat{\beta}_{n+1}$ 为将用于第 $n+1$ 次设定的自学习系数值；α 为平滑指数。

此式的含义是，第 $n+1$ 次的预报值为其在第 n 次的基础上加上一个修正量，这个修正量是第 n 次的实际值 β_n^* 和第 n 次的计算值 β_n 之间产生的偏差值。平滑指数 α 的取值范围是 0~1 之间。当 $\alpha = 1$ 时 $\beta_n^* = \beta_n$，也就是说第 $n+1$ 次的值完全等于第 n 次的实际值。当 $\alpha = 0$ 时 $\beta_{n+1} = \beta_n$，也就是说第 $n+1$ 次的值完全等于第 n 次的值。所以平滑指数 α 是模型偏差值修正作用的"权系数"，又称为自学习速度。从定性分析可知，α 值太大模型预报值容易忽高忽低，出现振荡，而 α 值太小又会使得模型预报值逼近速度太缓慢（图 3-20）。一般既考虑稳健又考虑修正速度，α 可取值 0.4~0.6。

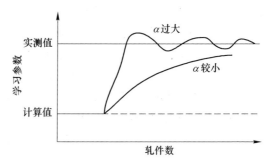

图 3-20　平滑指数 α 值对学习过程的影响

但实践表明，在热轧控制过程中事实上很难找出这样的一个常数去适应大生产中可能出现的各种状况，比如某个测量值出现异常而造成误调整，或者由于刚换规格模型误差较大时而又调整不到位。因此，平滑指数 α 的取值有必要能够根据各种情况在线动态优化：

$$\alpha = \left[\alpha_{min} + (\alpha_{max} - \alpha_{min}) \frac{1}{1 + K_a N} \right] \frac{K_b}{1 + K_c M_c} K_{err} \tag{3-149}$$

式中，α_{min} 和 α_{max} 分别为自学习因子的最小和最大取值；M_c 为测量值的等效可信度，比如轧制力、辊缝、速度、厚度等测量值的可信度；N 为换规格后的轧制块数；$K_a \sim K_c$ 为调节系数；K_{err} 为当前轧制力模型误差放大系数，误差越大，该系数取值越大。在该自学习速度因子优化模型中，综合考虑了轧制数量、测量数据质量和轧制力预报误差的影响，在线根据实际情况自动调整取值。当测量值可信度差时，自学习速度放慢，防止系统修正出现失误；而当刚换规格或者模型预报误差大时，则自学习速度加快，使得模型尽快适应当前设备状态，保证预报精度。平滑指数 α 取值优化效果如图 3-21 所示。

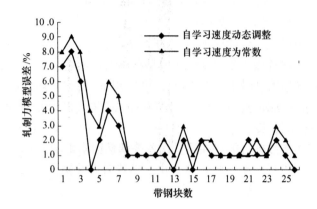

图 3-21　平滑指数 α 取值优化效果

上面的 β 递推公式也可写成：

$$\begin{aligned}
\beta_{n+1} &= \beta_n + \alpha(\beta_n^* - \beta_n) \\
&= \alpha\beta_n^* + (1 - \alpha)\beta_n \\
&= \alpha\beta_n^* + (1 - \alpha)\left[\alpha\beta_{n-1}^* + (1 - \alpha)\beta_n^*\right] \\
&= \alpha\beta_n^* + (1 - \alpha)\alpha\beta_{n-1}^* + \alpha(1 - \alpha)^2\beta_{n-2}^* + (1 - \alpha)^3\beta_{n-3}^*
\end{aligned} \tag{3-150}$$

由此可见，离 $n+1$ 次越远信息被利用越少，因而称为指数平滑法。这也是与增长记忆式递推最小二乘法自学习策略的最大差异。

在实际应用中，设一个任意的数学模型：

$$Y = f(X_1, X_2, \cdots, X_n)$$

式中，X 为数学模型的输入参数；Y 为数学模型的预测值。

自学习系数 β 存在乘法自学习和加法自学习两类形式：

$$Y = \beta f(X_1, X_2, \cdots, X_m) \tag{3-151}$$

$$Y = f(X_1, X_2, \cdots, X_m) + \beta \tag{3-152}$$

把生产过程中模型输出值 Y 的第 n 次实际测量值记作 Y_n^*，模型输入参数 X 的第 n 次实际测量值记作 X_n^*。对于乘法自学习，β_n^* 的计算公式为：

$$\beta_n^* = \frac{Y_n^*}{f(X_{n1}^*, X_{n2}^*, \cdots, X_{nn}^*)} \tag{3-153}$$

对于加法自学习，β_n^* 计算公式为：

$$\beta_n^* = Y_n^* - f(X_{n1}^*, X_{n2}^*, \cdots, X_{nn}^*) \tag{3-154}$$

最后利用指数平滑法可以得出第 $n+1$ 次"新的"自学习系数 $\hat{\beta}_{n+1}$。

3.5.3　模型短期及长期自学习

热轧生产计划是按批次来组织的，不同批次轧件的钢种、规格可能会不同。由前一节可知，系统状态以及未知因素对模型精度的影响是通过应用最近的样本数据反求出模型自学习系数 β 来估算的。一般来说，同一批次内的前后轧件的系统状态以及未知因素对模型精度的影响具有较大的相似性，即可以通过前一块轧件的自学习系数 β 的设定值和实测值估算下一块的模型误差，这就是所谓的模型短期自学习。

反之，不同钢种和规格的轧件自学习系数 β 的取值特征具有较大的差异。因此，在热轧过程控制级计算机中需要建立每个数学模型自学习文件，并按照钢种、成品厚度、成品宽度等各种条件划分不同记录。轧件的规格一般是按照一定区间划分成不同的规格档。表 3-3 是按带钢厚度规格分档的例子。在换批次轧制时，即当下一块带钢的钢种或规格变化时，模型设定程序需要根据当前的钢种和规格分档从自学习文件中提取相应的自学习系数值用于设定计算。轧制完成后模型自学习程序根据实际测量数据推算出自学习系数的"实测值" β^*，再使用指数平滑法对 β 进行更新并存储到自学习文件中，以便在以后相同钢种和规格的批次轧件生产中设定计算时使用。这种相同钢种和规格的批次间的模型自学习系数的使用和更新称作模型长期自学习。

表 3-3　带钢的厚度分档

分档	1	2	3	4	5	6	7	8	9	10	11	12	13	14
厚度 /mm	≤1.2	1.21 ~1.4	1.41 ~1.6	1.61 ~1.9	1.91 ~2.2	2.21 ~2.6	2.61 ~3.2	3.21 ~4.9	4.91 ~6.5	6.51 ~8.2	8.21 ~10.9	10.91 ~16.0	16.01 ~25.0	≥25.01

从模型误差来源分，模型短期自学习更多地是适应生产过程中系统状态随时间不断演变所带来的变化，而模型长期自学习则是偏重于估算那些未建模因素对模型精度的影响。在换规格轧制时，从自学习文件中取出来的长期自学习系数中所包含的系统状态误差与当前批次轧制的状态可能会存在较大的区别，因此将造成换规格首块钢的预报精度偏低，需要通过后续几块钢的短期自学习来提高该批次的预报精度。如果轧件规格变化的影响不大时，尽量采用短期自学习来提高模型精度。比如，从表 3-3 可以看出，如果当带钢厚度从 1.40mm 变换到 1.41mm 时，厚度分档则由 2 变换到 3，则模型修正系数必须采用长期自学习系数。因此，这种判定长期自学习的方法过于简单，有时即使带钢成品厚度变化很小，却被判为长期自学习，破坏了模型自学习的连续性，从而影响了模型精度。针对这种情况，对判定长期自学习的条件可进行如表 3-4 所示的优化（即只要表中有一个条件满足则为长期自学习）。

表 3-4　判定长期自学习的方法

判 定 条 件	范 围
是否刚换辊	是
前后两块钢的间隔时间	大于 30min
空过机架是否相同	否
是否属于同一钢种	否
规格变化程度	不属于同一分档且规格变化系数 $g \geq g_{max}$

规格变化系数按下式计算：

$$g = k_h \frac{|\Delta h|}{h} + k_w \frac{|\Delta w|}{\Delta w_0} \tag{3-155}$$

式中，Δh 为前后两块钢的成品厚度差，mm；h 为前块带钢的成品厚度，mm；Δw 为前后两块钢的成品宽度差，mm；Δw_0 为标准宽度差，mm；k_h 和 k_w 为加权系数。

参 考 文 献

[1] 孙一康. 带钢热连轧数学模型与控制 [M]. 北京：冶金工业出版社，2002.
[2] 刘玠，杨卫东. 热轧生产自动化技术 [M]. 北京：冶金工业出版社，2006.
[3] 周纪华，管克智. 金属塑性变形阻力 [M]. 北京：机械工业出版社，1989.
[4] 丁修堃. 轧钢自动化 [M]. 沈阳：东北大学出版社，1993.
[5] 张奕. 传热学 [M]. 南京：东南大学出版社，2004.
[6] 宋勇，苏岚，谢新亮. 基于有限差分算法的带钢卷取温度在线控制模型 [J]. 钢铁，2009.
[7] 蔡自兴. 人工智能在冶金自动化中的应用 [J]. 冶金自动化，2015.
[8] 康塔尼克. 数据挖掘：概念、模型、方法和算法 [M]. 闪四清，等译. 北京：清华大学出版社，2003.
[9] 曹成志. 人工智能技术 [M]. 北京：清华大学出版社，2010.
[10] 孙树萌，宋勇，黄波，等. 热连轧温度控制的异常检测研究 [J]. 工程科学学报，2015.

4 轧制模型与规程计算

4.1 轧制力模型

在轧制过程中，轧辊对轧件会有两个作用力，一个是与接触表面相切的摩擦力，还有一个是轧辊和轧件接触表面垂直的单位压力。以上两个力垂直于轧制方向上的投影之和被称为轧制压力或轧制力。

热轧模型中一般采用下式来计算轧制力：

$$P = Bl'_c Q_p K K_T \tag{4-1}$$

式中，P 为轧制力，kN；l'_c 为考虑压扁后的轧辊与轧件接触弧的水平投影长度，mm；Q_p 为考虑接触弧上摩擦力造成应力状态的影响系数；K 为决定于金属材料化学成分以及变形的物理条件（如变形温度、变形速度及变形程度）的金属变形阻力，$K = \beta\sigma$，MPa；K_T 为前后张应力对轧制力的影响系数；B 为带宽，mm。

4.1.1 接触弧水平投影长度

由上一章可知，接触弧水平投影长度 l_c 为：

$$l_c = \sqrt{R\Delta h} = \sqrt{R(H - h)} \tag{4-2}$$

因为轧辊在轧制过程中会受到轧件给予的很大的轧制力反作用力，如果设压扁后的等效轧辊半径为 R'，实际接触弧长的水平投影为 l'_c，则根据弹性力学中两圆柱压扁后的弹性公式推导出下式：

$$l'_c = mp_c R + \sqrt{R\Delta h + (mp_c R)^2}$$
$$m = \frac{8(1 - \nu^2)}{\pi E} \tag{4-3}$$

式中，p_c 为接触弧上的平均单位压力，MPa；E 为杨氏弹性模量，MPa；ν 为泊松比。

对于生产中常用的钢轧辊来说，弹性模量 $E = 2.1 \times 10^5 \text{MPa}$，泊松比 $\nu = 0.3$，因此可以求出 $m = 1.1 \times 10^{-5} \text{MPa}^{-1}$。

为了便于计算实际接触弧长的水平投影 l'_c，我们将上式改为：

$$l'_c = \sqrt{R'\Delta h} \tag{4-4}$$

将式（4-3）与式（4-4）联立以求得等效半径 R'：

$$R' = R\left(1 + 2m\frac{p_c l'_c}{\Delta h}\right) = R\left(1 + 2m\frac{P}{B\Delta h}\right) \tag{4-5}$$

由上式可知 $R' = f(P, R, B, \Delta h)$，而轧制力 $P = f(R', H, h, K, K_T)$，因此只要将两个式子联立就能同时得到轧制力 P 和实际接触弧长的水平投影 l'_c。

4.1.2　外摩擦应力状态系数

热轧条件下的外摩擦应力状态系数 Q_p ，同样应用奥罗万理论和西姆斯公式求解。

总轧制力公式：

$$P = BRK\int p_c \mathrm{d}\theta$$

展开后为下式：

$$P = BRK\left\{\int_{\gamma}^{\alpha}\left[\frac{\pi}{4}\left(\ln\frac{h_\theta}{h_0} + 1\right) + \sqrt{\frac{R}{h}}\arctan\left(\frac{R}{h}\alpha\right) - \sqrt{\frac{R}{h}}\arctan\left(\sqrt{\frac{R}{h}}\theta\right) - \frac{\tau_b}{K}\right]\mathrm{d}\theta + \right.$$
$$\left. \int_{0}^{\gamma}\left[\frac{\pi}{4}\left(\ln\frac{h_\theta}{h} + 1\right) + \sqrt{\frac{R}{h}}\arctan\left(\sqrt{\frac{R}{h}}\theta\right) - \frac{\tau_f}{K}\right]\mathrm{d}\theta\right\} \tag{4-6}$$

对上式除以接触面积，则得到平均单位压力 $\overline{P}$ 的公式：

$$\overline{P} = Q_p K \tag{4-7}$$

上式积分并变化后得：

$$Q_p = \sqrt{\frac{1-\varepsilon}{\varepsilon}}\left[\frac{1}{2}\sqrt{\frac{R}{h}}\ln\frac{1}{1-\varepsilon} - \sqrt{\frac{R}{h}}\ln\frac{h_r}{h} + \right.$$
$$\left. \frac{\pi}{2}\arctan\sqrt{\frac{\varepsilon}{1-\varepsilon}} - \frac{\pi}{4} + \frac{\tau_b}{K} - \sqrt{\frac{R}{\Delta h}}\left(\frac{\tau_b}{K} - \frac{\tau_f}{K}\right)\gamma\right]$$
$$h_r/h = 1 + R\gamma^2/h$$

由上式可以看出，外摩擦应力状态系数与压下率 ε 及 $\dfrac{R}{h}$ 有关，但是计算西姆斯公式的计算工作量很大，在实际生产控制中，衍生了许多简化公式：

（1）志田茂公式：

$$Q_p = 0.8 + C\left(\sqrt{\frac{R}{H}} - 0.5\right)$$

其中：
$$C = 0.45\varepsilon + 0.04$$

（2）美坂佳助公式：

$$Q_p = \frac{\pi}{4} + 0.25\frac{l}{h_m}$$

其中：
$$h_m = \frac{H + h}{2}$$

4.1.3　张力影响系数

由奥罗万微分方程可知，在求单位压力时需要引入边界条件，而张应力正是影响出口和入口的重要因素，一般在求解时将张应力因素分离出来建立单独的张力影响系数。

$$K_T = \frac{P_T}{P}$$

$$P_T = PK_T = Bl'_c Q_p KK_T$$

式中，P 为张应力为零时的总压力。

通过西姆斯公式的求解结果易知前后张应力使单位压力降低，并且当前后张应力同时存在时不会改变中性角的位置，可得：

$$K_T = \left(1 - \frac{\tau_f}{K}\right)\frac{\gamma}{\alpha} + \left(1 - \frac{\tau_b}{K}\right)\left(1 - \frac{\gamma}{\alpha}\right)$$

在热轧中，常认为 $\frac{\gamma}{\alpha} = 0.3$，则上式可简化为：

$$K_T = 1 - \frac{0.7\tau_b + 0.3\tau_f}{K}$$

由上式可知，后张力对于压力降的影响更大一些，对于特定轧机可以在具体轧制条件下，通过实验来取得准确的张力影响系数。

4.1.4 变形抗力计算

关于塑性变形的基本知识在前一章中已经详述，本节主要介绍在工程中应用的计算方法和原理。

一般我们认为，热轧金属的塑性变形阻力与轧件的金属变形速度、温度以及压下率（变形程度）有关，故可设下面的函数：

$$\sigma = f(T, u, \varepsilon)$$

考虑其化学成分的影响时，目前往往以各个钢种分类为主，并不将化学成分的影响因素带入到求解公式中或者是对公式中的系数进行改变。目前公式的来源主要是通过实验获得。

常用的热轧金属塑性变形抗力的实验求解结论有：

（1）P. M. 库克的金属塑性变形阻力实验，他采用凸轮式形变机对 12 个不同的钢种进行了实验，实验的温度范围是 $T = 1173 \sim 1473K$，变形速度 $u = 1 \sim 100s^{-1}$，变形程度 $e = 0.05 \sim 0.7$。实验保持一个变量和一个因变量的原则，绘制出了不同变形温度、不同变形速度下变形阻力与变形程度关系的曲线。

（2）A. A. 金尼克也采用这样的实验方法，但是他对 15 个不同的钢种进行了实验，实验范围是 $T = 1073 \sim 1473K$；$u = 2 \sim 41s^{-1}$。主要就不同温度下，变形阻力和变形速度的关系绘制了相关曲线。

4.2 轧制力矩及功率模型

4.2.1 轧制力矩的计算

热轧带钢轧制时，当轧件不受其他外力时，轧件对两个轧辊的反作用力可分为法向作用力和摩擦作用力（切向作用力）。受力情况如图 4-1 所示。

由图可知转动轧辊所需的轧制力矩为：

$$M_1 = M_2 = Pa = Pl_c\psi$$

总轧制力矩为：

$$M_p = 2Pa = 2Pl_c\psi$$

式中，P 为轧制力，kN；a 为力臂，mm；ψ 为力臂系数；M_p 为轧制力矩，kN·mm 或 N·m。

热轧时，力臂系数 $\psi = 0.39 \sim 0.48$，其中粗轧机组：$\psi = 0.4 \sim 0.48$；精轧机组：$\psi = 0.39 \sim 0.44$。力臂系数与变形区几何形状 l_c/h_m 以及摩擦系数 μ 有关，l_c/h_m 及 μ 越大，ψ 值越小，但在简便计算时，取 $\psi = 0.5$，则有：

$$M_p = 2Pl_c\psi = Pl_c$$

因为前张力 Q_f 将使轧制力矩减小，而后张力 Q_b 将使轧制力矩加大，在简化计算时可用下式计算：

$$M_p = Pl_c + (Q_b - Q_f)R$$

其中，轧制力 P 本身计算时也应考虑张力的影响（前后张力减小单位压力）。

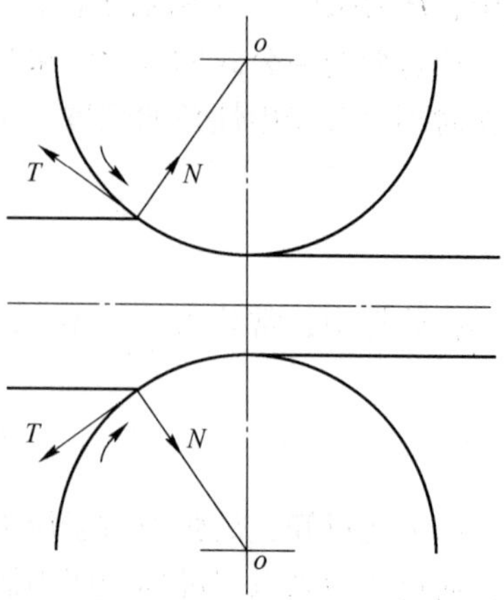

图 4-1   简单轧制时轧辊的受力示意图

但上述方法确定力臂系数 ψ 存在困难，只能以经验的方式来确定，这显然是不够的。

4.2.2 电机功率的计算

主电机总力矩用下式计算：

$$M_\Sigma = \frac{M_p}{i} + M_f + M_x \pm M_d$$

式中，M_p 为轧制力矩，kN·m；M_f 为附加摩擦力矩，kN·m；M_x 为空转力矩，kN·m；M_d 为动力矩，kN·m；i 为主传动速比。

附加摩擦力矩包括两部分，即：

$$M_f = \frac{M_{f1}}{i} + M_{f2}$$

而

$$M_{f1} = \mu P d_z \frac{D_g}{D_z}$$

式中，M_f 为支撑辊轴承摩擦力矩；M_{f2} 为各转动零件推算到主电机上的摩擦力矩；μ 为支撑辊轴承摩擦系数；P 为轧制力，kN；d_z 为支撑辊辊颈处直径，mm；D_g 为工作辊辊径，mm；D_z 为支撑辊直径，mm。

空转力矩是由各转动零件自重产生的摩擦损失产生的力矩，可用下式确定：

$$M_x = \sum \frac{G_n \mu_n d_n}{2i_n}$$

式中，G_n 为转动零件的质量，kN；μ_n 为转动零件轴颈的摩擦系数；d_n 为转动零件的轴颈直径；i_n 为转动零件与电机轴间的传动比。

动力矩为：

$$M_d = \frac{GD^2}{375} \times \frac{dn}{dt}$$

式中，$\dfrac{GD^2}{375}$ 为各转动零件推算到主电机轴上的综合飞轮力矩；$\dfrac{dn}{dt}$ 为主电机之加速度，决定于主电机类型和操作情况。

轧制功率与轧制力矩及轧辊转速有关，即：

$$N = \frac{Mn}{971}$$

式中，M 的单位为 N·m；n 的单位为 rad/s；N 的单位为 kW。

4.3 轧制规程的计算

4.3.1 轧制策略

进行规程计算时，首先要确定热轧各区域的轧制策略，包括压下制度（负荷分配）、速度制度、温度制度、张力制度、润滑制度和冷却制度等。根据带钢成品要求、原料条件及生产设备等情况，运用数学模型或图表进行计算，决定各道次（各机架）的负荷分配、轧制速度、活套参数、除鳞和机架冷却参数等，以便在安全操作条件下达到优质、高产、低消耗的目的。

规程设定中最主要的任务是根据来料条件和成品要求确定轧机各道次（各机架）的空载辊缝和轧制速度。以精轧机组为设定目标，在进行规程计算前，需要确定以下工艺参数：

（1）来料条件，即中间坯尺寸（厚度、宽度和长度）和温度，板坯化学成分等。作为精轧规程计算的原始数据，中间坯宽度和温度可以通过检测仪表直接获取，厚度和长度需根据实测值进行计算得到。

（2）成品目标，包括钢卷目标厚度、目标宽度、终轧温度以及相应的控制公差范围等。这些参数可以从 PDI 数据中获取，在精轧 HMI 上也可以进行更改。

（3）负荷分配。确定精轧各机架压下量，从而确定各机架入口和出口厚度。轧机负荷分配受多种因素影响，兼顾轧机设备能力和产品控制质量因素，详细方案见下节所述。

（4）精轧前除鳞。在除鳞水流量固定前提下，确定除鳞开启的组数。根据是否配置热卷箱，不同钢种和规格控制氧化铁皮的要求，通过工艺表格来设定除鳞工艺，在 HMI 上可以进行干预。

（5）机架间冷却。根据是否配备冷却水调节阀，机架间冷却水分为两种工艺制度。如果可调节水量，工艺策略可精确到每个阀门最大开口度的百分比；如果不能调节水量，则设定每个阀门开启状态。机架间冷却水控制作为控制终轧目标温度的手段之一，和精轧轧制速度配合使用。设定方式分工艺表设定和自动计算两种模式，工艺表如表 4-1 所示，根据钢种、规格进行设定；自动计算是根据终轧目标温度要求，在轧制速度固定前提下，由模型计算需要开启的冷却水流量或组数。

（6）速度制度。轧制速度不仅影响到终轧温度控制，同时也关系到轧制稳定性。速度设定参数包括精轧穿带速度、加速度、减速度、最高速度和抛钢速度等，需要根据生产线设备和工艺特点，兼顾产品质量和产量来综合考虑。通常做法是预先根据钢种和规格建立速度工艺表，如表 4-1 所示，如果进行终轧温度精确控制，则需要通过模型在查表的基础上进行设定计算，但模型计算值要进行上下限保护，即在安全可靠和产量稳定的前提下进行优化设定。

表 4-1 钢种 Q235B 不同规格冷却组数和穿带速度对应表

厚度/mm	1.8	2.0	3.0	5.0	7.0	10.0	14.0	20.0
终轧温度/℃	880	880	880	890	890	900	910	910
冷却组数	0	0	1	3	4	5	6	6
穿带速度/m · s⁻¹	12.0	11.0	10.0	7.5	6.0	5.0	3.5	2.5

（7）空过工艺。精轧机组空过根据情况分为主动和被动两种，称为"硬空过"和"软空过"。"硬空过"是在设备出现故障情况下，强制进行轧机空过来组织生产，通常在基础自动化 HMI 接口上进行操作，过程控制系统会收到机架空过状态，在进行规程设定时将故障设备的辊缝和速度等设定值特殊处理。"软空过"指所有设备正常，在轧制一些钢种和规格时根据工艺及力能情况来优化设定空过机架。空过机架的选择不同热轧厂有不同选择习惯，如有的生产线习惯空过首末机架，有的习惯空过中间机架，我们的建议是从自动化控制稳定性及闭环控制等方面综合考虑，尽量空过中间机架，且不连续空过两机架。表 4-2 所示为某厂七机架热连轧根据轧制规格设定的机架空过情况。

表 4-2 某厂七机架热连轧机架空过设定表

厚度/mm	<6.0	6.0≤h<10.0	≥10.0
第一空过机架	无	F2	F2
第二空过机架	无	无	F5

（8）活套工艺。根据基础自动化控制功能需求，确定精轧机间活套控制参数，包括活套张力、活套角度或活套套量，活套张力值可以是单位面积张力值，也可以是总张力值。以上活套参数可根据钢种、厚度和宽度提前建立工艺表，在规程设定时进行提取。

（9）润滑工艺，包括润滑液流量、开启状态、头部避让长度和水量等参数。根据钢种、厚度和宽度建立工艺表。

4.3.2 负荷分配

轧制负荷分配，分为理论计算和人工经验两种方法。理论计算是在考虑充分发挥设备能力尽量提高产量和提高轧制稳定性的原则下，按设定的条件通过理论（数学模型）计算或图表方法，以求最佳的轧制规程。人工经验是根据产品要求，采用以往的经验进行压下分配及校核计算，并通过不断校核和修正而达到合理化。

热轧生产中通常采用理论计算和人工经验相结合的方法。

（1）根据板坯厚度和产品厚度，考虑粗轧机、精轧机组、热卷箱等设备能力，以及中间坯温降等因素，通过人工经验查表给出粗轧中间坯的厚度。

（2）粗轧压下规程分配的原则是：充分利用高温条件发挥设备最大能力，首道次考虑轧机咬入困难和板坯厚度波动要留有余地；在设备能力校核基础上，尽量以最少道次完成粗轧压下量。

（3）精轧连轧机组分配各机架压下量要充分利用高温的有利条件，把压下量尽量集中在前几架。对于薄规格产品，在后几架轧机上为了保证板形、厚度精度及表面质量，压下量逐渐减少；对于厚规格的产品，后几架压下量也不宜过小，否则对板形不利；尤其是超厚规格产品，可以考虑空过1~2个机架来保证轧制稳定性。

常见的负荷分配计算方式有：压下率（相对/绝对）分配；轧制力（相对/绝对）分配；功率（相对/绝对）分配；混合分配。

对于精轧连轧机组，制度负荷分配要考虑多种因素，尤其是薄规格轧制，一般会采用混合分配方式，即前几个机架采用轧制力分配，考虑设备能力限制；后面机架采用压下率分配，考虑板形调节能力和轧制稳定性。图4-2所示为负荷分配计算模块框图，规程计算时系统将轧制力分配方式通过转换系数转为压下率分配方式。

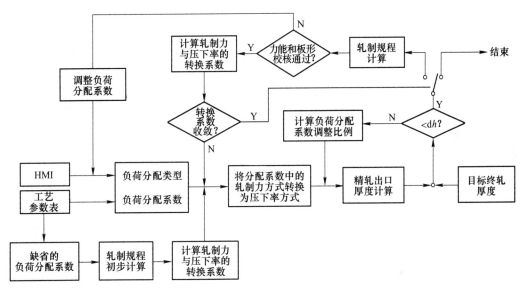

图 4-2　负荷分配模块框图

4.3.3　规程预计算

规程预计算是根据当前设备状态和轧件参数对后续设备进行预设定。规程预计算设定内容的主要数据项有：

（1）粗轧机设定：主要有轧机的道次分配、每道次的水平辊压下位置、立辊开口度、短行程曲线、轧制速度（包括咬钢和抛钢速度）、轧制力、侧导板开口度和除鳞标志等设定参数。

（2）精轧机设定：主要包括各机架压下位置、轧制速度和加速度、前滑系数、机架间张力、活套高度、轧制力、出口厚度、出口温度、侧导板开口度、除鳞和机架间喷水、工艺润滑油等设定参数。

（3）板形设定：主要包括精轧机弯辊力、窜辊位置、分组冷却设定。

（4）CTC设定：主要包括集管开启数目、开启位置和冷却模式等（前段冷却、后段冷却、稀疏冷却、两段冷却）。

（5）卷取设定：主要包括输出辊道和助卷辊的超前率、滞后率，助卷辊和夹送辊辊缝值，助卷辊和卷筒的超前率，卷筒的张力扭矩及弯曲扭矩，侧导板的开度、减速点、减速度等。

规程预计算的启动时刻是在轧件进入设备之前，图4-3是常规热连轧的主要模型设定启动时序。

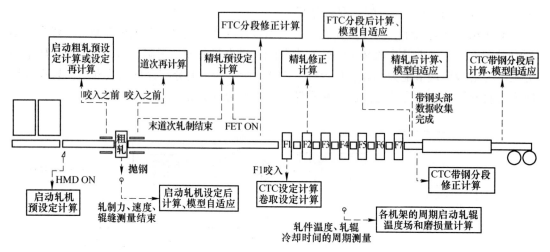

图 4-3 热连轧规程设定启动时序图

在设定计算过程中，控制系统需要根据 PDI 中的产品质量要求和轧制策略中的工艺条件对轧制规程的负荷分配、轧制速度、轧件冷却、空过机架指定进行优化计算，并对设备和工艺的极限参数进行校核，最终得到符合当前轧制工况的相对最优的一组设定数据。L1 接收到设定数据后，在条件允许的情况下提前执行该设定参数，做好轧制准备。

每个模型设定计算都包含多项预报参数和设定参数，这些参数之间又互相调用和相互影响，必须遵循一定的计算流程才能正确计算出所有设定参数。图4-4是精轧机组模型设定计算的流程，关键计算步骤主要有：

(1) 穿带速度计算。首先确定末机架穿带速度（见 5.5.1 节和5.5.2 节），然后根据秒流量相等原则计算其他机架穿带速度值。

(2) 轧制温度预报。根据 RDT 或 FET 采样值，应用温度预报模型（见 5.2 节）预测带钢在各机架的轧制温度和带钢出精轧后 FDT 的温度值。

(3) 轧制力和轧制力矩计算。根据带钢 PDI 值，各机架入口出口厚度和轧制温度等参数，计算变形抗力和轧制力（见 4.1 节）、轧制力矩和电机功率（见 4.2 节）。

(4) 设备极限值校核。对计算出的轧制力、轧制力矩和电机功率等进行设备极限值校核，如果校核失败，需要重新进行轧机负荷分配计算。

(5) 轧机弹跳计算和辊缝设定。根据弹跳模型、轧辊热膨胀模型、轧辊磨损模型等进行计算。

热连轧由于采用小张力轧制，机架间存在活套，因此机架间只有稳定状态下才符合张力作用下的秒流量相等原则。秒流量相等原则可用流量方程来表述，其基本方程为：

$$b_0 h_0 L/t = b_0 h_0 v' = bhv = C$$

式中，b_0、b 为入口和出口带钢宽度，mm 或 m；L 为入口带钢长度，m；h_0、h 为入口和出口带钢厚度，mm；v'、v 为入口速度和出口速度，m/s。

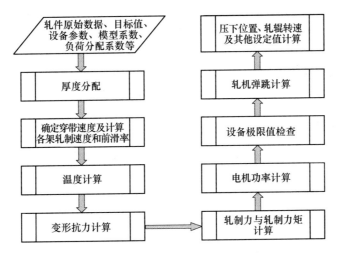

图 4-4 精轧机模型设定主要流程图

对于连轧机来说存在以下两类流量方程:

(1) 一个机架的变形区入口和出口的流量方程:

$$b_0 h_0 v' = b h_1 v$$

对于热连轧精轧机组来说,宽展极小,可简化为:

$$h_0 v' = h_1 v$$

或

$$h_0 v_0 (1 - \beta) = h_1 v_0 (1 + f)$$

(2) 多个机架的流量方程:

$$b_i h_i v_i = b_{i+1} h_{i+1} v_{i+1}$$

或

$$h_i v_{0i} (1 + f_i) = h_{i+1} v_{0, i+1} (1 + f_{i+1})$$

一个机架的变形区流量方程(变形区入口和出口流量相等)是完全正确的,但多个机架的流量方程热轧仅在稳态条件下成立。

速度设定是根据轧制工艺状况和设备能力,按照负荷分配得到的出口厚度,在末架出口速度确定后用秒流量方程来反推各机架速度的设定值。由于存在前滑,因此带钢速度与轧辊线速度的关系为:

$$v_i = v_{0i} (1 + f_i)$$

因此:

$$v_{0i} = \frac{h_n}{h_i} \times \frac{1 + f_n}{1 + f_i} \times v_{0n}$$

确定轧制力后可用弹跳方程求得辊缝值 S:

$$S = h - \left(\frac{P - P_0}{C_p} + O + G \right)$$

式中,O 为油膜轴承的油膜厚度,它为轧制力及轧辊转速的函数,即 $O = f(P, n)$;G 为辊缝零位,主要是由轧辊热膨胀 G_H 及轧辊磨损 G_W 造成的,但也包括了弹跳方程其他误差在内,因此可以写成:

$$G = G_H + G_W + G_0$$

G_0 为包含一切误差在内的辊缝零位常数，需通过辊缝零位自学习来修正。但是换辊或零调后，以前的辊缝零点修正值不能继续沿用，目前通常的做法就是直接将其清零。但是生产实践表明，由于这种方法没有对辊缝模型的系统误差进行适当补偿，造成开轧后首块钢的辊缝设定精度会出现较大的波动。因此，为了提高首块钢的辊缝设定精度，在换辊或零调后有必要对每架轧机的辊缝零点给定一个合适的初始修正值。

4.3.4 粗轧道次修正

粗轧道次修正是在每道次轧制收集到一定合理的测量值数据后被启动，目的是通过修正后续轧制道次的设定参数，来纠正前一轧制道次产生的控制偏差。

在粗轧每个道次轧制完成后，根据 L1 收集到的轧制力、辊缝、宽度、温度等实测值，进行道次后计算和道次修正计算，以实现对宽度和厚度的调整，从而实现上一道次由模型产生的控制偏差在下一道次得到修正的目的。粗轧道次修正功能示意图如图 4-5 所示。

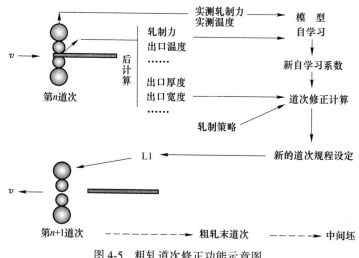

图 4-5 粗轧道次修正功能示意图

粗轧道次修正功能要实现对中间坯厚度和宽度的精确控制，主要依据以下因素：

（1）上道次出口厚度。收集到上道次辊缝和轧制力、速度等实测值后，根据轧机弹跳方程重新计算出上道次带钢厚度。

（2）上道次出口宽度。奇道次板坯宽度可由粗轧后测宽仪测量。

（3）本道次入口温度。修正温度预报模型误差和预报后面道次轧制温度。

（4）最新的模型系数。通过模型后计算，修正粗轧各道次轧制力预报模型、温度预报模型和宽展计算模型的精度。

4.3.5 精轧入口修正

精轧入口修正在 F1、F2 咬钢后收集到相关的测量值数据后被启动，目的是通过修正后续机架的设定参数，纠正精轧轧制力预报误差产生的控制偏差，以提高带钢头部控制精度。

精轧预设定模型根据粗轧出口或精轧入口的带钢温度，通过温降模型来预报各机架轧制温度，从而确定各机架的变形抗力。如果各机架预报的轧制温度和实际轧制温度有差异，将导致带钢实际"硬度"与预报值有差别，因而造成设定误差，使带钢头部的厚度命中率降低。在带钢咬入 F1、F2 后延时一定时间，用此时采得的实测轧制力来判断带钢实际变形抗力是否与预报值有差异，并依据变形抗力的变化情况对后面机架的辊缝进行修正，以适应带钢新的"硬度"。

根据 F1 实测数据估算轧件实际硬度：

$$K_1^* = \frac{P_1^*}{B l_{c1}'^* Q_{p1}^*}$$

式中，K_1^* 为带钢在 F1 处的实际硬度；P_1^* 为实测 F1 轧制力；B 为带钢宽度；$l_{c1}'^*$ 为用实测值反算出的 F1 压扁后接触弧长；Q_{p1}^* 为用实测值反算出的 F1 应力状态系数。

在计算 $l_{c1}'^*$、Q_{p1}^* 时要先计算出 F1 的实际出口厚度：

$$h_1^* = S_1^* + \frac{P_1^* - P_0}{C_p} + O + G$$

式中，h_1^* 为实际的 F1 出口厚度；S_1^* 为实测 F1 辊缝值；P_1^* 为实测 F1 轧制力；P_0 为零调压力；C_p 为轧机刚度系数；O 为油膜厚度；G 为辊缝零位。

同理，根据 F2 实测数据计算实际硬度 K_2^*。然后计算变形抗力差异值 δK_1 和 δK_2：

$$\delta k_1 = K_1^* - K_1$$
$$\delta K_2 = K_2^* - K_2$$

式中，K_1^*、K_2^* 为带钢在 F1、F2 处的实际硬度；K_1、K_2 为用实测值重新计算的 F1、F2 处的硬度。

最后，再根据 F1 和 F2 计算出变形抗力差异值修正后面各机架变形抗力修正值 δK_i：

$$\delta K_i = a_i \delta K_1 + b_i \delta K_2$$

式中，a_i、b_i 为可调系数。

利用 δK_i 重新计算 F3～F7 的 K_i^*，采用预设定模型中相同的流程计算 F3～F7 的轧制温度、轧制速度、轧制力 F_i^* 和辊缝值 S_i^*。计算完成后结果下发给 L1。

4.3.6 后计算与自学习

规程后计算在每轧制道次（或每机架）的相关测量数据收集并处理完成后被启动。由于实际轧制条件（比如实际变形量和变形温度）与预设定的有一定的差异，所以不能用预设定中所预测的过程值（轧制力、轧制力矩、轧件温度、轧件尺寸等）直接与实测数据进行比较来确定模型的精度。轧机设定后计算的目的就是根据每轧制道次（或每机架）的实测数据用与预计算类似的方法重新计算这些过程值，然后供模型自适应功能用来修正模型。因此，后计算出的过程值与实测值是相对于同一轧制工况，具有可比性，是模型自学习的前提。

模型自学习是提高模型预报精度的有力手段，可分为道次之间自学习和轧件之间自学习两种情况。道次之间的模型自学习是在每道次的后计算执行完后被启动。由于后计算的结果是根据实际轧制条件重新计算出来的，它们同相应的测量值进行比较，可以确定数学模型的误差，作为自学习的依据，来更新模型自学习系数。这样，后续道次的轧机设定再计算将能采用最新的模型系数，以提高模型预报精度。轧件之间的模型自学习在粗轧阶段或精轧阶段轧制完成后启动，以提高后续轧件的预设定精度。轧件之间自学习又可分为短期和长期两种，短期自学习是前后两块轧件（规格和钢种相同）之间的修正，长期自学习是轧制批次（规格和钢种不同）之间的修正，如图4-6所示。

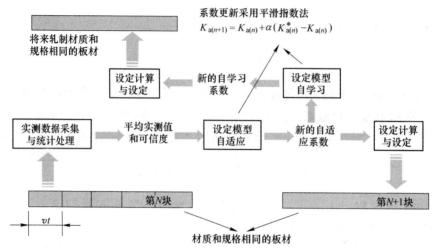

图 4-6　数学模型自学习示意图

自学习功能所要修正的模型有：

（1）轧制力模型和轧制力矩模型。

（2）轧制功率模型。

（3）宽展模型。

（4）温度模型。

（5）轧机弹跳模型。

参 考 文 献

[1] 王廷溥，齐克敏. 轧钢工艺学 [M]. 北京：冶金工业出版社，1981.

[2] 柳谋渊. 金属压力加工工艺学 [M]. 北京：冶金工业出版社，2008.

[3] 赵志业. 有色金属塑性加工学 [M]. 北京：冶金工业出版社，1982.

[4] 宋勇，苏岚，荆丰伟，等. 提高热轧带钢辊缝模型精度的措施 [J]. 轧钢，2010.

[5] 王廷溥，齐克敏. 金属塑形加工学 [M]. 北京：冶金工业出版社，2001.

[6] 杨节. 轧制过程数学模型 [M]. 北京：冶金工业出版社.

[7] 曹鸿德. 塑性变形力学基础与轧制原理 [M]. 北京：机械工业出版社.

[8] 孙一康. 带钢热连轧数学模型与控制 [M]. 北京：冶金工业出版社，2002.

[9] 刘玠，杨卫东. 热轧生产自动化技术 [M]. 北京：冶金工业出版社，2006.

[10] 庞玉华. 金属塑性加工学 [M]. 西安：西北工业大学出版社，2005.

5 温度模型与控制

5.1 概述

温度是热连轧生产过程中几个最重要的工艺参数之一,因为温度将直接影响到热轧轧制力,所以能否准确预报粗轧各道次,特别是精轧机组各机架的轧制温度是保证厚度、板形及宽度数学模型命中率的关键,因而轧线上温度预报模型是热连轧的一个非常关键的模型。带钢全长温度分布的均匀性直接影响产品的厚度、板形和宽度均匀性,控制温度使其在带钢全长上的均匀,特别是黑头、黑尾及中间水印的消除将大为改善 AGC、ASC 和 AWC 的控制效果,同时也是保证带钢力学性能全长均匀性的关键。

温度控制目前已经成为热连轧几个主要质量控制功能之一,温度控制同时影响到轧机负荷和电机功率。目前热连轧生产线加强对轧线各区温度进行目标控制,包括加热炉出炉、粗轧出口、精轧出口和层流冷却出口温度等,尤其是带钢终轧温度和卷取温度控制将直接影响产品内部结构及其力学性能,因此,终轧温度和卷取温度控制是两项非常重要的质量控制功能。

常规热连轧生产线在各区入口或出口设置相应的高温计,用于检测带钢表面温度值,用于自动化系统进行温度预报和温度控制。如图 5-1 所示,考虑到检测环境及自动化系统控制功能需要,通常在以下检测点进行温度检测:

(1)加热炉出口或粗轧入口 RET:用于加热炉温度预报和加热炉温度控制。

(2)粗轧出口 RDT:用于精轧温度预报和加热炉温度预报。

(3)精轧入口 FET:用于精轧温度预报和终轧温度控制。

(4)精轧出口 FDT:用于精轧温度预报和终轧温度控制。

(5)层流冷却出口 CT:用于层流冷却温度预报和层流冷却温度控制。

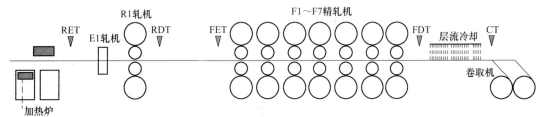

图 5-1 热连轧生产线高温计布置示意图

下面分别对温度模型、加热炉温度控制、粗轧温度控制、精轧温度控制和卷取温度控制进行讨论。

5.2 温度模型

温度在热连轧中是几个最重要的工艺参数之一,温降模型不仅用于终轧温度及卷取温度控制，而且是设定模型中的重要模型，因为温度将直接影响到热轧轧制力，所以能否准确预报各道次，特别是精轧机组各机架的轧制温度是保证厚度、板形及宽度数学模型命中率的关键。

热轧过程的温度变化一般可归纳为以下几个基本环节：

（1）板坯在加热炉的温升。

（2）带坯在辊道上或机架间传递时的辐射温降。

（3）高压水除鳞时的温降。

（4）机架间低压喷水或层流冷却时的温降。

（5）在机架中轧制带钢的温度变化等。

下面介绍轧件在其中几个主要传热环节的温度变化计算模型。这些模型都是利用传热学的基本公式——辐射、对流、传导——从热平衡出发对计算模型进行推导。这种推导没有考虑轧件内部的热传导过程，只是考察轧件单位体积内的金属温度整体变化情况。

需要指出的是，随着有限差分算法在过程控制系统中的应用不断普及，温度模型的讨论更多地集中在物性参数及各个传热环节的边界条件确定上，特别是指各种条件下的换热系数计算模型。

5.2.1　轧件传送过程温降

带钢在辊道上运送时，高温带钢的温降主要是热辐射造成的，也存在空气对流冷却，由于在高温时辐射热量远远大于对流热量的损失，后者仅占总热量损失的5%左右，可以仅考虑辐射热量的损失，而把其影响都包括在根据实测数据确定的辐射率中。

因为辐射热量损失与温度的四次方成正比，这就说明随着温降的进行，带钢的温度不断迅速降低。那么带钢在短距离运输辊道和长距离运输辊道上辐射温降存在差异，对此分为两种情况：

（1）轧件在短距离运输辊道上传送时，温降为：

$$\Delta T = -\frac{2\varepsilon\sigma}{c\gamma}\left(\frac{T+273}{100}\right)^4\frac{\Delta\tau}{h}$$

式中，$\Delta\tau$ 为轧件移动时温降时间，$\Delta\tau = \dfrac{\Delta L}{v}$；$\Delta L$ 为轧件移动距离；v 为轧件速度。

（2）上式考虑为短辊运送，温降不大。对于带钢在长距离如百米以上传送时，由于传送时间长，温降大，则采用：

$$\mathrm{d}Q_\varepsilon = \varepsilon\sigma\left(\frac{T+273}{100}\right)^4 F\mathrm{d}\tau$$

$$\mathrm{d}Q = Bhl\gamma c\mathrm{d}T$$

$$\mathrm{d}Q_\varepsilon = \mathrm{d}Q$$

$$2\varepsilon\sigma\left(\frac{T+273}{100}\right)^4\mathrm{d}\tau = -h\gamma c\mathrm{d}T$$

$$\frac{\mathrm{d}T}{(T+273)^4} = -\frac{2\varepsilon\sigma}{\gamma ch\times 10^8}\mathrm{d}\tau$$

等式两边积分（假设各热物理参数 c、γ 和 ε 取平均值可认为和温度无关）得：

$$\int_{T_{RC}}^{T_{F0}} \frac{\mathrm{d}T}{T^4} = \int_0^\tau \frac{2\varepsilon\sigma}{\gamma ch \times 10^8} \mathrm{d}\tau$$

式中，T 为轧件绝对温度，K；T_{F0} 为精轧入口温度，K；T_{RC} 为粗轧出口温度，K。
积分后可得：

$$T_{F0} = 100 \left[\frac{6\varepsilon\sigma}{100\gamma ch}\tau + \left(\frac{T_{RC}}{100}\right)^{-3} \right]^{-\frac{1}{3}}$$

上式中的热辐射系数 ε 取决于实际情况，因此，一般是利用粗轧机组出口和精轧机入口处测温仪（没有氧化铁皮的情况下）实测温度求得 ε 再用于上式计算。

5.2.2　高压水除鳞温降

板带轧制过程中，利用高压水流冲击带坯表面来清除一次或二次氧化铁皮。由于大量高压冷却水与高温轧件表面相接触，部分热量被带走，轧件产生温降。这种情况辐射散热占的比重很小，所以在此仅考虑对流传热引起的温降。强迫对流传热比较复杂，它不仅与轧件的温度、高压冷却水的温度和轧件材质的物理性能有关，还和流体的流速、水压等有关。因此从理论上写出反映各种因素的方程很难，目前一般采用牛顿公式来计算：

$$\Delta Q_\tau = -\alpha(T - T_w)2F\Delta\tau$$

式中，α 为对流散热系数；T 为轧件的温度；T_w 为高压冷却水的温度；F 为轧件与高压水相接触的面积；$\Delta\tau$ 为对流传热时间。

当高压水除鳞长度为 l、轧件运行速度为 v 时，$\Delta\tau = \dfrac{l}{v}$。

对流过程中，在热量散失的同时，轧件的温度会下降，当轧件的温降为 ΔT 时，轧件的热含量变化为：

$$\Delta Q = c\gamma Fh\Delta T$$

根据热平衡关系得：

$$c\gamma Fh\Delta T = -2\alpha(T - T_w)F\Delta\tau$$

所以轧件在高压水除鳞时的温降方程为：

$$\Delta T = -\frac{2\alpha}{c\gamma h} \times \frac{l}{v}(T - T_w)$$

5.2.3　低压喷水冷却温降

低压喷水的实质主要是指带钢在精轧机组之后的层流冷却和机架间的喷水冷却，也是一种强迫对流形式，所以计算方法相近，但 α 值要根据机架间喷水冷却和输出辊道上层流冷却的具体情况分别进行确定。

设其强迫对流热交换系数为 α_L，则：

$$\Delta T = -\frac{2\alpha_L}{c\gamma} \times \frac{l_F}{hv}(T - T_w)$$

式中，l_F 为机架间距离；h 为上游机架出口厚度；v 为上游机架带钢出口速度，m/s。

因为机架间距离为一固定值，而对于连轧机组 hv（体积流量）各机架都相同，因此不同机架的喷水冷却造成的温降仅决定于 α_L（需实测）和 ΔT。

5. 2. 4   轧制变形过程温度变化

轧制过程中存在两个互斥的热过程：（1）轧制时轧件塑性变形所产生的热量 Q_H ，产生一个温升 ΔT_H ；（2）轧制时高温轧件和低温轧辊接触所损失的热量 Q_C ，产生温降 ΔT_C 。设轧制中轧件温度变化 ΔT_r 为：

$$\Delta T_r = \Delta T_H - \Delta T_C$$

塑性变形热计算式为：

$$Q_H = \frac{A\eta}{J_1} = \frac{p_c V \ln \frac{h_0}{h}}{J_1} \eta$$

式中，J_1 为热功当量，当 Q_H 的单位为 cal、A 的单位为 kg·m 时，$J_1 = 427$kg·m/kcal，当 Q_H 的单位为 J 时，则 $J_1 = 9.81$ ；A 为变形功，J；p_c 为平均单位压力（接触弧上），$p_c = 1.15Q$ ，MPa；V 为体积，cm³；η 为吸收效率，即变形热转为轧件发热的部分占总变形热的百分比。一般 η 取 50%~95%，前几架 η 大些，后几架 η 小些。

变形热引起的温升 ΔT_H 可通过热量平衡导出：

$$\Delta T_H = \frac{p_c \ln \frac{h_0}{h}}{J_1} \eta$$

$$\eta = [(Q_p - 1)\beta + 1]/Q_p$$

$$p_c = Q_p K$$

式中，$K = 1.15\sigma$（σ 为金属变形阻力）；Q_p 为变形应力状态系数；β 为轧件与轧辊热传导效率，一般为 0.48~0.55。

接触传导造成的温降为：

$$\Delta T_c = 4\beta \frac{l'_c}{h_c} \sqrt{\frac{K_S}{\pi l'_c v_0}} (T_S - T_R)$$

式中，T_S、T_R 为带钢和轧辊的温度，℃；l'_c 为考虑压扁后的变形区接触弧长，m；h_c 为平均厚度，m；v_0 为轧辊线速度，m。

$$K_S = \frac{\lambda}{c\gamma}$$

式中，λ 为接触热传导系数，W/(m·℃)；γ 为密度，kg/m³；c 为比热容，J/(kg·℃)。

因为实测结果将是塑性发热与轧件、轧辊间接触热传导的综合结果，所以应当累计一定数量的数据，这几个公式有关未定系数才能逐一确定。

5.3   加热温度控制

目前国内热轧生产线大多采用步进式连续加热炉进行板坯的加热，加热的目的是将板坯加热至规定的目标温度，使出炉板坯的温度分布满足轧制工艺的要求，同时尽可能地降低能耗、减少氧化烧损。板坯加热质量的高低直接影响后续的轧制精度和产品性能，控制和提高加热精度有非常重要的意义。

5.3.1 板坯温度预报

由于测量缺少准确的检测设备，无法获取板坯的实际温度，板坯的加热质量和操作人员的经验水平有直接的关系。为减少人工的干预，板坯温度预报模型是加热炉控制系统的必要组成部分，它实时预报炉内不同位置板坯的温度。

板坯的加热过程是个大滞后、强耦合、非线性、多变量、大惯性的复杂过程，且外界扰动因素较多，这给建模带来了很大的困难，因此在对加热过程进行数学描述时需要对其进行必要的简化，为对板坯的加热过程进行较为准确的描述，主要做如下假设：

（1）炉温是炉长方向函数，呈分段线性分布。

（2）板坯与炉气对流换热与辐射换热综合为热流密度边界条件。

（3）炉墙内侧和板坯表面的黑度均视为常数。

（4）忽略氧化铁皮对传热的影响。

（5）加热过程板坯在炉内匀速运动。

板坯升温过程数学模型，主要可分为两部分，一是板坯的内部导热，二是板坯外部的炉膛传热。内部热传导通常是非稳态的导热问题，实际应用中，主要有一维导热模型和二维导热模型两种，因为三维模型计算量大，不适于在线使用，常见于理论分析；根据选取坐标系的不同，计算方法有有限差分法、控制容积法和有限元法等。

板坯传热温度场模型通常选取板坯宽度和厚度界面上的传热，建立二维导热模型，采用有限差分法进行离散。根据建模的假设条件，板坯的内部传热近似认为是上下两面非对称加热、左右两面对称加热的二维不稳态传热问题。控制方程为：

$$\rho(T)c_p(T)\frac{\partial t(\tau, x, y)}{\partial \tau} = \frac{\partial}{\partial x}\left[\lambda(t)\frac{\partial t(\tau, x, y)}{\partial x}\right] + \frac{\partial}{\partial y}\left[\lambda(t)\frac{\partial t(\tau, x, y)}{\partial y}\right]$$

式中，ρ 为密度，kg/m^3；c_p 为比热容，$kJ/(kg \cdot ℃)$；λ 为导热系数，$W/(m \cdot ℃)$。

初始条件：

$$\tau = 0, \quad t(0, x, y) = t_0(x, y) \quad 0 \leq x \leq a, 0 \leq y \leq b$$

式中，a 为板坯长度，mm；b 为板坯厚度，mm。

边界条件：

$$x = 0, \quad \frac{\partial t(\tau, 0, y)}{\partial x} = 0$$

$$x = \frac{a}{2}, \quad \lambda(t)\frac{\partial t(\tau, \frac{a}{2}, y)}{\partial x} = q_s$$

$$y = 0, \quad \lambda(t)\frac{\partial t(\tau, x, 0)}{\partial y} = q_d$$

$$y = b, \quad \lambda(t)\frac{\partial t(\tau, x, b)}{\partial y} = q_u$$

式中，q_s 为板坯侧面热流密度，W/m^2；q_d 为板坯下表面热流密度，W/m^2；q_u 为板坯上表面热流密度，W/m^2。q_d 和 q_u 的通式为：

$$q = kC_{gwm}\left[\left(\frac{T_g}{100}\right)^4 - \left(\frac{T_m}{100}\right)^4\right]$$

式中,k 为修正系数;T_g 为炉气温度, K ;T_m 为金属表面温度, K ;C_{gwm} 为导来辐射系数,$W/(m^2 \cdot K^4)$,并有:

$$C_{gwm} = \frac{5.67\varepsilon_g\varepsilon_m[1 + \varphi_{wm}(1 - \varepsilon_g)]}{\varepsilon_g + \varphi_{wm}(1 - \varepsilon_g)(\varepsilon_g + \varepsilon_m - \varepsilon_g\varepsilon_m)}$$

式中,ε_m 为板坯表面黑度;ε_g 为炉气黑度, 按经验公式计算;φ_{wm} 为炉衬对板坯表面的辐射角系数。

根据假设, 板坯侧面的热流密度为:

$$q_s = k(q_u + q_d)$$

式中,k 为修正系数,$0 < k < 0.5$ 。

相对于板坯内部导热, 外部炉膛传热过程是极其复杂的。炉膛内热交换过程是炉内气体流动和燃烧放热、辐射热交换等因素的耦合作用。炉内火焰温度和烟气温度都很高, 是典型的高温设备, 因此炉膛内辐射占主导地位。但即使仅仅辐射换热的求解就十分复杂, 目前还没有同一种模型可以用于不同的系统和不同的燃烧种类。最近几十年发展起来了各种辐射模型计算方法, 如段法、流法、蒙特卡洛法等, 但这些模型复杂, 有大量参数, 因此只是作为理论研究对在线模型进行修正。较实用的方法是通过分析加热炉内的热交换机理建立实时控制模型, 一些研究对外部热交换场进行简化, 目前广泛采用的是总括热吸收率法。外部炉膛传热还需要考虑水梁的遮蔽作用。建立考虑水梁黑印板坯温度预报模型时, 板坯下表面滑块与板坯接触位置和活动梁遮蔽处, 可以假设为热流密度边界条件, 具体数值由黑匣子实验测试数据反算得到（不需要反算总括吸收率）, 图 5-2 是黑匣子实验板坯测试孔加工示意图。

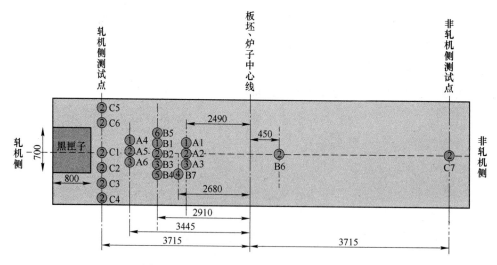

图 5-2 黑匣子实验板坯测试孔加工示意图

板坯温度预报模型中, 炉温分布模型是其重要的部分, 它用于确定参与板坯温度分布计算的实测炉温。根据炉内热电偶位置对炉温进行线性插值是有效的方法, 将各段测温孔之间炉温采用线性插值处理, 均热段测温孔至出炉端之间按均匀炉温处理, 热回收段测温

孔至入炉端之间按预热段至热回收段炉温连线延长处理。插值公式为:

$$T_f = \begin{cases} T_1 + \dfrac{T_2 - T_1}{l_1}(x - x_1) , & 0 \leqslant x < x_2 \\[2ex] T_2 + \dfrac{T_3 - T_2}{l_2}(x - x_2) , & x_2 \leqslant x < x_3 \\[2ex] T_3 + \dfrac{T_4 - T_3}{l_3}(x - x_3) , & x_3 \leqslant x < x_4 \\[2ex] T_4 + \dfrac{T_5 - T_4}{l_4}(x - x_4) , & x_4 \leqslant x < x_5 \\[2ex] T_5 , & x_5 \leqslant x < L \end{cases}$$

式中,T_f 为插值炉温,℃;$T_{1\sim5}$ 为热电偶实测温度,℃;$l_{1\sim4}$ 为加热炉各段长度,mm;$x_{1\sim5}$ 为测温孔距入炉端距离,mm;L 为加热炉长度,mm。

插值曲线示意图如图 5-3 所示。

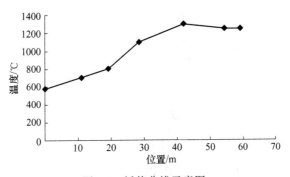

图 5-3 插值曲线示意图

此外,板坯温度预报模型还包括材料物性参数模型。钢的分类按化学成分可以分为:低碳钢、中碳钢、高碳钢、低合金钢、高合金钢。同一类钢化学成分相近,可近似认为热物性相同。其中:根据热物性参数表格对热导率、比热容、密度属性进行线性插值,并对不同温度下钢种热物性进行检索。

5.3.2 炉温优化

炉温优化的目标一般至少应该包括如下四个方面:

(1) 板坯出炉时刻其表面温度应该达到轧制工艺要求的目标加热温度,或者说,表面温度与期望温度差值最小。

(2) 板坯出炉时刻其表面温度与中心温度的差值(又称板坯的断面温差)达到极小值。

(3) 加热炉生产的能耗(燃料消耗)最小。

(4) 被加热板坯的氧化烧损最少。

此外,还要考虑不同钢种的升温速度限制,绝大多数种类的钢在 500~600℃ 以下仍然处于弹性状态,在此情况下,如果板坯的加热速度过快,其内部会产生较大的热应力,容易形成加热缺陷, 使得轧制后产品的成品率降低。当板坯的中心温度超过 600℃ 以后, 板坯进入到塑性范围, 此时的加热速度可明显加快, 减少板坯的在炉时间。板坯表面的温度迅速上升到出炉时所要求的温度, 然后再经过均热段, 使得板坯的中心温度基本和其表面温度接近, 以减少断面温差。理想的板坯升温曲线如图 5-4 所示。

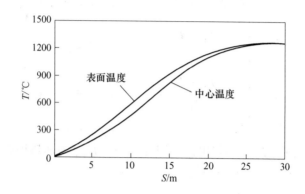

图 5-4　理想的板坯升温曲线

因此, 炉温优化控制的目标函数可用下面公式表示:

$$\min J = \frac{1}{2}\omega_1 \left[T_s(t_n) - T_d \right]^2 + \frac{1}{2}\omega_2 \left[T_s(t_n) - T_c(t_n) \right]^2 + \frac{1}{2}\omega_3 \sum_{k=0}^{n-1} \left| u(k)^2 \right| +$$

$$\frac{1}{2}\omega_4 \varepsilon G \left[T_s(t_n) - T_s(t_0) \right]^2$$

式中, T_s 为表面温度, ℃; T_d 为目标温度, ℃; T_c 为中心温度, ℃; t_n 为出炉时刻, s; $\omega_1 \sim \omega_4$ 为加权系数。

可以采用遗传算法对综合目标函数进行寻优, 如图 5-5 所示。

图 5-6 是分别对不同炉温分布模型: 分段线性炉温、二次炉温、三次样条插值炉温下的炉温曲线优化结果比较。

从加热曲线特点上可以看出, 分段线性呈现出加热前段炉温偏低、加热后期炉温偏高的特点; 而二次线性则正好相反, 呈现出加热前段高、加热后期低的特点; 三次炉温曲线最为适中。不同炉温模型下的板坯升温速度比较如图 5-7 所示。在升温速度、最大断面温差等约束满足的条件下, 三次样条炉温是最合适的, 最大程度地避免了二次炉温所得炉温使板坯低温时升温速度过大、分段线性模型板坯后期升温速度过大、温度不均性加剧的缺点。

5.3.3　炉温设定

炉温设定模型由离线炉温优化、在线炉温动态优化、炉段炉温综合设定和 RDT 炉温反馈控制四个部分组成。

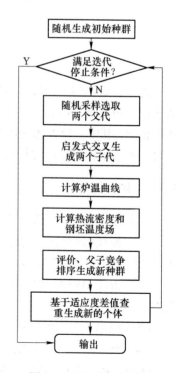

图 5-5　炉温优化框图

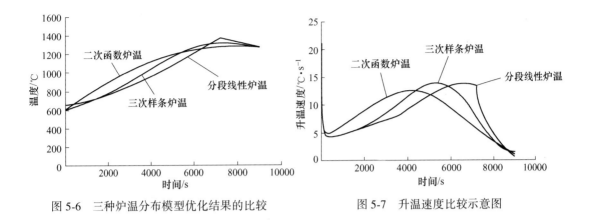

图 5-6 三种炉温分布模型优化结果的比较   图 5-7 升温速度比较示意图

离线炉温优化设定需要综合考虑钢种、厚度、出炉温度、入炉温度、生产节奏等因素，采用上一节的炉温优化方法，分别对不同板坯尺寸和目标温度下的基准炉温进行离线优化，并以表格形式存入数据库。

实际生产时，生产节奏和入炉温度往往偏离基准入炉温度和基准生产节奏，因此必须用在线炉温动态优化模型对炉温进行进一步修正。在离线基准炉温的基础上，单个板坯在实际生产节奏下在线优化设定方法有公式法和修正值法两种。生产节奏修正值通过离线优化研究获得，作为优化数据库的一部分。为提高在线控制速度和精度，也可以直接采用生产节奏炉温修正公式：

$$T_f = \left[\frac{v}{v_s} \times \frac{T_2 - T_1}{T_{s2} - T_{s1}} (T_{sf}^4 - T_{s1}^2 T_{s2}^2) + T_1^2 T_2^2 \right]^{1/4}$$

式中，T_{s1} 为理想加热条件下，板坯在炉内当前位置的表面温度，K；T_{s2} 为理想加热条件下，板坯在当前控制段的钢温控制目标值，K；T_{sf} 为理想加热条件下，该段的炉温，K；T_1 为实际生产情况下，板坯在炉内当前位置的表面温度，K；T_2 为实际生产情况下，板坯在当前控制段末尾的表面温度，K；T_f 为实际生产情况下，该段的实际炉温，K；v_s 为理想加热条件下的步进速度（均值），m/s；v 为实际生产情况下的步进速度（均值），m/s。

炉段炉温综合设定策略是由于炉段内各个板坯对于炉温设定值的要求不同，综合炉温设定时需要从当前控制段内所有板坯出发，在各板坯炉温在线优化设定结果的基础上，考虑优先顺序，给予不同权值，计算出各段的综合炉温设定。不同控制段的权值分布模式不同，总体来说，距离炉段出口越远的板坯权值越高，越近权值越低，采用线性模型；考虑到特殊钢种的影响，如果有特殊钢种，则其权值为无限大，其余权值为1；均热段以最后一块板坯权值最大为原则。特殊钢种板坯的权值为无限大。加热段权值设定示意图如图5-8所示。

生产中常以 RDT（粗轧终轧温度）实测值来衡量炉温设定和板温预报的精度，RDT反馈控制策略是对炉温设定实现闭环控制的有效手段。实际生产中，为实现 RDT 反馈控制，需要通过 ΔT_{RDT} 计算出 $\Delta T_{s出炉}$：

$$\Delta T_{RDT} = T_{RDT}^{实测} - T_{RDT}^{目标}$$

$$\Delta T_{s出炉} = T_{s出炉}^{实测} - T_{s出炉}^{目标} = T_{s出炉}^{模型} - T_{s出炉}^{目标}$$

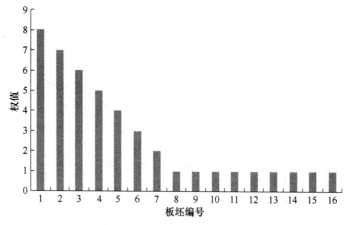

图 5-8 加热段权值设定示意图

由于轧制中温降过程十分复杂，$\Delta T_{s出炉}$ 与 ΔT_{RDT} 并非呈 1：1 比例变化，往往随板坯的钢种、规格、轧制时间的不同而不同，需要对不同钢种、不同规格板坯的轧制数据进行统计分析。RDT 温度变化与出炉温度变化的比例值为 ξ：

$$\xi = \frac{\Delta T_{RDT}}{\Delta T_{s出炉}}$$

ξ 确定后，修正的目标出炉温度可采用如下公式计算：

$$T_{s出炉}^{目标} = T_{s出炉} - \frac{\Delta T_{RDT}}{\xi}$$

经过一定时期内相同钢种、规格板坯目标出炉温度修正的自学习，将使出炉目标温度设定越来越准确。根据修正后的目标出炉温度，对加热板坯进行炉温在线动态优化和综合炉温加权设定，实现反馈控制。

5.4 粗轧温度控制

如上节所述，粗轧机出口温度是衡量加热炉加热温度的重要指标，它的控制效果会影响到精轧机组的顺利轧制和精轧终轧温度控制。根据生产线设备配置情况，粗轧区根据自动化控制要求配置相应的高温计，比如配置单机架可逆轧制的生产线，一般会在粗轧机入口或出口各配置一台高温计，用于检测带钢在每道次的入口和出口温度。由于粗轧入口受检测环境影响，高温计检测效果难以保障，加之对自动化控制而言各道次入口温度不是非常关键的数据，绝大多数生产线只在粗轧出口道次配置一台高温计，用于检测带钢奇道次的温度值。

一般将粗轧末道次带钢实测温度作为考核粗轧温度控制或加热炉加热质量的指标。影响粗轧出口温度的主要因素包括：

（1）加热温度。

（2）粗轧各道次速度制度。

（3）粗轧各道次除鳞制度。

（4）板坯厚度、压下制度及中间坯厚度等。

（5）冷却水温度等。

在以上影响因素中，道次除鳞制度受清除板坯表面氧化铁皮的制约，厚度压下制度受粗轧机各道次咬入及轧机力能参数等限制，中间坯厚度受精轧机组轧制能力的限制，及冷却水温正常情况下都是一定范围的固定值，这些因素都不是控制粗轧出口温度的直接手段。因此，要保证粗轧出口目标温度，主要通过以下手段来保证：

（1）提高加热炉出炉温度控制精度。

（2）在粗轧各道次力能和电机参数安全范围内，优化各道次轧制速度。

（3）确保粗轧区域设备的各种冷却水管理，防止冷却水漏水影响带钢温度。

5.5　精轧温度控制

精轧机组出口的终轧温度对带钢产品的金相组织与力学性能有非常重要的影响。通过终轧温度参数控制，可以影响轧件在精轧机组内的变形量与变形温度，而通过这两者的配合可实现对金属微观组织演变过程的控制。因此精轧终轧温度控制的直接目的就是为了在精轧机组出口获取所需的微观组织形态，通过随后的层流冷却的进一步控制得到理想的室温组织和力学性能。

从板坯出炉到带钢精轧结束，中间要经过运输与轧制两大过程。因此带钢的终轧温度取决于带钢材质、加热温度、板坯厚度、运输时间、压下制度、速度制度，以及冷却水的压力、流量与温度等一系列因素。其中，板坯厚度、运输时间和压下制度等，在原料与成品规格确定的条件下，是一些不便变动的因素，而加热温度、冷却水的数量以及速度制度等，则可以作为对终轧温度进行控制的手段。但在实际生产中，用加热温度来控制终轧温度存在热能消耗加大、加热炉能力降低及钢坯过烧等不利因素。因此，对于精轧机组，机架冷却水的数量和速度制度是终轧温度控制的主要手段。

为了实现终轧温度控制，需建立相应的温度控制数学模型。一般情况下，终轧温度 T_{FC} 为以下各变量的函数：

$$T_{FC} = f(T_{FT0},\ H_0,\ h_n,\ v_n,\ q)$$

式中，T_{FC} 为终轧温度，℃；T_{FT0} 为精轧入口温度，℃；H_0 为精轧机组带钢入口厚度，mm；h_n 为精轧机组成品出口厚度，mm；v_n 为精轧机组末机架出口速度，m/s；q 为机架间喷水量，m^3/min。

带钢终轧温度的控制效果主要取决于两个控制环节：头部终轧温度设定和全长终轧温度控制。头部终轧温度设定是由精轧预设定模型来保证带钢头部穿过精轧机组后的温度目标命中，而全长终轧温度控制则是由精轧动态设定模型通过周期调节机架间冷却水和轧制速度设定来维持终轧温度在带钢长度方向上的恒定。

5.5.1　精轧速度设定

精轧温度控制与轧制速度制度密切相关。精轧轧制速度的设定要同时兼顾产量和终轧温度控制，需要根据不同生产线的配置和产品性能要求，采取不同的控制策略，分为根据终轧目标温度自动设定速度和根据产线产量要求设定速度两种类型。正常情况下，在保证精轧终轧温度精度前提下尽可能提高精轧轧制速度，在设定轧制速度时同时要兼顾设备能力和生产稳定性等因素。

在常规热连轧生产线中，是否配置热卷箱对带钢在精轧入口温度影响非常大，进而影响终轧温度的控制策略。如果采用热卷箱配置，带钢在精轧入口高温计（FET）处，头尾温差在 20℃ 以内，采用匀速轧制就可以满足终轧温度的控制要求；如果不采用热卷箱配置，带钢在 FET 处的头尾温差会超过 70℃ 以上，必须采用升速轧制来满足终轧温度控制要求，同时兼顾生产线产量。

带钢进入精轧前，控制系统根据生产线设备状况和产品质量控制要求，制定合适的速度 TVD 曲线，主要包括精轧穿带速度、加速度和最高速度、减速度和抛钢速度等，如图 5-9 所示为热连轧生产线常规的 TVD 曲线示意图。

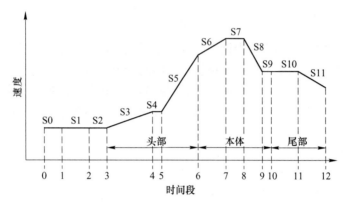

图 5-9　典型的 TVD 曲线示意图

对图 5-9 中曲线各段说明见表 5-1。

表 5-1　TVD 曲线各段说明

点	描　　述	段	描　　述
0	除鳞机头部咬入	S0	恒速咬入
1	第一有效机架咬入	S1	恒速咬入
2	出口高温计咬入	S2	恒速咬入
3	一般加速度开始	S3	卷取机咬入前一般加速段（温度加速度）
4	达到卷取机最大咬入速度	S4	卷取机咬入速度（不大于最大咬入速度）
5	卷取机咬入完成，高加速初始化	S5	高加速度（功率加速度），到达预定速度
6	高加速度完成，转入一般加速	S6	一般加速度（温度加速度）
7	达到最大速度	S7	最大轧机速度
8	尾部减速开始	S8	尾部减速
9	达到抛钢速度	S9	抛钢速度-带钢未离开轧机
10	带钢尾部离开出口高温计	S10	抛钢速度-带钢在输出辊道
11	卷取机减速开始	S11	尾部适应卷取机减速
12	尾部进入卷取机		

5.5.2　头部终轧温度设定

对带钢头部终轧温度设定是为了将带钢头部离开精轧机组时的温度控制在所要求的范围内。这个目的一般通过采取合适的穿带速度来实现。

采用精轧机组简化温降公式：

$$\frac{T_{\text{FC}} - T_{\text{w}}}{T_{\text{FT0}} - T_{\text{w}}} = \exp\left(\frac{-K_\alpha \sum\limits_{j=1}^{8} L_j}{h_{\text{n}} v_{\text{n}}}\right)$$

可由 T_{RC} 通过辐射温降公式求出 T_{FT0}，并以它为依据，推导出控制终轧温度的速度表达式

$$v_{\text{n}} = \frac{-K_\alpha \sum\limits_{j=1}^{8} L_j}{h_{\text{n}} \ln\left(\dfrac{T_{\text{RC}} - T_{\text{w}}}{T_{\text{FT0}} - T_{\text{w}}}\right)}$$

式中，T_{RC} 为目标终轧温度，K；T_{FT0} 为由 T_{RC} 计算得到的精轧机组入口温度，K；h_{n} 为成品厚度，m；L_j 为机架间距离，m；K_α 为当量冷却系数，m/s。

通过该式得到 v_{n} 作为精轧机组末机架的速度设定值，理论上即可保证带钢头部终轧温度与目标值相符。但是要说明的是：这样算得的 v_{n} 不应大于工艺所规定的许用穿带速度范围，采用极限值，将顺利穿带放在首要地位，此时终轧温度存在较大偏差的可能性很大。在精轧机组末机架的穿带速度 v_{n} 确定之后，其他各个机架的穿带速度 v_i 可以通过金属秒流量相等的原则，以各个机架的出口厚度 h_i 来确定。

5.5.3 全长终轧温度控制

不仅要保证带钢头部终轧温度进入规定范围，还应满足带钢全长也应在这个范围，以使带钢全长的温度均匀，保证带钢的物理性能一致。

在精轧预设定计算时，系统根据预测的精轧入口处带钢全长温度变化，计算出合适的温度加速度，通过加速度控制带钢全长温度的波动趋势。在实际轧制过程中，还需要对轧件进行分段采样和跟踪，并通过终轧温度前馈和反馈控制两种方式来实现全长终轧温度控制，如图 5-10 所示。

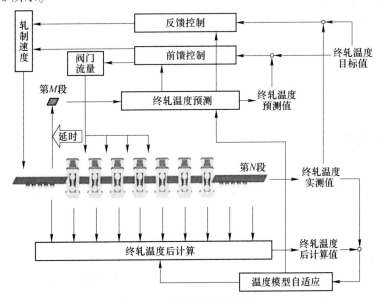

图 5-10 终轧温度控制策略

终轧温度控制模块是通过动态调整机架间冷却水流量（如果硬件允许）和改变精轧轧制速度来控制带钢全长的终轧温度。具体方法是，将精轧入口带钢按照一定的规则划分成 n 个带钢段，L2 系统周期收集现场实测数据实现带钢段的采样和跟踪，根据每段的实际工况调整其经过精轧机组过程中的机架间冷却水流量和轧制速度，以保证其达到 FDT 时的温度正好为目标终轧温度。在冷却水量和轧制速度的组合调整策略中，综合考虑冷却水量的调节精度和轧制速度运行图的影响，以尽可能满足控制精度和产量的要求，增加系统的适应性和灵活性。对于已轧制完的带钢段，L2 系统需要根据其实测终轧温度启动精轧温度模型自学习，从而提高后续终轧温度控制精度。

5.6 卷取温度控制

卷取温度是影响带钢成品质量性能最重要的工艺参数之一，卷取温度和终轧温度一样，对带钢的金相组织影响很大，是决定成品带钢加工性能、力学性能、物理性能的重要工艺参数之一。卷取温度控制，本质上是热轧带钢生产中的轧后控制冷却，而轧后控制冷却影响产品质量的主要因素是：冷却开始和终了温度（冷却开始温度基本上就是终轧温度）、冷却速度以及冷却的均匀程度。

带钢在 100 多米长的输出辊道上的运行时间仅为 $5 \sim 15\mathrm{s}$，在这么短的时间内一般需要带钢温度降低 $200 \sim 350 \mathrm{℃}$。因此，仅靠带钢在输出辊道上的辐射散热和向辊道传热等自然冷却是不可能的，必须在输出辊道的很长一段距离（$70 \sim 80 \mathrm{m}$）上，设置高冷却效率的喷水装置，对带钢上下表面喷水，进行强制冷却。卷取温度控制就是通过对水量进行准确控制，以满足卷取温度的要求。

影响卷取温度的因素多而复杂，包括带钢的材质、厚度、速度、终轧温度及板形条件，冷却水的水量、水温及水压等。特别是冷却水与高温带钢表面的换热机理复杂且变化剧烈。冷却水和高温的带钢表面初接触时，带钢和水之间的巨大温差引起迅速的热传导，可是由于在钢板表面迅速形成隔热的蒸汽层，即"膜状沸腾"，结果出现一段低导热期，待到蒸汽层不再稳定地附着在钢板表面时，钢带和水重新接触，进入"泡核沸腾"期，此时产生很强烈的热传导。之后钢件逐渐变冷，热传导也相应地逐渐降低。任何强制冷却的效果，取决于蒸汽层膜的破坏及达到"泡核沸腾"的程度。

为了获得比较好的卷取温度控制效果，一方面需要温度预报精度高的物理模型，另一方面还需要有高效的控制算法，包括卷取温度前馈控制、段间自适应以及带钢间的自学习等。

5.6.1 卷取温度预报模型

传统的统计模型由于太多的简化，都很难达到理想的预报精度。有限差分模型可以比较细致地考虑换热边界条件、厚度方向热传导、带钢热物性参数与带钢的温降之间相互影响的关系，因此将其应用到卷取温度控制系统中具有比较明显的优势。

考虑到热轧带钢冷却工艺和设备的特点，以及在线控制的实时性要求，本系统只考虑带钢厚度方向的热传导，建立一维显式差分方程。

在带钢厚度方向上取一微元体，其厚度为 $\mathrm{d}x$，考察 $\mathrm{d}\tau$ 时间内导入与导出微元体的热量。根据傅里叶定律可推导出一维导热微分方程：

内部节点：

$$\frac{\partial T}{\partial \tau} = \frac{\lambda}{\rho c} \times \frac{\partial^2 T}{\partial x^2}$$

边界节点：

$$\alpha(T_{\text{env}} - T_{\text{strip}}|_{x=0,h}) = -\lambda \frac{\partial T}{\partial x}\Big|_{x=0,h}$$

式中，T 为温度，℃；τ 为时间，s；λ 为材料的热传导系数，kW/(m·℃)；ρ 为材料的密度，kg/m³；c 为材料的比热容，kJ/(kg·℃)；α 为换热系数，kW/(m²·℃)。

由第 3 章可知，差分的实质就是把原来在时间、空间坐标系中连续的物理量的场离散化，用一系列的差分方程来代替微分方程获得温度场的近似数值解。考虑到在线控制时的计算量问题，采用显示差分格式：

内部节点：

$$T_i^{n+1} = f(T_{i+1}^n + T_{i-1}^n) + (1 - 2f)T_i^n$$

边界节点：

$$T_i^{n+1} = 2f(T_{i-1}^n + BT_{\text{env}}) + (1 - 2f - 2fB)T_i^n$$

式中，$f = \dfrac{\dfrac{\lambda}{\rho c}\Delta\tau}{(\Delta x)^2}$，$B = \dfrac{\alpha\Delta x}{\lambda}$。已知任一时刻的温度分布，则可利用上式求出带钢各节点经历时间间隔 $\Delta\tau$ 后的温度。

有限差分模型中换热系数 α 由带钢表面在冷却过程中的边界条件决定，带钢在层流冷却区域主要有空冷时的辐射换热和水冷时的对流换热两种情况。

上集管水流冲击到钢板表面，其主要热交换方式为强制对流换热，冷却效果强烈。沿钢板长度方向，其主要热交换方式为辐射。下集管冷却水与带钢表面只在冲击区接触，其主要热交换方式为强制对流换热。带钢下表面其他区域主要热交换方式为辐射。

辐射换热系数计算模型：

$$\alpha_{\text{r}} = \frac{(T_{\text{strip}} + 273)^4 - (T_{\text{env}} + 273)^4}{T_{\text{strip}} - T_{\text{env}}}\varepsilon\sigma$$

式中，σ 为黑体辐射常数，其值为 5.67×10^5 kW/(m²·K⁴)；ε 为黑度系数，它与物体的种类及表面状态有关，在本控制系统中，上表面取 0.85，下表面取 0.7。

水冷对流换热系数计算模型：

$$\alpha_{\text{w}} = K_{\text{a}}\left(\frac{q_{\text{top}}}{W}\right)^{\frac{2}{3}} e^{(k_1 T_{\text{strip}} + k_2 L + k_3)} K_{\text{wt}}$$

$$\alpha_{\text{j}} = K_{\text{a}}\left(\frac{q_{\text{bot}}}{A}\right)^{\frac{5}{4}} e^{(k_4 T_{\text{strip}} + k_5)} K_{\text{wt}}$$

式中，α_{w}、α_{j} 分别为带钢上、下表面的换热系数，kW/(m²·℃)；q_{top}、q_{bot} 分别为上、下集管流量，m³/h；W 为层冷设备宽度，m；L 为沿带钢长度方向，节点离上集管中心位置（驻点）的距离，m；A 为下集管喷射面积，m²；$k_1 \sim k_5$ 为模型系数；K_{a} 为模型自适应系数；K_{wt} 为水温影响系数。

在选取空间步长和时间步长时，可先根据计算精度要求确定空间步长 Δx，然后再根据不同的边界条件选取不同的时间步长 $\Delta \tau$，使得计算量不过于太大，又可满足算法的收敛性要求。一般来说，节点处于水冷换热边界条件下时所取的时间步长要比空冷辐射小。另外，当带钢轧制速度较快时，由于带钢经过冷却水下方的时间较短（特别是下集管），所选取的时间步长一定要能保证不会一步跨过换热系数模型曲线的关键点，否则会造成较大的计算误差。

5.6.2 卷取温度控制策略

控制的基本方案有前段冷却、后段冷却、带钢头尾不冷却等。

5.6.2.1 带钢前段冷却控制方式

带钢前段冷却控制方式（见图 5-11，图下方为集管开启模式示意，实框代表开启集管，空心框代表关闭集管）实质上是以前馈控制为主体，而补偿控制和反馈控制为辅的一种冷却控制方式。

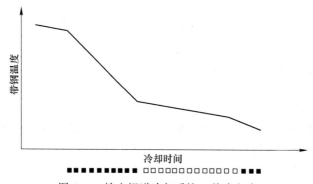

图 5-11 输出辊道冷却系统（前冷方式）

如前所述，"前馈"控制就是根据精轧机组终轧温度的预设定值和卷取温度前段冷却用于带钢厚度在 1.7mm 以上的普通碳素钢或者有急冷要求的高级硅钢的冷却。

5.6.2.2 带钢后段冷却控制方式

带钢后段冷却控制方式（见图 5-12，图下方框意义同图 5-11）是在层流冷却装置的后段（即靠近卷取机的那一侧），将前馈控制、补偿控制和反馈控制作为一个整体，喷水集管从卷取机侧向带钢逆流的方向增减喷水集管的方法。

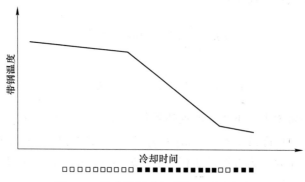

图 5-12 输出辊道冷却系统（后冷方式）

后段冷却用于带钢厚度小于 1.7mm 的碳素钢和低级硅钢的冷却。

5.6.2.3　带钢头尾不冷却控制方式

带钢头尾不冷却控制方式是不断跟踪带钢头部和尾部在输出辊道上的位置，在带钢头尾部一定长度上不喷水。此控制分为带钢头部不喷水、带钢尾部不喷水及带钢头部尾部均不喷水三种方式。

该控制方案是使硬质带钢及厚带钢（约 8mm 以上）的头部和尾部在卷取机上便于卷取而采用的。

5.6.2.4　冷却速度控制方式

冷却速度控制方式对某些钢种性能的进一步提高是十分必要的，为此除了有一个目标卷取温度 T_{CT} 值外，还可以设立两个中间温度值 T_{M1} 和 T_{M2}，带钢由 T_{FC} 以一定的冷却速度 β_1 冷却到 T_{M1} 点的时间为：

$$\tau_{\mathrm{M1}} = \frac{T_{\mathrm{FC}} - T_{\mathrm{M1}}}{\beta_1}$$

然后再以冷却速度 β_2 使 T_{M1} 冷却到 T_{M2}。最后再确定将带钢从 T_{M2} 冷却到 T_{CT} 需开启的层流集数段。

5.6.3　卷取温度控制系统

层流冷却控制系统分为过程自动化和基础自动化两级，模块结构如图 5-13 所示。过程自动化的主要任务是根据冷却模型和冷却入口带钢参数计算出合适的阀门开启数目及位置，并不断根据测量的卷取温度修正模型以提高控制精度。功能模块包括有限差分温度模型、预设定、带钢段跟踪、测量值处理、动态设定（前馈控制）、模型自适应（闭环控制）等模块。基础自动化级的主要任务是按照过程自动化的设定值开启和关闭指定阀门，实时收集并向过程自动化级发送带钢速度、厚度、温度、集管开启状态等测量值。功能模块有带钢头尾跟踪、阀门开闭延时处理、测量值收集。

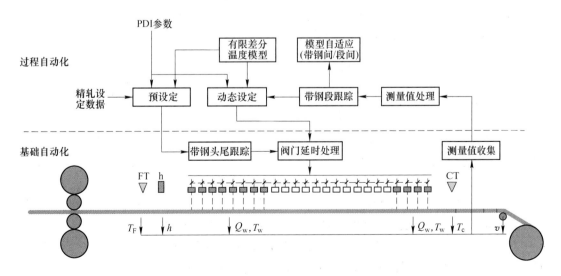

图 5-13　层流冷却控制系统模块结构

预设定模块是在精轧 F1 咬钢时正式启动计算，带钢在冷却区入口的参数（比如带钢速度、厚度、入口温度等）来自精轧设定计算的结果。考虑到从发出阀门开启指令到冷却水落到带钢表面有一段延迟时间，因此预设定计算完成后立即将设定结果发送到基础自动化，以便基础自动化能提前开启设定的阀门。

由于有限差分温度模型只能根据带钢入口数据和集管开启模式组态来预报卷取温度，因此需要调用温度模型进行多次尝试迭代，才能计算出满足目标卷取温度要求的集管开启模式组态。为了减少尝试迭代次数，预设定模块先采用传统的统计温度模型预估计出粗略的集管开启数量，作为迭代计算的初始集管组态。现场测试结果表明，采用此方法可将迭代次数减少为 2~3 次。

段跟踪模块的主要任务是进行带钢分段，并实时跟踪每段带钢在冷却区中的位置及其经过冷却区的情况，包括其经过各集管时的运行速度和冷却水量，并根据设定要求的目标温度和冷却速率，启动动态设定计算（即前馈控制功能）。

在确定带钢分段时，段跟踪模块综合考虑了带钢运行的长度间隔和时间间隔。当轧制速度较快时采用定长度间隔，而轧制速度较慢时采用定周期间隔。这样，当带钢轧制速度变化很大时，既能保证控制精度，使带钢分段的长度间隔不过于太大，又不至于时间间隔太短，导致前馈启动过于频繁。

动态设定模块对带钢全长范围进行周期前馈修正，以补偿每段带钢的终轧温度、厚度、速度的波动。动态设定模块采用的原理和方法与预设定类似，即通过调用有限差分模型预测卷取温度偏差来确定所需要修正的集管开启数目。

为了提高模型的精度，需要在测得实际的卷取温度后，根据实测值与模型计算值之间的偏差对模型中换热系数进行修正。模型自适应分为带钢内段间自适应和带钢之间的自适应。

每个带钢分段经过冷却区出口高温计时都会启动一次带钢内的段间自适应。自适应模块先根据该带钢段的测量值和跟踪信息调用温度模型重新预测其卷取温度，然后通过与实测的卷取温度比较来调整换热系数修正因子，即模型自适应系数。新的自适应系数可用于随后启动的动态设定，以提高那些后续还未经过层冷区的带钢段的动态调节精度，形成闭环控制。自适应系数试算法采用牛顿-拉斐森迭代公式，即

$$\alpha = \alpha_3 = \alpha_2 + \left(\frac{\alpha_2 - \alpha_1}{T_{ff2} - T_{ff1}} \right) (T_{ff}^* - T_{ff2})$$

式中，α_1、α_2 为设定的对流换热系数；T_{ff1}、T_{ff2} 为给定 α_1、α_2 后计算出的温度；T_{ff}^* 为实测表面温度。

带钢之间的模型自适应是在带钢尾部最后一段离开冷却区出口高温计时被跟踪模块启动，以各带钢段自适应系数的平均值作为本块带钢的实测自适应值，按照指数平滑法计算下一块钢预设定时所使用的模型自适应系数。

带钢头部和尾部在输出辊道上运行时，由于带钢失去了张力的作用，冷却水在带钢表面覆盖的情况会发生改变，特别是在薄带钢且板形较差的情况下更为明显。因此，控制系统中对每块带钢设有三个自适应系数，分别对应带钢的头部、本体和尾部。在进行带钢之间的自适应时，需根据段的起始位置确定带钢头部、本体和尾部所包含的带钢段，并分别求出这些段的自适应系数平均值，然后独立更新。

参 考 文 献

[1] 孙一康. 冷热轧板带轧机的模型与控制 [M]. 北京：冶金工业出版社，2010.

[2] 孙一康. 带钢热连轧数学模型与控制 [M]. 北京：冶金工业出版社，2002.

[3] 刘玠，杨卫东. 热轧生产自动化技术 [M]. 北京：冶金工业出版社，2006.

[4] 丁修堃. 轧钢自动化 [M]. 沈阳：东北大学出版社，1993.

[5] 王帝杰. 板坯热轧过程轧制计划编制和加热制度优化 [D]. 北京科技大学，2014.

[6] 宋勇，荆丰伟，殷实，等. 厚规格热轧带钢高精度卷取温度控制模型 [J]. 北京科技大学学报，2015.

6 主速度与张力控制

6.1 概述

热轧带钢作为重要的工业原料，广泛应用于汽车、化工、机械制造、建筑、造船等工业领域。随着现在工业的发展，市场对热轧带钢的厚度和板形等控制精度提出了越来越高的要求。热连轧过程中的厚度、宽度和板形控制系统与张力控制有很强的耦合性，稳定的张力控制是板带尺寸控制精度提高的基础，是保证产品质量的一项重要措施。

实现连轧的一个基本条件是同一时间内各个轧制道次的秒流量相等，对于热轧带钢来讲，主要是靠精轧机架间活套装置来维持秒流量相等。现代带钢热连轧精轧机组绝大部分都设置了活套装置，以其缓冲作用来吸收咬钢过程中形成的套量，缓解各种扰动对带钢张力带来的影响，并保持恒定的小张力控制，从这个意义上说，活套控制是实现热连轧的关键。

活套是一种带有自由辊的机构，这个自由辊在带钢穿带之后就会上升并高于轧制线，带钢的张力及活套的上升情况都是受连续监控的，当活套上升到预定的目标位置时，控制系统就要使机架间的张力达到其目标值，如果张力目标值是活套在别的位置处达到的，那就需要调节相邻机架的辊缝或者轧辊速度。图6-1为活套连轧示意图。

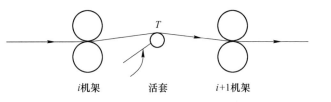

图6-1 活套连轧示意图

常用的活套有以下三种类型：
(1) 气缸驱动的气动活套。
(2) 电机驱动的电动活套。
(3) 液压缸驱动的液压活套。

气动活套的动力源为压缩空气，由于空气的可压缩性太大，气动活套的响应速度太慢，控制精度较差，不适用于板带轧机中，但结构简单，维护方便容易，气动活套在棒线材生产线中得到普遍应用。

电动活套的动力源为电机，在电机的尾轴上装有编码器，检测电机的转速及电机转子的位置，用于控制活套高度，通过检测电机负载转矩来控制板带张力。电动活套具有低惯量、响应快的特性优点，其结构简单、性能稳定、运行可靠、维护方便，是一种可靠的成熟技术。

液压活套的执行机构为液压缸，液压缸由伺服阀驱动，活套的旋转轴上装有角度编码器以检测活套角度，液压缸上面装有压力传感器，通过计算将压力值转换为机架间张力值，也可以在活套装置上安装张力检测仪表，直接检测机架间张力。液压活套与电动活套相比较，具有惯量小、动态响应快、成本低、稳态精度高等优点，追套能力和恒张性能显著提高，但液压活套在控制方面要比电动活套更加的复杂。

活套控制主要包括套量控制和恒张力控制。恒定的活套量和恒定的小张力轧制是现在带钢热连轧精轧机组的一个基本特点，由于主传动系统存在动态咬钢降速以及稳定轧制时存在的各种外部干扰，不能始终保持各机架之间的速度匹配关系。设置活套机构的第一个目的就是作为套量检测装置对机架间的活套量进行测量，并通过活套高度控制系统的调节保持套量恒定，保证连轧过程的稳定进行。第二个目的是作为执行机构进行带钢恒定小张力控制，以避免拉钢、堆钢现象，尽可能地减小各机架间和各功能之间通过带钢张力变化而产生的耦合和互相干扰。

6.2 张力控制原理

6.2.1 机架间带钢张力作用

机架间带钢恒张力控制是实现连轧的关键，张力的作用主要有以下几个方面：

（1）保证速度系统控制精度。对于某个机架而言，前张力可以使主电机负荷减小，后张力可以使主电机负荷增大。张力的不稳定会导致连轧机传动系统受到张力力矩的扰动，从而降低了传动系统的控制精度及动态响应能力，尤其当传动系统工作在低速段时表现更为明显。

（2）保证厚度系统控制精度。机架间张力的变化直接造成轧机出口厚度的变化。张力变大，厚度变薄；张力变小，厚度变厚。对于 F_i 机架，当下游机架 F_{i+1} 咬入并建立张力之后，需要对 F_i 机架辊缝进行修正，以补偿前张力建立后，对机架出口厚度的影响；当上游机架 F_{i-1} 抛出时，后张力消失，需要对 F_i 机架辊缝进行反向修正，以补偿后张力消失后，对机架出口厚度的影响。

（3）防止轧件跑偏。轧制带材时在张力作用下，若轧件出现不均匀延伸，则沿轧件宽度方向上的张力分布将会发生相应的变化，即延伸较大一侧的张力减小，而延伸较小的一侧张力增大，结果便自动地起到纠正跑偏的作用，这种纠偏作用是瞬时反应的，同步性好，无控制时滞。在控制过程中，张力反应迅速，有利于轧出更高精度的产品。就连轧机而言，张力轧制是防止轧件跑偏的有效方法。

（4）保证带材板形平直。所谓板形良好就是指板带钢的平直度好。轧制后的板带之所以会出现不良的板形，如边部浪皱、中间浪皱、宽度方向反弯、长度方向反弯等，其原因主要是纵向延伸不均，轧件中的残余应力超过了稳定所允许的压应力。当机架间采用小张力控制时，由于轧件的不均匀延伸会改变沿带材宽度方向上的张力分布，而这种改变后的张力分布反过来又会促进延伸的均匀化，使得板带沿宽度方向上的纵向变形趋于一致，故张力轧制有利于保证良好的板形。

（5）降低金属变形抗力和变形功。在张力的作用下，不仅使带材水平方向的压应力减小，而且也使垂直方向的压应力减小，因此使轧制压力减小，从而减小金属变形时所需要的功耗。

（6）能适当调节带钢的厚度。张力的变化引起轧制力的改变，轧机的弹跳也随之改变。在连轧过程中，可以用它来作为厚度的微调手段。

6.2.2 张力产生机理

在轧制过程中，轧件上之所以有张力产生，是因为在轧制方向上存在着速度差，使得轧件上不同处的金属有相对位移而产生张应力。

轧件上的平均单位张力 σ_{Tm} 乘于张力所作用的截面积 A 就是作用在轧件上的张力 T，如图 6-2 所示。

轧件张力表达式如下：

$$T = A\sigma_{Tm} \tag{6-1}$$

式中，T 为作用于截面 A 上的张力，N；A 为轧件截面积，mm^2；σ_{Tm} 为平均单位张力，Pa。

综述，轧件上产生张力的根本原因就是因为轧件发生了弹性应变，如图 6-3 所示。

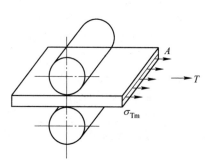

图 6-2 作用在轧件上的张力

现从轧机间轧件上取出任意两点 a 和 b 来分析，以此两点之间的距离作为标准距离，用 l_0 表示，a 点和 b 点的速度分别用 v_a 和 v_b 表示，并且有 $v_b > v_a$，轧件长度方向上的位移量为 Δl，轧件发生形变后 a、b 两点之间的距离用 l_1 表示，如图 6-4 所示。

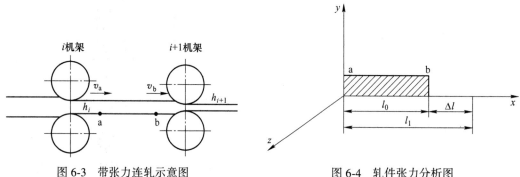

图 6-3 带张力连轧示意图

图 6-4 轧件张力分析图

轧件弹性应变（ε）可用下式表示：

$$\varepsilon = \frac{\Delta l}{l_0} \tag{6-2}$$

根据胡克定律，金属发生弹性变形时，应力 σ 与弹性应变 ε 成正比例关系，即：

$$\sigma = E\varepsilon \tag{6-3}$$

式中，E 为杨氏模量。

应力的产生及其大小取决于轧件在长度方向上的应变大小，即轧件上某两点的相对位移量。要使 a 与 b 之间产生相对位移，须使 a 点与 b 点之间存在着速度差，对式（6-3）求微分：

$$d\sigma = Ed\varepsilon = Ed\frac{\Delta l}{l_0} \tag{6-4}$$

$$d\sigma = \frac{E}{l_0}d\Delta l = \frac{E}{l_0}(v_b - v_a)\,dt \qquad (6\text{-}5)$$

所以，张应力 σ_{0T} 为：

$$\sigma_{0T} = \frac{E}{l_0}\int(v_b - v_a)\,dt \qquad (6\text{-}6)$$

因此，当 a 点与 b 点存在速度差时，作用于轧件上的张力值 T 表示为：

$$T = \frac{AE}{l_0}\int(v_b - v_a)\,dt \qquad (6\text{-}7)$$

式中，A 为轧件截面积。

式（6-7）表示张力与速度差积分的关系，为动态方程，它表明在任意时刻的速度差下，随着时间的推移，张力不断增大。轧件速度 v_a 与速度 v_b 并不是一成不变，在张力的作用下，两者迅速相互靠近，直到最后 v_a 与 v_b 达到相等。

从上述推导过程可以看出，轧件张力的大小与 v_a 与 v_b 本身大小无关，而与它们的差值大小相关，其本质是轧件不同点处速度差的历史积累。

6.3 张力控制系统组成

6.3.1 张力控制系统主要设备组成

热连轧精轧常见的张力控制系统一般由安装于各机架间的液压活套机械设备、液压阀台及管路、电气仪表及计算机控制系统等组成。

常见液压活套机械部分如图 6-5 所示。

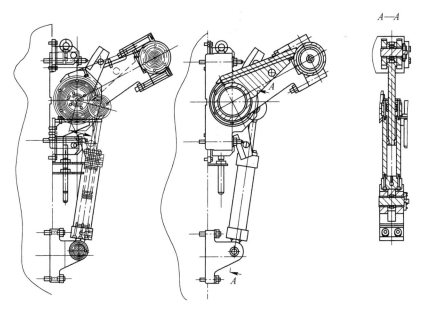

图 6-5 液压活套机械部分示意图

机械参数主要有：数量：$N - 1$ 个；活套辊表面硬度：600 ~ 750HV；摆动半径：750mm；最大摆动量：大约 60°；活套辊长度：1450mm；活套辊辊径：ϕ275mm；活套辊

摆臂半径：750mm；电气零位角：9°；最大工作角度：35°。

常见液压活套液压阀台原理如图 6-6 所示，为提高系统可靠性，配置两套伺服系统互为备份，或者液压缸大行程动作时的备用流量补充。

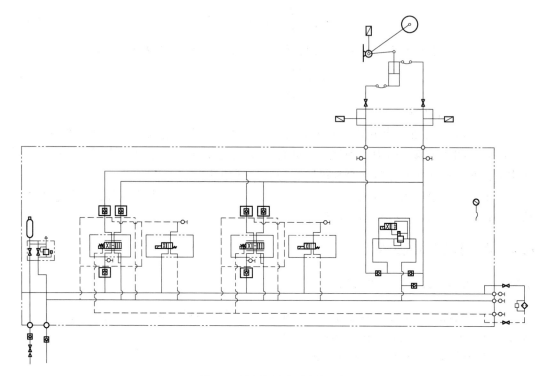

图 6-6　液压活套阀台原理图

液压设备参数：F1 活套液压缸：$\phi125/\phi80mm\times430mm$；F2～F3 活套液压缸：$\phi100/\phi70mm\times430mm$；F4～F7 活套液压缸：$\phi80/\phi56mm\times430mm$；工作压力：29MPa；伺服阀：2 个，D661_＊＊＊SX2HA（MOOG）；电磁阀：3 个，SS2P，其中 2 个伺服阀开关用，1 个事故快卸紧急下降用。

液压活套控制系统的主要检测仪表有活套角度编码器、带钢张力油压传感器、阀台控制油过滤器堵塞检测器。

活套编码器可以由油缸内置的磁尺替代，但安装不太方便，实际使用很少。张力检测部分国内先进轧机活套辊轴承配置有直接测张压头，但维护成本较高。

带钢张力检测传感器：油压传感器：2 个（杆腔、塞腔）；型号：HDA3840-A-＊＊＊HYDAC。

活套角度检测传感器：光电编码器：1 个；型号：ASC4K-12 带联轴器，HKI522-14/14 带中间法兰。

高端的液压活套控制器选择高性能多 CPU 控制器，操作系统具备等时实时运行能力，最小扫描周期小于 1ms。

主程序执行在速度活套特定的 CPU 中，现场 I/O 信号通过铺设信号电缆直接进柜内高速信号模板，并通过以太网、DP 模板及内存映象存取模板和其他控制区域通信实现活套功能的综合控制。快速 I/O 能力以及 CPU 的高速计算能力保证了活套液压控制系统的快速闭环响应能力。

6.3.2 张力控制系统的基本公式

理论上在轧制过程中，轧件上之所以有张力产生，是因为在轧制方向上存在着速度差，使得轧件上不同处的金属有相对位移而产生张应力。

$$T = \frac{AE}{l}\int(v_b - v_a)\,\mathrm{d}t \tag{6-8}$$

式中，A 为带钢断面截面积；E 为带钢杨氏弹性模量；l 为 a、b 两点的距离。

从轧制力矩和轧机功率模型的角度我们得出带钢张力的另外一种计算方法：

$$M_{机} = (M_p/i) + M_{摩} + M_{空} + M_{动} \tag{6-9}$$

$$M_{摩} = M_{摩1} + M_{摩2} \tag{6-10}$$

$$M_{摩1} = Pd\mu_1 \tag{6-11}$$

$$M_{摩2} = \left(\frac{1}{\eta} - 1\right)\frac{M_{轧} + M_{摩1}}{i} \tag{6-12}$$

$$M_{动} = \frac{GD^2}{375} \times \frac{\mathrm{d}n}{\mathrm{d}t} \tag{6-13}$$

式中，d 为辊颈直径；μ_1 为轧辊轴承中的摩擦系数；η 为传动效率；i 为传动比。

$$M_p = (P\ln\lambda + \delta_0 - \delta_1)\frac{F_1 D}{2}(1 + S) \tag{6-14}$$

式中，P 为不考虑张力影响时的接触压力；λ 为伸长率；δ_0 为后张力；δ_1 为前张力；F_1 为前断面面积；D 为轧辊直径；S 为前滑值。

轧制力矩的另一种算法：

$$M_p = Pl_c + (T_B - T_F)R \tag{6-15}$$

式中，P 为轧制力；l_c 为咬入点到轧辊中心线水平距离；T_B 为后张力；T_F 为前张力。

实际中：

$$T = \sigma Bh \tag{6-16}$$

$$M_T = T[\sin(\theta_{ref} + \beta) - \sin(\theta_{ref} - \alpha)]OC \tag{6-17}$$

式中，M_T 为活套张力矩；T 为带钢设定张力；σ 为带钢设定的张应力；B 为带钢宽度；h 为带钢厚度；θ_{ref} 为设定的活套工作角度；β 为后张角；α 为前张角；OC 为活套工作臂长。

反馈值：通过检测活套液压缸两侧油压得到的液压力矩计算得到实际带钢张力：

$$M_T = F_{Hydraulic}R_s\cos\gamma - M_s - M_l \tag{6-18}$$

式中，M_T 为带钢张力矩；$F_{Hydraulic}$ 为液压缸力；γ 为液压缸作用力的垂直方向与活套动力臂的夹角；M_s 为带钢自重力矩；M_l 为活套自重力矩。

$F_{Hydraulic}$ 可以由以下公式计算得到：

$$F_{Hydraulic} = P_O S_O - P_I \times (S_O - S_I) \tag{6-19}$$

式中，P_O 为无杆腔油压；P_I 为有杆腔油压；S_O 为无杆腔面积；S_I 为有杆腔面积。

6.3.3 张力控制传统 PI 控制器

PI 控制器是应用于工业控制现场最为普遍的方法之一，活套控制的恒定张力和恒定套量两大控制目标也可以由 PI 控制器来加以实现。

活套高度控制检测活套角度偏差通过对机架主传动施加一个速度调节量构成活套高度闭环控制，其主要控制结构如图 6-7 所示。

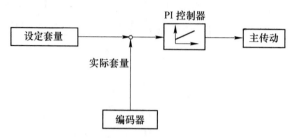

图 6-7　PI 型活套高度闭环控制器

活套张力控制检测液压活套油缸两腔压力对液压伺服阀施加一个控制电流构成液压活套张力闭环控制，其主要控制结构如图 6-8 所示。

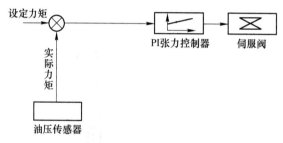

图 6-8　PI 型活套张力闭环控制器

从图 6-8 和图 6-9 可以看出，传统的 PI 活套控制方法将高度控制和张力控制作为两个独立的闭环系统来研究。

6.3.4　高频振荡检测及抑制控制器

高频振荡检测及抑制控制器作为液压活套张力闭环普通 PI 控制器相互串联的一个补偿控制器。

在极少的情况下，活套液压缸会产生自激振荡现象，为了减少自激振荡对设备和生产过程的破坏作用，在张力控制器前端串联一个依据所检测到的振荡频率对主 PI 控制器的控制参数进行衰减的非线性的控制器。

液压活套的比例增益受伺服阀本身阀口磨损状态影响很大，再加上电气零漂会造成相同的增益，这种情况会造成液压系统响应的不一致。这一点是无法避免的。

因此在调节张力闭环时，张力闭环比例增益较大，而从起套到建张的动态过程中，油压反馈又存在一定的滞后，很容易造成活套液压系统与 AGC 以及 MSC 进入高频振荡。

如图 6-9 所示，活套高频振荡抑制功能投入后对比，发现可以有效地检测并自动退出高频振荡状态。

6.3.5　张力控制非线性趋近控制器

传统的液压活套张力控制器如果简单地由 PI 控制器加以实现，其动态性能局限性较

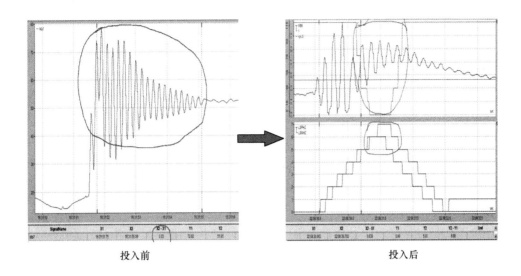

投入前　　　　　　　　　　　　　投入后

图 6-9　活套高频振荡抑制功能投入后对比

大，主要表现在，增益过大则超调振荡，过小则会由于张力响应不及时容易造成脱套事故。

因此为了加强液压活套张力闭环的快速响应能力，必须在传统 PI 控制器基础上并联一个新型的非线性的控制器。因其输入输出关系为 n 次高阶曲线特征，故将其命名为非线性趋近控制器，如图 6-10 所示。

$$dx = K_{PL}(\Delta M/M^*)^n \qquad (6-20)$$

式中，dx 为趋近控制器输出；K_{PL} 为增益；ΔM 为力矩偏差；M^* 为设定力矩。

为实现平滑的软接触，在原有的控制器上附加一个非线性增益的趋近控制器，它根据张力力矩设定值和实际值之间的偏差进行调节。在没有建立张力之前趋近控制处于开环控制阶

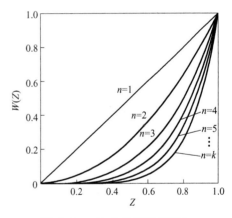

图 6-10　n 次曲线变增益特性

段，此时控制器的输出很大，叠加在力矩控制器输出之上，驱动液压伺服阀带动活套辊快速抬升活套；而在即将接触带钢的时候该控制器的输出迅速下降为 0 且被封锁，并转由力矩控制器控制活套建立张力。也就是说，趋近控制器只在活套上升阶段起作用，在正常工作点（达到设定张力时）仅力矩控制器工作。力矩控制器和趋近控制器并行工作后，两个控制器的输出叠加作为伺服阀的输入，既提高了趋近阶段活套辊抬起的速度，也实现了活套辊与带钢的软接触。

结合图 6-7 和图 6-8 描述的控制方法，最终的张力控制器结构如图 6-11 所示。

图 6-12 所示传统 PI 调节器的输出与趋近控制器的输出经过线性叠加最终成为张力控制器的输出，有效地解决了"软起套"难题。

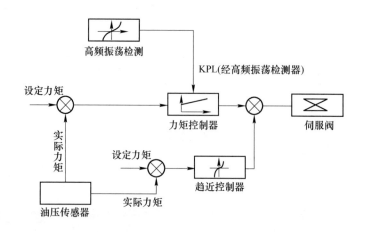

图 6-11 液压活套张力复合控制器结构示意图

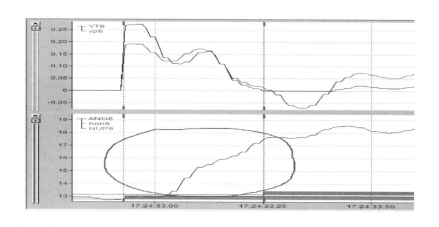

图 6-12 张力控制器复合控制器起套阶段的典型输出

6.3.6 位置速度力矩三环控制器

图 6-13 所示为典型的液压活套张力三环控制器结构，该控制器最大的特点是不论位置闭环还是张力闭环最终都由力矩控制器来实现，能够避免因为不同控制器的切换造成的扰动。

此外该控制器可以根据编码器反馈，控制液压活套在起套阶段和落套阶段的最大速度限幅，避免起落套速度过快对带钢或设备造成额外的冲击。

6.3.7 ILQ（逆线性二次型）控制器

图 6-14 所示为日本东芝三菱 GE 联合电气公司（TIMIEC）提出的液压活套高度、张力解耦 ILQ 控制器，该控制器最大的特点是最大限度地解决了张力闭环和高度闭环相互解耦控制难题。

图 6-15 为 ILQ 控制器的传递函数示意图。

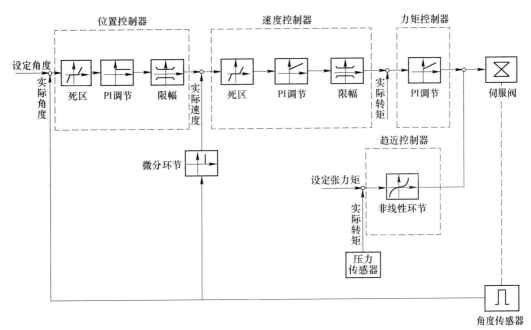

图 6-13 典型的三环控制器结构

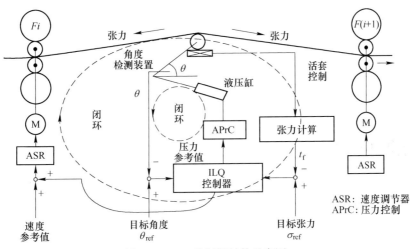

图 6-14 ILQ 控制器结构示意图

图 6-15 中：

$$K_{F1} = \frac{-L}{E(1+f)}; \quad K_{F2} = J; \quad K_{F3} = gJ\omega_H$$

$$K_{11} = \frac{L\omega_T}{E(1+f)}; \quad K_{21} = gJ\omega_T(\omega_H - \omega_T); \quad K_{22} = gJ\omega_H^2$$

式中，L 为机架间的距离；E 为轧件杨氏弹性模量；f 为上游机架的前滑率；J 为活套机械的转动惯量；g 为活套的传动比；ω_T、ω_H 分别为期望的张力、活套角度响应频率。

图 6-15 中，τ_R、τ_F 和 θ_R、θ_F 分别为设定单位张力、反馈单位张力和活套设定角度、反馈角度；τ_0，θ_0 分别为基准单位张力、活套角度；K_{S1}、K_T 分别为张力调节增益系数；

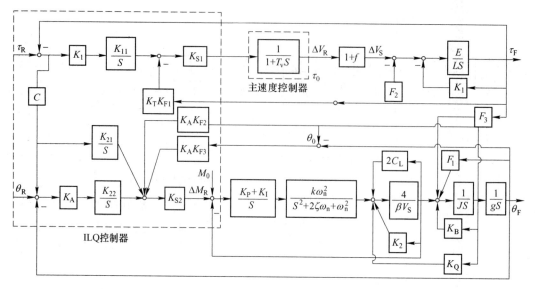

图 6-15 ILQ 控制器传递函数

K_{S2}、K_A 分别为角度调节增益系数；C 为活套角度和张力互作用补偿系数；ΔV_R、ΔV_S 分别为主速度和轧制速度修正量；T_v 为主速度系统时间常数；F_1、F_2、F_3 为活套高度与张力互作用参数；ΔM_R 为液压活套转矩修正量；M_0 为液压活套基准转矩；K_P、K_I 为液压伺服控制器的比例、积分常数；k、ξ、ω_n 为液压伺服阀参数；其他为液压活套机械的设备参数。

ILQ 的控制增益与控制对象自身的参数相关，是一种满足最优条件的极点配置方法。因此在进行 ILQ 控制器设计时，只要根据钢种和产品规格合理选择控制参数 ω_T、ω_H，然后精确调整增益系数 K_{S1}、K_{S2}（在此 K_T、K_A 一般取定值），就完全确定了控制器，并可获得满意的控制精度。

6.4 张力控制技术优化

近年随着热连轧项目的普及，精轧张力控制技术也在不断的优化升级中。其中包括了：控制算法优化、控制结构优化、工艺参数优化、硬件设计优化。以下将一一作出简介。

6.4.1 控制算法优化

张力控制器早期只是由一个基本的 PI 控制器组成，见图 6-16。

由于常规 PI 控制器的 P、I 参数一旦确定，无法实现在线自动整定，因此在实际使用过程中对于精轧张力控制任务无法较好地适应其非线性、时变的特性，经常出现超调、振荡等不良现象。另外随着现场机械、液压特性的改变，调试期间确定的控制参数在后期生产过

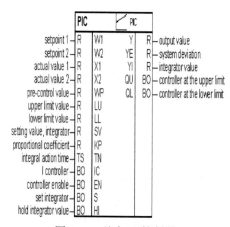

图 6-16 基本 PI 控制器

程中就显得不太适用。

针对上述问题，将原有的固定参数的张力 PI 控制器升级为可变参数 PI 控制器，即根据偏差大小在线整定比例、积分参数。可变参数控制器在某种程度上类似于模糊 PI 控制器，即根据输入对象所属隶属度的不同自动选择相应的控制器参数，使用过程中有效地克服了普通 PI 控制器的线性输出的缺陷。但由于此控制器需要整定的参数繁多，对于调试及维护人员的工作量要求较大，因此也无法取得优良的控制效果。

我们发现了一种简单有效的算法能够解决建立张力初期所要求的"软接触"的问题。这种算法我们称之为非线性趋近控制器。其原理为对偏差与输入的比值的高次线性函数（$n = 1, 2, 3, \cdots$），相应的曲线就是一个非线性曲线，控制器的典型特性曲线参见图 6-10。

非线性趋近张力控制器的核心思想就是大偏差大输出，小偏差零输出退化为传统 PI 控制器。另外，在铝的冷连轧或热连轧以及带钢冷连轧系统中，由于张力辊工作时其高度不可调节，只能通过调节上游机架速度控制张力。精轧张力控制器也可以根据趋近控制的思想加以实现。

活套的落套过程对于带钢尾部是否能够顺利离开精轧机组、带钢尾部板形是否良好具有至关重要的作用。活套以往常规的落套方式是在上游机架抛出之前进入小套工作模式，即活套设定角度较正常设定低 4°~6°，作用是防止上游机架抛钢甩尾。缺陷也很明显，降低活套设定角度的途径为上游机架减速，但这样不可避免地造成尾部宽度拉窄。针对上述优缺点我们开发了提前落套的控制算法，上游机架抛钢后开始跟踪带钢尾部坐标，到达一定长度后即落套，时间点控制在上游机架抛出之前，效果如图 6-17 所示。

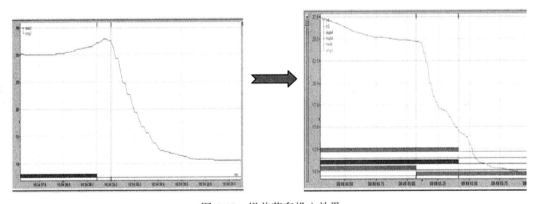

图 6-17　提前落套投入效果

由于液压活套的执行机构为伺服阀，在长期使用过程中会出现阀口磨损等不可逆的损耗，这样在张力环工作的建张初期会出现张力振荡现象，而更换新伺服阀的成本太高。通过检测振荡频率的大小去适当地衰减张力环的比例参数，能够使振荡期过渡到稳态期的时间大为缩短。优化的控制效果如图 6-18 所示。

6.4.2　控制结构优化

软件程序的结构在某种程度上反映了开发团队的编程水平，一个好的程序在结构上必然具备可读性强、易于扩展、便于移植等特点。

前期的张力控制程序是按照功能划分的，见图 6-19。

上述程序结构在程序解读、扩展和移植方面均不尽如人意。通过改进，目前的张力控制程序通过设备划分，便于移植扩展，见图 6-20。

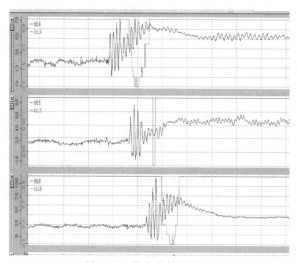

图 6-18　优化的控制效果

```
LPC_MASTER_0_INIT
LPC_MASTER_0_INPUT
LPC_MASTER_1_UV
LPC_MASTER_2_MODE
LPC_MASTER_3_LOGIC
LPC_MASTER_4_AUT
LPC_MASTER_4_LSTRIP
LPC_MASTER_4_MAN
LPC_MASTER_4_SAFE
LPC_MASTER_4_TEST
LPC_MASTER_5_OUTPUT
```

```
LPC_MASTER_LP1
LPC_MASTER_LP2
LPC_MASTER_LP3
LPC_MASTER_LP4
LPC_MASTER_LP5
LPC_MASTER_LP6
LPC_MASTER_LP7
```

图 6-19　原张力控制程序结构　　　　　图 6-20　现有张力控制程序结构

深入到软件程序中，活套的张力控制是始于位置控制开始的，即起套初期工作在位置环，待活套高度起到设定角度时，张力控制器才投入工作。位置环起套易超调大，过渡时间长。从位置环起套我们改进为张力环直接起套，判断建张后投入位置环。张力环直接起套的优点是张力超调小，其中的"软接触"算法可以使得活套快速平稳地接触带钢。

6.4.3　工艺参数优化

对于活套高度闭环工作特性，我们针对在不同角度下的不同套量绘制了如下曲线，见图 6-21。

通过图 6-21 可以看到，角度与套量之间并不是线性的，尤其是在低角度区域非线性

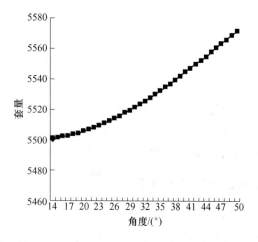

图 6-21　角度与套量关系

尤为明显，进入了极度不敏感区域。对于低角度区域角度与套量之间的对应斜率见表6-1。

表 6-1 角度与套量间的对应斜率

序号	角度 A/(°)	角度 B/(°)	套量角度斜率
1	13	20	0.674285714
2	20	27	1.447142857
3	27	34	2.028571429
4	35	50	2.604666667

表 6-1 中套量在不同角度对应的斜率变化说明，我们在工艺参数方面优化时应当考虑避免活套工作角度设定在 20°以下，因为套量与角度关系在 20°以下非线性是最严重的。另外也要考虑避免活套工作角度设定在 30°以上，虽然线性关系好，但失张或板形差时容易堆钢。建议活套工作角度设定在 28°附近，此工艺制度已经在很多现场开始使用。

对于带材张应力的设定：带材冷轧时的张应力设定范围为 $(0.05 \sim 0.4)q_S$（q_S 为带材屈服应力），其下限值 $0.05q_S$ 对热连轧来说应该是适用的。一般 L2 级会根据带材本身屈服应力 q_S，选择 $(0.05 \sim 0.2)q_S$。

对于不锈钢、铝材等在穿带阶段和升速完成阶段存在明显温度变化的，可增加轧制过程中的变张力控制功能，对宽度拉窄有改善作用。变张应力设定需要根据材料屈服应力与温度的对应曲线来优化张力温度系数。

6.4.4 硬件设计优化

在我们做电气硬件设计时，往往与精轧机组主传动装置的通信设计成一条网络，网络速率为 1.5m/s，这种设计硬件成本低，但是通信存在 100ms 以上的延时，滞后较大，影响系统性能。

因此可以针对每一个传动装置独立配置一个 DP 网实现的通信使用光纤通信，网络速率为 12m/s。如此通信滞后小于 20ms，但缺点是硬件成本高。

此外，设备厂家在做机械硬件设计时通常采用油压传感器反馈压力方式来换算活套力矩，但是油压传感器检测点一般在活套阀台上，距离油缸较远，油压反馈存在明显滞后；当然如果能够将油压传感器检测点安装在距离油缸较近的管路上，甚至直接安装在活套液压缸上，将缩小这种滞后，但缺点是增加了维护难度。

近年出现了在活套辊上直接安装测压头来直接测量带钢张力，这种方式无滞后，排除了带钢张力之外的其余力矩因素（活套自重、带钢自重、带钢弯曲力矩等）的影响。但是其维护难度大，在热轧现场的高温特点下仪表维护量和维护成本高。

对于活套本身机械结构和油缸尺寸的设计，一般厂家提供的所有活套的设计全部一致。虽然这样从购置备品备件角度来说的确非常方便，但也恰恰暴露了设计方面的不完美。根据经验，热连轧精轧机从上游机架到下游机架带钢厚度逐步减小，即使带钢张应力工艺设定值逐步增加，相同的结构和尺寸相应折算到活套液压缸上需要的设定液压力必然逐步减小，导致上下游机架的液压力工作点相差迥异。

普通活套液压缸能够提供 0~200kN 作用力，不论从液压缸使用寿命还是从线性特性来说，理想的液压缸工作点设置在 90~110kN 是最为合理的。然而若活套机械结构和液压缸尺寸完全一致，将导致下游机架的液压缸工作点一般在极限低位（30~40kN）。显而易见，这会导致活套张力闭环的阻尼系数变得过小，性能变差，影响稳态精度和动态跟随性能。因此有必要通过改变活套本身机械结构和油缸尺寸，使得不论上游还是下游轧机的活套液压缸都尽可能地工作在线性度更好的负载能力范围内。

参 考 文 献

[1] 谢捷，王喆. 宝钢第三热轧线液压活套控制方式实现 [J]. 可编程控制器与工厂自动化，2008（2）：85~91.

[2] 李腾飞，吴怀宇，王刚强，等. 液压活套非线性趋近控制器动态特性分析 [J]. 武汉科技大学学报（自然科学版），2006，29（3）：259~262.

[3] 王建国. 热连轧机组活套装置液压伺服控制系统设计研究 [D]. 重庆：重庆大学，2008.

[4] 童朝南，武延坤，宗胜悦，等. 热连轧中液压活套系统数学模型的研究 [J]. 系统仿真学报，2008，20（6）：1381~1385.

[5] 赵德琦，宗胜悦，张飞. 液压活套高频振荡检测及抑制方法 [J]. 机床与液压，2015，43（15）：94-97.

[6] 刘小光. 液压活套在梅钢的应用研究 [D]. 沈阳：东北大学，2007.

7 厚度与宽度控制

7.1 自动位置控制 (APC)

在指定时刻将被控对象的位置自动地控制到预先给定的目标值上，使控制后的位置与目标位置之差保持在允许的偏差范围内，此过程称为自动位置控制，简称 APC。APC 一般由被控对象 (例如轧机压下机构)、位置检测环节、控制器、速度控制装置、执行机构 (液压装置或电动机) 等构成位置闭环控制系统。

在轧制过程中 APC 占有极为重要的地位，如炉前钢坯定位、推钢机行程控制、出钢机行程控制、立辊开口度设定、侧导板开口度设定、压下位置设定、轧辊速度设定、夹送辊辊缝设定、助卷辊辊缝设定等都由 APC 系统来完成。

7.1.1 APC 的组成和机构

由于轧机压下的 APC 系统无论从响应速度还是控制精度上来说，都是要求最高的，所以此处以压下 APC 系统为例说明。压下 APC 系统是轧制过程厚度控制的主要执行机构，从轧制力的来源上分为全电动、全液压、电动+液压三种；从轧制力的方向上 APC 分为压下、压上两种。由于压上方式环境恶劣，且安装空间有限，电动 APC 一般不采用压上方式；而液压缸形状规则、体积较小，且其本身是液控而非电控 (电控的伺服阀可以安装在离液压缸较远的合适位置)，潮湿的环境对其影响可以忽略，所以压上方式一般都被液压系统所采用。

电动压下系统是由直流电机通过齿轮、蜗杆减速机构带动压下螺丝构成的，压下动作缓慢，压下加速度与轧制力有很大关系，同时，频繁往复的压下动作也会加大机械部件的磨损，其优点是压下行程较大；液压压下系统是由伺服机构通过机械油路带动活塞完成压下动作，具有快速、准确的特点，并且与轧制压力关系较小，但对于采用的"电动+液压"形式的液压微调系统，一般活塞的行程都较短。20 世纪 80 年代以前建成的轧机大都采用全电动压下方式，80 年代以后新建的热连轧机一般采用全液压压下方式，大部分中板轧机和改造的热连轧机采

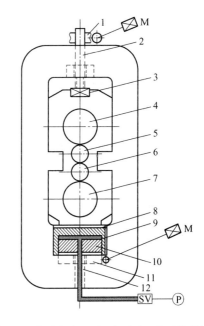

图 7-1 采用电动压下+液压压上装置的轧机

1, 11—蜗轮蜗杆减速机；2—压下螺丝；
3—测压压头；4—上支撑辊；5—上工作辊；
6—下工作辊；7—下支撑辊；8—滑板；
9—液压缸；10—柱塞；12—压上螺丝；
M—电机；SV—伺服阀；P—液压泵

用了"电动+液压"形式。图 7-1 为采用电动压下+液压压上装置的轧机示意图。

　　液压压下和液压压上的区别在于液压缸的安装位置不同。液压压下系统的液压缸安装在上支撑辊上方，作用于上辊系；液压压上系统的液压缸安装在下支撑辊下方，作用于下辊系。相对而言，压下液压缸工作环境比较干净，检修方便，液压缸动作对轧制标高没有影响，管路长；而压上液压缸工作环境比较恶劣，检修麻烦，液压缸动作对轧制标高有影响，管路短。目前，欧美的轧机一般采用压下方式，日本的多采用压上方式。

7.1.2　电动 APC

　　电动 APC 被控对象位置的改变是通过电动机来实现的，而电动机的速度控制一般是按照梯形速度图进行的。在不同的使用情况下所需要的速度图会有所不同。图 7-2 和图 7-3 是两种最常用的速度图。图 7-2 中的加减速过程分别采用最大的角加速度和角减速度，则能保证动作时间最省，但容易出现超调；图 7-3 中加减速阶段的角速度根据需要采用不同的函数形式，如指数函数、正弦函数等，也可以采用多种函数的组合，使得加速时角加速度较小并逐渐加大，减速时角加速度绝对值由大逐渐变小，以避免冲击。两种速度曲线下的面积都应该等于所要求的角位移量。

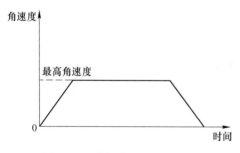

图 7-2　用等加减速时的速度图

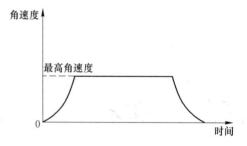

图 7-3　按特殊函数曲线加减速时的速度图

　　从轧钢生产可知，由电动机驱动的被控对象，一般都要经过减速齿轮传动，因而不可避免会有齿隙，使电动机的转角不能很精确地与被控对象的实际位置相对应。此外，由于被控对象机械结构和现有条件的限制，位置检测环节也往往不是直接的与被控对象相连接，而是通过齿轮箱与被控对象相连，这些齿隙也会使检测结果不能精确反映被控对象的实际位置。因此，许多采用电机控制位置的回路中，位置目标设定时必须保证设备按单方向前进，以消除间隙对设定精度的影响。进行单方向设定的动作过程，如图 7-4 所示，假若规定每次都是以压下为基准，从图中可以看出，从 A 点下压到位置设定值（即目标值）不需要特殊处理；当有间隙值时，要从

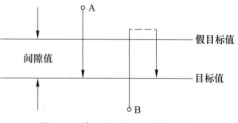

图 7-4　单方向设定的动作过程

A—采样值大于目标值；B—采样值小于目标值

B 点往上抬到超过位置设定值（即目标值）到假目标值的位置，然后往下压到目标值位置上。

　　为了准确地对轧制设备进行位置控制，一般对电动 APC 有以下几点要求：

（1）电动机转矩不得超过电动机和机械系统的最大允许转矩。

（2）定位动作必须在轧机负载继电器释放的情况下才允许动作。

（3）在控制过程中不应产生超调现象，并且系统稳定。

（4）由于计算机是通过软件进行控制的，所以还要求控制算法简单。

为了满足上述要求，必须按最佳控制曲线来进行控制。

7.1.3 液压 APC

轧机液压压下装置，主要由执行机构——压下油缸、动力源——液压泵站及其伺服阀台、电控装置及各种检测装置组成。轧机液压压下系统是机、电、液综合系统，由于采用电液伺服技术，液压压下动态响应速度得以大幅度提高，厚度控制所需的时间大大缩短。正由于液压压下具有快速响应的特点，所以它在厚度控制过程中对提高成品带钢的精度具有重要的现实意义。同时，由于液压压下系统实现轧机刚度的动态调节，这样不仅可以做到在轧制过程中的实际辊缝值固定不变，即"恒辊缝控制"，从而保证了实际轧制厚度不变，并且还可以根据生产实际情况的变化，相应地控制轧机刚度来获得所要求的轧出厚度。

液压伺服控制的基本原理就是液压流体动力的反馈控制，即利用反馈连接得到偏差信号去控制液压能源输入到系统的能量，使系统向着减小偏差的方向变化，从而使系统的实际输出与希望值相符。在液压伺服控制系统中，输出量能够自动、快速而准确地复现输入量的变化规律，同时还对输入信号进行功率放大，因此也是一个功率放大器。

液压系统在运动方向发生变化时，其特性是不对称的，特别是速度特性，往复运动时差异很大，且动态特性也变化较大。由于活塞内缩和外伸方向运动时的活塞移动速度与液压缸油压的关系曲线呈蝴蝶状，因此有人称之为蝶形曲线，伺服阀的这一特性也被称作蝶形特性。由于此特性的存在，在没有增益自适应的情况下，液压 APC 的动态性能不能保持一定，它将随着液压缸缸内压力与供油压力之间的压力差及液压缸运动方向的变化而变化。为了使液压位置控制系统在有效工作范围内成为稳定的线性系统，液压缸活塞外伸、内缩方向运动的运动速度相同，必须对系统进行自适应补偿。补偿系数为：

$$k_1 = \sqrt{\frac{p_s}{2p_1}} \tag{7-1}$$

$$k_2 = \sqrt{\frac{p_s}{2(p_s - p_1)}} \tag{7-2}$$

式中，k_1 为活塞缩回时的补偿系数；k_2 为活塞伸出时的补偿系数；p_1 为无杆腔油压；p_s 为供油压力。

此外，由于每架轧机有两个液压缸分别控制两侧辊缝，而且两个液压缸是各自独立闭环的，因此涉及两侧辊缝同步控制的问题。两侧压下系统动态特性的不一致，会导致带材横向厚差调节的不均匀，直接影响到带材的板形质量，如高速轧制时，两侧压下系统特性的不一致，带材会产生单边浪，严重时会导致带材跑偏、断带等事故。

轧机两侧压下系统动态特性的不一致性主要有：

（1）液压系统及其他部件特性的离散性。

（2）安装位置的不同及安装质量和工作条件存在差异等。

（3）轧机两侧压下系统的负荷也存在差异。

（4）一侧有传动设备相连，另一侧没有。

针对该问题研究有多种方法，通过采用变参数控制实现两侧同步，但最为常用且不易产生振荡的方法，则是让一侧液压缸保持原有的速度动作，另一侧液压缸根据辊缝偏差去追赶它的目标位置。

7.2　辊缝零位标定

7.2.1　轧机压下零位标定

轧机辊缝零位标定也称为轧辊压靠，主要是用于确定实际辊缝和对辊缝进行校准。每次换辊后要进行轧辊的压靠，由操作工在 HMI 上进行相应的操作。

自动压靠是轧机辊缝的零点校准过程，在轧辊压靠过程中，APC 工作在轧制力控制模式进行轧机辊缝的校准，通过液压缸和压下螺丝的运动进行轧机辊缝的闭合。这时辊缝设为在给定轧制力情况下的一个给定值，同时将标定后的轧机辊缝值（因为机械原因，不是一个绝对的零值）和相应的轧制压力、机架平衡参数、支撑辊的偏心值、主传动的速度曲线、冷却系统的相关值等都记录下来并传送到过程计算机中，作为轧机机架的基准状态，在以后的轧制辊缝控制中，以这个零点为基准，精确进行轧制辊缝的控制，以达到满意的厚度控制。

为了更好地表述，我们假定辊缝朝变小的方向变化时各位置反馈变小（如果不变小则在数据处理的时候取反即可），并以下标 E、H 分别表示电动、液压，以下标 W、D 分别表示操作侧、传动侧。记电动 APC 操作侧、传动侧位置反馈实时值分别为 S_{EWR}、S_{EDR}，液压 APC 操作侧、传动侧位置反馈实时值分别为 S_{HWR}、S_{HDR}，而零位标定完成以后的电动零位记为 S_{EW0}、S_{ED0}，液压零位记为 S_{HW0}、S_{HD0}，零位标定完成以后的电动辊缝记为 S_{EW}、S_{ED}，液压辊缝记为 S_{HW}、S_{HD}，可以得出零位标定完成以后的操作侧辊缝 S_W、传动侧辊缝 S_D 分别为：

$$S_W = S_{EW} + S_{HW} = (S_{EWR} - S_{EW0}) + (S_{HWR} - S_{HW0})$$
$$S_D = S_{ED} + S_{HD} = (S_{EDR} - S_{ED0}) + (S_{HDR} - S_{HD0})$$

对上面两式而言，如果是纯电动 APC 或纯液压 APC，则只需要考虑电动辊缝或液压辊缝即可。

对纯电动的压下而言，一般采用压铜板（或者其他较软材质的金属）的方法，通过测量两侧铜板的厚度来得知两侧辊缝，根据两侧辊缝偏差进行调平，进而计算得出零位的具体位置。假定压到预压靠力 P_0 的时候，位置反馈分别为 S_{EW1}、S_{ED1}，而此时的操作侧、传动侧的铜板厚度分别为 h_{W1}、h_{D1}，则零位 $S_{EW0} = S_{EW1} - h_{W1}$，$S_{ED0} = S_{ED1} - h_{D1}$。

对纯液压的压下而言，压靠过程开始后，两侧液压缸分别以位置环形式分别下压，当一侧达到接触压力后，即保持该位置不变，待另一侧也达到接触压力后，轧辊以较低速度旋转，两侧液压缸切换到压力环，并逐渐增大设定压力到预压靠力 P_0，在设定压力为预压靠力 P_0 的情况下，保证轧辊旋转两圈以上，并将此时两侧的位置值分别累加，如果此时两侧轧制力波动在允许范围内，则可以通过位置累加值求出两侧位置平均值 S_{HW1}、

S_{HD1}，把此位置作为两侧辊缝的零位，即 $S_{HW0} = S_{HW1}$，$S_{HD0} = S_{HD1}$。同时，可以利用压力环时轧制力从接触压力到预压靠力 P_0 的过程，把两侧轧机刚度计算出来，此时计算的刚度是全辊面接触时的刚度，该刚度比轧制时的刚度要大。

对于电动+液压形式的 APC，尤其是电动压下+液压压上形式的 APC 而言，其压靠过程就显得更为复杂，因为这种形式的辊缝是由电动辊缝和液压辊缝共同组成的，压上缸零位的改变，会影响到轧制标高。因为零位标定过程是在轧制标高确定以后进行的，而轧制标高的确定是跟压上液压缸活塞位置相对应的，所以零调完成以后，最好使液压压上对应的零位不变，而仅调整电动压下的零位。详细过程是：零调开始时，记住标高确定时两侧液压缸活塞位置反馈 S_{HW1}、S_{HD1}，此时两侧液压缸采用位置环形式。电动压下的离合器打开、抱闸打开，电动压下逐渐往下动作，直到达到接触压力，当一侧达到接触压力后，即保持该位置不变，待另一侧也达到接触压力后，离合器合上，抱闸合上，记住此时两侧电动 APC 的位置反馈 S_{EW1}、S_{HE1}，同时轧辊以较低速度旋转，两侧液压缸切换到压力环，并逐渐增大设定压力到预压靠力 P_0，在设定压力为预压靠力 P_0 的情况下，保证轧辊旋转两圈以上，并将此时两侧的位置值分别累加，如果此时两侧轧制力波动在允许范围内，则可以通过位置累加值求出两侧位置反馈平均值 S_{HW2}、S_{HD2}。电动压下的零位为 $S_{EW0} = S_{EW1} + S_{HW2} - S_{HW1}$，$S_{ED0} = S_{ED1} + S_{HD2} - S_{HD1}$；液压压上的零位为 $S_{HW0} = S_{HW1}$，$S_{HD0} = S_{HD1}$。压靠完成辊缝打开后，需将电动压下离合器打开、抱闸打开，然后根据电动零位进行调平。

7.2.2 立辊零位标定

立辊零位一般通过测量到轧线中心面的距离来进行标定。

为了更好地表述，我们假定辊缝朝变小的方向变化时各位置反馈变小（如果不变小则在数据处理的时候取反即可），并以下标 U、B 分别表示上部、下部，以下标 W、D 分别表示操作侧、传动侧。记立辊上部 APC 操作侧、传动侧位置反馈实时值分别为 S_{UWR}、S_{UDR}，立辊下部 APC 操作侧、传动侧位置反馈实时值分别为 S_{BWR}、S_{BDR}，而零位标定完成以后的上部零位记为 S_{UW0}、S_{UD0}，下部零位记为 S_{BW0}、S_{BD0}，零位标定完成以后的上部辊缝记为 S_{UW}、S_{UD}，下部辊缝记为 S_{BW}、S_{BD}，因为立辊要求 4 个辊缝都分别进行闭环控制，因此 4 个辊缝反馈分别为：

$$\begin{cases} S_{UW} = S_{UWR} - S_{UW0} \\ S_{UD} = S_{UDR} - S_{UD0} \\ S_{BW} = S_{BWR} - S_{BW0} \\ S_{BD} = S_{BDR} - S_{BD0} \end{cases} \tag{7-3}$$

假定在零位标定时，测量得出 4 个液压缸对应的立辊辊面到轧线中心面的距离分别为 P_{UW1}、P_{UD1}、P_{BW1}、P_{BD1}，而此时 4 个液压缸的位置反馈分别为 S_{UW1}、S_{UD1}、S_{BW1}、S_{BD1}，则可以得出 $S_{UW0} = S_{UW1} - P_{UW1}$，$S_{UD0} = S_{UD1} - P_{UD1}$，$S_{BW0} = S_{BW1} - P_{BW1}$，$S_{BD0} = S_{BD1} - P_{BD1}$。

7.3 厚度与宽度波动的原因

7.3.1 厚度波动的原因

热轧带钢厚度精度一直是提高产品质量的主要目标。正因如此，厚度设定模型及自动厚度控制（AGC）曾是热轧带钢自动化首先实现的功能。模拟 AGC 系统在计算机控制应用之前已经开始发展，而冶金工业第一套计算机控制系统（1960 年）即用于热连轧精轧机组的厚度设定。

热轧厚度精度可分为：一批同规格带钢的厚度异板差和每一条带钢的厚度同板差。为此可将厚度精度分解为带钢头部厚度命中率和带钢全长厚度偏差。

头部厚度命中率决定于厚度设定模型的精度，当一批同规格带钢在进入精轧机组前由于粗轧轧出的坯料厚度、宽度，特别是带坯温度有所不同时，厚度设定模型为每一根带坯计算各机架辊缝（速度），保证轧出的每一条带钢头部厚度与要求的成品厚度之差不超出允许精度范围。

带钢全长厚差则需由 AGC 根据头部厚度（相对 AGC 采用头部锁定）或根据设定的厚度（绝对 AGC）使全长各点厚度与锁定值或设定值之差小于允许范围，应该说头部精度对设定 AGC 工作有明显影响。

造成热带厚差的主要原因是温度波动。仔细分析同一批规格的产品，其厚度变化如图7-5 所示。

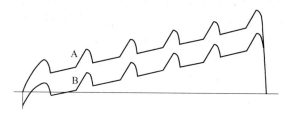

图 7-5 厚度变化示意图

（1）头部厚差，是同一批料的厚度头部命中率（曲线 A 和曲线 B 之差）。影响头部命中率的因素为。

1）模型设定精度不高（主要是温降模型和轧制力模型的精度）。

2）带坯在厚度方向存在温度差，所测表面温度与带坯实际平均温度有差异。

3）带坯头部低温段（黑头）过长。

为此需要提高设定模型精度，加强模型自学习及采用穿带自适应，即当带钢咬入 F1、F2 后根据实测轧制力及辊缝值推算出带坯实际的硬度（变形阻力）后，以此修正后续机架辊缝，使带坯头尾厚度发生变化。

（2）同板厚差（带坯纵向厚差），主要是头尾参数变动（如温度）使轧制力发生变化，从而在辊缝不变的情况下使带钢头尾厚度发生变化。影响带钢全长厚度偏差的因素可分为两类：

1）带钢本身工艺参数波动造成，这包括来料头尾温度不匀、水印、来料厚度不匀以及化学成分偏析等。

2）由轧机参数变动造成，这包括支撑辊偏心、轧辊热膨胀、轧辊磨损以及油膜轴承上的油膜厚度变化等。

轧机参数变动将使辊缝发生周期变动（偏心）及零位漂移（热膨胀等）。这将在辊缝不调整情况下使轧件厚度发生周期波动或缓慢变化。

自动厚度控制系统用来克服带钢工艺参数波动对厚差的影响，并对轧机参数的变动给予补偿。

从厚差分布特征来看，产生厚差的原因有以下几种：

（1）头尾温差，这主要是由于粗轧末机架出口速度一般比精轧机组入口速度要高，因而造成了带钢头部和尾部在空气中停留时间不同。

（2）加热炉内导轨在钢坯表面造成的低温段称为水印，由于此段温度变化率大，厚度变动比较剧烈。一般反馈控制由于有时间滞后，对这种厚差的调整效果较差。采用液压压下可大大减小滞后，对电动压下如采用预控方式，这种厚差亦可大为减小。

（3）活套起套过猛，对带钢产生冲击，使颈部厚度变薄。为此，需采用活套起套"软着陆"技术。活套张力过大，当轧件尾部离开各机架时张力消失，使轧制力发生突增，造成台阶性厚差，一般采用"压尾"或"拉尾"的办法来改善。

（4）咬钢时由于速度设定不谐调加上动态速降造成钢套过大，起套并投入高度控制后，由于纠偏过快造成带钢拉钢，这一松一紧使厚度减薄，宽度拉窄。

（5）温度随机波动造成轧制力以及厚度波动。

（6）现代带钢热连轧机都采用低速咬钢，待带钢进入卷取机后再同步加速至高速的办法进行轧制。在轧辊转速变动较大时，将使油膜轴承的油膜厚度发生变化而使实际辊缝变小，影响轧件厚度。为此，现代厚度控制系统都具有油膜厚度补偿功能。

（7）轧辊偏心（椭圆度）将直接使实际辊缝产生高频周期变化。过去，热连轧精轧机组调厚精度尚未达到如此高的水平，因此一般采用死区（不灵敏区）来避免压下系统受此高频干扰的影响。近代热连轧机组由于全部采用液压压下，为了进一步提高精度，已开始大力研究热连轧偏心控制。

消除同板厚差的主要办法是采用自动厚度控制（AGC）系统。AGC系统工作的效果与辊缝及速度设定正确性有关。如果辊缝及速度设定不当，则AGC系统不仅要承担消除同板厚差的任务，还要承担消除板厚偏差的任务。这样将使AGC系统任务过重，往往由于设备能力的限制，而不得不被迫中途停止工作。为此，有些系统采用以带钢头部厚度作为控制其后面厚度的标准。这是当头部厚度不准确时一般采用的方法。因此，区分这两种偏差，力争减少头部板厚偏差，同时不断改进AGC系统的功能，是提高板卷厚度精度和厚度均匀性的主要措施。

AGC系统从厚度偏差出发前馈及反馈控制厚度，但从计算分析可知，当粗轧轧出的带坯厚度存在3%的台阶时成品厚差仅$10\sim20\mu m$（不投入AGC时），这是由于随着带坯厚度被压缩的同时厚度偏差亦被"压缩"减少，带钢热连轧具有"自然削减来料厚差"的能力。

但温度波动不同，当温度较低的那一段钢进入每一个机架时都将使轧制力加大而产生新的厚差，即温度波动对厚度影响具有"重复发生"的性质。当来料带坯某一段具有3%的温度变动时将使成品产生$80\mu m$以上的厚差（不投入AGC时），因此近年来AGC技术将以温度（硬度）波动为依据来控制厚度。

厚度控制主要通过调节压下来实现，20世纪80年代中期之前带钢热连轧由压下电机通过齿轮及蜗轮副减速带动压下螺丝来调节辊缝。由于调厚时压下电机总处于过渡过程，设计电动压下系统时应合理选择压下电机功率、转动惯量、减速比和压下螺丝的螺距，以使压下系统具有较大的加速度（$a>2mm/s^2$）。

20世纪80年代中期采用液压压下，使压下系统的动态响应提高了近10倍，因而进一步提高了厚度精度。已投产的热连轧机为了提高厚度精度大部分在后几个机架增设液压微调缸，采用电动压下加液压缸的形式。辊缝设定采用电动压下，而调厚用液压缸。

压下调厚时将使轧制力及前（后）滑发生变化，因而将影响出口带钢凸度，进而影响板形，需用弯辊力加以补偿。前后滑变动使活套摆动造成机架间瞬间张力波动，反过来影响调厚效果。采用液压压下后，由于压下速度提高，更要求主传动及活套具有较高的响应性。

综上所述，为了提高带钢厚度精度，需要在过程控制（二级）及基础自动化（一级）设置一批功能，并需统筹考虑压下、活套、主速度系统及弯辊系统的静动特性。

7.3.2　宽度波动的原因

宽度精度与厚度精度、板凸度、平直度共同构成带钢的外形质量，其中宽度精度是带钢产品外形质量的一个重要指标。精确的宽度可以提高热轧薄板及其后步工序的成材率，既可避免由于过宽造成切边过多，又可减少由于过窄给后步工序带来的生产安排混乱。宽度控制的目的就是针对侧压与水平轧制变形的特点和工艺参数对宽度变形的影响因素，采用模型控制等技术，使成品卷沿全长宽度公差达到允许范围之内。

轧制过程中轧件的宽展有三种类型：自由宽展、限制宽展、强迫宽展，热轧板带生产中轧件的宽展属于自由宽展类型，变形金属的流动阻力只有来自轧辊的摩擦阻力，因此，凡是影响轧辊摩擦阻力分布的因素都对带材的宽展造成一定影响。带材经轧制后的最终宽度虽然受很多因素影响，但生产中宽度控制主要是依靠控制模型来实现，宽展预测模型是宽度自动控制技术的核心，该预测模型是否精确直接影响到宽度控制的效果。目前大部分国内生产线上采用的宽展预测模型都是国外技术公司配套开发的，这些模型的一个显著特点就是影响因素涵盖不全，一般仅考虑了带材厚度、宽度、摩擦状态三种因素对宽展的影响，因此在实际控制中存在命中率不高的现象，为了提高宽度控制精度，需要细致了解影响宽展的因素。

（1）温度对宽展的影响。温度是热轧系统中重点监控要素之一，在同样压下量的情况下，温度越高，金属粒子间应力越小，轧件越容易变形，宽展越大。在生产实际中由于各种原因造成带钢表面温度分布不均，经过立辊轧制后，不同温度区域轧件宽展量不同，造成带钢宽度有波动，从而影响宽度控制。例如：加热炉步进梁在烧钢时，造成轧件炉底黑印，板坯长度方向炉底黑印（或称水印）处温度低，使立轧效果减小，再经过平辊轧出宽度增大。因此必须采取一种动态宽度修正手段，才能有效地对宽度进行控制。

（2）立辊磨损对宽展的影响。随着立辊在服役期内的使用，轧辊受到不断磨损，辊径不断减小，辊槽宽度不断增大，这些变化在宽展预测模型中都没有考虑，因此直接造成了对宽度控制精度的影响，这种影响单单靠宽度控制自适应修正显然不能在短期内消除。

（3）压下量及相对压下量对宽展的影响。压下量也是影响轧件宽展的主要因素之一。轧件厚度相同，压下量增大，宽展量增加。压下量相同，相对压下量增大，宽展量增加。这主要是因为压下量或相对压下量增大后，变形区长度增加，使轧制方向上的金属流动阻力加大的缘故。

（4）摩擦系数对宽展的影响。在轧制过程中，凡是影响摩擦系数的因素都将影响宽展。在其他条件相同时，宽展随摩擦系数的增加而加大。

（5）张力对宽展的影响。例如：精轧机架间张力的影响，由于轧机速度不平衡和活套量变化等干扰的影响，机架间张力发生波动。同时，穿带和抛尾时头尾部分不受机架间张力作用，张力变化会引起宽度的变化。此外，卷取机冲击张力的影响。带卷头部卷入卷取机卷筒瞬间产生的冲击张力使得变形抗力低的部分（精轧机组出口附近）发生局部变窄。这些说明金属变形过程中的应力状态影响金属的流动，薄板轧制时，变形区存在由活套提供的前后张力，因带材宽厚比数值很大，轧制时对拉应力很敏感，如果前后张力过大，带材将因被过度拉伸而变窄。入口侧张力比出口侧张力对带材的宽展影响大，而且张力对宽展的影响随着由接触弧长决定的板边附近的金属流动状况改变而变化。

（6）轧件宽度的影响。例如：板坯宽度波动，由于清理板坯缺陷的影响和连铸坯铸造速度的影响，造成板坯宽度发生波动。轧件宽度变化，宽展区相应变化，因而宽展量相应变化。

（7）板凸度的影响。板凸度发生变化时，金属横向流动随之变化，尤其对于薄板，宽展受板凸度影响更为明显。一般宽度预测模型是利用模拟实验或有限元计算或神经元网络等方法得出宽展预测模型，通过现场实测数据模型中系数予以修正。

7.4 自动厚度控制（AGC）

7.4.1 厚度控制的分析方法

弹跳方程是分析厚度自动控制系统的一个有效工具，通过它不但可以弄清各种因素对厚度的影响，而且还可定量地分析各种厚度控制方案。一种直观简易的分析方法是将变形区中的轧制力 P 作为纵坐标，而把厚度作为横坐标，作成所谓的 P-h 图，在此图上，可以综合地研究变形区中轧件（塑性方程）和轧辊（弹跳方程）之间相互作用又相互联系的力和变形关系。

利用 P-h 图可以直观地分析造成厚差的各种原因。造成厚差的原因可以分为两大类：

（1）轧机方面的原因（见图7-6）。属于这类原因的有轧辊偏心、轧辊磨损、轧辊热膨胀、油膜轴承油膜厚度变化等，它们会导致轧机刚度系数（对应图中刚度曲线的斜率）发生变化。轧机方面的原因会导致厚度和轧制力一个变大、一个变小。产生的现象都是在辊缝指示值 S_0 不变的情况下，实际辊缝有所变动，导致刚度曲线从 l_{11} 变为 l_{12}，从而使得出口厚度由 h 变为 h'，其变动量

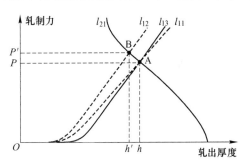

图7-6 轧机原因对出口厚度的影响及AGC控制

$\Delta h = h' - h$。如果要保持出口厚度不变，则需将辊缝变动 ΔS，即将刚度曲线从 l_{12} 变为 l_{13}。

（2）轧件方面的原因。属于这类原因的有来料厚度波动（见图7-7）和来料硬度波动（见图7-8）等，来料硬度波动会导致轧件塑性系数（对应图中塑性曲线的斜率）发生变化，对热轧来说，硬度波动主要是由于温度不均引起的。轧件方面的原因会导致厚度和轧制力同时变大或变小。来料厚度波动会导致图7-6中的塑性曲线从 l_{21} 变为 l_{22}，来料硬度波动会导致图7-7中的塑性曲线从 l_{21} 变为 l_{22}，最终都会使得出口厚度由 h 变为 h'，其变动量 $\Delta h = h' - h$。如果要保持出口厚度不变，则需将辊缝变动 ΔS，即将刚度曲线从 l_{11} 变为 l_{12}。

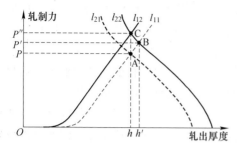
图 7-7 来料厚差对出口厚度的影响及控制

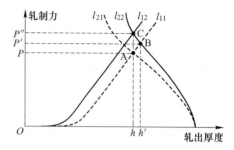
图 7-8 来料硬度对出口厚度的影响及控制

上面是采用调节辊缝的方法来改变出口厚度，这也是带钢热连轧中调节厚度的主要方法。在来料较薄的情况下，由于压下效率低，也采用调节张力的方法来改变轧件塑性系数，进而达到调节厚度的目的。但是张力变动范围有限，且张力变化容易引起宽度变化，因此控制效果有限。

7.4.2 厚度设定计算

厚度设定的任务是根据将要进入轧机的坯料初始数据及实测数据，对轧机各机架的负荷进行分配后，通过相关模型计算出轧机各道次或各机架的轧制力、辊缝和速度设定值。

确定轧制力后可用弹跳公式求得辊缝值 S：

$$S = h - \left(\frac{P - P_0}{M_P} + O + G \right) \tag{7-4}$$

式中，O 为油膜轴承油膜厚度，它是轧制力及轧辊转速的函数，即 $O=f(P, n)$；G 为辊缝零位补偿，主要是由于轧辊热膨胀及轧辊磨损造成的，但也包括弹跳方程和其他误差在内。

7.4.3 厚度控制的锁定方式

按照厚度控制的锁定方式来看，AGC 系统可分为相对 AGC 和绝对 AGC。

相对 AGC 是取带钢头部某一实际轧制厚度值作为目标厚度（锁定厚度），然后在轧制过程中，以检测到的出口辊缝值和轧制压力的增量信号来控制厚度，使带钢的厚度都被控制在该目标厚度附近，以达到控制同板差目的的厚控系统。由于它控制的厚度为某一锁定厚度，而不是实际的目标厚度，即相对于目标的某个锁定厚度，所以称它为相对 AGC 系统。绝对 AGC 锁定方式是以设定值为目标，根据辊缝、轧力等反馈信号间接计算实测厚度，与此目标值比较，如不同，就进行调厚，直到厚度偏差为零。但如果由于空载辊缝设定不当，轧件头部的厚度已经与设定值差得较多的情况下，若一定要求压下系统将带钢厚度调到设定值势必会造成压下系统负荷过大，同时也会把带钢调成楔形厚差。相对 AGC 锁定方式即不论带钢头部是否符合设定值，厚度控制系统都以头部的实际厚度为锁定厚度，带钢各点的厚度都向此值看齐，这样有利于得到厚度均匀的带钢，但其厚度值不一定符合产品所要求的设定值。

在相对 AGC 系统中一般设有人工、自动 2 三种锁定方式。人工锁定是在穿带完毕后由操作人员决定是否该锁定；自动 1 锁定是当精轧相应机架的负荷继电器接通后，由计算机经一定延迟后（0.2～0.6s）自动锁定；自动 2 锁定是在带钢头部进入 X 射线测厚仪后，如果头部厚差落入允许范围则锁定，否则在 100 次采样后强制锁定。由于人工锁定具有随意性，而自动 2 锁定让出的头部太长，因此当前普遍采用的是自动 1 锁定。

对绝对 AGC 来说，如果受具体 AGC 算法的限制不能使用厚度测量值，那么就对厚度模型的精度提出了更高的要求。这种情况下，带材的绝对厚度取决于预设定模型精度，而预设模型又因为轧件温度、化学成分以及轧辊的磨损、热膨胀等原因引起预报轧制力误差，而使控制精度受到限制。因此，M-AGC（监控 AGC）由于采用实测厚度参与控制常采用绝对锁定方式，GM-AGC（厚度计 AGC）和 FF-AGC（前馈 AGC）常采用相对锁定方式。

但是，AGC 系统锁定方式的不同会导致实际锁定厚度不一致，从而使得调节效果相互抵消。由于采用相对值锁定的 GM-AGC 和 FF-AGC 主要作用于上游机架，而采用绝对值锁定的 M-AGC 主要作用于下游机架，常表现为上下游机架的辊缝调节方向的不一致。图7-9 中的曲线来自现场数据，图中 F4 机架 AGC 调节量小于 0，意味着辊缝在设定值的基础上变小，而 F5、F6 机架 AGC 调节量则大于 0（除尾部），意味着辊缝在设定值的基础上变大。这种调节显然是不合理的，会改变各机架的负荷分配，使控制系统不稳定。

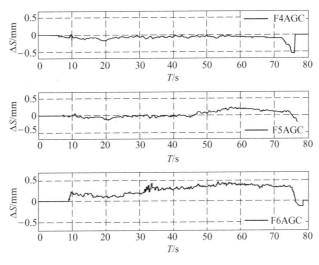

图 7-9　上下游机架调节方向相反

如果将影响带钢厚度的因素分为突变性因素（快速变化）和趋势性因素（缓慢变化），由于采用相对值锁定的 AGC 其反馈值相对于在轧的带材延迟极小，而采用绝对值锁定的 AGC 其反馈值来自测厚仪，相对于在轧的带材延迟较大，因此相对 AGC 适合消除突变性因素引起的波动，而绝对 AGC 适合消除趋势性因素引起的波动。如果相对 AGC 采用从机架咬钢至当前时刻的轧制力平均值作为当前时刻的轧制力锁定值，则可以避免上下游机架辊缝调节方向相反的情况发生，虽然采用相对 AGC 的上游机架出口厚度时刻在变，但它是一个趋势量，完全可以通过下游机架的 M-AGC 消除。

7.4.4　前馈 AGC

前馈 AGC 一般是指利用上游机架的厚度、压力、硬度等信息来控制下游机架，以克服控制上的滞后现象。压力 AGC 以厚度偏差为依据来控制厚度，这对于来料厚差的消除有效，而对于来料硬度波动在每一机架重发性产生的厚差只能处于"事情发生后"对设有压力 AGC 的这架轧机加以纠正。图 7-10 用来说明前馈 AGC 的必要性，图中，H 和 h 分别为机架的入口厚度和出口厚度。图 7-10a 表示具有阶跃形的轧件咬入轧机后，在压力 AGC 作用下厚差的变化，由于系统存在滞后时间 ΔT_2，加上压下移动需要一定的时间 ΔT_1，因此在轧件的一段长度上有较大的波动；图 7-10b 表示无超前量前馈 AGC 的动作过程；如果将前馈控制量提前某一合适的时间 ΔT 送出，则可以得出图 7-10c 所示的结果。在所有的 AGC 系统里，只有前馈 AGC 能采用这种提前控制的方法。

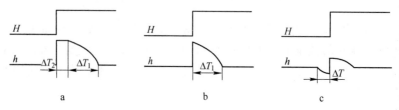

图 7-10 前馈 AGC 控制效果示意图

a—压力 AGC；b—无超前量的前馈 AGC；c—有超前量的前馈 AGC

前馈 AGC 不是根据本机架（Fi 机架）实际轧出厚度的偏差值来进行厚度控制，而是在轧制过程尚未进行之前，通过计算或测量得出本机架（Fi 机架）来料厚度偏差 ΔH_i（如果 Fi 机架与 F$(i-1)$ 机架之间没有测厚仪，那么 ΔH_i 可通过 F$(i-1)$ 机架的轧制力、辊缝等过程参数计算得出 F$(i-1)$ 机架的出口厚度 Δh_{i-1} 并经延迟得到），随后采用相应算法得出消除此来料偏差 Fi 机架需要调节的辊缝量 ΔS_i，待来料厚度为 ΔH_i 的带钢快要到达 Fi 机架时，提前 ΔT 开始送出（见图 7-11）。

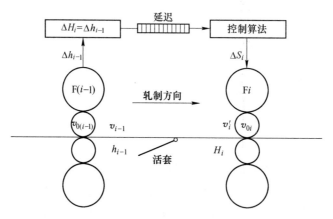

图 7-11 前馈 AGC 系统示意图

7.4.5 反馈 AGC

由于热轧精轧机组机架间空间狭窄、环境恶劣，无法安装直接测量厚度和负荷辊缝的仪表，能够测量的是轧制压力和压下位置，因此，需要压力 AGC 系统根据轧机弹跳方程计算轧件厚度进行厚度控制。压力 AGC 经过长期的理论研究和实践总结，不断改进，出现了多种 AGC 形式，如 BISRA-AGC、厚度计型 AGC（GM-AGC）、动态设定型 AGC（D-

AGC）等，目前较常采用的是厚度计型 AGC。BISRA-AGC 首创应用轧机弹跳方程控制轧件厚度，但使用了简单的线性轧机弹跳方程，轧件厚度估计精度有限，同时也未考虑轧机压下效率补偿问题，系统的动态响应特性不佳。厚度计型 AGC 在 BISRA-AGC 基础上增加了轧机压下效率补偿环节，有效地提高了系统动态响应特性。动态设定型 AGC 基本控制思想是先从轧制力增量中减掉辊缝调节造成的轧制力增量而得到轧件扰动轧制力增量，然后再计算出辊缝调节量。厚度计型 AGC 和动态设定型 AGC 虽然控制思想和控制算法表达式不同，但已证明二者是完全统一的。二者引入了轧件塑性系数 Q，在一定程度上改善了 AGC 系统的动态响应特性，但厚度控制模型为线性轧机弹跳方程，轧件厚度控制精度有限。

本小节各参数的定义如下：$G(s)$ 为位置控制系统调节器、电液伺服阀和液压缸及轧机系统的综合传递函数；S、P、h 分别为液压缸位置、轧制力以及出口厚度实际值；S_L、P_L、h_L 分别为位置、轧制力和厚度锁定值；ΔS 和 ΔP 分别为以位置和轧制力锁定值为基准的位置和轧制力增量；ΔP_s 和 ΔP_d 分别为由位置调节量和外扰量引起的轧制力增量；Δh 为以锁定厚度为基准的厚度偏差；ΔS^*、$\Delta S'$ 均为克服厚度偏差 Δh 所需的位置增量，但前者以液压缸位置实际值 S 为基准，后者以液压缸位置锁定值为基准；S^* 为当前位置设定值；S_f 为位置反馈值；M、Q 分别为轧机刚度系数、轧件塑性系数，下标 n 表示在第 n 个程序执行周期。

7.4.5.1 BISRA-AGC

BISRA-AGC 基于轧机弹跳方程的增量形式为：

$$\Delta h = \Delta S + \Delta P/M \tag{7-5}$$

由上式可见，只要实现 $\Delta S = -\Delta P/M$，也就保证了 $\Delta h = 0$。所以，BISRA-AGC 将 $-\Delta P/M$ 作为位置控制系统的设定值。其系统结构如图 7-12 所示。

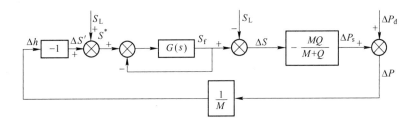

图 7-12　BISRA-AGC 系统原理

BISRA-AGC 控制算法表达式如下：

$$\Delta P_n = P_n - P_L \tag{7-6}$$

$$\Delta S_{n+1} = -\frac{\Delta P_n}{M} \tag{7-7}$$

BISRA-AGC 首创应用轧机弹跳方程控制轧件厚度，其他压力 AGC 均在此基础上发展而来。其为最简单的压力 AGC，只使用了轧机刚度 M。但也存在不足，轧机弹跳方程是线性的，影响了轧件厚度控制精度，且未考虑轧机压下效率补偿问题，系统动态响应特性不理想。

7.4.5.2　GM-AGC

GM-AGC 也称厚度计型 AGC，在 BISRA-AGC 基础上增加了轧机压下效率补偿环节，有效地提高了系统动态响应特性。实用 GM-AGC 系统如图 7-13 所示。GM-AGC 系统的特点是：在 BISRA-AGC 基础上加入了轧件塑性系数 Q，考虑了轧机压下效率补偿 $(M+Q)/M$。GM-AGC 厚度模型仍使用线性轧机弹跳方程，限制了控制精度。

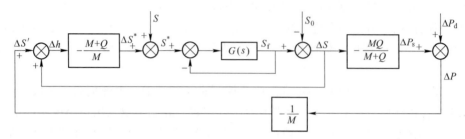

图 7-13　实用 GM-AGC 系统

GM-AGC 控制算法表达式如下：

$$\Delta h_n = \Delta S_n + \frac{\Delta P_n}{M} \tag{7-8}$$

$$\Delta S_{n+1} = \Delta S_n + \frac{M+Q}{M}\Delta h_n \tag{7-9}$$

7.4.5.3　D-AGC

D-AGC 的基本控制思想是：先从轧制力增量中减掉辊缝调节造成的轧制力增量而得到轧件扰动轧制力增量，然后再计算出辊缝调节量。D-AGC 系统如图 7-14 所示。

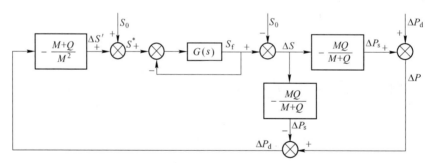

图 7-14　D-AGC 系统原理

D-AGC 控制算法表达式如下：

$$\Delta P_{dn} = \Delta P_n + \frac{MQ}{M+Q}\Delta S_n \tag{7-10}$$

$$\Delta S_{n+1} = \Delta S_n + \frac{M+Q}{M^2}\Delta P_{dn} \tag{7-11}$$

7.4.6　监控 AGC

间接测厚的厚控方法虽然考虑了各种影响厚度的因素，但其精度总是低于 X 射线测厚仪直接测出的厚度值。因此，在间接测厚的厚度控制系统投入后，仍需以 X 射线测厚仪所测得的厚度值为准，对间接测厚 AGC 系统进行监控。一般有两种方式，一种是监控本块钢，利用厚度值去调整各机架（或仅下游机架）的辊缝，保证本块钢能精确地保持在给定厚度值上；另一种是监控下块钢，即将整块钢的厚差平均值用来调整下块钢的预设定辊缝，保证同规格品种的下块钢比上块钢的厚差更小。这个 X 射线监控的 AGC 需在轧制线工艺状况比较稳定的情况下使用，否则甚至会出现更大的误差。

轧制压力厚度自动控制是采用压力传感器的轧制压力信号作为厚度变化的指示，并用此信号来调整压下位置以修正厚度偏差，轧制压力不能给出实际厚度的测量值，仅能反映出厚度相对于初始值的变化，所以为了保持对轧制压力 AGC 系统的校准，通常都需要在轧机（或机组）之后安装一台测厚仪，通过周期性地核对和修正轧制压力 AGC 系统的监控系统来完成。所以 X 射线测厚仪的监视控制是任何成功的厚度自动控制的一个重要组成部分。

监控式厚度自动控制的基本原理就是反馈式厚度自动控制的基本原理。现结合热连轧机精轧机组的监控式厚度自动控制方法进一步说明。

监控式厚度自动控制系统就是在热连轧精轧机组最末机架 Fi 机架的出口侧，用 X 射线测厚仪所测到的厚度实测值与设定值进行比较，利用测得的厚度偏盖 Δh，按照金属秒流量相等的原则推算出各个机架的出口厚度偏差，然后作适当的压下调节或张力调节（张力 AGC），对各机架的 AGC 系统进行监控修正，以此来控制成品带钢的厚度，提高其厚控精度。图 7-15 所示为调节最末两个机架压下的监控 AGC，其中 $k_{m(i-1)}$、k_{mi} 为最末两机架监控 AGC 调节系数。从控制系统的结构来看，监控式与反馈式控制系统是相同的，但它们的控制方法各不相同。

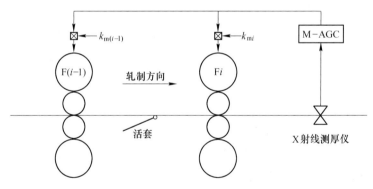

图 7-15　监控 AGC 系统

一般的反馈控制是指采用即时的反馈信号进行反馈控制，而监控的反馈控制的作用是着重消除系统运行过程中的任何漂移和对生产过程中可能出现而未被其他控制环节彻底消除的各种误差信号进行反馈控制，以保证提高厚度控制系统的精度。它是起着监视厚度精度控制作用的厚度控制系统。

其他 AGC 系统厚度精度决定于机架弹性曲线与 AGC 模型的精度，而监控 AGC 对各机架的 AGC 系统进行监控修正，以便进一步提高控制精度。由于 X 射线测厚仪安装在精轧机组出口处，因此必然产生较大的纯延迟。因此只能以监控的方式来修正液压位置控制器的设定值。监控 AGC 可以提高产品质量，根据实测数据可知，当不投入监控系统时，厚度偏差小于 ±50μm 的测量点数为 70%~80%，投入监控 AGC 后，可提高 10% 左右，因此操作工总是让监控 AGC 处于投入状态。

7.4.7　张力 AGC

张力的变化可以显著改变轧制压力，从而能改变轧出厚度。改变张力来调节厚度与改变压下相比具有惯性小、反应快、更稳定的特点。对于轧制较薄规格的带钢，在成品机架，由于轧件的塑性系数 Q 很大，单靠调节辊缝进行厚度控制，容易使轧辊两头接触，不易保持板形，调节厚度的效果往往很差。因此，为了进一步提高较薄规格成品带钢的精度，有时候会采用张力 AGC 进行厚度微调。

张力 AGC 就是根据精轧机组出口侧 X 射线测厚仪测出的厚度偏差，来微调机架之间（例如热连轧精轧机组最后两个机架）带钢上的张力，借此消除厚度偏差的厚度自动控制系统。张力微调可以通过两个途径来实现：一是根据厚度偏差值，调节精轧机的速度；二是调节活套机构的给定力矩，其控制框图如图 7-16 所示，图中假定采用电动活套，对于液压活套控制方法类似。由 X 射线测厚仪测出带钢的厚度偏差之后，通过张力调节器 TC，经开关 K 将控制信号传输给电动机的速度调节器或活套张力调节器。

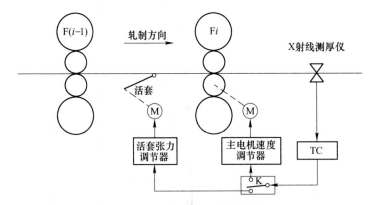

图 7-16　张力 AGC 控制框图

张力 AGC 的控制原理是利用前后张力来改变轧件塑性曲线的斜率对带钢厚度进行控制，张力与厚度的关系如图 7-17 所示。来料厚度为 H 时，作用在轧件上的张力为 T，塑性曲线为 l_{21}，工作点 A 对应的厚度为 h，压力为 P；当来料厚度有波动时，假定从 H 变为 H'，塑性曲线从 l_{21} 变为 l_{22}，带钢实际出口厚度从 h 变为 h'。为了消除出口厚度偏差，便可改变作用于带钢上的张力，使塑性曲线的状态由 l_{22} 变为

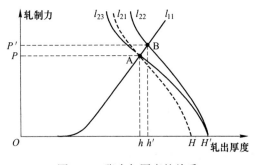

图 7-17　张力与厚度的关系

l_{23}，工作点又由 B 点回到 A 点，从而可以在辊缝不变的情况下，使轧出厚度保持在所要求的范围之内。

采用张力控制厚度，由于可以使轧制压力不变，因此可以保持板形不变。但是为了得到一定的厚度调节量，应有较大的张力变化，例如欲使冷轧带钢厚度变化 1.0%，而张力

可能就需要变动 10.0%，所以为了保证轧制过程稳定进行，且得到较好卷形，在厚度变化较大时，不能把张力作为唯一的调节量。一般张力 AGC 只用于调节较薄规格产品厚度偏差的情况，且作为精调，或者用于因某种原因不能用辊缝作为调节量的情况，例如冷连轧机的末机架，为了保证板形，以及轧制薄而硬的带钢，因轧辊压扁严重等情况，不宜用辊缝作为调节量，往往是采用张力 AGC 来控制厚度。热轧厚度较薄的带钢时，为了防止拉窄或拉断，张力的变化也不宜过大，所以热轧厚度控制过程中，张力调厚往往是与压下调厚配合使用，当厚度波动较大时，就采用调压下的方法，而当厚度波动较小时，便可采用张力微调进行厚度控制。

7.4.8 AGC 补偿功能

（1）尾部补偿：造成热轧带钢尾部厚跃的原因主要有黑尾和失张。黑尾是指带钢尾部温度偏低，这是由于带尾接触热卷箱芯轴，而且与除鳞水接触面积较大所造成的；失张是指带钢尾部离开 F($i-1$) 机架时，Fi 机架后张力立即消失，进而导致 Fi 机架轧制压力加大，产生厚跃。尾部补偿功能目前在很多 AGC 系统中均有投入，主要有压尾和拉尾两种方式。传统的压尾都是在带钢尾部离开 F($i-1$) 机架时，加大 Fi 机架的压下量，以补偿带钢尾部失张和温降产生的厚跃；或者采用"拉尾"的方式，即带钢尾部离开 Fi 机架时，降低 F($i+1$) 机架的速度，使 F($i+1$) 和 F($i+2$) 机架间张力加大，以补偿 Fi 和 F($i+1$) 机架间张力消失的影响。

（2）偏心补偿：广义上说，轧辊和轧辊轴承形状的不规则引起辊缝周期性变化称为轧辊偏心。轧辊偏心的成因可归纳为两种基本类型：一种是由于辊身和辊颈的不同轴造成的，另一种是由于轧辊本身具有椭圆度造成的。而实际情况可能是两者共同作用的结果。偏心补偿方法分为基于先验知识的离线方法、基于辨识和实时补偿的在线方法以及不敏感的辊缝控制方法。离线方法是在轧制过程开始前辨识或者测量出轧辊偏心，然后在轧制过程中，将补偿量送入轧机压下的位置给定。其优点是该补偿方法没有稳定性问题，因为不存在闭环控制，如果轧辊偏心显著，该方法能全部补偿；缺点是需要占用时间来确定偏心，如果偏心在幅值和相位上发生变化（打滑、热膨胀、磨损等），该方法将失效，并且需要轧辊准确的位置信息，但旋转传感器不易安装。在线方法是在轧制过程中检测偏心，同时给予补偿。其优点是不需要先验知识，系统具有自锁功能；缺点是会出现稳定性问题，且需要时间进行锁定（辨识时间），该时间段轧辊偏心不会被减小，甚至会增加，对接近轧辊偏心频率的周期性干扰会产生不正确的反应。减少轧辊偏心影响的一个简单手段是选择一种不敏感的辊缝控制方法。例如，恒轧制力控制可以完全消除轧辊偏心，但对厚差变化会作出不正确的反应[4]。

消除轧辊偏心的方法包括：改善支撑辊的重磨和提高其装配精度；采用恒压控制自动补偿偏心；采用偏心滤波装置或算法。

（3）油膜补偿：在轧机开始运转时，支撑辊外轴承面的速度较慢，随着轧制速度的不断加大，轴承上的润滑油就被均匀地涂到轧辊轴的周边，并将轧辊导入轴承的中心部分，随着轧辊转速的提高将减小轧机辊缝的开度，这种影响会随着轧制力的增加而变小，而置于液压缸中的位移传感器无法检测到这种由油膜厚度变化所导致的辊缝开度的变化，对此如果不加以补偿会导致很大的误差。油膜补偿系统是对辊缝的位置调节器进行补偿，使得在轧制速度变化时仍能保持原有的辊缝。

在实际生产中，常采用查表的形式对油膜厚度进行补偿。在计算机控制的条件下，采用实验测定的方法，得到在基准压力条件下的油膜厚度随轧辊转速变化的曲线，以表格形式存储在控制器中，根据实际速度插值调用。而不同压力下的油膜厚度则利用油膜厚度压力系数进行补偿，若当前压力小于基准压力，则系数大于1，否则小于1。

（4）轧辊热膨胀和磨损：当带钢在机架里轧制时工作辊和支撑辊温度会升高，当机架空载时温度会下降，随着轧辊温度的升高，热膨胀引起轧辊直径的增加，从而使得实际的辊缝减小；在轧制时轧辊的表面会产生磨损，引起轧辊直径减小，从而使得实际的辊缝增大。以上两种影响都无法通过液压缸中的位移传感器进行测量，需要根据轧辊的金属特性、板带温度、轧制时间和长度、轧辊冷却水流量等因素将其模型化，根据大量的数据输入建立起设定算法的数学模型。大约每隔5s由数学模型提供一个由温度和磨损引起的轧辊辊缝变化的预测累积变化值，当轧辊辊缝清零时将当前值锁定，偏离锁定值的变化量用作辊缝位置的修正。

（5）弯辊补偿：弯辊功能主要用于对带钢的凸度和平直度进行控制。弯辊力的变化会引起轧机有效辊缝的变化，正弯辊力的增加会拉伸轧机机架，引起有效辊缝增加，由于正弯辊力不包含在带钢轧制力中，因此 AGC 的厚度计无法修正这种弹跳，对于这种弹跳的辊缝修正值等于正弯辊力（大于平衡力的部分）除以轧机机架弹跳系数。弯辊力的变化也会引起辊缝形状的变化，正弯辊力的增加会使得工作辊中心线处的辊缝减小，但有时这种效应会被由支撑辊辊颈产生的弯曲和轧辊压扁所抵消。这种影响可通过离线的辊系挠度模型来进行补偿。

（6）宽度补偿：轧制过程中，工作辊和轧件的接触部分要产生变形，变形量是由单位板宽上轧制力的大小来决定的。此外，当轧件宽度改变时，从工作辊传给支撑辊的轧制力沿宽度方向上的分布要发生变化，接触变形量也要发生变化。由于这些原因，当轧件的宽度变窄时，轧机的刚度系数就要变小。这种影响主要是通过实验的方法预先得到修正系数来进行补偿。

7.4.9　AGC 调节时的速度补偿

AGC 调节对轧制力、秒流量相等关系起到频繁扰动作用。在某些条件下，由于主速度活套控制系统响应特性跟不上 AGC 系统响应，会致使轧制过程中机组运行不稳定和活套跳舞，甚至无法正常生产。下面，我们来分析 AGC 调节时的速度补偿方法（后架补偿方法）。

当 Fi 机架压下动作时，瞬间是影响了本架出口厚度 h_i，这是动作 ΔS_i 的目的。但此刻，Fi 机架前滑 f_i、后滑 β_i 也将产生变化。前滑 f_i 变化将对维持 Fi、F(i-1) 机架之间流量相等关系起到好的作用。后滑 β_i 变化将对维持 Fi、F(i-1) 机架之间流量相等关系起到坏的作用。例如当 ΔS_i 下压时 Δh_i 变小，同时 f_i 增大，使得 $v_i = v_{0i}(1+f_i)$ 上升，自然补偿了部分由于 Δh_i 变小瞬间，Fi、F(i-1) 机架之间流量相等关系的变化。但相反作用的是后滑 β_i。此时 β_i 变大将使 Fi 机架入口线速度 $v_i' = v_{0i}(1-\beta_i)$ 变得更小，Fi 机架入口流量确实下降，为了维持 Fi、F(i-1) 机架之间流量相等关系，补偿调节 F(i-1) 机架速度 v_{i-1} 下降。达到新时刻 Fi、F(i-1) 机架之间的流量平衡。

如图 7-18 所示，假定 v'_i、H_i、v_{0i}、v_i、h_i 分别为 Fi 机架的入口带材速度、入口带材厚度、工作辊线速度、出口带材速度、出口带材厚度，v'_{i-1}、H_{i-1}、$v_{0(i-1)}$、v_{i-1}、h_{i-1} 分别为 F($i-1$) 机架的入口带材速度、入口带材厚度、工作辊线速度、出口带材速度、出口带材厚度，定义 f_i、β_i 分别为 Fi 机架的前滑、后滑，f_{i-1}、β_{i-1} 分别为 F($i-1$) 机架的前滑、后滑，并假定原来系统处于正常生产的平稳状态，现在 Fi 机架辊缝有一个 ΔS 的调节量。我们有：

$$v_{i-1} = v'_i \tag{7-12}$$

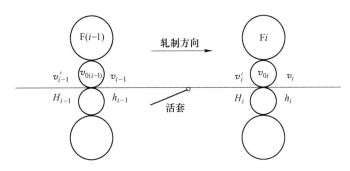

图 7-18　相邻机架速度示意图

而又：

$$v_{i-1} = v_{0(i-1)}(1 + f_{i-1}) \tag{7-13}$$

$$v'_i = v_{0i}(1 - \beta_i) \tag{7-14}$$

则有：

$$v_{0(i-1)}(1 + f_{i-1}) = v_{0i}(1 - \beta_i) \tag{7-15}$$

假定速度和前、后滑有所波动，根据上式有：

$$(v_{0(i-1)} + \Delta v_{0(i-1)})(1 + f_{i-1} + \Delta f_{i-1}) = (v_{0i} + \Delta v_{0i})(1 - \beta_i - \Delta \beta_i) \tag{7-16}$$

等号两边分别除以 $v_{0(i-1)}(1 + f_{i-1})$ 和 $v_{0i}(1 - \beta_i)$，并省略极小项，可得：

$$\frac{\Delta v_{0(i-1)}}{v_{0(i-1)}} + \frac{\Delta f_{i-1}}{1 + f_{i-1}} = \frac{\Delta v_{0i}}{V_{0i}} - \frac{\Delta \beta_i}{1 - \beta_i} \tag{7-17}$$

利用 Fi 机架出入口流量相等，可得：

$$v_{0i}(1 + f_i)h_i = v_{0i}(1 - \beta_i)H_i \tag{7-18}$$

假定厚度和前、后滑均有所波动，根据上式有：

$$(1 + f_i + \Delta f)(h_i + \Delta h_i) = (1 - \beta_i - \Delta \beta_i)(H_i + \Delta H_i) \tag{7-19}$$

等号两边分别除以 $(1 + f_i)h_i$ 和 $(1 - \beta_i)H_i$，并省略极小项，可得：

$$\frac{\Delta h}{h_i} + \frac{\Delta f_i}{1 + f_i} = \frac{\Delta H_i}{H_i} - \frac{\Delta \beta_i}{1 - \beta_i} \tag{7-20}$$

由于 Fi 机架入口厚度 ΔH_i 不会因 ΔS_i 变化而变，设 $\Delta H_i = 0$，则：

$$-\frac{\Delta \beta_i}{1 - \beta_i} = \frac{\Delta h_i}{h_i} + \frac{\Delta f_i}{1 + f_i} \tag{7-21}$$

可得：

$$\frac{\Delta v_{0(i-1)}}{v_{0(i-1)}} + \frac{\Delta f_{i-1}}{1 + f_{i-1}} = \frac{\Delta v_{0i}}{V_{0i}} + \frac{\Delta h_i}{h_i} + \frac{\Delta f_i}{1 + f_i} \tag{7-22}$$

如果忽略 Fi、F($i-1$) 机架前滑变化量反过来影响流量关系因素，可得：

$$\frac{\Delta v_{0(i-1)}}{v_{0(i-1)}} = \frac{\Delta v_{0i}}{V_{0i}} + \frac{\Delta h_i}{h_i} \tag{7-23}$$

根据弹跳公式可知，由于辊缝变化导致的厚度变化满足：

$$\Delta h_i = \frac{M_i}{M_i + Q_i} \Delta S_i \tag{7-24}$$

式中，M_i、Q_i 分别为 Fi 机架的刚度系数和在 Fi 机架轧制的带材塑性系数。

由于要满足本机架速度不变，即 $\Delta v_{0i} = 0$，则有：

$$\frac{\Delta v_{0(i-1)}}{v_{0(i-1)}} = \frac{M_i}{M_i + Q_i} \times \frac{1}{h_i} \Delta S_i \tag{7-25}$$

从而可得速度补偿值为：

$$\Delta v_{0(i-1)} = \frac{M_i}{M_i + Q_i} \times \frac{1}{h_i} \Delta S_i v_{0(i-1)} \tag{7-26}$$

7.5　自动宽度控制（AWC）

板坯的宽度和厚度分别经立辊和平辊轧制后，其板坯的平面形状如图 7-19 所示。在仅存在平辊轧制的情况下，与正常部分相比，前后端四角部分的金属沿宽度方向流动的约束小，因此宽展变大，而且前后端沿宽度方向的中央部位材料易沿轧制方向流动，其平面形状如图 7-19a 所示形成反燕尾槽。在立辊轧制的情况下，由于辊径与宽度之比很小，板坯边部两端的材料比中部的材料有更大的前滑和后滑，所以前端和后端宽度变窄，平面形状呈凹形，如图 7-19b 所示。若板坯经立辊轧制后，再用平辊进行压下，由于宽度轧制所产生的狗骨高度在靠近前后端部位处较低，所以狗骨返回量比正常部位要少，从而前后端欠宽现象更明显，前端的平面形状更趋呈鱼尾状，如图 7-19c 所示。

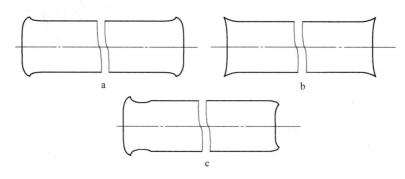

图 7-19　经立辊和平辊轧制后的平面形状
a—仅有平辊压下；b—仅有立辊压下；c—经立辊和平辊单向轧制

进行可逆轧制时，这些前后端变形变得更加复杂并重合在一起。因为这种平面形状的前后端要当作切头被切去，所以随着宽度方向压下量 ΔB 的增大，成品率会大幅降低。

在同一批带钢里，沿着带钢长度方向的宽度不均匀性将会对成品的合格率产生显著的影响。从金属的收得率来看，减少带钢宽度不均匀性是降低金属损失的主要挖潜方向。若将宽度的偏差减少 1mm，在现代的宽带钢轧机上就会节约金属大约 1kg/t。

随着连铸技术的发展，在热轧坯料中连铸坯所占比例日益增加。对带钢热轧机来说其所需的板坯宽度是各不相同的，用连铸结晶器在线调宽技术虽然能满足热轧机对板坯宽度的要求，但连铸生产效率会大受影响。因此有人提出了在热带钢轧机上生产多种板坯宽度的技术。但是，立辊在宽度压下时，塑性变形只集中于板宽边缘部分，由于未变形部分使板边延伸受到约束，所以经立轧后的板边缘部分会产生轧边凸起，即板宽断面呈狗骨形，而在板宽头尾部分，塑性变形易向长度方向延伸，所以头尾部位的轧边凸起会在水平轧制时引起沿长度方向的宽度不均匀，从而促进了鱼尾的生成。这不但增大了带钢的宽度变化量，而且增大了带钢头尾的切损量。

为了减少黑印、缺口、立轧不均匀变形所引起的带钢宽度变化和产生鱼尾，提高金属的收得率，自 1975 年以来，在热轧宽带钢轧机上开始采用宽度自动控制技术。

7.5.1 宽度控制的数学模型

板坯在热带钢轧机的粗轧机组中，经过立辊轧制和平辊轧制交替变形后，达到既定的板宽、板厚，然后将其送至精轧机组，如果进行常规的边部轧制，那么在轧材的板宽边部会隆起，形成所谓的"狗骨"。如果继续将板坯进行平辊轧制，则板宽边部的隆起部分又再次向宽度方向扩展。这种板宽的动态变化是复杂的。图 7-20 表示立轧和平轧时板坯断面变化的情形。图中，B、H、L 为原始板坯的宽度、厚度、长度；B_E、H_E、L_E 为立轧后板坯的宽度、厚度、长度；b、h、l 为平轧后板坯的宽度、厚度、长度。

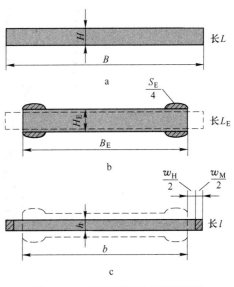

图 7-20　立轧和平轧时的宽度变化

7.5.1.1　符号及其定义

立轧和平轧的宽度变化如图 7-20a～c 所示。

如果把轧边后边部具有凸缘的非矩形截面再经平轧所产生的宽展用 w_H、w_M 两项表示，则 w_H 表示轧边后矩形断面部分在平轧时的宽展量，而 w_M 表示轧边后边部隆起部分在平轧后的宽展量。那么，平辊轧制后的宽度 b 可用下式表示：

$$b = B_E + w_H + w_M \tag{7-27}$$

为了用数学公式表达 w_H 和 w_M，首先对参数矩形断面宽展系数 C_H、轧边凸起增厚系数 C_E 和轧边凸起占增厚及轧边凸起之和的比例系数 C_M 加以定义。

$$C_H = \frac{\ln \dfrac{B_E + w_H}{B_E}}{\ln \dfrac{H_E}{h}} \tag{7-28}$$

$$C_E = \frac{\ln \dfrac{H_E + S_E/B_E}{H}}{\ln \dfrac{B}{B_E}} \tag{7-29}$$

$$C_M = \frac{S_E}{(H_E - H)B_E + S_E} \tag{7-30}$$

式中，S_E 为板坯边部轧边凸起部分断面积。

7.5.1.2　板宽动态变化的基本关系

板宽变化符合体积不变定律。

（1）立轧前后体积不变，即：

$$BHL = B_E H_E L_E + S_E L_E \tag{7-31}$$

（2）平轧前后体积不变。

对于轧边凸起部分：

$$S_E L_E = w_M h l \tag{7-32}$$

对于矩形部分：

$$B_E H_E L_E = (B_E + w_H)h l \tag{7-33}$$

7.5.1.3　轧边凸起断面积

由式（7-29）和式（7-30）可得：

$$S_E = C_M\left[\left(\frac{B}{B_E}\right)^{C_E} - 1\right]HB_E \tag{7-34}$$

当 $\Delta B = B - B_E$，而 $\Delta B/B_E = 1$ 时，式（7-34）可化为：

$$S_E = C_M\left[\left(1 + C_E\frac{\Delta B}{B_E}\right) - 1\right]HB_E = C_M C_E H\Delta B \tag{7-35}$$

7.5.1.4　矩形断面宽展量

由式（7-28）得：

$$w_H = \left[\left(\frac{H_E}{h}\right)^{C_H} - 1\right]B_E \tag{7-36}$$

因为 $H_E \approx H$，所以式（7-36）可化为：

$$w_H = \left[\left(\frac{H}{h}\right)^{C_H} - 1\right]B_E \tag{7-37}$$

7.5.1.5　凸起部分宽展量

由式（7-32）和式（7-33）解得：

$$w_H = \frac{(B_E + w_H)S_E}{B_E H_E} \tag{7-38}$$

因为 $H_E \approx H$ 及 $w_H/B_E = 1$，所以式（7-38）可化为

$$w_M = C_M C_E \Delta B \tag{7-39}$$

7.5.2　宽度设定计算

粗轧设定包括厚度设定和宽度设定，厚度设定是确定粗轧区各平辊的辊缝及速度，宽

度设定的任务是对各道次各个立辊的开口度和转速进行设定。粗轧设定还包括侧导板开口度以及立辊前辊道速度的设定。无论是厚度设定还是宽度设定，首先都要确定各道次厚度和宽度的分配。

在宽度控制程序中，先输入成品带钢的给定宽度，然后对精轧机组的压下量进行分配。根据宽展公式计算精轧各水平道次可能产生的宽展量 w_x。作为 w_x 模型有各种报道，这里推荐采用以下模型：

$$w_x = B_0 \big[(H_0/h)^k - 1 \big] \tag{7-40}$$

$$k = a_0 \frac{H_0}{B_0} a_1 \exp\left(a_2 \frac{H_0}{l_d} \right) \tag{7-41}$$

式中，B_0 为带钢入口宽度；H_0 为带钢入口厚度；h 为带钢出口厚度；l_d 为接触弧长；$a_0 \sim a_2$ 为常数。

求出精轧各机架宽展之和（假定精轧共有 n 个机架），即：

$$w_F = \sum_1^n w_x \tag{7-42}$$

假定我们希望精轧出口宽度为 b_F，从而可求得粗轧出口宽度 b_R：

$$b_R = b_F - w_F \tag{7-43}$$

对于多机架（以 4 机架为例，每个机架均有立辊和平辊）粗轧来说，确定粗轧机组出口板坯宽度以后，就可对各立辊机架进行压下量分配。在决定立辊机架压下量时，要考虑立轧的最大压下能力和压缩极限，尽量做到前面几架立轧道次满足强力压下的要求。原则上将整个压下分配到 E1 和 E2 两架，而 E3 和 E4 立辊机架只消除在 R3 和 R4 平轧时所产生的宽展量。

最后还要计算经每道立辊和随后的水平辊轧制后所产生的宽展值，重算出口宽度。立辊轧制和平辊轧制时带钢的变形情形如图 7-21 所示。

通常在立辊轧机和水平辊轧机上共同进行轧制时，其宽展用下式计算：

$$w = w_H + w_M \tag{7-44}$$

或者写成：

$$w = w_H + a\Delta B \tag{7-45}$$

式中，w 为水平辊机架上的总宽展量；ΔB 为立辊宽度压下量；a 为轧边凸起部分的返回系数。

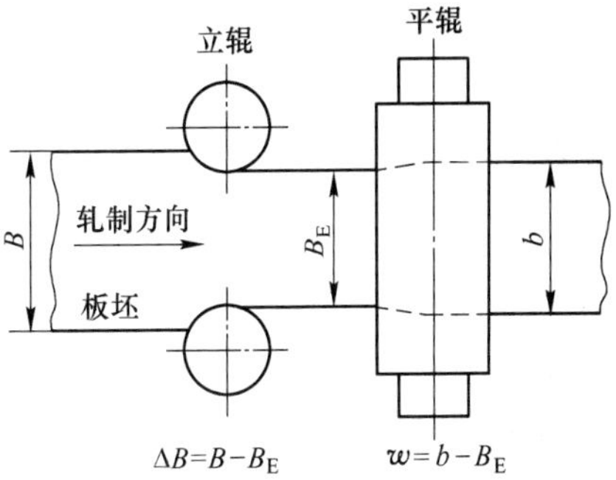

用下式计算平轧后的带钢板宽 b：

$$b = B_E + w \tag{7-46}$$

图 7-21 立轧和平轧时的宽展示意图

若能直接测量立辊机架中的轧制压力，则控制系统的精度可显著提高。

上述过程的计算程序如图 7-22 所示。

7.5.3 短行程控制（SSC）

板坯在粗轧机组中要经过立辊和平辊交替轧制，通过立辊的侧压实现宽度控制。在立辊侧压开始和结束阶段属于非稳定阶段。开始侧压时，带钢头部在出辊缝之前就已经与轧辊表面脱离接触。造成这种现象的原因是带钢头部在经立轧时处于无应力状态，金属将向中间流动，形成非均匀延伸，造成失宽。对于立轧头尾的这种变形特性，我们无法制约板坯侧轧时出现的轧件与轧辊的脱离，但是如果不对头尾的失宽现象进行有效的控制，将会对宽度精度和成材率产生不利影响。采取动态调整立辊压下的方法可以解决板坯头尾失宽的问题。

SSC 技术就是根据大侧压调宽时带钢头尾部收缩的轮廓曲线，计算出头尾不同部位的失宽量，在立轧调宽过程中不断改变立辊轧机的辊缝，使辊缝的变化曲线与板坯头尾变化曲线反对称，即在轧件头尾部区域扩大立辊辊缝，使相应部位辊缝增大量恰好补偿失宽量。

目前采用液压装置对立辊进行短行程控制，液压压下设备的响应特性已能够满足控制需要，问题在于如何精确确定立辊短行程控制曲线。目前可以利用数学模型计算出立辊和平辊交替轧制之后板坯头尾部分曲线的精确形状，以此确定最优的短行程控制曲线，大大提高了宽度控制效果。在实际控制中，常采用两段或多段直线代替。

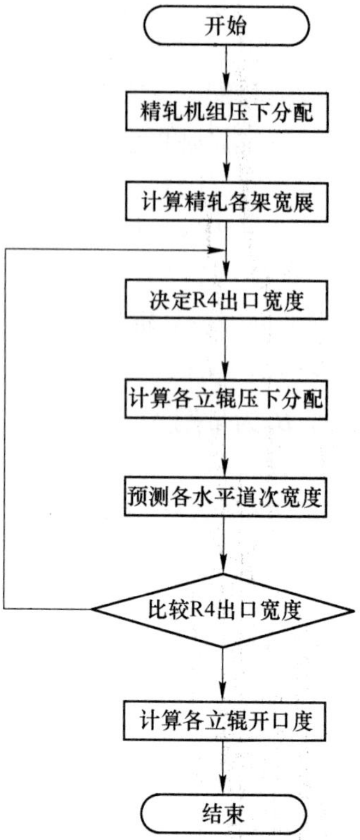

为了实现 SSC 还需对板坯头尾及轧入长度进行跟踪和计算，以便按要求曲线对开口度调整进行控制。为了计算轧入长度应以头部到达立辊前 HMD 及尾部离开 HMD 作为起点，按立辊速度进行跟踪计算。

图 7-22 粗轧机组宽度设定计算

7.5.4 前馈 AWC

该功能主要用于修正由于加热炉产生的水印、由于火焰清理等引起的宽度不均匀及板坯在连铸后由于局部火焰清理过深造成局部"缺肉"等而导致的宽度偏差。

前馈 AWC 亦称连续宽度控制（PWC），主要功能是用于校正因水印点而造成轧制时在宽度上所产生的波动。板坯在加热炉中由于固定梁所造成的水印点的温度低于板坯的其他部分，造成平辊在带钢长度方向上轧制力的变化，从而使带钢的宽展发生变化。

依据 R1 在偶道次轧制时所记录的板坯不同位置上轧制力的测量值，判断出板坯上水印点的位置，然后在奇道次轧制时增大这些点的侧压量，从而使水平辊轧制后的板宽达到希望的宽度。

将偶道次时的宽度偏差曲线记录下来，奇道次时反向按记录下来的宽度偏差曲线，对立辊的开口度进行前馈调节。

$$S_{FF} = -\left[G_{FF}(\varepsilon_W / \varepsilon_E)\Delta W + TPR \right] \tag{7-47}$$

式中，S_{FF} 表示立辊辊缝校正值；G_{FF} 表示 FFAWC 增益；ε_W 表示入口宽度偏差的影响系数；ε_E 表示立辊辊缝偏差的影响系数；ΔW 表示宽度偏差；TPR 表示锥度校正值。

$$\begin{cases} \Delta W = RDW - (DWAV + REWST)，FFAWC\ OFF \\ \Delta W = RDW - RDW^*，FFAWC\ ON \end{cases} \tag{7-48}$$

式中，RDW 表示粗轧机组出口反馈值；$DWAV$ 表示宽度锁存值；$REWST$ 表示粗轧机组宽度仪最后一道次宽度目标设定值；RDW^* 为精轧机组入口目标宽度。

$$\begin{cases} TPR = 0，M \leqslant ISRTP \\ TPR = (M - ISRTP - 1)\ TPCR，M > ISRTP \end{cases} \tag{7-49}$$

式中，M 表示采样计数；$ISRTP$ 表示锥度校准开始点；$TPCR$ 为锥度校准系数。

当带钢到达立辊轧机时，若反馈 AWC 模式为"ON"，则在立辊咬钢延迟几秒钟后，再执行前馈 AWC。

7.5.5 反馈 AWC

由于板坯长度上各点硬度、温度不同以及本体缺陷，立辊侧压后板坯边部波纹等因素造成轧制过程中的变形抗力不均，也导致轧制力波动及轧辊弹跳变形，使有载辊缝发生变化，而不能保持板宽恒定。轧制力宽度控制正是通过轧钢过程中轧制力变化来进行调节。借助液压伺服系统调节侧压位移量以实时补偿辊缝的波动偏差，保持辊缝恒定，进而达到控制宽度的目的。根据金属变形理论，轧制力和板宽之间存在一定的关系，与反馈 AGC 类似，为了保持有载辊缝恒定，必须对波动的辊缝进行补偿调节，其辊缝调节量为：

$$\Delta S = \frac{Q + M}{M} \frac{P_{B0} - P_B}{M} \tag{7-50}$$

式中，Q 为板坯塑性系数；M 为立辊轧机的刚度系数；P_{B0} 为宽度为 B_0 时的轧制压力；P_B 为宽度为 B 时的轧制压力。

为了实现对板坯的实时控制，立辊上下轴承座均与对应 AWC 油缸连接在一起，上下油缸都装有位置检测传感器和压力传感器，用于检测轧辊位置和轧制力，进行实时运算后由液压伺服系统调节辊缝开度实现板宽控制。

7.5.6 缩颈补偿（NEC）

缩颈是由于精轧机组活套起套时对带钢冲击以及卷取机咬入带钢后由速度控制切换到张力控制时切换不当造成的。

为此可以采用粗轧区通过立辊开口度控制产生一个反向的"凸颈"来加以补偿。缩颈补偿功能需要知道缩颈起始位置 L_1、缩颈结束位置 L_2、需补偿的开口度量 S_{NEC}。

但考虑到由精轧机测宽仪或卷取前测宽仪所测出的为成品带钢的缩颈，因此在确定 L_1 及 L_2 时应做以下转换，卷取机拉钢的补偿可计算如下：

$$L_i = L_{Ci} \frac{h_n}{H_i} + \Delta L_{CL}，i = 1，2 \tag{7-51}$$

式中，L_{C1} 表示成品带钢缩颈的起始点离带头的距离；L_{C2} 表示带钢上缩颈的结束点；h_n 表示带钢成品厚度；H_i 表示粗轧区用于补偿的立辊之处带坯厚度；ΔL_{CL} 表示补偿卷取机张力冲击时当卷取机由 1 号改为 2 号时所增加的距离。

由此可求出立辊控制用的 L_1 和 L_2，假定成品带钢缩颈量为 ΔW_{NEC}，需补偿的开口度量为：

$$S_{\text{NEC}} = - G_{\text{NEC}} \frac{M + Q}{M} \Delta W_{\text{NEC}} \qquad (7\text{-}52)$$

7.5.7　动态设定（DSU）

　　为了提高设定精度，利用水平可逆轧机后的测宽仪，对倒数第二个奇道次轧制的板坯进行宽度实测，利用此实测信息，根据自学习模型，重新计算末道次的立辊开口度，以保证粗轧出口宽度的设定精度。

　　宽度控制中，各项系数的确定要充分考虑由于立辊压缩所造成的"狗骨头"，在接着进行的水平辊轧制时，将产生"再展宽"的现象，即水平辊的宽度要比一般宽度公式所计算的值要大，这需要在现场收集大批数据加以统计，以求得考虑"再展宽"的实用公式。

参 考 文 献

[1] 黄绍辉, 孙一康. 电动-液压综合 AGC 系统的仿真研究 [J]. 冶金自动化, 2003, 27 (4): 3~6.

[2] 张飞, 杨荃, 凌智. 一类特殊轧机的自动压靠方法 [J]. 机床与液压, 2010, 38 (22): 1~3.

[3] 张飞. 热连轧综合 AGC 系统的研究 [D]. 北京: 北京科技大学, 2007.

[4] 艾新冰. 热连轧带钢宽度自动控制方法研究 [D]. 沈阳: 东北大学, 2009.

[5] 孙一康. 带钢热连轧的模型与控制 [M]. 北京: 冶金工业出版社, 2002.

[6] 张飞, 裴红平, 凌智, 等. 相对 AGC 锁定方式的探讨 [J]. 中国冶金, 2010, 20 (9): 11~13.

[7] 童朝南, 孙一康, 陈百红. 热连轧 AGC 控制中活套补偿的两种观点 [J]. 轧钢, 2002, 19 (4): 47~48.

[8] 曹现菊. 2300 热轧粗轧机组自动宽度控制研究 [D]. 沈阳: 东北大学, 2009.

[9] 艾新冰. 热连轧带钢宽度自动控制方法研究 [D]. 沈阳: 东北大学, 2009.

8 板形模型与控制

8.1 板形控制概述

板形是热轧板带材生产过程中的关键质量指标，同时也是板带材生产过程中的控制难题。国内外学者和生产企业通过不断努力，开发了很多有效的板形控制技术。板形问题复杂，影响因素多，与设备状态、工艺布局、控制参数、操作经验和管理水平等均有密切关系。板形质量不好不仅会影响到本工序的生产顺行，对后续工序的生产顺行和产品质量也有很大的影响。截至目前，仍然没有一劳永逸的板形解决方案。开发功能先进的板形控制技术，可以在很大程度上消除或缓解生产过程中干扰因素（如工艺参数的波动、辊形的变化等）和偶发因素（如不正确操作、设备故障等）对板形控制的不利影响，提高板形质量的稳定性。虽然板形精度近些年得到了很大的提高，但同时市场的要求也越来越高。毫无疑问，面对苛刻的市场及过剩的产能，带钢板形质量已成为提高板带产品市场竞争力的核心因素。

归纳来看，热连轧板形控制性能和板形质量的影响要素有以下几点：（1）上游及下游各机架的机型选择与配置；（2）与各机架机型适配的支撑辊及工作辊辊形自主设计；（3）建立与支撑辊及工作辊辊形配套的弯辊、窜辊工艺制度；（4）工艺制度在控制模型中的固化及控制智能化。完整的板形控制技术，是由上述机型、辊形、工艺、控制整合而成的一体化系统。可以看出，板形控制研究的内容非常繁杂，从设备到工艺，从板形基础理论到板形控制系统及检测技术，从热轧冷态板形到冷轧原料及成品，涉及的学科也非常多，从热学到摩擦学，从弹性力学到塑性力学，从计算机仿真到自动控制等。20世纪60年代，M. D. Stone 的弹性基础梁理论和液压弯辊的实用性研究为板形控制奠定了基础；70年代日本新日铁公司和日立、三菱公司合作开发时，提出了以实验为基础的板形理论研究新思路，并由松本等人提出凸度遗传系数和板形干扰系数，得到板形预设定的简易方程式，为板形在线设定控制提供了理论基础；80年代是板形控制技术的大发展时期，期间各种轧机如 CVC、PC、HC 的发明和使用使得板形控制技术得到飞跃；20世纪90年代至21世纪初，随着板形检测技术的不断发展，包含板形预设定和板形闭环反馈的板形控制系统得到完善，并根据带钢板形质量要求的不断提高进行相应的创新；近五年，全流程板形控制和板形质量智能判定技术成为新热点，研究人员更关心多工序下板形的协调控制技术。

8.2 板形基本概念

8.2.1 横截面形状

横截面形状主要反映板带宽度方向的厚度分布特征，如图 8-1 所示。衡量板带横截面形状好坏的指标有凸度、楔度、边降、局部高点。

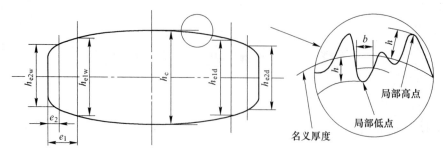

图 8-1　板带横断面形状示意图

（下角 w 表示操作侧；d 表示传动侧）

8.2.1.1　凸度（Crown）

凸度为板带宽度中点处厚度与两侧边部标志点处厚度平均值的差值：

$$C_x = h_c - \frac{h_{xw} + h_{xd}}{2} \tag{8-1}$$

式中，C_x 为板带凸度，μm 或 mm；h_c 为板带宽度中点处厚度；h_{xw}、h_{xd} 分别为板带两侧边部标志点处厚度；x 为标志点距板带边缘距离，一般定义 $x = 15mm$、$25mm$、$40mm$、$100mm$ 等，对应的凸度也定义为 C_{15}、C_{25}、C_{40}、C_{100} 等。

凸度是评价横截面形状的主要指标，反映了板带的中凸程度，实际生产中常以 C_{25} 或 C_{40} 作为控制目标。对于热轧后的板带而言，考虑到热轧本身轧制稳定性及下游冷轧工序的要求，一般要求 C_{40} 在 $25 \sim 70 \mu m$ 之间；对于冷轧后的板带而言，一般要求 C_{40} 的绝对值越小越好。

8.2.1.2　楔度（Wedge）

楔度也称楔形，为板带两侧边部标志点处厚度的差值：

$$W_x = h_{xw} - h_{xd} \tag{8-2}$$

式中，W_x 为板带楔度，μm 或 mm；x 取值不同，对应的楔度定义有 W_{15}、W_{25}、W_{40}、W_{100} 等。

楔度反映板带横截面形状宽度方向的对称性，实际生产中常以 W_{25} 或 W_{40} 作为控制目标。对于热轧及冷轧后的板带，一般都要求楔度的绝对值越小越好。

8.2.1.3　边降（Edge Drop）

边降也称边部减薄，为板带边部两标志点处厚度的差值。考虑到实际轧制过程中板带操作侧与传动侧边降会有所不同，为此，两侧边降分别进行计算：

$$E_{dw} = h_{e1w} - h_{e2w} \tag{8-3}$$

$$E_{dd} = h_{e1d} - h_{e2d} \tag{8-4}$$

式中，E_{dw}、E_{dd} 分别为板带操作侧和传动侧边降，μm 或 mm；h_{e1w}、h_{e1d} 分别为操作侧和传动侧距边缘 e_1 处板带厚度；h_{e2w}、h_{e2d} 分别为操作侧和传动侧距边缘 e_2 处板带厚度；在实际生产过程中，e_1 一般取 $100mm$，e_2 取 $15mm$ 或 $5mm$；也有将 e_1 取 $45mm$，e_2 取 $15mm$。

边降反映板带边部局部区域厚度的变化情况。由于边降直接影响到边部切边量的大小，与成材率密切相关，为此，边降作为评价板带横截面形状的指标越来越受到重视，尤其是对于某些特殊品种的产品，如硅钢，对边降的控制会提出明确的要求。

8.2.1.4 局部高点 (Local High-spot 或 Ridge)

在板带横截面中，局部高点是用来描述局部增厚量的参数，而局部低点是用来描述局部减薄量的参数。定量地讲，局部高点和局部低点是指在板带局部截面内测得的超出或者低于板带名义厚度的偏差值，其范围限定在宽度为 b_r、高度为 h_r 的区域内。在实际评价中，b_r 一般取 100mm，h_r 一般规定不能超过 $10 \sim 15 \mu m$。

实际生产中由于轧辊磨损、板带冷却不均匀等原因，板带横截面上出现局部高点的可能性更大，且局部高点更不利于下游冷轧及后处理工序产品的质量控制，为此，常用局部高点作为局部高点和局部低点的统称。

由于局部高点会造成冷轧过程出现局部浪形或板带在卷取过程中出现起筋，严重影响板带外观质量和产品性能，局部高点是近年来生产汽车板、家电板及硅钢等高附加值产品中需要特别关注的指标，要求实现热轧、冷轧、镀锌、退火及平整等多工序的综合控制。

8.2.2 平坦度

平坦度也称平直度，俗称浪形。平坦度是描述板带纵向纤维在宽度方向上延伸不均的指标，其内在的原因是板带在生产过程中宽度方向各点压延、冷却、相变等不均产生的残余内应力分布不均。根据残余内应力的分布及大小，平坦度可分为：

（1）理想的平坦度：板带宽度方向残余内应力分布均匀或无残余内应力。

（2）潜在（隐性）的平坦度缺陷：板带宽度方向残余内应力分布不均匀，且残余内应力未超过屈曲失稳极限值，无外部张力作用时仍然平坦，无可见浪形，但纵切分条后会出现可见浪形或各条长度不一致。

（3）表观（显性）的平坦度缺陷：板带宽度方向残余内应力分布不均匀，且残余内应力超过屈曲失稳极限值，有外部张力作用时有时可转化为隐性的，无外部张力作用时有可见浪形，纵切分条后各条长度不一致。

（4）混合的平坦度缺陷：板带的平坦度缺陷一部分是潜在的，一部分是表观的，是最常见的一种平坦度缺陷。

按照可见浪形在板带宽度方向的位置及浪形形式，可分为单边浪、双边浪、小边浪、中浪、四分之一浪、边中复合浪、肋浪等。图 8-2 为实际生产中常见的表观平坦度缺陷。依据不同的需要，热轧生产过程中，常用平坦度表示方法有波高法、波浪度法、相对长度差法。

8.2.2.1 波高法

将存在平坦度缺陷的板带自然放置于一水平面上，如图 8-3 所示，通过测量浪形的高度 R_v 来衡量平坦度缺陷的严重程度。波高法是板带实际生产中常采用的离线检测方法，依据浪高大小对板带的平坦度缺陷进行判定。由于这种方法只包含有浪形高度信息，不能反映板带纤维的真实延伸差别情况，波高法只能作为一种参考。

8.2.2.2 波浪度法

波浪度又称陡度，是早期日本学者或企业应用较多的一种平坦度缺陷评价方法，其定

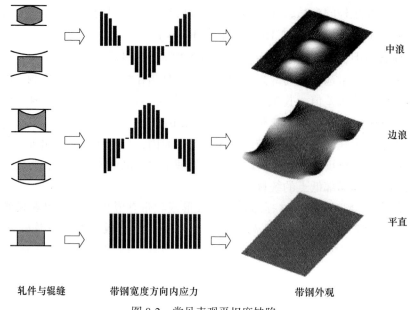

图 8-2　常见表观平坦度缺陷

义如下式：

$$\lambda_v = \frac{R_v}{L_v} \times 100\%$$ (8-5)

式中，λ_v 为波浪度；R_v 为浪形高度；L_v 为浪形的波长，如图 8-3 所示。

8.2.2.3　相对长度差法

假想将存在平坦度缺陷的板带纵切成若干条放置于一水平面上，由于残余内应力的释放，纵切后各条纤维的长度会不一致，如图 8-4 所示。纤维相对长度差法表示平坦度可用下式表示：

$$\varepsilon_v(x) = \frac{L_\varepsilon(x) - L_0}{L_0} = \frac{\Delta L(x)}{L_0}$$ (8-6)

式中，$\varepsilon_v(x)$ 为板带各条纤维相对长度差；$L_\varepsilon(x)$ 为纵切后纤维的自由长度；L_0 为参考纤维长度或标准纤维长度；ΔL 为纵切后纤维自由长度与标准纤维长度的差值。

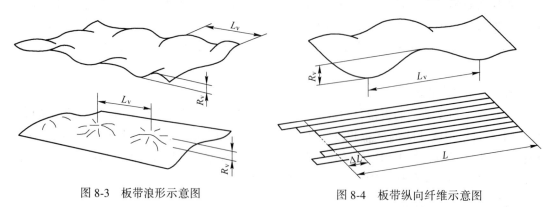

图 8-3　板带浪形示意图　　　　　　图 8-4　板带纵向纤维示意图

对于采用纤维相对长度差表述的平坦度，实际应用中较多的是采用 IU 单位，1 个 IU

表示相对长度差为 10^{-5}（100m 的带钢，分条后纤维长度差为 1mm，则浪形为 1IU），即：

$$\varepsilon_f(x) = \varepsilon_v(x) \times 10^5 \tag{8-7}$$

式中，$\varepsilon_f(x)$ 为采用纤维相对长度差表述的平坦度值，单位为 IU。

若认为浪形曲线按正弦规律变化，通过相关数学运算可得曲线部分和直线部分的相对长度差，从而建立波浪度与相对长度差之间的关系，如下式所示：

$$\varepsilon_f = \frac{\pi^2}{4}\lambda_v^2 \times 10^5 \tag{8-8}$$

8.2.3 翘曲

板带翘曲也是一种常见的板形缺陷，有时也叫拱弯。具体表现为将卷材横切成一定长度的板材时，由于残余内应力的作用，钢板表现出不平直，尤其是对于高强钢板，更易出现翘曲。翘曲可分为 C 翘、L 翘和四角翘，如图 8-5 所示。C 翘为钢板沿宽度方向发生弯曲而形成的横向翘曲；L 翘为钢板沿长度方向发生弯曲而形成的纵向翘曲；四角翘就是钢板在长度方向及宽度方向同时发生弯曲而形成的翘曲。

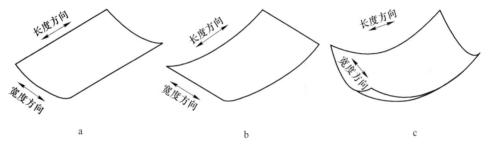

图 8-5　钢板翘曲示意图
a—C 翘；b—L 翘；c—四角翘

8.2.4 镰刀弯

镰刀弯，又称为侧弯，是轧制时轧件出现水平方向上弯曲的现象，如图 8-6 所示。镰刀弯会严重影响下游道次或机架的对中轧制，导致出现不对称板形缺陷，如楔形、单边浪等，对于轧制过程的稳定性有很大的破坏作用。

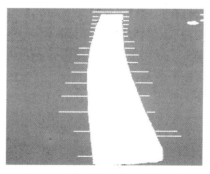

图 8-6　热轧粗轧轧件出现镰刀弯

根据轧件水平弯曲的形式，镰刀弯可分为 C 形弯、S 形弯、单侧弯，其中 C 形弯和 S 形弯为主，可根据轧机出口轧件中心线的偏移来判定，如图 8-7 所示。

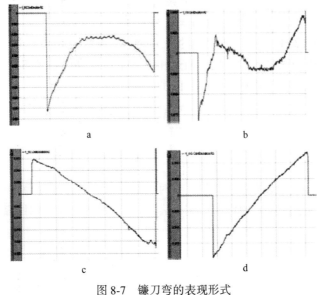

图 8-7　镰刀弯的表现形式

a—C 形弯；b—S 形弯；c，d—单侧弯

8.3　板形控制技术

8.3.1　液压弯辊技术

液压弯辊调节装置出现于 20 世纪 60 年代，最早应用于橡胶、塑料、造纸等工业部门，后来逐步应用到金属加工中，并发展成为一种行之有效的板形控制技术。和其他板形控制技术相比，液压弯辊技术的最大优点在于实时性强，可以在瞬时达到改善板形的目的，为此在板形闭环控制中，主要还是采用液压弯辊进行调节。同时，新的板形控制技术出现后往往也都会与液压弯辊进行配合使用，所以液压弯辊是板形控制中的最基础条件。液压弯辊的原理是通过向轧辊（工作辊或支撑辊）辊颈施加液压弯辊力，使得轧辊产生瞬时的弯曲变形，改变承载辊缝形状，进而影响轧制完成后带钢横向不同位置的延伸，改善带钢截面形状和浪形。

工作辊弯辊目前在各类轧机中被广泛使用，是板带轧制过程中必备的执行机构。工作辊弯辊可以和原始辊形、轧辊移位技术、支撑辊技术配合用于控制板形，为此在原始辊形、移位技术设计恰当的前提下，采用工作辊正弯即能满足板形控制的需求，这对于简化设备结构、较小设备维护具有积极的意义。目前，绝大多数的热连轧机组都采用正弯，而在热轧和冷轧平整机、轧辊交叉轧机、带钢冷轧机、有色金属热轧机和冷轧机中还同时采用工作辊正弯和负弯系统。图 8-8 所示为工作辊正负弯辊示意图。

8.3.2　液压窜辊技术

液压窜辊技术的出现也是板形控制技术发展的一个重要阶段。采用液压窜辊以后，可以带来如下有益效果：

（1）如果工作辊采用普通辊形，通过液压窜辊可均匀化轧辊磨损，改善带钢断面形

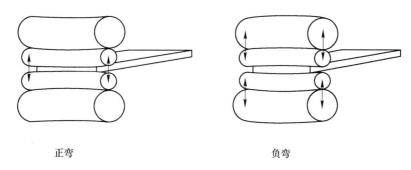

正弯　　　　　　　　　　　负弯

图 8-8　工作辊正负弯辊示意图

状，延长轧制公里数以及实现一定程度上的自由规程轧制。如果在轧辊边部磨削局部辊形，还可以通过窜辊进行局部板形控制。

（2）如果采用轴向移位变凸度类辊形，通过液压窜辊，可实现轧辊凸度的等效变化，满足不同类型品种和轧制工况对轧辊的要求，大大提高轧机的板形控制能力。

（3）在某些类型轧机上，通过窜辊，还可以调节工作辊与支撑辊的接触长度，减小有害接触区对板形的影响。

如图 8-9 所示，在工作辊轴承座的一侧装有液压系统对工作辊进行左右抽动。

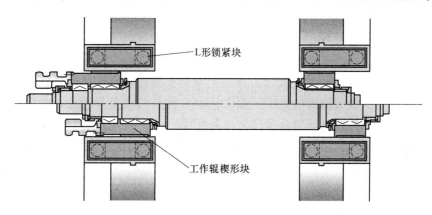

图 8-9　工作辊窜辊机构

8.3.3　工作辊辊形技术

工作辊辊形技术是板形控制中最活跃的因素，许多先进板形控制思想实质在于辊形技术的创新。

8.3.3.1　CVC 技术

CVC 技术是德国著名轧机设计及制造厂 SMS 公司于 20 世纪 70 年代末推出的板形控制技术，CVC 为 Continuously Variable Crown（连续可变凸度）的缩写。CVC 与弯辊装置相结合是目前热连轧板形控制最常用的方案之一。CVC 采用带有形状的可横向窜动的工作辊（四辊 CVC）或中间辊（六辊 CVC）来调节辊缝形状，通常采用三次曲线进行辊形设计。

图 8-10 为调节带钢凸度的原理图，图中的中凸度为 CVC 辊形不抽动时的轧辊凸度，

辊形小头外抽产生正凸度轧辊，因而可轧出中间薄两边厚的带钢轮廓；辊形大头外抽则相反，形成负凸度轧辊。图 8-11 所示六辊 CVC 轧机主要用于冷轧带钢板形控制，调节高次板形缺陷。

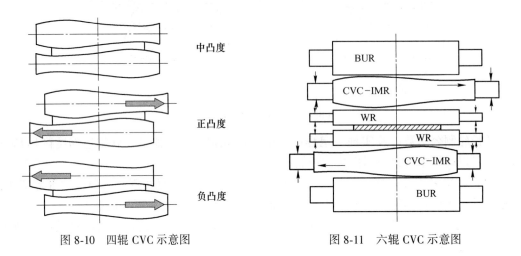

图 8-10 四辊 CVC 示意图   图 8-11 六辊 CVC 示意图

　　根据轧机的不同尺寸，CVC 轧辊横向窜动量一般为 ±100~150mm，其凸度调节能力与辊形设计有关。CVC 技术有如下优点：（1）设备简单。如果将普通四辊轧机的工作辊辊身延长，增加轴向移辊装置，并采用特殊的辊形曲线，就成为了一台 CVC 轧机。同 HC 和 PC 等轧机相比，CVC 轧机具有投资少、见效快的特点；（2）凸度调节范围比较大。CVC 轧机除了采用特殊形状的轧辊外，通过与弯辊配合还可以扩大凸度调节范围。在由辊缝二次成分和高次成分构成的坐标平面上，CVC 轧机的调节范围是一个近似矩形的区域，而仅有弯辊的四辊轧机调节范围仅是一条直线；（3）使用灵活。CVC 轧机的工作辊可以根据轧制参数的变化进行连续轴向窜动，它既可以在轧制开始前预先设定位置，也可以在轧制过程中窜动（冷轧中应用），对设定进行在线调整。

　　CVC 技术也有其自身缺点，由于 CVC 辊缝凸度调节能力和带钢宽度的平方成正比，为此，带钢宽度越窄，CVC 轧机调节能力越弱，弯辊也是如此，这样，CVC 轧机对窄规格带钢的板形控制能力略显不足。

8.3.3.2 HVC 技术

　　基于三次曲线辊形在窄规格带钢板形控制能力上的不足，北京科技大学对变凸度辊形进行了深入研究，提出了 HVC 技术（High-performance Variable Crown，高效变凸度辊形），希望通过变凸度辊形技术的创新，达到增加轧机板形控制能力的目的。

　　变凸度辊形研究的最终目标是开发新型的变凸度工作辊，增大轧机的板形控制能力，尤其是增加轧机对窄规格带钢的板形控制能力。为便于变凸度辊形的应用，其等效凸度应保持与窜辊位置呈线性或近似线性关系。生产实践中，我们希望在带钢宽度减小时，工作辊等效凸度调节能力减小幅度缓慢；同时希望形成的辊缝平滑、接近抛物线形状。基于此，北科大设计出了一种工作辊辊形使得辊缝凸度在所指定的宽度区间内呈线性化，而在其他宽度区间内辊缝凸度平滑呈二次函数分布，该工作辊辊形的等效凸度调节能力可满足上述的期望。根据辊缝形成的原理，可用分段函数构造这种工作辊辊形，如图 8-12 所示，该辊形在指定宽度区间内使用二次多项式曲线，其他范围使用三次曲线。

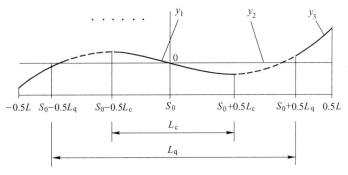

图 8-12　HVC 工作辊辊形分段函数示意图

8.3.3.3　PC 技术

由日本三菱重工发展的 PC 辊（Pair Cross）在热连轧机领域也得到了很大的发展。其基本原理为上下辊系（工作辊加上支撑辊）交叉一个角度后（以辊身中心为中心点），其辊缝形状相当于两侧加大可形成内凹形，等效于正弯辊。因此如用平辊往往会轧出负凸度带钢。为此需要使用内凹形辊形和负弯辊以便扩大正凸度方向的调节能力。PC 的交叉角一般不超过 1°，如果存在着设备精度缺陷或交叉点不在零位，这种轧机会带来较大的轴向力，影响轴承寿命。由于不带窜辊技术，PC 轧机上开发了在线磨辊装置，使轧辊均匀磨损得到保证，同时也是自由规程轧制实施的有益手段。PC 技术提供了比弯辊和变凸度辊形更为强大的板形控制能力，一般用于凸度预设定，不用于在线（轧制时）调节。图 8-13 为 PC 轧机的示意图。

8.3.3.4　UPC 技术

UPC 技术和 CVC 技术基本相似，它呈雪茄形，而非 CVC 中的 S 形。另外，它的移动行程是 CVC 系统的两倍。UPC 辊适于支撑辊凸度较小、轧制力和轧辊弯曲变形都较大的场合。图 8-14 为 UPC 技术示意图。

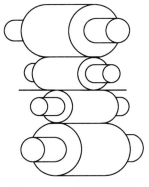

图 8-13　PC 轧机示意图

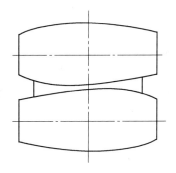

图 8-14　UPC 技术示意图

8.3.3.5　SmartCrown 技术

SmartCrown 是奥钢联开发的一种工作辊辊形，辊形形状同样类似于 CVC，其技术特点在于能够提供更优的凸度控制能力，并在轧制过程中有利于控制板形的四分之一浪，通过调节形状角形成余弦辊缝。图 8-15 为 SmartCrown 技术示意图。

8.3.3.6　K-WRS 技术

在边降控制方法中,目前世界上应用最广的是由日本川崎制铁开发的单锥度辊窜辊轧机 K-WRS,如图 8-16 所示,通过工作辊横向窜辊,控制带钢边部进入轧辊锥形段的距离,补偿工作辊弹性压扁引起的带钢边部金属变形,减少边降的发生。由于控制的复杂性,K-WRS 通常用于批量化生产模式下,具有一定的局限性。众多学者从理论和实验角度探讨了 K-WRS 轧机工作特性及轧制过程中各因素对带钢边降的影响。其中法国的 Jean-Jacques、日本的镰田正诚等详细分析了辊形锥度和带钢锥形区的进入量对边降控制的影响。

北京科技大学提出了一种非对称工作辊辊形技术,在边部采用高次曲线,其原理和 K-WRS 类似,但更多考虑了一个轧制单位内不同宽度带钢的综合影响,并采用满意优化算法对曲线进行了理论设计,在国内一些企业得到应用,同样也取得了理想的效果。

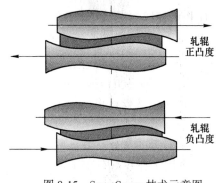

图 8-15　SmartCrown 技术示意图

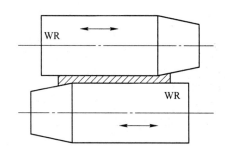

图 8-16　K-WRS 技术示意图

8.3.4　支撑辊辊形技术

8.3.4.1　HC 技术

采用工作辊或中间辊轴向移动技术以改变辊间接触长度是减小有害接触区的一种思路,因而也将其等价归纳为一种支撑辊技术。HC(High Crown)技术是这类技术的先驱代表,HC 技术是日本日立公司和新日铁钢铁公司于 20 世纪 70 年代联合研制的板形控制技术。HC 技术以轧机为载体,通过上下工作辊或中间辊沿相反方向的轴向移动改变辊间接触长度。图 8-17 为 HCM 轧机板形调节简图,通过调节 HC δ 的大小,并附以工作辊弯辊使得 HCM 轧机具有优异的板形控制能力和良好的板形抗干扰能力。采用小直径工作辊的 HC 轧机,在工作辊弯辊力作用下,工作辊易发生复杂变形,以至于带钢出现复杂浪形。为了进一步改善 HC 轧机的板形控制性能,增加了中间辊弯辊,这类轧机被称为 UC(Universal Crown)轧机,如图 8-18 所示。UC 轧机具有更强的板形控制能力,工作辊弯辊与中间辊弯辊联合控制不仅能纠正常见的二次浪形,对于高次浪形也具有较强的纠正能力。

目前 HC 轧机是在热轧和冷轧中应用最多的机型之一,这本身说明了 HC 技术的优越性。但是,HC 技术也存在不足,由于工作辊或中间辊的轴向移动,在辊间易出现接触压力尖峰,这个压力尖峰增加了轧辊的不均匀磨损,严重时导致辊面剥落。目前,在中间辊端部设计相应的锥度或圆弧，可有效缓解这一接触压力尖峰。

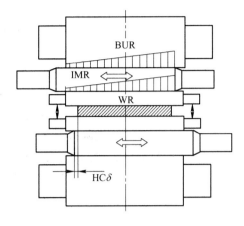

图 8-17 HCM 板形调节简图

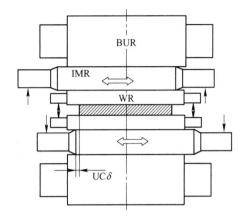

图 8-18 UCM 板形调节简图

8.3.4.2 VCR 技术

热轧轧制条件复杂恶劣，板形控制的干扰因素很多，所有干扰因素可集中表现为轧制过程中轧制力波动和辊形变化，包括支撑辊辊形和工作辊辊形，它们各自又包含热辊形和磨损辊形。轧制力的波动将导致板形的波动，要消除其对板形的影响需要高效、高精度的控制系统。辊形的变化不仅对板形控制有影响，而且严重的轧辊磨损将导致弯辊力调控力的下降，弯辊力设定明显增加，甚至超过极限。为了消除或减轻轧制力的波动和辊形的变化对板形控制、操作等造成的影响，改善轧机的板形控制性能，北京科技大学于 20 世纪 90 年代开发了在轧制生产线上使用的变接触支撑辊技术（Varying Contact Length Backup Roll，VCR）。变接触支撑辊技术的核心是在支撑辊上磨削特殊的辊形曲线，使得辊系在轧制力的作用下，支撑辊和工作辊的辊间接触长度能够与所轧带钢的宽度相适应，消除或减少辊间有害接触区，提高承载辊缝的横向刚度，增加轧机对板形干扰因素（包括来料的板形波动和轧制力波动等）的抵抗能力，抑制板形缺陷的产生，使轧后带钢的板形保持稳定。VCR 曲线的特征如图 8-19 所示，辊形曲线中部比较平缓，边部变化大，具有高次曲线特征，根据不同轧机不同机架各自的工况参数，可设计不同的 VCR 曲线形式。

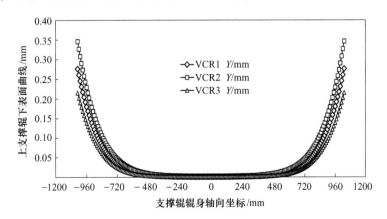

图 8-19 VCR 支撑辊辊形曲线

随着 CVC/HVC 技术在工作辊上的广泛使用，提出了新一代变接触支撑辊辊形技术（VCR+），其原理是在 VCR 的基础上在相应位置叠加高次工作辊辊形曲线，在辊间接触压力和辊形保持性方面取得了比 VCR 更好的效果。

8.3.4.3   DSR 技术

DSR（Dynamic Shape Roll）技术是法国 CLECIM 公司 20 世纪 90 年代初期开发的较为先进的板形控制技术。这种技术的核心是动态板形支撑辊，如图 8-20 所示。DSR 支撑辊的主体结构包括一个可旋转的辊套、一根固定的芯轴、几个压块（一般为 7 个）。这 7 个压块既是压下机构，又是板形调节机构。芯轴和压块之间通过液压缸相连接，液压缸的压力通过压块与辊套内壁之间的动压油膜传递到辊套，经过辊套的变形来实现支撑辊对工作辊支撑力的调控。DSR 支撑辊 7 个压块的压力可以独立调节，正是这种离散机构，使得DSR 可以任意地调节辊间接触压力的横向分布，以适应轧制条件的变化，使轧机具有较强的板形控制能力，不仅能纠正对称板形缺陷（双边浪、中浪），还具有纠正通常难以纠正的高次板形缺陷（四分之一浪、边中复合浪）以及非对称板形缺陷的能力。

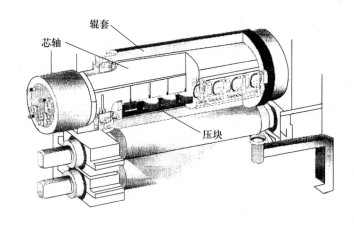

图 8-20   DSR 支撑辊结构示意图

8.3.4.4   VC 技术

VC（Variable Crown）技术是日本住友金属工业公司 20 世纪 70 年代末开发的板形控制技术，其核心装置是 VC 轧辊。考虑到工作辊的辊径较小，一般使用 VC 支撑辊。该装置的结构简图如图 8-21 所示。VC 轧辊由芯轴和辊套热装而成，在芯轴和辊套之间有一密封液压腔。高压油经过高速旋转接手和芯轴内的油孔进到液压腔中，通过高压油压力的改变，可以使辊套的膨胀量变化，进而影响辊间接触压力的分布，改变辊系的挠曲变形，最终达到控制带钢板形的目的。VC 技术具有较强的板形控制能力，其轧辊凸度能有较大的改变（如液压腔油压为 49MPa 时，轧辊中心的直径凸度可达 520μm），且其液压腔内油压与辊套膨胀量呈正比，这给 VC 轧辊用于板形控制带来便利。另外，VC 轧辊可以实现对带钢厚度的控制。尽管如此，VC 技术对辊套的性能要求很高，对 VC 轧辊的热装配及密封要求同样很严，这些均增加了实际操作的难度。

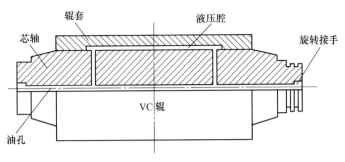

图 8-21　VC 轧辊结构简图

8.4　凸度与平坦度转化关系

横截面形状是板带轧制时的质量控制目标，平坦度控制通过控制板带宽度方向各点的均匀压缩来实现。横截面形状与平坦度有内在的转化关系。如果忽略板带轧制时金属的横向流动，按照等体积的原则，可得：

$$\frac{H(x) - h(x)}{H(x)} = \frac{H_c - h_c}{H_c} \Rightarrow \frac{H(x) - H_c}{H_c} = \frac{h(x) - h_c}{h_c} \Rightarrow \frac{C_H}{H_c} = \frac{C_h}{h_c} \qquad (8-9)$$

式中，$H(x)$、$h(x)$ 分别为轧前、轧后板带的厚度分布；H_c、h_c 分别为轧前、轧后板带宽度方向中点处的厚度；x 为板带宽度方向坐标。

由式（8-9）可知，要使板带轧后不出现平坦度缺陷，需要轧制前凸度 C_H 与 H_c 之比等于轧制后凸度 C_h 与 h_c 之比。将凸度与厚度之比定义为比例凸度，可用下式表示：

$$C_p = \frac{C}{h} \qquad (8-10)$$

式中，C_p 为比例凸度；C、h 分别为板带的凸度、厚度。

式（8-9）是建立在不考虑板带轧制时金属横向流动情况下得到的。但事实上，在轧制过程中，尤其是热轧阶段，板带较厚，金属存在横向流动。这样板带厚度方向的不均匀压缩就不一定会 100% 转变成长度方向的不均匀延伸，可能会有一部分转变为宽度方向的延伸，也即意味着，在不严格遵守等比例凸度原则的情况下，也可保持平坦度良好，此即为 Shohet 板形判别式：

$$-\beta K < \frac{C_H}{H} - \frac{C_h}{h} < K \qquad (8-11)$$

$$K = \alpha \left(\frac{h}{B}\right)^{\gamma} \qquad (8-12)$$

式（8-11）和式（8-12）中，K 为出现中浪的阈值；$-\beta K$ 为出现边浪的阈值；α、β、γ 为阈值计算系数；B 为板带宽度。K. N. Shohet 利用切铝板的冷轧实验数据和切不锈钢板的热轧实验数据，导出 $\gamma = 2$；而 Robert R. Somers 采用了其修正形式，将 γ 值缩小为 1.86，增加了带钢"平坦死区"的范围，图 8-22 所示为平坦度控制死区。当出口与入口比例凸度的变化大于 K 时，将出现中浪；当出口与入口比例凸度的变化小于 $-\beta K$ 时，将出现双边浪；当满足式（8-11）时，将不会出现外观可见的浪形。

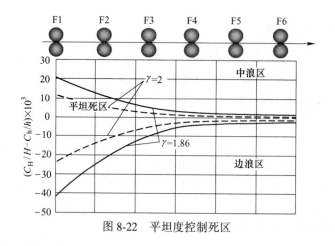

图 8-22　平坦度控制死区

8.5　板形控制的理论研究内容

板形控制理论研究的目的，是建立各种影响因素与轧后带材板形之间关系的数学模型，以准确地预测、设定和控制板形。完整的板形控制理论研究至少包括以下三个部分：

（1）轧件三维弹塑性变形的研究——轧制模型。

（2）辊系弹性变形和热变形的研究——辊系模型。

（3）轧后带材失稳屈曲变形的研究——带材模型。

这三个组成部分存在着紧密的耦合关系，如图 8-23 所示。模型（1）为模型（2）提供轧制压力的横向分布，为模型（3）提供前张力的分布；模型（2）为模型（1）提供轧后带材厚度的横向分布；模型（3）根据前张力的横向分布判别板形平坦度。

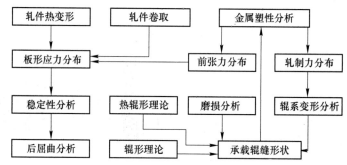

图 8-23　板形理论各研究领域及相互关系

8.5.1　轧件三维弹塑性计算模型

带钢变形过程是联系辊系变形过程和轧后带钢板形生成过程的桥梁，特别是对轧制过程中带钢发生塑性变形的研究在整个板形理论研究体系中有着重要的意义。但是，塑性变形过程的物理和几何非线性性质及边界条件的复杂性，使这部分研究内容成了难点和薄弱环节。对于带钢的三维塑性变形计算，有学者从不同层次和不同角度，运用不同的方法对其进行了深入的研究。解析方法求解三维塑性变形问题不仅复杂，而且由于采用了较多的假设，偏离实验值较远，不是理想的方法。随着计算机的发展，在计算中多采用数值计算的方法。目前常用的求解方法有变分法、有限元法、边界元法、条元法和差分法。

8.5.2 辊系弹性变形的研究方法

辊系弹性变形部分的计算已经较为成熟，目前的计算机精度已达到了实用的程度。研究轧辊辊系弹性变形对于设计、改造板带轧机以及对于控制和改善板形都具有非常重要的意义。辊系的弹性变形由三部分组成：轧辊的弹性弯曲变形、轧辊的剪切变形和轧辊的弹性压扁变形。总结目前轧机辊系变形的各种计算方法，可分为解析方法和数值计算方法。解析方法主要有简支梁法、弹性基础梁法、双层梁法。由于解析法需作很多假设，计算精度也不高，因此目前计算辊系弹性变形已很少采用此方法。与解析法相比，数值计算方法避免了解析方法中过多的假设和简化，实现了任意复杂问题的求解，而且它的计算精度已达到了工程应用的要求。具有代表性的数值方法有：影响函数法和有限元法。

值得一提的是二维变厚度平面有限元模型，将辊系处理为若干厚度不等的平面单元组成。模型中对平面单元采用等效厚度计算，中部单元按单元的惯性矩和实形相等确定厚度，接触边界元按单元的压缩变形与 Hertz 压扁量来确定厚度，结合实验校正该模型取得了较为理想的计算结果，且计算速度快。

8.6 板形检测技术研究

带钢热连轧长期以来所用自动化仪表为测厚、测宽、测温、测压以及位置、速度等传感器，随着板形控制技术的发展，开发了成品带钢凸度及平坦度测量装置。带钢板形检测技术主要分为凸度（断面）检测和平坦度检测这两种。

8.6.1 凸度（断面）检测

在轧机出口设置一个或多个 C 形架，C 形架的上方安装有射源（一个或多个），下方设有数量不等的传感器，当带钢连续通过 C 形架时，传感器将接受到的不同能量转换成电流信号传送给信号处理单元，再经过计算机的处理得到断面的凸度并不断更新。

凸度的测量方法一般有两种：间接测量法和直接测量法。

间接测量法使用两个 C 形架，一个固定，用于测量带钢的中心厚度，另一个在几何空间上尽可能地靠近第一个 C 形架，并且射源以一定速度沿带钢宽度方向来回移动，用于扫描测量带钢的厚度分布。然后比较两个带钢的测量结果，间接计算出带钢的凸度，如图 8-24 所示。也有采用三个独立的 C 形架，分别测量传动侧、中心点和操作侧的带钢厚度，从而间接得到带钢凸度，如图 8-25 所示。

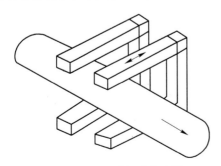

图 8-24 两 C 形架式凸度仪

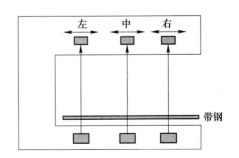

图 8-25 三个独立的 C 形架凸度仪

直接测量法采用联立式多通道测量原理。它设置多个射源和一组传感器，能够在同一时刻测量出带钢同一断面的厚度分布情况，如图 8-26 所示。

从测量原理可以看出，间接测量法的凸度仪的测量结果并不能完全反映带钢的凸度。因为它使用两个 C 形架，其中一个 C 形架上的射源来回移动，在轧制过程中，带钢高速地通过凸度仪。相对于带钢而言，横向方向来回移动的射源以 Z 字方式行走，它不可避免地受到带钢浪形的影响，如图 8-27 所示。因此，此种凸度仪的精度要低些，但价格却要低许多。直接式凸度仪克服了间接测量法凸度仪的缺点，其响应和精度都大大提高，当然价格也较贵。

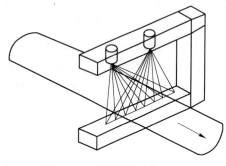

图 8-26 直接测量式凸度仪

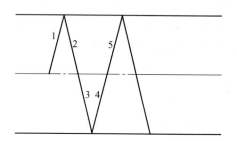

图 8-27 C 形架射源相对于带钢的运行路线

热轧带钢的凸度测量通常都设置在精轧机出口，所以要求凸度测量仪表不仅要有很高的测量精度，而且还要有很好的环境适应能力，即很高的可靠性。目前只有美国的 Radiometrie 公司、德国的 IMS 公司和日本的 Toshiba 公司等能生产各类凸度测量仪表。

8.6.2 平坦度检测

对于平坦度的检测可分为热轧测量型和冷轧测量型。冷轧的平坦度测量基于对张力的测量来得知带钢的板形分布情况，一般采用张力辊直接进行测量，如瑞典开发的 ASEA 直接板形测量辊适合于冷轧带钢平坦度的检测；由于带钢热连轧平坦度是以板边或板中部是否有浪形作为在线检测依据，目前广泛采用的为激光型平坦度测量仪。带钢在宽度方向上各纤维的不均匀延伸，导致带钢出现浪形。这将使得投影机投射到带钢表面的光线在反射时产生偏移，对平坦度仪摄像机得到的原始测量数据进行适当处理可以得到表示带钢平坦度状况的数学表达式。如图 8-28 所示，投影机倾斜投射一组光线到带钢表面，形成一组漫反射光斑组，覆盖整个带钢宽度区域，由 CCD 阵列摄像机连续摄取带钢被照亮区域的漫反射图像，经过数字图像处理系统提取斑纹位置信息，即可在线计算带钢沿宽度方向不同位置的延伸率。由面阵 CCD 摄像机摄取的光斑组图像经过光电转换为视频信号，经过 I/O 接口电路进入图像处理系统进行 A/D 转换，对 A/D 转换后的数字图像信号进行灰度变换，压低背景灰度使得光斑图像增强，然后进行二值化处理、噪声剔除、窗口采集，经过光斑图像边缘检测与识别，确定光斑位置，从而计算被检测光斑处带钢的延伸率，并且送往 CRT 或打印机。但是当带钢进入卷取机后夹送辊与末架精轧机间将形成张力而使浪形失真（一般情况浪形将消失），因此平坦度测量仅在带钢卷取没有建张之前检测有效。主要生产厂商有法国 Premium 公司、德国 IMS 公司、比利时 IRM 公司等。

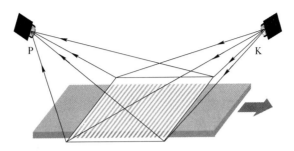

图 8-28　基于边缘投影原理的平坦度检测示意图

随着检测技术的进步，目前越来越多的企业采用将绝大多数测量功能集一体的多功能仪，可用于测量热轧带钢厚度、宽度、温度、横截面形状、中心线跑偏、平坦度等。

8.7　板形控制系统

板形指标是带钢产品的一项非常重要的质量指标，对提高其市场竞争力具有关键作用。为此，板形控制越来越得到生产厂家的重视，并围绕板形质量的提高不惜花费大量的财力，给轧机装备先进的板形控制技术，如 CVC、PC 等，以改善轧机的板形控制性能。同时，在精轧机组出口安装能用于实时控制的板形检测仪表，配置相应的板形控制软件，实现自动板形控制，在提高板形控制精度的同时，大幅度降低操作工的劳动强度。鉴于系统的复杂性，在前几年，自动板形控制系统及其模型参数调试大多依赖国外几家知名供应商，如西门子、西马克、TMEIC 等。国内在板形控制系统的研究方面起步较晚，但进展很快。目前已自主开发了成熟全套的自动板形控制系统并实现稳定运行，轧出了板形质量很好的带钢产品。

8.7.1　板形控制功能配置

板形控制系统可分为在过程自动化（L2）实现的板形设定计算和在基础自动化（L1）实现的动态板形控制两部分，其功能构成如图 8-29 所示。板形设定计算功能主要作用是在带钢未进入精轧机前，根据来料工艺参数、目标值、工作辊和支撑辊辊形参数等计算出各机架弯辊力和窜辊量大小，并将设定值下达给 L1，保证带钢头部的板形质量，利用仪表的实测值又可对板形设定模型进行自学习，提高设定模型的精度。动态板形控制系统由板形保持、凸度反馈和平坦度反馈三部分组成，此三功能分别以轧制压力波动及轧辊热凸度的变化、凸度仪和平坦度仪实测的板形值与目标值的偏差为依据，实时调节弯辊力大小，保证带钢全长的板形质量。考虑到层流冷却对板形的影响，在板形设定计算及动态板形控制中均做了相应的补偿策略，通常采用微中浪控制策略。这些控制功能与相应的辊形技术（如 VCR、CVC、HVC 等）配合，构成较完整的热连轧板形控制解决方案。

8.7.2　硬件及网络结构

作为重要的质量控制功能，板形控制系统的网络配置与整个计算机控制系统的网络配置融为一体，在考虑数据流的合理性、系统的稳定性、快速性、扩展性和先进性的情况下，板形控制系统的网络配置如图 8-30 所示。板形控制系统采用 2.5 级控制系统网络配

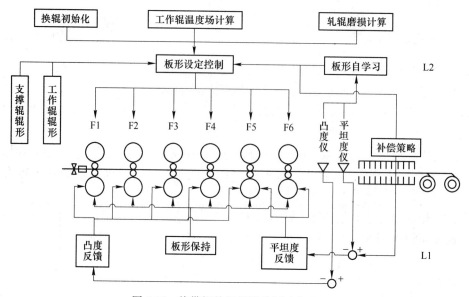

图 8-29   热带钢轧机板形控制功能配置

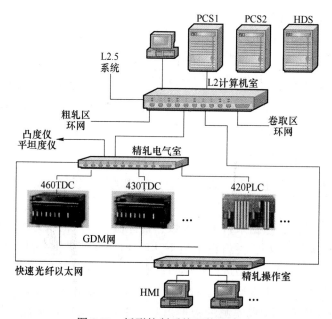

图 8-30   板形控制系统网络配置

置，其中与板形控制质量相关的 PDI 参数由 L2.5 级生产管理系统下达，板形设定计算在
L2 级过程控制系统的 PC 服务器内完成，L1 板形实时计算在基础自动化的多 CPU 实时高
性能的 TDC 控制器内完成，其中 460TDC 主要完成与板形实时控制相关功能，包括液压弯
辊系统的压力闭环、液压窜辊系统的位置闭环和板形闭环控制等，430TDC 主要完成与 L2
系统之间的通信。L1、L2 之间采用基于 TCP/IP 协议的高速光纤以太网进行通信连接。
凸度仪、平坦度仪的模拟、数字信号通过硬线直接与 TDC 控制器连接，网络信号可以通
过双绞线或光纤与精轧区的核心交换机或 L2 计算机室的核心交换机相连，TDC 之间采用

基于内存映像的高速 GDM 相连，实现快速数据交换。

8.7.3 板形设定控制模型

板形设定控制是根据精轧设定模型的结果计算精轧机组各机架工作辊的窜辊位置和弯辊力，并将设定值下达给 L1。每块带钢可进行多次板形设定计算。板形设定控制的主要目的是保证带钢头部的凸度目标值和精轧机下游各机架比例凸度，从而也保证带钢平坦度目标值。

在热轧中，板形设定控制在整个板形自动控制中占据非常重要的地位，不仅决定了带钢头部的板形控制精度，而且作为板形反馈控制的起点，对反馈控制的效果也有很大影响。

为提高板形设定控制的精度，同时又考虑到要在很短的时间内计算出工作辊弯辊力和窜辊量的设定值，利用二维变厚度有限元模型先进行 18 万多个工况的理论计算（考虑轧制规格、轧制力、弯辊力、窜辊量、轧辊初始辊形、磨损辊形、热辊形、辊系尺寸等），而后对计算结果进行处理，得出可在线应用的板形设定计算模型，见下式：

$$C_m = k_b F_b + k_p F_p + k_{bc} C_{bc} + k_{be} C_{be} + k_{wc} C_{wc} + k_{we} C_{we} + k_{wg} C_{wg} + C_0 \qquad (8\text{-}13)$$

式中，C_m 为力学变形产生的机械凸度；F_b 为弯辊力；F_p 为轧制力；C_{bc}、C_{be} 分别为支撑辊综合辊形（初始辊形、磨损辊形和热辊形之和）的中部、边部等效辊形；C_{wc}、C_{we} 分别为工作辊综合辊形（磨损辊形和热辊形之和）的中部、边部等效辊形；C_{wg} 为工作辊初始辊形，即磨削辊形；C_0 为常数量；k_b、k_p 分别为弯辊力和轧制力的影响系数；k_{bc}、k_{be} 分别为支撑辊中部、边部等效辊形的影响系数；k_{wc}、k_{we} 分别为工作辊中部、边部等效辊形的影响系数；k_{wg} 为工作辊初始辊形的影响系数。这些影响系数由 18 万个工况的计算结果确定，按相关系数最大进行多项式拟合求解，如下式：

$$\begin{cases}
k_b = f(F_p, \ C_{wc}, \ C_{we}, \ C_{wg}, \ C_{bc}, \ C_{be}, \ D_b, \ D_w, \ S_w, \ B) \\
k_p = f(F_b, \ C_{wc}, \ C_{we}, \ C_{wg}, \ C_{bc}, \ C_{be}, \ D_b, \ D_w, \ B) \\
k_{bc} = f(F_b, \ F_p, \ C_{wc}, \ C_{we}, \ C_{wg}, \ C_{be}, \ D_b, \ D_w, \ S_w, \ B) \\
k_{be} = f(F_b, \ F_p, \ C_{wc}, \ C_{we}, \ C_{wg}, \ C_{bc}, \ D_b, \ D_w, \ S_w, \ B) \\
k_{wc} = f(F_b, \ F_p, \ C_{we}, \ C_{wg}, \ C_{bc}, \ C_{be}, \ D_b, \ D_w, \ S_w, \ B) \\
k_{we} = f(F_b, \ F_p, \ C_{wc}, \ C_{wg}, \ C_{bc}, \ C_{be}, \ D_b, \ D_w, \ S_w, \ B) \\
k_{wg} = f(F_b, \ F_p, \ C_{wc}, \ C_{we}, \ C_{bc}, \ C_{be}, \ D_b, \ D_w, \ S_w, \ B)
\end{cases} \qquad (8\text{-}14)$$

式中，D_b、D_w 分别为支撑辊和工作辊直径；S_w 为工作辊窜辊量；B 为带钢宽度。实际设定计算时根据工况条件先计算各影响系数，而后可计算出 C_m。

轧辊综合辊形是一条非常复杂的曲线，如图 8-31 所示，需 10 次以上的多项式才能完全表示。显然，这不能满足在线简化模型的需要，须对其进行简化，提炼出既能描述轧制过程中综合辊形的真实情况，又能满足在线设定要求的特征参数。为此，C_{wc}、C_{bc} 采用与实际综合辊形等值的抛物线辊形等效，C_{we}、C_{be} 采用实际综合辊形的均值辊形等效，以此来表示辊身中部与辊身边部之间的过渡辊形。

对于常规工作辊，窜辊对均匀化轧辊磨损、实现自由规程轧制很有效，对板形调节的作用不明显。但当轧辊磨损严重后，窜辊对板形控制会产生不利影响。对于特殊工作辊，

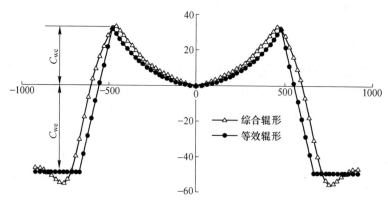

图 8-31 轧辊等效辊形

如 CVC、HVC 等，窜辊则具有很大的板形改变能力，其窜辊量需与弯辊力进行同步解耦设定计算。

为了提高板形设定计算模型的精度，运用精轧出口安装的凸度仪和平坦度仪测量的实际数据，对板形设定模型中的一些系数（如 C_0）进行修正即自学习。板形自学习采用平滑系数法：

$$\beta_{i+1} = \beta_i + \alpha(\beta_i^* - \beta_i) \tag{8-15}$$

式中，β_{i+1} 为第 $i+1$ 次自学习系数；β_i 为第 i 次自学习系数；β_i^* 为利用第 i 次实测值计算出的自学习系数；α 为平滑系数。板形自学习系数按钢种、带钢宽度、厚度分别保存，供板形设定模型调用。

8.7.4 板形保持功能

在热连轧板带生产中，由于轧制温度、中间坯厚度、辊形等无法准确预知的因素以及厚度控制系统对辊缝的不断调整，轧制力在轧制过程中会频繁波动。轧制力变化影响本机架出口带钢凸度，破坏机架间的协调平衡，如果不加以补偿，则带钢的板形必然也会随之波动，造成生产不稳定和带钢板形的恶化。为了消除这种由于轧制力的波动带来的不良影响，最有效的方法是使弯辊力随轧制力的波动以一定周期作出相应的调整，稳定承载辊缝的形状。同时，随着轧制的进行，轧辊温度不断升高导致轧辊热凸度不断增加，同样为了消除轧辊热凸度增加对承载辊缝的影响，需实时修正弯辊力值。板形保持功能采用的控制算法如下：

$$\Delta B_{Ri} = \frac{\alpha_{Bi}}{\alpha_{Pi}}\Delta P_i - k_{ti}t_{mi} = k_{Ri}\Delta P_i - k_{ti}t_{mi} \tag{8-16}$$

$$\Delta P_i = P_i - P_{0i} \tag{8-17}$$

式（8-16）和式（8-17）中，i 为机架号；ΔB_{Ri} 为板形保持功能计算出的弯辊力变化量，kN；α_{Bi} 为弯辊力横向刚度系数，kN/μm；α_{Pi} 为轧制力横向刚度系数，kN/μm；ΔP_i 为轧制力变化值，kN；P_i 为轧制力实际值，kN；P_{0i} 为机架 ON 后延时一定时间轧制力的锁定值，kN；k_{ti} 为轧辊热凸度对辊缝的影响系数，kN/s；t_{mi} 为机架 ON 后延时一定时间，以延时结束点为起始点开始计时，s；k_{Ri} 为弯辊力和轧制力转换系数，通过二维变厚度有限元方法计算得到。

首先选取影响承载辊缝的多种工况的组合计算，并对计算结果进行多元非线性回归，求得弯辊力横向刚度系数 α_{Bi} 和轧制力横向刚度系数 α_{Pi}，进而得出弯辊力和轧制力的转换系数。以 2150mm 热连轧机为例，图 8-32 所示为某机架采用二维变厚度有限元方法计算出的 k_{Ri} 值大小，在设备参数如辊径、辊身长度、原始辊形等固定的情况下，k_{Ri} 主要和带钢宽度有关，宽度越宽，弯辊力对辊缝凸度的调节能力越明显，k_{Ri} 值越小，反之则越大。k_{Ri} 值由 L2 的板形设计程序下发给 L1，并用于在线实时控制。

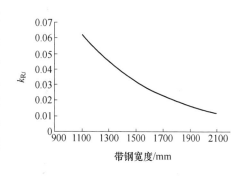

图 8-32 弯辊力和轧制力转换系数

8.7.5 凸度反馈控制

凸度反馈控制的原理主要是以凸度仪检测到的带钢凸度实际值与目标值的偏差为依据，调整精轧上游机组各机架的弯辊力大小，消除偏差，为保证在进行凸度反馈调节时不对平坦度造成影响，对下游机架的弯辊力也要进行相应的调整。凸度反馈控制采用的是 PI 算法，可实现对带钢全长的凸度反馈控制，改善带钢全长的凸度精度。

$$\Delta B_{C_i}(k) = \left(k_{Pi} e_{Ci}(k) + k_{Ii} \sum_{j=0}^{k} e_{Ci}(j) \right) / k_{Ci} \qquad (8-18)$$

$$e_{Ci}(k) = e_C(k) h_i / h \qquad (8-19)$$

$$e_C(k) = CR_{Aim} - CR_{Mes}(k) \qquad (8-20)$$

式（8-18）~式（8-20）中，i 为机架号；k 为控制周期序号；$\Delta B_{Ci}(k)$ 为第 k 个控制周期凸度反馈的弯辊力调节量，kN；k_{Pi} 为比例系数；k_{Ii} 为积分系数；$e_{Ci}(k)$ 为第 i 机架第 k 个控制周期凸度的偏差值，μm；h 为末机架出口带钢厚度，mm；h_i 为第 i 机架出口带钢厚度，mm；$e_C(k)$ 为末机架第 k 个控制周期凸度的偏差值，即实测值与目标值的偏差，μm；CR_{Aim} 为目标凸度，μm；$CR_{Mes}(k)$ 为第 k 个控制周期凸度的实测值，μm；k_{Ci} 为弯辊力和凸度的转换系数，μm/ kN。

k_{Ci} 值同样通过二维变厚度有限元方法计算得到，由板形设定计算下发到 L1 进行控制。图 8-33 所示为某机架用于在线控制的 k_{Ci} 值，宽度越宽，弯辊力对辊缝凸度调节能力越明显，k_{Ci}

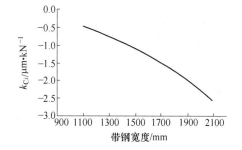

图 8-33 弯辊力和凸度转换系数

值越小，由于 k_{Ci} 值为负值，因此同样的凸度偏差情况下带钢越宽，弯辊调节量越小。

8.7.6 平坦度反馈控制

如果在精轧机组出口安装有平坦度仪，则可在 L1 实现平坦度反馈控制。根据平坦度仪检测带钢实际平坦度值，与目标平坦度值进行比较，得出平坦度反馈控制偏差，通过调整下游机架弯辊力（末机架为主），消除平坦度偏差。

以 IMS 平坦度仪为例，平坦度目标值为零时，表示精轧出口带钢完全平坦；平坦度目标值为正时，表示中浪轧制；平坦度目标值为负时，表示边浪轧制。由于精轧出口带钢在宽度方向上存在温差及轧后发生相变，经层流冷却和空冷后，带钢平坦度会发生变化。精轧出口轧出完全平坦的带钢，冷却到室温后，带钢又会出现平坦度缺陷。因此，应根据不同的钢种、规格，预先确定合理的平坦度控制目标即补偿策略，以使产品交货时平坦度良好。

在热轧板形控制中，一次浪形和二次浪形较多。由于一次浪形的产生原因主要与操作穿带和运行稳定控制有关，自动控制效果并不明显，因此，一次浪形主要靠操作工通过压下倾调来控制。而对于二次浪形，弯辊调节非常有效，是当前热轧平坦度反馈控制要完成的主要工作。由于卷取机卷上带钢后建立了张力，在张力作用下检测到的平坦度信号不能反映实际平坦度情况，因而不能继续进行平坦度反馈控制，即平坦度反馈控制的有效控制时间段为带钢出精轧机组平坦度仪 ON 开始至卷取机 ON 结束。平坦度反馈控制采用的是 PID 算法：

$$\Delta B_{Fi}(k) = \left\{ k_{Pi}e(k) + k_{Ii}\sum_{j=0}^{k} e(j) + k_{Di}[e(k) - e(k-1)] \right\}/k_{Fi} \tag{8-21}$$

式中，i 为机架号；k 为控制周期序号；$\Delta B_{Fi}(k)$ 为末机架第 k 个控制周期末时刻弯辊力修正量的计算值，kN；$e(k)$ 为第 k 个控制周期平坦度的偏差值，IU；$e(k-1)$ 为第 $(k-1)$ 个控制周期平坦度的偏差值，IU；k_{Pi} 为比例系数；k_{Ii} 为积分系数；k_{Di} 为微分系数；k_{Fi} 为弯辊力对平坦度影响系数，IU/kN。

k_{Fi} 同样通过二维变厚度有限元方法计算得到，由板形设定计算下发到 L1 进行控制。图 8-34 所示为某机架用于在线控制的 k_{Fi} 值，宽度越宽，弯辊力对平坦度调节能力越明显，k_{Fi} 值越大，在同样的偏差情况下所需要的弯辊力越小。

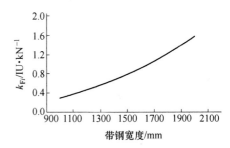

图 8-34   弯辊力和平坦度转换系数

参 考 文 献

[1] 陈先霖. 2250mm 热连轧机机型性能分析文稿（内部资料）.

[2] 邵健. 自由规程轧制中板形控制技术的研究 [D]. 北京：北京科技大学，2009.

[3] Hayashi, Kanji, Shimazutsu. Development of On-line Roll Grinding System for Hot Strip Mill [J]. ISIJ International, 1991, 31 (6)：588～593.

[4] 李红雨，史乃安. 热轧带钢工作辊在线研磨装置 ORG 的研究 [J]. 鞍钢科技，2006，23 (6)：20～22.

[5] 张伍军，张成瑞. 在线磨辊技术在 PC 轧机上的应用效果 [J]. 轧钢，2005，22 (1)：62～64.

[6] Anon. Work Roll Shifting Devices Fitted to a Hot Strip Mill [J]. Steel Times, 1988, 216 (11)：590.

[7] Kitahama, Masanori. Profile Control of Hot Rolled Strip by Working Roll Shifting (K-WRS) Mill [J]. Iron and Steel Engineer, 1987, 64 (11)：34～43.

[8] 何安瑞. 宽带钢热轧精轧机组辊形的研究 [D]. 北京：北京科技大学，2000.

[9] 杨澄．热轧工作辊窜辊系统的应用 [J]．武钢技术，2005，43 (2)：20~22.

[10] 陈先霖．新一代高技术宽带钢轧机的板形控制 [J]．北京科技大学学报，1997，19 (2)：1~5.

[11] 陈先霖，张杰，张清东，等．宽带钢热连轧机板形控制系统的开发 [J]．钢铁，2000，35 (7)：28~33.

[12] 张杰．CVC 轧机辊型及板形的研究 [D]．北京：北京科技大学，1990.

[13] 张清东，陈先霖．CVC 四辊冷轧机板形控制策略 [J]．北京科技大学学报，1996，18 (4)：348~351.

[14] 何安瑞，杨荃，陈先霖，等．LVC 工作辊在超宽带钢热轧机的应用 [J]．中国机械工程，2008，19 (7)：864~867.

[15] 王仁忠．宽带钢热连轧机工作辊辊形研究 [D]．北京：北京科技大学，2008.

[16] 杨荃，陈先霖，徐耀寰，等．应用变接触长度支承辊提高板形综合调控能力 [J]．钢铁，1995，30 (2)：48~51.

[17] 何安瑞，张清东，曹建国，等．宽带钢热轧支持辊辊形变化对板形的影响 [J]．北京科技大学学报，1999，21 (6)：565~567.

[18] 何安瑞，杨荃，陈先霖，等．变接触轧制技术在热带钢轧机上的应用 [J]．钢铁，2007，42 (2)：31~34.

[19] Kong Xiangwei. NBCM with Flat Roll in the Finish Stand [J]. Journal of Materials Science and Technology, 2004, 20 (2): 233~235.

[20] Ken-ichi Yasuda, Kenjirou Narita, Kazuo Kobayashi, et al. Shape Controllability in New 6-High Mill (UC-4 Mill) with Small Diameter Work Rolls [J]. ISIJ International, 1991, 31 (6): 594~598.

[21] 王国栋．板形控制与板形理论 [M]．北京：冶金工业出版社，1986.

[22] 贾生晖，曹建国，等．冷连轧机 SmartCrown 轧辊磨损辊形对板形调控能力影响 [J]．北京科技大学学报，2006，28 (5)：468~480.

[23] 张清东，王文广，等．DSR 宽带钢冷轧机的特殊板形控制性能 [J]．北京科技大学学报，2008，30 (1)：71~76.

[24] Chen Xianlin, Yang Quan, et al. Varing Contact Back-up Roll for Improved Strip Flatness [J]. Steel Technology International, 1994/95 (yearly): 174.

[25] 王俐，郭希学．HC 轧机辊系优化设计 [J]．太原重型机械学院学报，1996，17 (1)：6~17.

[26] 何安瑞，张清东，徐金梧，等．热轧工作辊磨损模型的遗传算法 [J]．钢铁，2000，35 (2)：56~59.

[27] 何安瑞，黄涛，杨荃，等．热带钢轧机板形综合控制技术开发 [J]．北京科技大学学报，2007，29 (5)：519~522.

[28] Kunio Kitamura, Toshinobu Nakanishi, Ikuo Yarita, et al. Edge-drop Control of Hot and Cold Rolled Strip by Tapered Crown Work Roll Shifting Mill [J]. Iron and Steel Engineer, 1995, 72 (2): 27~32.

[29] 何安瑞，杨荃，陈先霖，等．热带钢轧机非对称工作辊的研制和应用 [J]．北京科技大学学报，2008，30 (7)：805~808.

[30] Renzhong Wang, Quan Yang, Anrui He, et al. Research on Strip Control Ability of Hot Rolling Mills [J]. Journal of University of Science and Technology Beijing, 2008, 18 (1): 1~5.

[31] 邵健，何安瑞，杨荃，等．高强度管线钢热轧板形控制技术的研究 [J]．钢铁，2008，43 (2)：61~64.

[32] Anrui He, Quan Yang, Jinwu Xu, et al. Backup Roll Contour in Finishing Trains of Hot Rolling Based on Hybrid Genetic Algorithm [J]. Journal of University of Science and Technology Beijing, 2002, 9 (3): 232~236.

[33] 何安瑞，杨荃，刘文仲，等. 济钢 1700mm 热带钢轧机的板形设定控制模型 [J]. 钢铁，2007，42（10）：47~50.

[34] 王仁忠，何安瑞，杨荃，等. 宽带钢热连轧工作辊热辊形模型的开发 [J]. 北京科技大学学报，2004，26（6）：655~657.

[35] Xiaodong Wang, Quan Yang, Anrui He, et al. Comprehensive Contour Prediction Model of Work Roll in Hot Wide Strip Mill [J]. Journal of University of Science and Technology Beijing, 2007, 14（3）：240~245.

[36] Xiaodong Wang, Quan Yang, Anrui He, et al. Comprehensive Contour Prediction Model of Work Roll Used in On-line Strip Shape Control Model during Hot Rolling [J]. Ironmaking and Steelmaking, 2007, 34（4）：303~311.

[37] 何安瑞，杨荃，黄浩东，等. 热连轧机平坦度反馈控制系统的应用 [J]. 钢铁，2006，41（2）：55~58.

[38] 邵健，何安瑞，杨荃，等. 热连轧机板形设定控制系统仿真及应用 [J]. 钢铁研究学报，2008，20（6）：53~56.

9 热轧生产线电气传动系统

带钢热连轧生产线具有产量高、控制精度高、设备容量大等特点，其中绝大部分设备均采用电动机进行驱动，以一套年产 400 万吨的生产线为例，用于主体设备驱动的电动机总装机容量在 120MW 以上。除用于公辅设备的液压站、风机水泵等用的电动机外，主要的工艺调速设备包括粗轧机、精轧机、立辊、电动压下、飞剪、卷取机、夹送辊、助卷辊以及全线传输辊道等，所使用到的电动机电压等级从 220V 到 10kV，功率等级从几百瓦到十几个兆瓦。作为整个生产线中的主要执行机构，用于电动机调速控制的电气传动系统的性能指标与可靠性对热轧生产的质量、产量、成本等指标都有着重要的影响。

电动机的调速控制一般可分为两类，一是要使电动机具有较高的机电能量转换效率；二是根据生产机械的工艺要求控制和调节电动机的旋转速度。电动机的调速性能如何对提高产品质量、提高劳动生产率和节省电能有着直接的决定性影响。一套典型电气传动系统由电动机、电源装置和控制装置三部分组成，可以根据被驱动对象的负载性质、工艺要求及环境条件选择不同的电气传动方式。以直流电动机作为控制对象的电力拖动自动控制系统称为直流调速系统；以交流电动机作为控制对象的电力拖动自动控制系统称为交流调速系统。根据交流电动机的分类，相应有同步电动机调速系统和异步电动机调速系统。本章主要介绍用于热轧生产线上的交、直流调速系统的核心电力电子器件、控制策略及其系统组成。

9.1 电气传动系统的主要类型

9.1.1 直流调速系统发展历史及其特点

20 世纪 60 年代以前是以旋转变流机组供电的直流调速系统为主（见图 9-1），还有一些静止式水银整流器供电的直流调速系统如图 9-2 所示。1957 年美国通用电气公司的 A. R. 约克制成了世界上第一只晶闸管（SCR），又称可控硅整流元件（简称可控硅），这标志着电力电子时代的开始。20 世纪 60 年代以后以晶闸管组成的直流供电系统逐步取代直流机组和水银整流器。80 年代末期全数字控制直流调速系统迅速取代了模拟控制的直流调速系统。

由于直流电动机的转速容易控制和调节，在额定转速以下，保持励磁电流恒定，可用改变电枢电压的方法实现恒转矩调速；在额定转速以上，保持电枢电压恒定，可用改变励磁的方法实现恒功率调速。近代采用晶闸管供电的转速、电流双闭环直流调速系统可获得优良的静、动态调速特性。因此，长期以来在变速传动领域中，直流调速一直占据主导地位。然而，由于直流电动机本身存在机械式换向器和电刷这一固有的结构性缺陷，给直流调速系统的发展带来了一系列限制，即：

（1）机械式换向器表面线速度及换向电压、电流有一极限容许值，这就限制了电机的转速和功率。如果要超过极限容许值，则会大大增加电机制造的难度和成本以及调速系统的复杂性。因此，在工业生产中，对一些要求特高转速、特大功率的场合则根本无法采用直流调速方案。

（2）为了使机械式换向器能够可靠工作，往往需要增大电枢和换向器直径，使得电机体积变大，导致转动惯量大，对于要求快速响应的生产工艺，采用直流调速方案难以实现。

（3）机械式换向器必须经常检查和维修，电刷必须定期更换，使得直流调速系统维检工作量大，维修费用高，同时停机检修和更换电刷也直接影响了正常生产。

（4）机械式换向器易产生火花，在一些易燃、易爆的生产场合，一些多粉尘、多腐蚀性气体的生产场合不能或不宜使用直流调速系统。

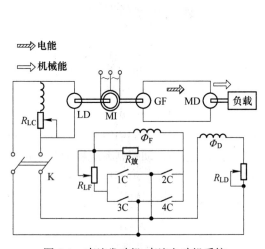

图 9-1　直流发动机-直流电动机系统

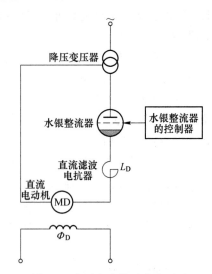

图 9-2　离子电力拖动的主回路

9.1.2　交流调速系统主要类型

由于直流电动机在应用中存在着这样的一些限制，使得直流调速系统的发展也相应受到限制。交流电动机具有结构简单、制造容易、价格便宜、坚固耐用、转动惯量小、运行可靠、很少维修、使用环境及结构发展不受限制等优点。特别是异步电动机，在实际的生产、生活中以其结构简单、制造和使用维护方便、运行可靠、适应性强、成本较低等优点，应用普及性远远超过同步电动机。对异步电动机调速控制技术的研究也成为与工业生产、日常生活直接相关的重要内容。

根据被控交流电动机的种类不同，现代交流调速系统可分为异步电动机调速系统和同步电动机调速系统。

9.1.2.1　同步电动机调速系统的基本类型

由同步电动机转速公式 $n = 60 f_s / n_p$（f_s 为定子供电频率，n_p 为电动机极对数）可知，同步电动机的调速主要依靠改变频率。根据频率控制方式的不同，同步电动机调速系统可分为两类，即他控式同步电动机调速系统和自控式同步电动机调速系统。

（1）他控式同步电动机调速系统：用独立的变频装置作为同步电动机的变频电源叫做他控式同步电动机调速系统。他控式恒压频比的同步电动机调速系统目前多用于小容量场合，例如永磁同步电动机、磁阻同步电动机。

（2）自控式同步电动机调速系统：采用频率闭环方式的同步电动机调速系统叫做自控式同步电动机调速系统，是用电机轴上所装转子位置检测器来控制变频装置触发脉冲，使同步电动机工作在自同步状态。自控式同步电动机调速系统可分为两种类型：

1）负载换向自控式同步电动机调速系统（无换向器电机）。负载换向自控式同步电动机调速系统主电路常采用交直交电流型变流器，利用同步电动机电流超前电压的特点，使逆变器的晶闸管工作在自然换向状态。国际上简称这种系统为负载换相变流器 LCI（Load Commutated Inverter）。目前这种调速系统容量已达到数万千伏安，电压等级达到万伏以上。值得注意的是这种超大容量的系统所用同步电动机滑环式励磁系统已改用无刷励磁机系统。

2）交交变频供电的同步电动机调速系统。交交变频同步电动机调速系统的逆变器采用交交循环变流结构，由晶闸管组成，提供频率可变的三相正弦电流给同步电动机。采用矢量控制后，这种系统具有优良的动态性能，广泛用于轧钢机主传动调速中。交交变频同步电动机调速系统容量可以做到 10000kVA 以上。但是调速范围最高达到 20Hz（工频为 50Hz 时），是这种调速系统的不足之处。

9.1.2.2 异步电动机调速系统的基本类型

在异步电动机中从定子传入转子的电磁功率可分为两部分：一部分是拖动负载的有效功率；另一部分是转差功率，与转差率成正比。转差功率如何处理，是消耗掉还是回馈给电网，可衡量异步电动机调速系统的效率高低。因此按转差功率处理方式的不同可以把现代异步电动机调速系统分为三类：

（1）转差功率消耗型调速系统。全部转差功率都转换成热能的形式而消耗掉，晶闸管调压调速属于这一类。在异步电动机调速系统中，这类系统的效率最低，是以增加转差功率的消耗为代价来换取转速的降低。但是由于这类系统结构最简单，所以对于要求不高的小容量场合还有一定的应用。

（2）转差功率回馈型调速系统。转差功率一小部分消耗掉，大部分则通过变流装置回馈给电网。转速越低，回馈的功率越多。绕线式异步电动机串级调速和双馈调速属于这一类。显然这类调速系统效率比较高。

（3）转差功率不变型调速系统。转差功率中转子铜损部分的消耗是不可避免的，但在这类系统中，无论转速高低，转差功率的消耗基本不变，因此效率很高。变频调速属于这一类。目前在交流调速系统中，变频调速应用最多、最广泛，可以构成高动态性能的交流调速系统，取代直流调速。

在相当一段时间内，由于受科技水平的限制，把交流电动机作为调速电机的问题未能得到较好的解决，在早期只有一些调速性能差、低效耗能的调速方法，如绕线式异步电动机转子外串电阻调速方式，如图 9-3 所示；鼠笼式异步电动机定子调压调速方法（利用自耦变压器变压调速、利用饱和电抗器变压调速、利用晶闸管交流调压器调压调速），如图 9-4 所示；还有变极对数调速方法（见图 9-5）及后来的电磁（转差离合器）调速方法

（见图9-6）等。目前，相关技术和方法在交流电动机软启动系统中还有部分应用。

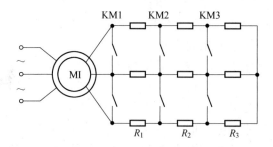

图 9-3 绕线式异步电动机转子外串电阻调速原理图

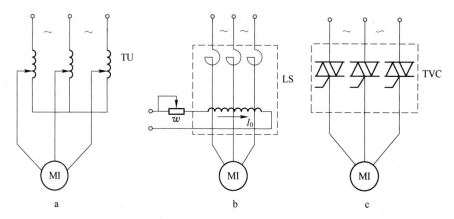

图 9-4 异步电动机变压调速系统

a—利用自耦变压器变压调速；b—利用饱和电抗器变压调速；c—利用晶闸管交流调压调速

TU—自耦变压器；LS—饱和电抗器；TVC—双向晶闸管交流调压器

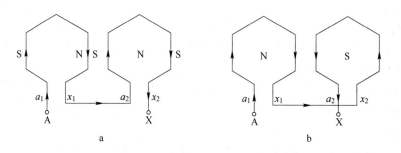

图 9-5 变极对数调速方法原理图

a—顺向串联 $2n_p = 4$ 极；b—反向串联 $2n_p = 2$ 极

图 9-5a 为一台 4 极电动机 A 相两个线圈连接示意图，每个线圈代表半个绕组。如果两个线圈处于首尾相连的顺向串联状态，根据电流方向可以确定出磁场的极性，显然为 4 极；如果将两个线圈改为图 9-5b 所示反向串联状态，将使极数减半。

在图 9-6 中，当励磁绕组通以直流电，电枢为电动机所拖动以恒速定向旋转时，在电枢中感应产生涡流，涡流与磁极的磁场作用产生电磁转矩，使磁极跟着电枢同方向旋转。改变励磁电流的大小就可以实现对负载的调速。

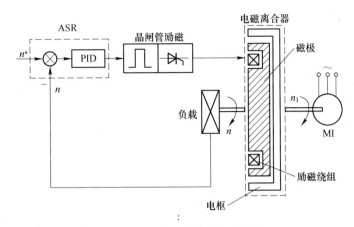

图 9-6　电磁转差离合器调速系统

随着电力电子及数字控制技术的发展，变频调速已经成为交流电动机调速和转矩控制的主要技术。总体来看，交流变频调速系统一般由交流电动机、电力电子功率变换器、控制器和检测器等四大部分组成，如图 9-7 所示。电力电子功率变换器与控制器及电量检测器集中于一体，称为变频调速装置，如图 9-7 内框虚线所框部分。从系统方面定义，图 9-7 外框所框部分称为交流变频调速系统。

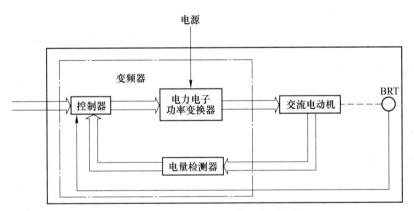

图 9-7　现代交流调速系统组成示意图

9.2　电力电子器件的发展

电气传动控制系统的发展时刻都离不开功率半导体器件，即电力电子器件的技术进步。尤其对交流调速系统，电力电子器件的发展起着决定性的支柱地位。

自从 20 世纪 50 年代硅晶闸管一经问世，就以其优越的电气和控制性能，迅速取代了水银整流器和旋转变流机组成为占统治地位的变流器件。但晶闸管属于半控型器件，关断通常依靠电网电压等外部条件来实现，在控制上主要是相位控制方式，这样就会对电网和被驱动电器造成谐波污染和谐波损耗。而早期的变频调速装置功率回路也主要采用晶闸管元件，装置的效率、可靠性、成本、体积均无法与同容量的直流调速装置相比。80 年代中期以后采用第二代电力电子器件 GTR（Giant Transistor）、GTO（Gate Turn-off

Thyristor)、VDMOS-IGBT（Insulated Gate Bipolar Transistor）等功率器件制造的变频器在性能上与直流调速装置相当。90年代第三代电力电子器件问世，在这个时期，中、小功率的变频器（1~1000kW）主要采用IGBT器件，大功率的变频器采用GTO器件。90年代末至今，电力电子器件的发展进入了第四代，陆续出现了各种高速、全控型功率半导体器件，采用第四代电力电子器件制造的交流变频系统性价比能够超过直流调速系统，而且第四代电力电子器件模块化更为成熟，如功率集成电路PIC、智能功率模块IPM等。

下面对交流调速装置中常见的几种功率半导体器件作简要介绍，这些器件按导电机理不同主要可分为三种：

（1）单极型器件：由一种载流子（电子或空穴）参与导电的器件。

（2）双极型器件：由电子和空穴两种载流子参与导电的器件。

（3）复合型器件：单极型器件和双极型器件集成混合而成的器件，也称混合型器件。

9.2.1 二极管（Diode）

电力二极管同信息电子电路中的二极管在基本结构及工作原理上没什么不同，都是由PN结构成，它们的区别只在于制造工艺不同。用于电力变换和电力控制的电力二极管是由一个面积较大的PN结和两端引线以及封装组成的，其电压、电流的额定值都比较高，因而称之为电力二极管。

二极管的导通原理这里不再赘述，下面以一个正向偏置的PN结为例简要介绍双极性器件所具有的电导调制效应及电荷存储效应。

如图9-8所示，PN承受正向电压，空穴占多数的P区通过扩散向N区注入空穴，这些空穴到达N区后成为额外的少数载流子并积累在那里，同时N区的多子（电子）的浓度也相应增加以同额外载流子复合，这将导致N区电阻

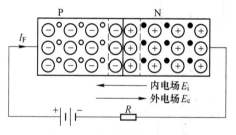

图9-8 正向偏置下的PN结

率下降，电导率升高；同样N区的多子（电子）注入P区也发生类似的情况。我们称这种现象为电导调制效应。它使得PN结在正向电流较大时压降仍然很低，维持在1V左右。

电荷存储效应是指正偏导通时，额外载流子的积累现象。它使得当原处于正向导通状态的电力二极管的突然承受反向电压时，器件并不能立即关断，而且在关断之前有较大的反向电流出现，并伴随有明显的反向电压过冲，这是因为正向导通时在PN结两侧储存的大量额外少数载流子需要被清除掉的缘故。

9.2.2 晶闸管（Thyristor）

晶闸管是最早出现的电力电子器件之一，它的出现对电力电子技术的发展曾起了非常重要的作用，其最大电流额定值为8000A，电压额定值可达12kV。尽管在很多领域晶闸管让位于各种性能更优的全控型器件，但是在高压直流输电（HVDC）、静止无功补偿（SVC）、大功率直流电源及超大功率和高压变频调速应用方面仍占有十分重要的地位。

晶闸管是一种四层三端结构（PNPN）的大功率半导体器件。如图9-9所示，它的三

个引出电极分别是阳极 A、阴极 K、门极 G。如果不加门极电压，则当 AK 之间加正向电压时，J_2 结承受反向电压使晶闸管处于正向阻断状态；当 AK 间加反向电压时，J_1 和 J_3 结承受反向电压使晶闸管工作在反向阻断状态。即门极不施加控制信号时，无论 AK 之间加正、负电压，正常情况下的晶闸管都不会导通。

当 AK 之间加正向电压，同时在 GK 之间加正向门极电压时，则有电流注入门极。只要门极电流足够大，J_3 结正偏置将使电子从 N^+ 发射区注入到 P 基区，其中一些电子扩散通过 P 基区进入 N^- 基区，这些电子使得 J_1 结偏置状况发生变化，从而引起空穴从 P 发射区进入 N^- 基区，它们扩散通过 N^- 基区后积累在 P 基区，进一步改变 J_3 结偏置情况，促使更多电子从 N^+ 发射区注入到 P 基区，该正反馈过程进行下去直到 J_2 结也变成正偏置，使晶闸管由关断状态变为导通状态。晶闸管一旦导通后，无论门极是否继续加正向电压，对晶闸管的导通状态和阳极电流的大小均无影响。当晶闸管的阳极电流减小到某一临界值以下时，强迫晶闸管流过的电流减小并反向，这可以使晶闸管关断。

晶闸管属于双极性导电器件，如前所述，这类器件正向导通时存在电导调制效应及电荷存储效应，前者使器件导通时管压降基本保持不变，后者则限制了器件工作频率的提高。

9.2.3　门极可关断晶闸管 GTO（Gate Turn-off Thyristor）

门极可关断晶闸管可看作是晶闸管的一种派生器件，但可以通过在门极施加负的脉冲电流使其关断，因而属于全控型器件。GTO 的许多性能虽然与绝缘栅双极晶体管、电力场效应晶体管相比要差，但其电压、电流容量较大，与普通晶闸管接近。

GTO 和普通晶闸管一样，也是一种 PNPN 四层结构的半导体器件（图 9-10），它与普通晶闸管结构上的最本质区别在于晶闸管是单元器件，即一个器件只含有一个晶闸管，而 GTO 则是集成器件，即一个器件是由许多小 GTO 集成在一片硅晶片上构成的。GTO 外部虽然同样引出三个电极，但内部却包含着数十个甚至数百个共阳极的小 GTO 元，它们的门极和阴极分别并联在一起。除此之外，普通晶闸管用阴极包围门极，而 GTO 则是用门极包围阴极。

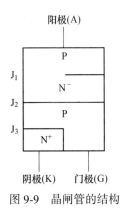

图 9-9　晶闸管的结构

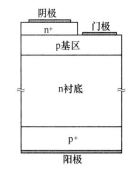

图 9-10　GTO 的单元结构

结构上的化整为零使每个 GTO 元阴极面积很小，门极和阴极间的距离大为缩短，从而使从门极抽出较大的电流成为可能。另外在工艺上，GTO 被设计成导通时饱和程度较浅。综合以上两点，当给已导通的 GTO 门极施加负脉冲电流时，即可使器件退出饱和而关断。

由于工艺上的原因，导通时 GTO 的阳极电流越大，则关断时所需的门极反向脉冲电流也越大，为此引入了一个特征参数对此进行衡量，定义电流关断增益 β_{off} 为最大可关断阳极电流与门极负脉冲电流最大值之比，β_{off} 一般很小，只有 5 左右，这是 GTO 的一个主要缺点。

作为一种双极性器件，GTO 同样存在电导调制效应及电荷存储效应，其优点是高耐压、大电流密度和大电流下的低导通压降，但存在电流驱动功率大、驱动回路复杂、并联困难、可靠性差、开关效率不高、开关损耗大、关断时间长、关断不均匀、需要复杂的缓冲电路等缺点。再加上目前尚没有和驱动电路相匹配的功率变换器件，使用户应用不方便，这是 GTO 得不到广泛应用的主要原因。今后，GTO 将逐步被 IGBT、IGCT 等器件所取代。

9. 2. 4　电力晶体管 GTR（Giant Transistor）

电力晶体管按英文直译为巨型晶体管，其实就是一种双极结型晶体管 BJT（Bipolar Junction Transistor），只不过由于电压、电流定额很高，功率特别大，所以称为巨型晶体管。在电力电子技术的范围内，GTR 与 BJT 这两个名称是等效的。自 20 世纪 80 年代以来，在中、小功率范围内取代晶闸管的主要是 GTR。但是目前，它在高端已被绝缘栅双极晶体管 IGBT 所取代，在低端则被电力场效应晶体管 Power MOSFET 所取代。

GTR 与一般的晶体三极管有着相似的结构。它们都是三层半导体两个 PN 结的三端器件，也有 PNP 型和 NPN 型之分。但作为电力开关器件，GTR 大多采用 NPN 型。GTR 与普通的双极结型晶体管基本原理是一样的，在电力电子应用中，GTR 一般采用共射极接法，如图 9-11所示。

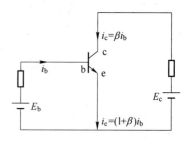

图 9-11　GTR 的共射极接法

定义集电极电流 i_c 与基极电流 i_b 之比 β 为 GTR 的电流放大系数（$\beta = i_c / i_b$），它反映了 GTR 的放大能力，就是用较小的基极电流可以控制大的集电极电流。在电力电子应用中，人们希望 β 越大越好，GTR 的产品说明书中通常给出的是直流电流增益 h_{FE}，它是在直流工作的情况下，集电极电流与基极电流之比，一般可认为 $\beta \approx h_{FE}$。

9. 2. 5　电力场效应晶体管 Power MOSFET（Metal Oxide Semiconductor Field Transistor）

电力场效应晶体管简称电力 MOSFET，或者更精练地简称为 MOS 管或 MOS。它是一种单极型的电压控制器件，类似于 GTO。电力 MOSFET 也采用多元集成结构，即每个电力 MOSFET 是由成千上万个小的 MOSFET 元组成的。电力 MOSFET 按导电沟道极性，可分为 P 沟道 MOSFET 和 N 沟道 MOSFET；按栅极对沟道的控制方式，可分为耗尽型 MOSFET（当栅极电压为零时漏源极之间就存在导电沟道的称为耗尽型，栅源电压 $U_{GS} \leqslant 0$，开通）和增强型 MOSFET（栅极电压大于或小于零时才存在导电沟道的称为增强型，$U_{GS} > 0$，开通）；在电力 MOSFET 中，主要是 N 沟道增强型。

电力 MOSFET 的导电机理与小功率 MOS 管没什么不同，但两者的结构有较大区别。小功率 MOS 管一般采用横向导电结构，而电力 MOSFET 为了流过更大的电流大都采用垂直导电结构，称为 VMOSFET（Vertical MOSFET），这大大提高了 MOSFET 器件的耐压和通流能力。图 9-12 即是采用这种结构的一种 N 沟道增强型电力 MOSFET（考虑到 PN 结的击穿电压与掺杂浓度呈反比，漏区中设置高电阻率的 N^- 区以提高器件的耐压水平，而且该区越厚，器件的耐压容量就越高，但是硅片厚度的增加同时会使它的导

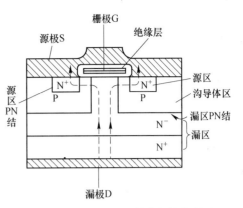

图 9-12　P-MOSFET 的内部结构断面

通及开关损耗增大，也就是说，器件的耐压性能越好，其导通及开关损耗越大，为此漏区中还设置了 N^+ 缓冲层，根据半导体物理的研究，采用缓冲层后，能在相同的阻断电压下有效减小硅片的厚度，从而提高器件的效率，降低其通态损耗及开关损耗），其中源区与沟导体区交界面、沟导体区与漏区交界面，实际上是两个反向串联的 PN 结。

当漏、源极间电压 U_{DS} 为零，栅、源极之间电压 U_{GS} 也为零时，G-S 之间和 D-S 之间都是绝缘的。当漏极与源极之间有外加电压 U_{DS} 时，如果 $U_{GS} = 0$，由于漏区 PN 结反偏，漏、源极之间也不可能导电。栅、源极之间外加正向电压 $U_{GS} > 0$ 时，U_{GS} 在 G-P 之间形成电场，在电场力的作用下 P 区的电子移近 G 极，当 U_{GS} 增大到超过某一值临界值 U_T 时，栅极下 P 区表面的电子浓度将超过空穴浓度，从而使原空穴占多数的 P 型半导体反型而成电子数目多的 N 型半导体形成反型层，该反型层形成的一个电子浓度很高的沟道称为 N 沟道，它将漏区和源区联结在一起，一旦漏、源之间也有正向电压 U_{DS}，就会形成漏极电流 I_D。

由于 MOSFET 只靠多子导电，不存在电荷存储效应，因而其关断过程是非常迅速的。MOSFET 的开关时间在 10~100ns 之间，其工作频率可达 100kHz 以上，是主要电力电子器件中最高的。

电力 MOSFET 是场控器件，在静态时几乎不需要输入电流。但在开关过程中需要对输入电容充放电，因此仍需要一定的驱动功率。由于电力 MOSFET 的易驱动性和高开关速度，近年来被广泛地应用于 DC/DC、开关电源、便携式电子设备以及汽车电子电气设备中，在近几年迅速发展的功率集成电路中一般也都采用电力 MOSFET 器件。

电力 MOSFET 的缺点是电流容量小、耐压低，此外由于结构上、导电机理上的原因，通态时管压降要比晶闸管、三极管大些。通常用于低压、高频电力电子变换和控制电路。

9.2.6　绝缘门极双极型晶体管 IGBT（Insulated Gate Bipolar Transistor）

GTO 与 GTR 是双极型电流驱动开关器件，由于存在少数载流子存储效应，造成开关速度低，同时其控制极功率损耗较大，驱动电路复杂，但由于具有电导调制效应，所以其通流能力很强，通态压降低，器件电压及电流定额较大。电力 MOSFET 器件是单极型、电压控制开关器件，驱动控制功率很小，开关速度快，但在高压应用时，其导通电阻随耐

压的 2.5 次方急剧上升。20 世纪 80 年代中期出现的 IGBT 是 GTR 和 MOSFET 的复合器件，它既引入了 GTR 的电导调制效应，同时还具有 MOSFET 的栅极高输入阻抗，为电压驱动器件，开通和关断时均具有较宽的安全工作区，工作频率可达 10~40kHz（通过使用软开关技术，IGBT 的工作频率可达到几百 kHz），饱和压降低（比 MOSFET 小得多，与GTR 相当），电压、电流容量较大，安全工作区较宽。所有这些优点使得 IGBT 发展速度非常快，在电动机驱动、中频电源、开关电源等要求快速低耗的领域有着广泛的应用。目前，国内外变频器的主要生产厂家所选用的功率半导体器件大部分都是 IGBT。目前商业化的 IGBT 已发展成系列，电流范围包括从 2A 的 IGBT 单管到 2400A 的 IGBT 模块，耐压范围涵盖 370V 到 6500V。

图 9-13 为 IGBT 的结构剖面图，由图可知，IGBT 同电力 MOSFET 的基本结构十分相似，事实上 IGBT 可以看成是在 MOSFET 的漏极端追加了一层 P 型半导体后形成的，这样使得 IGBT 导通时由 P$^+$ 衬底向 N$^-$ 漂移区发射少子空穴，从而对漂移区电导率进行调制，使得 IGBT 具有很强的通流能力。其简化等效电路如图 9-13b 所示，可以看出这是用双极型晶体管与 MOSFET 组成的达林顿结构，相当于由一个 MOSFET 及一个 GTR 复合而成。图中 R_m 为晶体管基区内的调制电阻（对应 P 基区）。

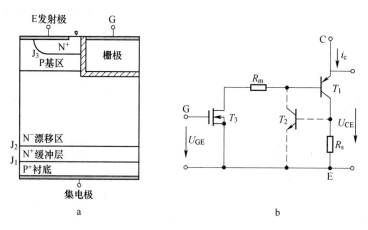

图 9-13　槽沟结构 IGBT 及等效电路

a—断面结构图；b—等效电路

当 IGBT 器件不加栅压，而在 C、E 间加负偏压时，器件由于 J$_1$ 结反偏而具有反向阻断能力；当器件 C、E 间加正偏压，且栅压小于开启电压（IGBT 能实现导通的最低栅射电压）时，器件由于 J$_2$ 结反偏而具有正向阻断能力。

当 U_{GE} 为正且大于开启电压时，紧靠栅极的 P 基区内形成沟道，这为电子流入 N$^-$ 漂移区提供了通路，另外空穴由 P$^+$ 衬底向漂移区注入，对漂移区电导率进行调制，从而减小漂移区电阻 R_m，使器件很快进入正向导通状态。如果由简化等效电路分析，则可简单地解释为 MOS 内形成的沟道为晶体管提供基极电流进而使 IGBT 导通。当栅极与发射极之间施加反向电压或不加信号时，P 基区内的沟道消失，导致集电极电流突然下降，之后随着存储在 N$^-$ 漂移区的少数载流子不断复合、衰减，使得 IGBT 关断。

一般来说，硅片越厚，阻断电压越高，但通态和开关损耗也越大。通过引入缓冲层，同样的阻断电压可以用更薄的硅片来实现，为此如图 9-13 所示在 N$^-$ 漂移区及 P$^+$ 衬底间设

置了 N^+ 缓冲层，缓冲层的引入还能缩短器件的开关时间，其缺点是降低了器件的反向阻断电压，使之只有几十伏的水平。

以上所述 PNP 晶体管与 N 沟道 MOSFET 组合而成的 IGBT 称为 N 沟道 IGBT，记为 N-IGBT，相应的还有 P 沟道 IGBT，记为 P-IGBT，实际当中 N 沟道 IGBT 应用较多。

相对于 P-MOSFET 而言，由于引入了 P^+ 衬底，IGBT 导通时也有双极型器件所具有的电导调制效应，但同时也出现了额外少数载流子的存储现象。这使得 IGBT 的很多性能参数介于 P-MOSFET 及 GTR 之间，如通态压降、开关速度、开关损耗等。

就目前而言，常用的 IGBT 主要有三种形式，即非穿通型 IGBT（NPT-IGBT-Non Punch Through-IGBT）、穿通型 IGBT（PT-IGBT-Punch Through-IGBT）、硅片直接键合型 IGBT（SDB-IGBT-Silicon Direct Bonding-IGBT）。其中，1989 年由西门子公司提出概念并于 1996 年产品化的 NPT-IGBT 是 MOS 器件技术上的重大突破，其最大的特点是高温性能稳定优越、开关速度较快，是 100kHz 频率范围以内中大功率电力电子应用的主流开关器件。

20 世纪 80 年代中后期开始的模块化趋势是将多个器件封装在一个模块中，称为功率模块。智能功率模块 IPM（Intelligent Power Module）不仅把功率开关器件和驱动电路集成在一起，而且还内置有过电压、过电流和过热等故障检测电路，并可将检测信号送到 CPU。它由高速低工耗的管芯和优化的门级驱动电路以及快速保护电路构成。即使发生负载事故或使用不当，也可以使 IPM 自身不受损坏。

IPM 的优点有：

（1）开关速度快。IPM 内的 IGBT 芯片都选用高速型，而且驱动电路紧靠 IGBT 芯片，驱动延时小，所以 IPM 开关速度快，损耗小。

（2）低功耗。IPM 内部的 IGBT 导通压降低，开关速度快，故 IPM 功耗小。

（3）快速的过流保护。IPM 实时检测 IGBT 电流，当发生严重过载或直接短路时，IGBT 将被软关断，同时送出一个故障信号。

（4）过热保护。在靠近 IGBT 的绝缘基板上安装了一个温度传感器，当基板过热时，IPM 内部控制电路将截止栅极驱动，不响应输入控制信号。

（5）桥臂对管互锁。在串联的桥臂上，上下桥臂的驱动信号互锁，有效防止上下臂同时导通。

（6）抗干扰能力强。优化的门级驱动与 IGBT 集成，布局合理，无外部驱动线。

（7）驱动电源欠压保护。当低于驱动控制电源（一般为 15V）时就会造成驱动能力不够，增加导通损坏。IPM 可自动检测驱动电源，当低于一定值超过 $10\mu s$ 时，将截止驱动信号。

（8）IPM 内置相关的外围电路。缩短开发时间，加快产品上市。

（9）无须采取防静电措施。

（10）大大减少了元件数目。体积相应减小。

9.2.7 集成门极换流晶闸管 IGCT 器件（Integrated Gate Commutated Thyristor）

IGCT 是在 GTO 和 IGBT 的基础上发展起来的新型器件，它不仅有与 GTO 相同的高阻断能力和低通态压降，而且有与 IGBT 相同的开关性能，是一种较理想的兆瓦级、中压开关器件，非常适合用于 6kV 和 10kV 的中压开关电路。IGCT 由集成门极和 GCT 组成。门极换向晶闸管（GCT）的单元结构如图 9-14 所示。

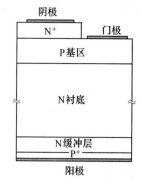

图 9-14 GCT 的单元结构

对比 GTO 及 GCT 的结构图，可看出 GCT 有别于 GTO 的关键技术为缓冲层和透明阳极的引入。在 IGCT 中引入缓冲层的目的与 IGBT 相同，若将这种缓冲技术用于 4.5kV GCT，可降低需要的硅片厚度 40%，同时可以降低通态和开关损耗；而对于同样的关断损耗，4kA/4.5kV 的 GTO 的通态压降在 125℃、4000A 时为 3.8V，而同等的 IGCT 在同样的条件下仅有 2.7V。

透明阳极是掺杂均匀且掺杂水平较低的薄发射极，对于电子来说，在关断时可以像短路一样穿过它而得到有效的抽取，大大缩短了拖尾过程。传统的 GTO 往往采用阳极短路结构来达到相同的效果，但这会增大门极触发功率。

结构上的差异带来性能上的改进。GCT 导通机理与 GTO 一样，但关断机理与 GTO 完全不同。GTO 在关断过程中，存在一个既非导通又非阻断的中间不定状态转换的 GTO 区，因而 GTO 需要一个很大的吸收电路来抑制重加电压的变化率（$\mathrm{d}v/\mathrm{d}t$）。而在 IGCT 技术中，通过在 P 基 N 发射结外施加很高的负电压，使得它的阴极注入瞬时停止，阳极电流即由阴极转移（或换向）至门极，把 GCT 转化成一个无接触基区的 PNP 晶体管，阴极发射极的正反馈作用被阻止，GCT 也就均匀关断。由于 IGCT 关断发生在变成晶体管之后，所以无须外加 $\mathrm{d}v/\mathrm{d}t$ 限制，并且可像 MOSFET 或者 IGBT 那样工作，其最大的关断电流比传统的额定电流高出许多，保护性的吸收电路可以省去。

由于 IGCT 既有 IGBT 那样具有快速开关性能，又有像 GTO 那样导电损耗低的特点，因此在高电压大电流的各种应用领域中具有很高的可靠性。

9.2.8 电子注入式增强门极晶体管 IEGT（Injection Enhanced Gate Transistor）

20 世纪 90 年代出现的 IEGT 采用电压驱动，具有与 GTO 一样低的导通电压降，与 IGBT 一样宽的安全工作区，还有门极驱动电流小、功率密度大、开关损耗小、速度快等诸多优点。

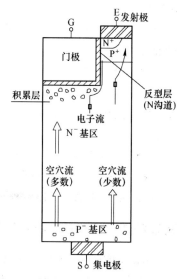

IEGT 结构如图 9-15 所示，可以看出它和 IGBT 相比，不同之处主要在于 IEGT 门极宽度较大。这使得导通时从集电极注入 N⁻基区的空穴中只有少数像 IGBT 那样顺利地通过 P⁺区流入发射极，大部分空穴则是在靠近门极的区域形成一个空穴积累层。空穴的积累会使发射极电子发射显著增强，大大提高 N⁻基区中的电子浓度以同空穴复合，所以 IEGT 导通时的饱和电压和导通压降相对于 IGBT 更低。另外，更高的载流子浓度使得 IEGT 可以快速改变其承载电流，$\mathrm{d}i/\mathrm{d}t$ 承受能力较强，导通过程中的损耗也非常低。

图 9-15 IEGT 的结构

关断时给门极加上负电压，P⁺区中的反型层随即消失，发射极不再向 N⁻基区发射电子，N⁻基区中电子浓度随之迅速下降，导致集电极也停止向该区注入空穴，已经存储在 N⁻基区的电子及空穴分别被抽出至集电极和发射极后复合。当组件中的载流子浓度降低到一定程度时，关断过程就完成了。

IEGT 器件的优越性能决定了它非常适合在各种大功率变流器中使用，凡是使用其他大功率器件的地方都可以用 IEGT 代替。

9.3 直流电动机调速原理及控制方法

20 世纪中后期，随着晶闸管的出现，取代了以往的变流机组和水银整流装置，使直流电气传动完成了一次大的跃进。随着微型计算机、超大规模集成电路、新型电子电力开关器件的出现，直流调速系统的性能指标大幅提高，传统的模拟控制直流调速系统迅速被全数字控制的直流调速系统所取代。本节着重介绍典型的直流调速系统基本原理及其控制结构。

9.3.1 闭环直流调速系统数学模型

线性闭环控制系统的设计很大程度上依赖于被控对象的数学模型，为设计和分析闭环控制下的直流调速系统，需建立被控对象的数学模型。由图 9-16 可知，他励直流电动机系统分为旋转电枢系统和励磁系统。

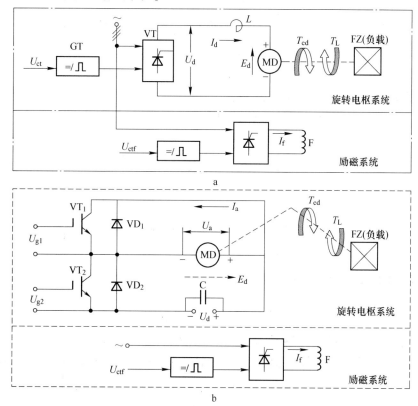

图 9-16 晶闸管-他励直流电动机调速系统（V-M）主回路（a）和
PWM-他励直流电动机调速系统（PWM-M）主回路（b）

9.3.1.1 旋转电枢系统数学模型

A 额定励磁状态下他励直流电动机电枢回路的数学模型

他励直流电动机在额定励磁下的等效电路如图 9-17 所示，图中 $R = R_{rec} + R_a + R_L$ 为电枢回路总电阻，其中 R_{rec} 为整流器内阻；R_a 为电动机电枢内阻；R_L 为滤波电抗器电阻。L 为电枢回路总电感；U_{d0} 为晶闸管的整流器输出直流空载电压；E_d 为电动机的反电动势。

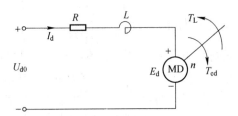

图 9-17 他励直流电动机在额定励磁下的等效电路

设电枢回路电流连续，则电枢回路的微分方程为：

$$U_{d0} = RI_d + L\frac{dI_d}{dt} + E_d \tag{9-1}$$

在零初始条件下，取拉氏变换并整理得：

$$U_{d0}(s) - E_d(s) = (R + Ls)I_d(s) = R\left(1 + \frac{L}{R}s\right)I_d(s) = R(1 + T_1 s)I_d(s) \tag{9-2}$$

$$\frac{I_d(s)}{U_{d0}(s) - E_d(s)} = \frac{1/R}{1 + T_1 s} \tag{9-3}$$

式中，$T_1 = L/R$ 为电枢回路的电磁时间常数。

根据式（9-3），可绘制动态结构图，如图 9-18 所示。

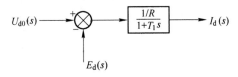

图 9-18 电枢电压与电流间的动态结构图

B 转矩方程和运动方程及两者的统一方程

电动机轴上的动力学方程为：

$$T_{ed} - T_L = \frac{GD^2}{375} \times \frac{dn}{dt} \tag{9-4}$$

式中，GD^2 为电力拖动系统折算到电动机轴上的飞轮惯量，$N \cdot m^2$。

额定励磁下的负载转矩和电磁转矩，以及转速和反电动势之间的关系分别为：

$$T_L = C_m I_L \tag{9-5}$$

$$n = E_d/C_e \tag{9-6}$$

$$T_{ed} = C_m I_d \tag{9-7}$$

式中，T_L 为负载转矩；T_{ed} 为电磁转矩；$C_m = K_m \Phi_d$ 为电动机额定励磁下的转矩系数；K_m

为转矩常数；Φ_d为磁通；I_L为负载电流；I_d为电枢回路电流；$C_e = K_e\Phi_d$为电动机额定励磁下的电动势系数，且有$C_m = 9.55C_e$，K_e为电势常数。

将式（9-7）代入式（9-4）可得：

$$T_{ed} - T_L = \frac{GD^2}{375C_e} \times \frac{dE_d}{dt} \tag{9-8}$$

再将式（9-5）和式（9-6）代入式（9-8）中，两侧取拉普拉斯变换，则有：

$$C_m[I_d(s) - I_L(s)] = \frac{GD^2}{375C_e}sE_d(s) \tag{9-9}$$

将式（9-9）等号右侧项的分子分母均乘以R，并整理可得：

$$[I_d(s) - I_L(s)] = \frac{GD^2}{375C_eC_m}sE_d(s) = \frac{GD^2R}{375C_eC_m} \times \frac{sE_d(s)}{R} = \frac{T_m}{R}sE_d(s) \tag{9-10}$$

依据式（9-10），可求得电流与电动势间的传递函数：

$$\frac{E_d(s)}{I_d(s) - I_L(s)} = \frac{R}{T_m s} \tag{9-11}$$

依据式（9-11）绘制的动态结构图如图9-19所示。

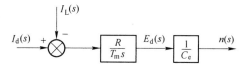

图9-19 电枢电流与电动势间的动态结构图

C 电力电子变换装置的动态数学模型

a 晶闸管触发器GT和整流器VT的放大系数和传递函数

图9-20给出了晶闸管-电动机调速系统（V-M系统）的原理图，图中VT是晶闸管可控整流器，GT是触发器，在V-M系统中，通常把晶闸管触发器和整流器看成一个环节，当进行闭环调速系统分析和设计时，需要求出这个环节的放大系数和传递函数。

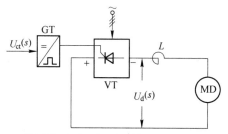

图9-20 晶闸管-电动机调速系统（V-M系统）原理图

这个环节的输入量是触发器的控制电压U_{ct}，输出量是整流器的输出电压U_{d0}，输出量与输入量之间的放大系数K_s可以通过实测特性或根据装置的参数估算而得到。

实测特性法：先用试验方法测出该环节的输入-输出特性，即$U_d = f(U_{ct})$曲线，如图9-21所示。放大系数K_s可由线性段内的斜率决定，即

$$K_s = (\Delta U_d)/\Delta U_{ct} \tag{9-12}$$

参数估算法：这是工程设计中常用的方法。例如：当触发器控制电压的调节范围为

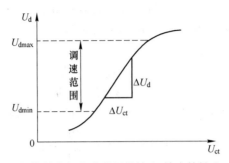

图 9-21 晶闸管触发与整流装置的输入-输出特性和 K_s 的测定

$0 \sim 10\mathrm{V}$ 时，对应整流器输出电压 U_d 的变化范围如果是 $0 \sim 220\mathrm{V}$，则可估算得到 $K_s = 220/10 = 22$。

在动态过程中，可把晶闸管触发器与整流器看成一个纯滞后环节，其滞后效应是由晶闸管的失控时间所引起的。以单相全波电阻性负载整流波形为例来分析滞后作用及滞后时间的大小，如图 9-22 所示。

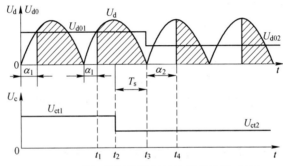

图 9-22 晶闸管触发器与整流器的失控时间

假设 t_1 时刻某一对晶闸管被触发导通，控制角为 α_1，如果控制电压 U_{ct} 在 t_2 时刻发生变化，由 U_{ct1} 突降到 U_{ct2}，但由于晶闸管已经导通，U_{ct} 的变化对它已不起作用，整流电压并不会立即变化，必须等到 t_3 时刻该器件关断后，触发脉冲才有可能控制另一对晶闸管导通。设新的控制电压 $U_{ct2} < U_{ct1}$，对应的控制角为 $\alpha_2 > \alpha_1$，则另一对晶闸管在 t_4 时刻导通，平均整流电压降低。假设平均整流电压是从自然换相点开始计算的，则平均整流电压在 t_3 时刻降到 U_{d02}，从 U_{ct} 发生变化的时刻 t_2 到 U_{d0} 响应变化的时刻 t_3 之间，便有一段失控时间 T_s。显然，失控时间 T_s 是随机的，它的大小随 U_{ct} 发生变化的时刻而改变，最大可能的失控时间就是两个相邻自然换相点之间的时间，与交流电源频率和整流电路形式有关，由下式确定：

$$T_{smax} = \frac{1}{mf} \qquad (9\text{-}13)$$

式中，f 为交流电源频率；m 为一周内整流电压的脉波数。

$T_s = T_{smax}/2$，相对于整个系统的响应时间来说，T_s 是不大的，在一般情况下，可取其统计平均值。或者按最严重的情况考虑，取 $T_s = T_{smax}$。

若用单位阶跃函数表示滞后，则晶闸管触发器与整流器的输入-输出关系为：

$$U_{d0} = K_s U_{ct} \times 1(t - T_s) \tag{9-14}$$

利用拉氏变换的位移定理，可求出晶闸管触发器与整流器的传递函数为：

$$W_s(s) = \frac{U_{d0}(s)}{U_{ct}(s)} = K_s e^{-T_s s} \tag{9-15}$$

由于式（9-15）中包含指数函数 $e^{-T_s s}$，它使系统成为非最小相位系统，分析和设计都比较麻烦。为了简化，先将该指数函数按泰勒级数展开，则式（9-15）变成：

$$W_s(s) = K_s e^{-T_s s} = \frac{K_s}{e^{T_s s}} = \frac{K_s}{1 + T_s s + \frac{1}{2!}T_s^2 s^2 + \frac{1}{3!}T_s^3 s^3 + \cdots} \tag{9-16}$$

考虑到很小，因而可忽略高次项，则传递函数便近似成为一阶线性环节：

$$W_s(s) \approx \frac{K_s}{1 + T_s s} \tag{9-17}$$

晶闸管触发器与整流器的动态结构图如图 9-23 所示。

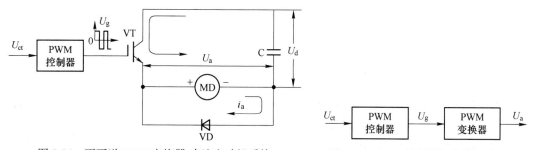

图 9-23　晶闸管触发器与整流器的动态结构图
a—准确的；b— 近似的

b　PWM-直流电动机调速系统中 PWM 变换器的数学模型

图 9-24 所示是简单的不可逆 PWM 变换器-直流电动机系统框图，其中功率开关器件采用了 IGBT（或 IGCT、IEGT）。

如图 9-25 所示，图 9-24 中 U_a 为稳态时 PWM 变换器输出的直流平均电压；U_g 为 PWM 控制器输出到主电路开关器件的驱动电压；U_{ct} 为 PWM 控制器的控制电压；U_d 为直流电源电压；C 为滤波电容器；VT 为功率开关器件；VD 为续流二极管；MD 为直流电动机。

图 9-24　不可逆 PWM 变换器-直流电动机系统　　　图 9-25　PWM 控制器与变换器的框图

结合 PWM 变换器工作情况可以看出：当控制电压变化时，PWM 变换器输出平均电压按线性规律变化，因此，PWM 变换器的放大系数可求得，即为：

$$K_s = \frac{U_a}{U_{ct}} \tag{9-18}$$

与晶闸管变换器不同，PWM 变换器采用的是高频自关断功率器件（IGCT、IGBT

等)，因此在动态过程中没有失控状态，仅有关断延时时间，最大的延时为一个开关周期 T。当开关频率为 10kHz 时，$T = 0.1$ms。可见 PWM 变换器输出电压对 PWM 控制信号的响应延迟可以忽略，可认为是实时的。因此，PWM 变换器的数学模型可写成：

$$W_s = \frac{U_a(s)}{U_{ct}(s)} = K_s \qquad (9\text{-}19)$$

式（9-19）可以用图 9-26 来表示。

D 直流调速系统的广义被控对象模型

a 额定励磁状态下直流电动机的动态结构图

将图 9-18 和图 9-19 合并得到图 9-27 所示的额定励磁状态下直流电动机的动态结构图。

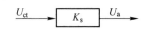

图 9-26 PWM 变换器动态结构图

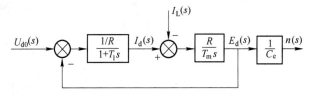

图 9-27 额定励磁状态下直流电动机的动态结构图

由图 9-27 可知，直流电动机有两个输入量，一个是施加在电枢上的理想空载电压 U_{d0}，另一个是负载电流 I_L。前者是控制输入量，后者是扰动输入量。如果不需要在结构图中显现出电流 I_d，可将扰动量 I_L 的综合点前移，电动势反馈点后移，再做等效变换，可得到图 9-28a 所示的动态结构图。空载时 $I_L = 0$，结构图可简化成图 9-28b。

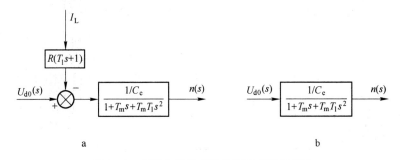

图 9-28 直流电机动态结构图的变换和简化

由图 9-28 可以看到，额定励磁下的直流电动机是一个二阶线性环节，其特征方程为：

$$T_m T_1 s^2 + T_m s + 1 = 0$$

式中，T_m 和 T_1 两个时间常数分别表示机电惯性和电磁惯性。如果 $T_m > 4T_1$，则特征方程的两个根为两个负实数，此时 U_{d0}、n 间的传递函数可以分解为两个线性环节，突加给定时，转速呈单调变化；如果 $T_m < 4T_1$，则特征方程有一对具有负实部的共轭解，此时直流电动机是一个二阶振荡环节，表明电机在运行过程中带有振荡的性质。

b 额定励磁状态下旋转电枢系统的动态结构图

将图 9-27 与图 9-23 合并，或将图 9-27 与图 9-16 合并，可获得额定励磁状态下旋转电枢系统的动态结构图如图 9-29 所示。

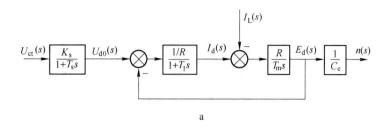

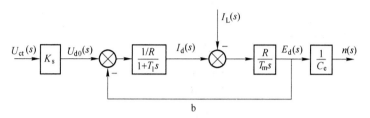

图 9-29 额定励磁状态下旋转电枢系统的动态结构图

a—额定励磁状态下，晶闸管-直流电动机调速系统的动态结构图；

b—额定励磁状态下，PWM-直流电动机调速系统的动态结构图

c 弱磁状态下直流调速广义被控对象动态结构图

当磁通 Φ_d 为变量时，参数 $C_e = K_e\Phi_d$、$C_m = K_m\Phi_d$ 就不再是常数。为了分析问题方便，应使 Φ_d 在反电动势方程和电磁转矩方程中凸现出来，即为：

$$E_d = C_e n = K_e\Phi_d n \qquad (9-20)$$

$$T_{ed} = C_m I_d = K_m\Phi_d I_d \qquad (9-21)$$

依据图 9-29 及式 (9-20)、式 (9-21) 可得到弱磁状态下的模型结构图，如图 9-30 所示。

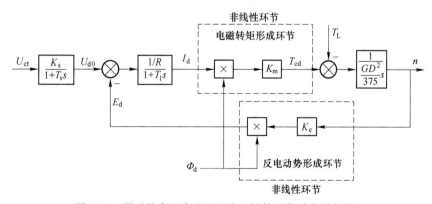

图 9-30 弱磁状态下直流调速广义被控对象动态结构图

由图 9-30 可以看出，在弱磁状态下，电磁转矩形成环节（ $T_{ed} = C_m I_d = K_m\Phi_d I_d$ ）和反电动势形成环节（ $E_d = C_e n = K_e\Phi_d n$ ）出现两个变量相乘（ $\Phi_d I_d$ 、$\Phi_d n$ ）的情况。这样，在直流电动机的数学模型中就包含了非线性环节。

$$T_m = \frac{GD^2 R}{375 K_e K_m \Phi_d^2} \qquad (9-22)$$

还应该看到，机电时间常数因其中 $\varPhi_d$ 的减小而变成了时变参数。由此可见，在弱磁过程中，直流调速系统的被控对象数学模型具有非线性特性。这里需要指出图 9-30 所示的动态结构图中，包含线性与非线性环节，其中只有线性环节可用传递函数表示，而非线性环节的输入与输出量只能用时域量表示，非线性环节与线性环节的连接只是表示结构上的一种联系，这是在应用中必须注意的问题。

9.3.1.2   励磁系统的数学模型

A   忽略磁场回路涡流影响时的数学模型

a   励磁绕组回路的数学模型

电动机励磁电流 I_f 和励磁电压 U_f 间的关系为惯性环节，其时间常数较大（最大时间常数可达几秒），可视为大惯性环节，其传递函数为：

$$W_L(s) = \frac{I_f(s)}{U_f(s)} = \frac{1/R_f}{1 + L_f s/R_f} = \frac{K_f}{1 + T_f s} \tag{9-23}$$

式中，R_f 为电动机励磁回路电阻；L_f 为电动机励磁回路电感；T_f 为电动机励磁回路时间常数。

将式（9-23）绘制成动态结构图，如图 9-31 所示。

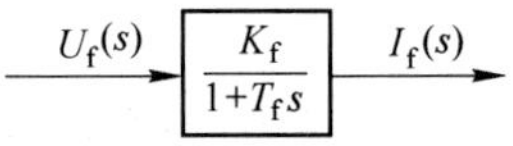

b   励磁触发器与整流器数学模型

图 9-31   励磁绕组回路模型的动态结构图

$$\frac{I_f}{U_{kf}} = W_{sf} = K_{sf} e^{-T_{sf} s} \approx \frac{K_{sf}}{1 + T_{sf} s} \tag{9-24}$$

将式（9-24）绘制成动态结构图，如图 9-32 所示。

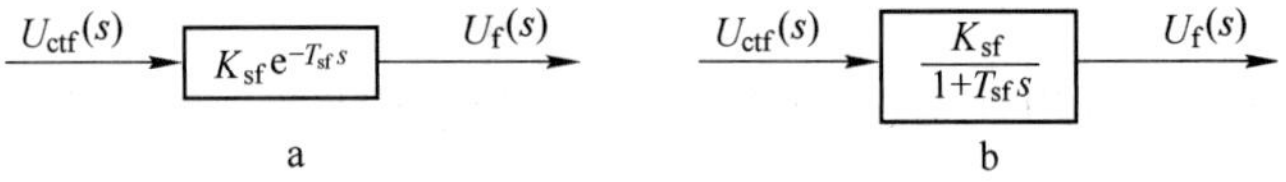

图 9-32   励磁触发器-整流器动态结构图

a—准确的；b—近似的

c   励磁系统数学模型的动态结构图

将图 9-31 和图 9-32 合并，得到励磁系统数学模型的动态结构图，如图 9-33 所示。

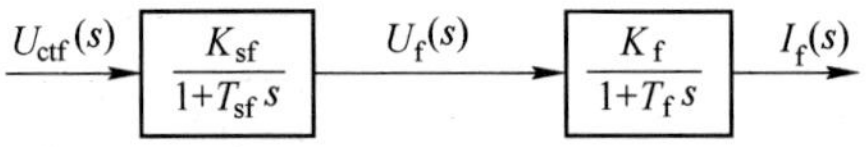

图 9-33   忽略磁场回路涡流影响时的动态模型结构图

B   考虑磁场回路涡流及磁化曲线非线性影响时的数学模型

当电动机磁场回路损耗很小时，可以忽略涡流影响。近似认为励磁电流 I_f 的变化能够反映磁通 $\varPhi_d$ 的变换，但是当电动机磁场回路存在较大涡流时，则励磁电流只有一部分产生磁通 $\varPhi_d$，而另一部分就是涡流。此时磁场回路的等效电路如图 9-34 所示。

根据磁场回路的等效电路，则有：

$$I_f(s) = \frac{U_f(s)}{R_f + L_{fm} s + \dfrac{R_k L_\varPhi s}{R_k + L_\varPhi s}} = \frac{U_f(s)}{R_f + L_{fm} s + \dfrac{L_\varPhi s}{1 + T_k s}} \tag{9-25}$$

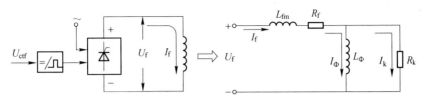

图 9-34　磁场回路等效电路图

R_f—励磁绕组电阻；L_Φ—励磁绕组电感；L_{fm}—励磁绕组漏感；I_k—涡流阻尼等效电流；
I_Φ—产生磁通的励磁电流；R_k—涡流阻尼等效电阻

式中，$T_k = L_\Phi / R_k$ 为涡流阻尼时间常数。一般励磁电感 L_Φ 远远大于励磁绕组漏感 L_{fm}，所以可以忽略 L_{fm}，于是有：

$$\frac{I_f}{U_f} \approx \frac{1}{R_f + \dfrac{L_\Phi s}{1 + T_k s}} = \frac{1 + T_k s}{R_f + R_f T_k s + L_\Phi s} = \frac{1 + T_k s}{R_f \left[1 + \left(T_k + \dfrac{L_\Phi}{R_f} \right) s \right]} = \frac{1 + T_k s}{R_f (1 + T_{fb} s)} \quad (9\text{-}26)$$

式中，$T_k + \dfrac{L_\Phi}{R_f}$ 为考虑涡流后的励磁回路时间常数。

由励磁回路的等值电路可知：

$$I_\Phi(s) = I_f(s) \frac{R_k}{R_k + L_\Phi s} = \frac{I_f(s)}{1 + T_k s} \quad (9\text{-}27)$$

$$\frac{I_\Phi(s)}{I_f(s)} = \frac{1}{1 + T_k s}$$

　　磁通 Φ_d 和产生它的电流 I_Φ 之间的关系是由电动机的磁化曲线来描述的，如图 9-35 所示。磁化曲线为非线性，经分段线性化之后，则 I_Φ 与 Φ_d 的关系可以表示成 $\Phi_d = K_\Phi I_\Phi$，故有：

$$\frac{\Phi_d(s)}{I_\Phi(s)} = K_\Phi \quad (9\text{-}28)$$

　　由于电动机的磁化曲线的非线性，因而 K_Φ 值大小与电动机磁路饱和程度有关。根据电动机磁场回路 U_f、I_f、I_Φ、Φ_d 各量之间的相互关系，可以得到励磁系统的动态结构图，如图 9-36 所示。

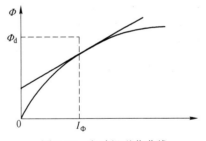

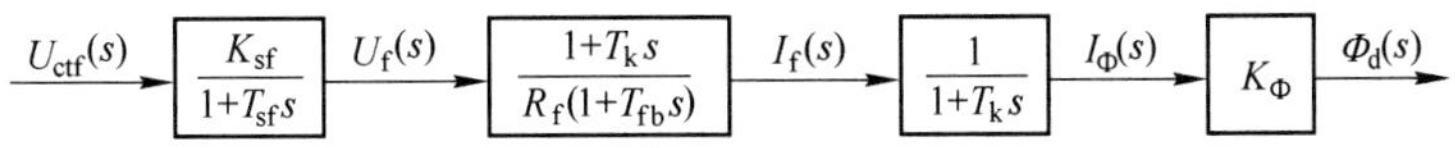

图 9-35　电动机磁化曲线

$$\xrightarrow{U_{ctf}(s)} \boxed{\frac{K_{sf}}{1 + T_{sf} s}} \xrightarrow{U_f(s)} \boxed{\frac{1 + T_k s}{R_f(1 + T_{fb} s)}} \xrightarrow{I_f(s)} \boxed{\frac{1}{1 + T_k s}} \xrightarrow{I_\Phi(s)} \boxed{K_\Phi} \xrightarrow{\Phi_d(s)}$$

图 9-36　考虑涡流及磁化曲线非线性影响时励磁系统数学模型的动态结构图

9.3.2　闭环控制的直流调速系统

　　转速负反馈通道被控对象转速调节器的任务就是控制和调节电动机的转速。在额定励磁状态下，直流调速系统的被控量应是直流电动机的转速 n，将 n 作为被控量，并对 n 进行闭环控制（设置转速 n 的调节器及 n 的负反馈通道），即可得到转速单闭环调速系统动态结构图，如图 9-37 所示。其中 $W_{ASR}(s)$ 为转速调节器 ASR 的传递函数。

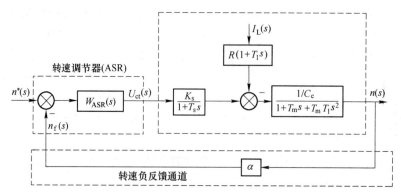

图 9-37 采用速度反馈控制的单闭环直流调速系统的动态结构框图

调速的关键是转矩控制，图 9-37 所示的单闭环调速系统并没有转矩控制的措施。转速负反馈控制系统的被调节量是转速，所检测的误差是转速，它要消除的也是扰动对转速的影响，不能控制电流（或转矩）的动态过程。

由于额定励磁状态下的直流电动机电枢电流 I_d（或 I_a）与直流电动机的电磁转矩成正比，所以通过控制电枢电流 I_d 就能达到对转矩的控制。在调速系统中有两类情况对电流的控制提出了要求：一是起、制动的时间控制问题，二是负载扰动的电流控制问题。为了有效地控制转矩就必须对电枢电流进行单独的闭环控制。依据图 9-37 所示的转速闭环控制动态结构图，在转速环内引入电枢电流负反馈，设置电枢电流调节器，构成具有内环的电流闭环控制系统，如图 9-38 所示。在起、制动过程中，电流闭环起作用，保持电流恒定，缩小系统的过渡过程时间，完成时间最优控制，即在过渡过程中始终保持转矩为允许的最大值，使直流电动机以最大的加速度加、减速。一旦到达给定转速，系统自动进入转速控制方式，转速闭环起主导作用，而电流内环则起跟随作用，使实际电流快速跟随给定值（转速调节器的输出），以保持转速恒定。

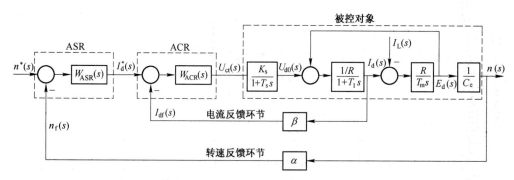

图 9-38 转速、电流双闭环直流调速系统的动态结构框图

图 9-38 中，α 为转速反馈系数，β 为电流反馈系数。可以看到，系统中设置了转速调节器和电流调节器，转速闭环嵌套电流闭环，两个调节器之间实行串级连接，转速调节器的输出为电流调节器的输入，以电流调节器的输出去控制电力电子变换器 UPE。从闭环结构上看，电流环在里面的结构称为内环；转速环在外边的结构称作外环，构成了转速、电流双闭环调速系统的控制结构。

9.3.2.1 稳态分析及计算

转速、电流双闭环调速系统稳态结构如图 9-39 所示，分析稳态特性的关键是掌握 ASR 和 ACR 两个 PI 调节器的稳态特征。一般存在两种状况：饱和（输出达到限幅值）和不饱和（输出未达到限幅值）。当调节器饱和时，输出为恒值，输入量的变化不再影响输出，除非有反向的输入信号使调节器退出饱和；换句话说，饱和的调节器暂时隔断了输入和输出间的联系，相当于使该系统开环，失去调节作用（或称为饱和非线性控制作用）。当调节器不饱和时，PI 的作用使输入偏差电压 ΔU 在稳态时总为零。

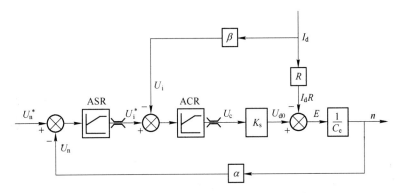

图 9-39　转速、电流双闭环调速系统稳态结构图

实际上，在正常运行时，电流调节器是不会达到饱和状态的。因此，对于稳态特性来说，只有转速调节器有不饱和与饱和两种情况。

（1）转速调节器不饱和：此时两个调节器都不饱和，稳态时，它们的输入偏差电压都是零，因此：

$$U_n^* = U_n = \alpha n = \alpha n_0 \tag{9-29}$$

$$U_i^* = U_i = \beta I_d \tag{9-30}$$

由式（9-29）可得：

$$n = U_n^*/\alpha = n_0 \tag{9-31}$$

从而得到图 9-40 所示的稳态特性的 $n_0 A$ 段。与此同时，由于 ASR 不饱和，$U_i^* < U_{im}^*$，由式（9-30）可知，$I_d < I_{dm}$，也就是说 $n_0 A$ 段特性从理想空载状态的 $I_d = 0$ 一直延续到 $I_d = I_{dm}$，通常，I_{dm} 一般都是大于额定电流 I_{dN} 的，这是稳态特性的运行段，它是一条水平的特性曲线。

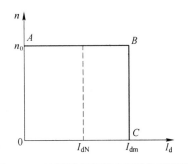

图 9-40　双闭环直流调速系统的静特性

（2）转速调节器饱和：这时，ASR 输出达到限幅值 U_{im}^*，转速外环呈开环状态，转速的变化对系统不再产生影响。双闭环系统变成一个电流无静差的电流单闭环调节系统。稳态时有：

$$I_d = U_{im}^*/\beta = I_{dm} \tag{9-32}$$

式中，最大电流 I_{dm} 是选定的，取决于电动机的容许过载能力和拖动系统允许的最大速度。式（9-32）所描述的稳态特性对应于图 9-40 中的 AB 段，它是一条垂直的特性曲线。这样的下垂特性只适合于 $n<n_0$ 的情况，因为如果 $n>n_0$，则 $U_n>U_n^*$，ASR 将退出饱和状态。

双闭环调速系统的稳态特性在负载电流小于 I_{dm} 时表现为转速无静差，这时转速负反馈起主要调节作用。当负载电流达到 I_{dm} 时，对应于转速调节器的饱和输出 U_{im}^*，这时电流调节器起主要调节作用，系统表现为电流无静差，并获得过电流的自动保护。这就是采用了两个 PI 调节器分别形成内、外两个闭环的效果，其稳态特性显然比带电流截止负反馈的单闭环系统稳态特性好。

9.3.2.2 动态分析及计算

当突加阶跃给定信号 U_{im}^* (n^*) 后，系统便进入起动过程，其跟随响应波形如图 9-41 所示。把整个起动过程分为三个阶段，在图中分别标为 I、II、III。

第 I 阶段为电流上升阶段。系统突加给定 U_n^* 后，由于电动机的机械惯性较大，转速和转速反馈增长较慢，因此转速调节器 ASR 的输入偏差电压 $\Delta U_n = U_n^*-U_n$ 的数值较大，转速调节器的放大倍数较大，其输出很快达到饱和输出限幅值 U_{im}^*。这个电压力加在 ACR 的输入端，作为最大电流的给定值，使 ACR 的输出 U_{ct} 首先靠比例部分 $K_p\Delta U_i$ 的作用 $\Delta U_i = U_{im}^*-U_i$ 迅速增大，使变流器输出的电枢电流 I_d 迅速上升。随着电流反馈信号 U_i 的上升，ΔU_i 逐渐减少，ACR 的输出信号 U_{ct} 的比例部分随之逐渐减少，而积分部分逐渐积累增加。在比例和积分两部分共同作用下，形成了如图 9-41 所示的 U_{ct} 波形。U_{ct} 的上升使整流电压 U_{d0} 成比例增加，从而保证 I_d 迅速上升，直到最大值 I_{dm}。当 $I_d = I_{dm}$、$U_i = U_{im}$ 时，ACR 的作用使 I_d 不再迅速增长，标志着这一阶段的结束。在此阶段中，当 $I_d < I_L$ 时，$n=0$，当 $I_d > I_L$ 后的一小段时间，转速上升的较慢，在此阶段转速 n 数值较小。在 $0\sim t$ 整个 I 阶段中，ASR 因阶跃给定作用而迅速饱和，而 ACR 一般不饱和，以保证电流环的调节作用，强迫电流 I_d 上升，并达到 I_{dm}。

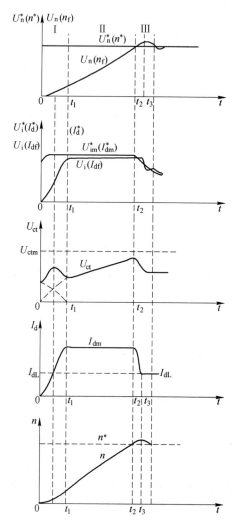

图 9-41 双闭环直流调速系统起动过程的转速和电流波形

第 II 阶段 $t_1\sim t_2$ 为恒流升速阶段。此阶段从电流上升到 I_{dm} 开始，一直到转速上升至给定值为止，这是起动的主要阶段。在这个阶段 $U_n < U_n^*$，ASR 一直处于饱和状态，输出限幅值 U_{im}^* 不变，转速环相当于开环状态，系统表现为恒值最大电流给定 U_{im}^* 作用下的电流调节系统，基本上保持电流 I_{dm} 恒定。因而系统的加速度恒定，转速呈线性上升，同时电动机的反电动势也按线性增长，对电流调节系

统来说，这个反电动势是一个扰动量，它使电流 I_d 离开 I_{dm} 而减小，但这又使电流反馈信号 U_i 下降，出现下述调节过程，直到恢复 I_{dm} 值。

$$E\uparrow \to I_d\downarrow \to U_i\downarrow \to \Delta U_i = (U_n^*-U_i\downarrow)\uparrow \to U_{ct}\uparrow \to U_{d0}\uparrow \to I_d\uparrow$$

可见，在恒流升速阶段，由于 ACR 的自动调节作用，整流电压 U_{d0} 和电动机反电动势（即 n）同步增长，从而维持：

$$I_d = I_{dm} = \frac{U_{d0}\uparrow - E\uparrow}{R} = \frac{K_s U_{ct}\uparrow - C_e n\uparrow}{R} = \mathrm{C}(\text{常数})$$

所以，电流调节器是不能饱和的。同时，整流装置输出的最大整流电压 U_{d0m} 应留有余地以保证提供足够大的整流电压，满足调节能力的需要，这些都是设计系统时应该考虑的问题。

第Ⅲ阶段 t_2 以后为转速调节阶段。当转速上升到给定值（$t=t_2$）时，$U_n = U_n^*$，$\Delta U_n = 0$，即 ASR 输入电压偏差值为零，但由于 ASR 的积分作用，它的输出值还维持在限幅值 U_{im}^* 以上，所以，电动机仍在最大电流下继续加速，使转速出现超调。超调后 $U_n > U_n^*$，$\Delta U_n < 0$，即 ASR 输入偏差值出现负的偏差电压，使 ASR 退出饱和状态，其输出电压也就是 ACR 的给定电压 U_i^* 从限幅值降下来，主回路电流 I_d 也随之减小。但是，在 I_d 仍大于负载电流 I_d 的一段时间内（$t_2 \sim t_3$），转速仍会继续上升，直到 $I_d < I_{dL}$ 时，电动机才开始在负载阻力下减速，直到稳定（如果超调过大，转速可能出现几次振荡之后才能稳定）。在这一阶段，ASR 和 ACR 同时起作用，但转速环的调节作用是主导的，它使转速迅速趋近于给定转速，使系统稳定；而 ACR 的作用是使电流 I_d 跟随 U_i 的变化，即电流内环为一个电流随动系统，所以电流环的作用是从属的。

系统起动后进入稳态，转速等于给定值，电流等于负载电流，ASR 和 ACR 的输入偏差都为零。

综上所述，双闭环直流调速系统的起动过程有以下三个特点：

（1）饱和非线性控制。随着 ASR 的饱和与不饱和，整个系统处于完全不同的两种状态，在不同情况下表现为不同结构的线性系统，只能采用分段线性化的方法来分析，不能简单地用线性控制理论来分析整个起动过程，也不能用线性控制理论来笼统地设计这样的控制系统。

（2）转速超调。当转速调节器 ASR 采用 PI 调节器时，转速必然有超调。转速略有超调一般是允许的，对于完全不允许超调的情况应采用其他控制方法来抑制超调。

（3）准时间最优控制。在设备允许条件下实现最短时间的控制称作"时间最优控制"，对于电力拖动系统，在电动机允许过载能力限制下的恒流起动，就是时间最优控制。但由于在起动过程Ⅰ、Ⅱ两个阶段中电流不能突变，实际起动过程与理想起动过程相比还有一些差距，不过这两段时间只占全部起动时间中很小的成分，无伤大局，可称作"准时间最优控制"。采用饱和非线性控制的方法实现准时间最优控制是一种很有实用价值的控制策略，在各种多环控制系统中得到普遍应用。

9.3.2.3 系统抗扰性

调速系统最主要的抗扰性能是指抗负载扰动和抗电网电压扰动性能，闭环系统的抗扰能力与其作用点的位置有关。直流调速系统的动态抗扰作用如图 9-42 所示。

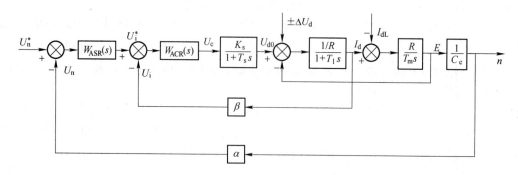

图 9-42 直流调速系统的动态抗扰作用

拖动系统负载的变化，称为负载扰动。负载扰动是由负载 I_{dL} 变化引起的，当系统被设计成双闭环系统时，其作用点在电流环之外，因此电流调节器对它仍无抗扰能力，要依靠转速调节器来进行抑制，因此在设计转速调节器时，应要求有较好的抗负载扰动能力。

电网电压的扰动 $\pm\Delta U_d$ 造成整流输出电压 U_{d0} 的波动。在双闭环系统中，电网电压扰动的作用点在电流环内，可以经过电流调节器调节 I_d，维持电流为给定值。由于电流环的惯性远小于转速环的惯性，电压波动可以通过电流反馈得到比较及时的调节，不必等它影响到转速以后才反馈回来，而且 ACR 的时间常数比 ASR 的为小，所以双闭环系统抗电网电压扰动的能力较强。

9.3.2.4 结构特点及调节器作用

A 转速调节器和电流调节器为嵌套式串级结构

电流闭环嵌套在转速闭环之内，转速调节器 ASR 和电流调节器 ACR 串级连接，转速调节器的输出作为电流调节器的输入。这种控制结构的最大优点是两个调节器的调节作用各自独立，互不干扰；在动态过程中二者相互配合、协调工作，从而保证了闭环直流调速系统具有优良的动态性能。

B 转速、电流两个调节器的作用

转速调节器和电流调节器在双闭环直流调速系统中的作用可分别归纳如下：

（1）转速调节器的作用：

1）转速调节器是调速系统的主导调节器，完成电动机转速的控制和调节，如果采用 PI 调节，则可实现无静差调速。

2）对负载变化起抑制作用。

3）其输出限幅值决定电动机允许的最大电流。

（2）电流调节器的作用：

1）作为内环的调节器，在转速外环的调节过程中，它的作用是使电枢电流紧紧跟随其给定值 U_i（即 ASR 调节器的输出量）变化。

2）对电网电压的波动能起到及时的抑制作用。

3）在转速动态过程中，保证获得电动机允许的最大电流，从而加快动态过程。

4）当电动机过载或者堵转时，限制电枢电流的最大值，起到快速的最大保护作用，一旦故障消失，系统立即自动恢复正常，提高了系统运行的可靠性。

综合本节所述，直流电动机的转速容易控制和调节，在额定转速以下，保持励磁电流恒定，可用改变电枢电压的方法实现恒转矩调速；在额定转速以上，保持电枢电压恒定，可用改变励磁的方法实现恒功率调速。近代采用晶闸管供电的转速、电流双闭环直流调速系统可获得优良的静、动态调速特性，因此20世纪80年代中期以前的变速传动领域中，直流调速一直占据主导地位。但直流电动机本身存在着机械式换向器和电刷这一固有的结构性缺陷，在一些易燃、易爆等环境较为恶劣的生产场合，不能或不宜使用直流调速系统。这些都会给直流调速系统的现场应用带来一系列限制。

9.4 交流电动机主要控制策略

电力电子技术和现代控制理论的发展，进一步提高了交流电动机变压变频调速系统的静、动态性能。相比直流电动机，交流电动机具有结构简单、成本低廉、工作可靠、维护方便、惯量小、效率高性能高等优点，交流电动机调速系统出现在许多工业生产场合。本节内容从四种基本控制方式入手，介绍交流电动机的主要控制策略。

9.4.1 标量控制

由电机学可知，异步电动机转速公式为：

$$n = \frac{60f_s}{n_p}(1-s) = \frac{60\omega_s}{2\pi n_p}(1-s) = n_s(1-s) \tag{9-33}$$

式中，f_s为电机定子供电频率；n_p为电机极对数；$\omega_s = 2\pi f_s$为定子供电角频率；$s = \frac{n_s - n}{n_s} = \frac{\omega_s - \omega}{\omega_s} = \frac{\omega_{sl}}{\omega_s}$为转差率，其中，$n_s = \frac{60f_s}{n_p} = \frac{60\omega_s}{2\pi n_p}$为同步转速，$\omega_{sl} = \omega_s - \omega$为转差角频率。

由式（9-33）可知，如果均匀地改变异步电动机的定子供电频率f_s，就可以平滑地调节电动机转速n。然而，在实际应用中，不仅要求调节转速，同时还要求调速系统具有优良的调速性能。

在额定转速以下调速时，保持电机中每极磁通量为额定值，如果磁通减少，则异步电动机的电磁转矩T_{ei}将减小，这样，在基速以下时，无疑会失去调速系统的恒转矩机械特性；反之，如果磁通增多，又会使电机磁路饱和，励磁电流将迅速上升，导致电机铁损大量增加，造成电机铁心严重过热，不仅会使电机输出效率大大降低，而且造成电机绕组绝缘降低，严重时有烧毁电机的危险。可见，在调速过程中不仅要改变定子供电频率f_s，而且还要保持（控制）磁通恒定。

9.4.1.1 恒压频比（$U_s/f_s = C$）控制方式

由电机学可知，气隙磁通在定子每相绕组中感应电动势有效值E_s为：

$$E_s = 4.44f_s N_s K_s \Phi_m \quad 写成 \quad E_s/f_s = c_s \Phi_m \tag{9-34}$$

式中，N_s为定子每相绕组串联匝数；K_s为基波绕组系数；Φ_m为电机气隙中每极合成磁通；$c_s = 4.44 N_s K_s$。

由式（9-34）可以看出，要保持$\Phi_m = C$（通常为$\Phi_m = \Phi_{mN} = C$，Φ_{mN}为电机气隙额定

磁通量），则必须 $E_s/f_s = C$，这就要求，当频率 f_s 从额定值 f_{sN}（基频）向下降低时，E_s 也必须同时按比例降低，则

$$E_s/f_s = c_s \Phi_m = C \tag{9-35}$$

式（9-35）表示了感应电动势有效值 E_s 与频率 f_s 之比为常数的控制方式，通常称为恒 E_s/f_s 控制，这是一种较为理想的控制方式。然而由于感应电动势 E_s 难以检测和控制，实际可以检测和控制的是定子电压，因此，基频以下调速时，往往采用变压变频控制方式。

稳态情况下异步电动机定子每相电压与每相感应电动势的关系为：

$$\dot{U}_s = -\dot{E}_s + \dot{I}_s Z_s = -j2\pi f_s L_m \dot{I}_m + (R_s \dot{I}_s + j2\pi f_s L_{s\sigma} \dot{I}_s) \tag{9-36}$$

式中，$\dot{E}_s = j2\pi f_s L_m \dot{I}_m$；$\dot{I}_s Z_s = R_s \dot{I}_s + j2\pi f_s L_{s\sigma} \dot{I}_s$；$\dot{U}_s$ 为定子相电压；$\dot{I}_s$ 为定子相电流；$\dot{I}_m$ 为励磁电流；R_s 为定子每相绕组电阻；L_m 为定、转子之间的互感；$L_{s\sigma}$ 为定子绕组每相漏感。

当定子频率 f_s 较高时，感应电动势的有效值 E_s 也较大，这时可以忽略定子绕组的阻抗压降（$\dot{I}_s Z_s$），可认为定子相电压有效值 $U_s \approx E_s$，为此在实际工程中是以 U_s 代替 E_s 而获得电压与频率之比为常数的恒压频比控制方程式，即为：

$$U_s/f_s = c_s \Phi_m = C \tag{9-37}$$

其控制特性如图 9-43 中虚线所示。

由于恒压频比控制方式成立的前提条件是忽略了定子阻抗上的压降，在 f_s 较低时，由式（9-36）可知，定子感应电动势 $\dot{E}_s$ 变小了，其中唯有 $\dot{I}_s R_s$ 项并不减小，与 $\dot{E}_s$ 相比，$\dot{I}_s Z_s$ 比重加大，$U_s \approx E_s$ 不再成立，也就是说 f_s 较低时定子阻抗压降不能再忽略了。

为了使 $U_s/f_s = C$ 的控制方式在低频情况下也能适用，往往在实际工程中采用 $I_s R_s$ 补偿措施，即在低频时把定子相电压有效值 U_s 适当抬高，以补偿定子阻抗压降的影响。补偿后的 U_s/f_s 的控制特性如图 9-43 实线所示。通常把 $I_s \times R_s$ 补偿措施也称之为转矩提升方法。

在基频以上调速时，定子供电频率 f_s 大于基频 f_{sN}。如果仍维持 $U_s/f_s = C$ 是不允许的，因为定子电压超过额定值会损坏电动机的绝缘，所以，当 f_s 大于基频时，往往把电机的定子电压限制为额定电压，并保持不变，其控制方程式为：

$$U_s = U_{sN} = c_s \Phi_m f_s = C \tag{9-38}$$

由式（9-38）可以看出，当 $U_s = U_{sN} = C$ 时将迫使磁通 Φ_m 与频率 f_s 成反比降低。由于频率提高而电压不变，气隙磁通势必减少，导致最大转矩的减小，但转速却提高了，可以认为输出功率基本不变，所以基频以上变频调速属于恒功率调速方式。把基频以下和基频以上两种情况结合起来，得到图 9-43 所示的异步电动机恒压频比调速控制特性。

9.4.1.2　转差频率控制方式

转差频率控制是对 $U_s/f_s = C$ 控制方式的一种改进。相对于恒压频比控制方式，采用转差频率控制方式，有助于改善异步电动机变压变频调速系统的静、动态性能。

A　转差频率控制的基本思想

由电机学可知，异步电动机电磁转矩也可以写成：

$$T_{ei} = C_m \Phi_m I_r \cos\varphi_r \tag{9-39}$$

式中，C_m 为转矩系数；I_r 为折算到定子侧的转子每相电流的有效值；$\varphi_r = \arctan(sX_r/R_r)$ 为转子功率因数角，其中 X_r 为折算到定子侧的转子每相漏电抗。

从式（9-39）可以看出，气隙磁通、转子电流、转子功率因数都影响电磁转矩。根据异步电动机的等值电路图（如图 9-44 所示），可以求出异步电动机转子电流有效值：

$$I_r = \frac{sE_s}{\sqrt{R_r^2 + (sX_r)^2}} \tag{9-40}$$

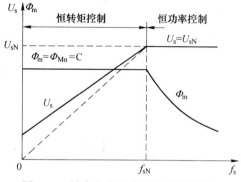

图 9-43 异步电动机变频调速控制特性

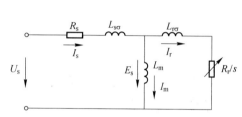

图 9-44 异步电动机的等值电路图

正常运行时，因 s 很小，所以，可以将分母中 sX_r 忽略，则得到：

$$\begin{cases} I_r \approx \dfrac{sE_s}{R_r} = \dfrac{\omega_{sl}}{\omega_s} \times \dfrac{E_s}{R_r} \\ \cos\varphi_r \approx 1 \end{cases} \tag{9-41}$$

将式（9-41）、$\omega_s = 2\pi f_s$、$E_s = 4.44 f_s N_s K_s \Phi_m$ 代入式（9-39）中，得：

$$T_{ei} \approx C_m \Phi_m \frac{\omega_{sl}}{\omega_s} \times \frac{E_s}{R_r} \tag{9-42}$$

将 $\omega_s = 2\pi f_s$、$E_s = 4.44 f_s N_s K_s \Phi_m$ 代入式（9-42）中，得：

$$T_{ei} \approx K \Phi_m^2 \omega_{sl} \tag{9-43}$$

式中，$K = 4.44 N_s K_s C_m/(2\pi R_r)$。

由式（9-43）可知，当 $\Phi_m = C$ 时，异步电动机电磁转矩近似与转差角频率 ω_{sl} 成正比。可见，通过控制转差角频率 ω_{sl} 实现控制电磁转矩的目的，这就是转差频率控制的基本思想。

B　转差频率控制规律

由电机学可知，电磁转矩表达式可表示为：

$$T_{ei} = \frac{P_m}{\Omega_s} = 3n_p \frac{(sE_s)^2}{R_r^2 + (sX_r)^2} \times \frac{R_r}{s} \times \frac{1}{\omega_s} \tag{9-44}$$

因为，$sX_r = \dfrac{\omega_{sl}}{\omega_s} \omega_s L_{r\sigma} = \omega_{sl} L_{r\sigma}$ 及 $E_s/f_s = c_s \Phi_m$，所以，式（9-44）可写为：

$$T_{ei} = K_m \Phi_m^2 \frac{R_r \omega_{sl}}{R_r^2 + (\omega_{sl} L_{r\sigma})^2} = f(\omega_{sl}) \tag{9-45}$$

式中，$K_m = 3n_p c_s^2$。

为了直观一些，假设磁通 $\Phi_m = C$，做出 $T_{ei} = f(\omega_{sl})$ 的曲线，如图 9-45 所示。由图可知，当 $\omega_{sl} < \omega_{slmax}$ 时，$T_{ei} \propto \omega_{sl}$；但是，当 $\omega_{sl} > \omega_{slmax}$ 后，电机转矩反而下降（不稳定运行区），所以在电机工作过程中，应限制电动机的转差角频率（$\omega_{sl} < \omega_{slmax}$）。

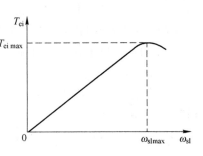

图 9-45　$T_{ei} = f(\omega_{sl})$

对式（9-45）求导，令 $dT_{ei}/d\omega_{sl} = 0$，可求得最大转矩 T_{eimax} 与最大转差角频率：

$$T_{eimax} = K_m \Phi_m^2 \frac{1}{2L_{r\sigma}} \tag{9-46}$$

$$\omega_{slmax} = \frac{R_r}{L_{r\sigma}} \tag{9-47}$$

式（9-46）和式（9-47）表明电机参数不变情况下，T_{eimax} 仅由磁通 Φ_m 决定；此外 ω_{slmax} 与磁通 Φ_m 无关。

以上分析可以看出：只要能保持磁通 Φ_m 恒定，就可用转差角频率 ω_{sl} 来独立控制异步电动机的电磁转矩。由电机学可知，异步电机中气隙磁通 Φ_m 是由励磁电流 I_m 所决定的，当 $I_m = C$ 时，则 $\Phi_m = C$。然而 I_m 不是一个独立的变量，而由下式决定：

$$\dot{I}_s + \dot{I}_r = \dot{I}_m \tag{9-48}$$

也就是说 $\dot{I}_m$ 是定子电流 $\dot{I}_s$ 的一部分。在鼠笼式异步电机中，$\dot{I}_r$ 是难以直接测量的。因此，只能研究 $\dot{I}_m$ 与易于控制和检测的量的关系，在这里就是 $\dot{I}_s$。根据异步电动机等值电路，可得：

$$\dot{I}_m = \frac{\dot{E}_s}{jX_m} \tag{9-49}$$

所以：

$$\dot{E}_s = jX_m \dot{I}_m \tag{9-50}$$

根据图 9-44 和式（9-50）可得到：

$$\dot{I}_r = \frac{\dot{E}_s}{R_r/s + jX_r} = \frac{jX_m \dot{I}_m}{R_r/s + jX_r} \tag{9-51}$$

将式（9-51）代入式（9-47），求得：

$$I_s = I_m \sqrt{\frac{R_r^2 + [\omega_{sl}(L_m + L_{r\sigma})]^2}{R_r^2 + (\omega_{sl}L_{r\sigma})^2}} = f(\omega_{sl}) \tag{9-52}$$

当 $I_m(\Phi_m)$ 恒定不变时，I_s 与 ω_{sl} 的函数关系绘制成曲线如图 9-46 所示。

经分析可知，图 9-46 具有下列性质：

（1）$\omega_{sl} = 0$ 时，$I_s = I_m$，表明在理想空载时定子电流等于励磁电流。

（2）ω_{sl} 值增大时，I_s 也随之增大。

（3）$\omega_{sl} \to \infty$，$I_s \to I_m\left(\dfrac{L_{r\sigma} + L_m}{L_{r\sigma}}\right)$，这是 $I_s = f(\omega_{sl})$ 的渐进线。

（4）$\pm\omega_{sl}$ 都对应正的 I_s 值，说明 $I_s = f(\omega_{sl})$ 曲线左右对称。

以上分析归纳起来，得出转差频率控制规律为：

（1）$\omega_{sl} \leq \omega_{slmax}$，$T_{ei} \propto \omega_{sl}$，前提条件是维持 Φ_m 恒定不变。

（2）按照式（9-52）或图 9-46 所示的 $I_s = f(\omega_{sl})$ 的函数关系来控制定子电流，就能维持 Φ_m 恒定不变。

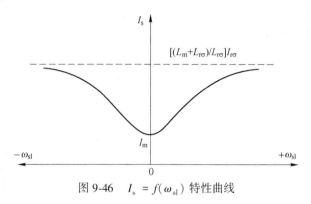

图 9-46　$I_s = f(\omega_{sl})$ 特性曲线

9.4.2　矢量控制技术

恒压频比控制或转差频率控制的异步电动机变压变频调速系统，由于它们的基本控制关系及转矩控制原则是建立在异步电动机稳态数学模型的基础上，其被控制变量（定子电压、定子电流）都是在幅值意义上的标量控制，而忽略了幅角（相位）控制，因而异步电动机的电磁转矩未能得到精确的、实时的控制，自然也就不能获得优良的动态性能。矢量控制 VC（Vector Control）成功地解决了交流电动机定子电流转矩分量和励磁分量的耦合问题，从而实现交流电动机电磁转矩的实时控制，大大提高了交流电动机变压变频调速系统动态性能。

9.4.2.1　矢量控制的基本概念

A　直流电动机和异步电动机的电磁转矩

对直流电机来说，主极磁通 Φ_d 和电枢电流 I_a 产生的电枢磁势总是互相垂直的，二者各自独立，互不影响，在它们作用下的电磁转矩为：

$$T_{ed} = \frac{n_p}{2\pi} \times \frac{N_a}{a}\Phi_d I_a = C_{MD}\Phi_d I_a \tag{9-53}$$

式中，$C_{MD} = \dfrac{n_p}{2\pi} \times \dfrac{N_a}{a}$ 为直流电机转矩系数。

对于他励直流电机而言，励磁和电枢是两个独立的回路，可以对电枢电流和励磁电流进行单独控制和调节，达到控制转矩的目的，实现转速调节。可见，直流电机的电磁转矩具有控制容易而又灵活的特点。

由电机学可知，异步电动机中的电磁转矩可写成：

$$T_{ei} = C_{IM}\Phi_m I_r \cos\varphi_r \tag{9-54}$$

式中，$C_{IM} = \dfrac{3\sqrt{2}}{2} n_p N_2$，其中 N_2 为转子绕组有效匝数；φ_r 为转子功率因数角。

式（9-54）表明，异步电动机的电磁转矩是气隙磁场和转子磁势相互作用的结果，且受转子功率因数角 φ_r 的制约。其复杂性表现在：气隙磁通 $\varPhi_m$、转子电流 I_r、转子功率因数角 φ_r 都是转差率 s 的函数；气隙磁通是由定子磁势和转子磁势合成产生的，不能简单地认为恒定；对于笼形异步电动机而言可以直接测量和进行控制的量是定子电流 i_s，它和转子电流 i_r 及励磁电流 i_m 之间又存在着时间相量和的关系，即 $\dot{I}_s = \dot{I}_m - \dot{I}_r$。还应该知道异步电机的励磁电流 $\dot{I}_m$ 和转子电流 $\dot{I}_r$ 都是通过定子绕组提供的，相当于这两个量处于同一回路之中，存在强耦合关系，因而在控制过程中会引起二者的相互影响，容易造成系统振荡或使动态过程加长。上述情况足以说明交流电动机的电磁转矩是难以控制的。

B 矢量控制的基本思想

异步电动机的转矩难于控制，如果从电机的统一理论出发，能找到异步电动机和直流电动机电磁转矩之间的共同基础和内在关系，就可以模拟直流电动机来控制异步电动机了。无论什么电动机，首先必须有磁场，在异步电动机中，是三相对称绕组通入三相对称电流 i_A、i_B、i_C，产生以同步速度 ω_0 旋转的磁场，如图9-47a 所示。同样在两相对称绕组 α、β 中，通入两相对称电流 i_α、i_β，也产生以相同速度旋转的磁场，如图9-47b 所示。如果此旋转磁场和三相电动机中的磁场大小相等，转速相同，则两套绕组等效。

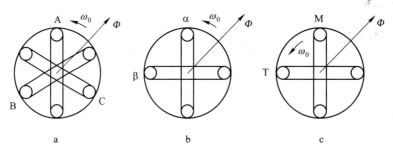

图 9-47 磁场相同时的等效绕组

在图9-47c 中，有两个对称绕组 M 和 T，分别通以直流电 i_M 和 i_T，则产生固定磁场，如果使两个绕组同时以速度 ω_0 旋转，磁通 $\varPhi$ 也跟着旋转。这样，在磁场强度相等的条件下，图 c 也和图 a 及图 b 中的绕组等效，也就是说，三相异步电动机可以等效成定子绕组旋转，而绕组中通入直流电，产生固定磁场的直流电动机模型。所以矢量变换控制若想将交流量变为直流量控制，必须由固定坐标系变换为同步旋转的坐标系。这样，以产生同样的旋转磁场为准则。图9-47 中的三套绕组等效，则 i_A、i_B、i_C 及 i_α、i_β 和 i_M、i_T 之间就存在着确定的关系，即矢量变换关系。要保持 i_M、i_T 为某一定值，则 i_A、i_B、i_C 必须按一定规律变化，只要按照这个规律去控制三相电流 i_A、i_B、i_C，就可以等效地控制 i_M、i_T。

实际应用中把 i_M（励磁电流分量）、i_T（转矩电流分量）作为控制量，记为 i_M^*、i_T^*，对 i_M^*、i_T^* 实施矢量旋转变换就可以得到与旋转坐标系 M-T 等效的 α-β 坐标系下两相交流电流的控制量，记为 i_α^*、i_β^*，然后通过二相-三相变换得到三相交流电流的控制量，记为 i_A^*、i_B^*、i_C^*，用来控制异步电动机运行。归纳上述，对交流电动机的控制可以按照直流电动机转矩、转速规律来实现，这就是矢量控制的基本思想。因为用来进行坐标变换的物理量是空间矢量，所以将这种控制系统称之为矢量控制系统（Vector Control System，简称 VC）系统。

9.4.2.2 坐标变换及变换矩阵

由前述可知，矢量控制是通过坐标变换将异步电动机的转矩控制与直流电动机的转矩控制统一起来，可见，坐标变换是实现矢量控制的关键。

A 三相静止坐标系与二相静止坐标系之间的变换（3/2 变换或 2/3 变换）

图 9-48 表示三相异步电动机的定子三相绕组 A、B、C 和与之等效的两相异步电动机定子绕组 α、β 中各相磁势矢量的空间位置（图中 N_3 表示三相组的匝数，N_2 为两相绕组的匝数）。为了方便起见，令 A 轴与 α 轴重合。

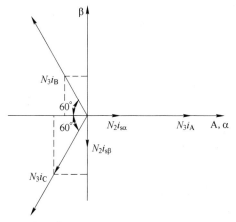

图 9-48 三相定子绕组和二相定子绕组中磁势的空间矢量位置

在满足变换前后旋转磁场等效及电机功率不变的原则下，经过推导得出三相-二相（3/2）的电流变换矩阵方程为：

$$\begin{bmatrix} i_{s\alpha} \\ i_{s\beta} \\ i_0 \end{bmatrix} = \sqrt{\frac{2}{3}} \begin{bmatrix} 1 & -\dfrac{1}{2} & -\dfrac{1}{2} \\ 0 & \dfrac{\sqrt{3}}{2} & -\dfrac{\sqrt{3}}{2} \end{bmatrix} \begin{bmatrix} i_A \\ i_B \\ i_C \end{bmatrix} \tag{9-55}$$

二相-三相（2/3）的电流变换矩阵方程为：

$$\begin{bmatrix} i_A \\ i_B \\ i_C \end{bmatrix} = \sqrt{\frac{2}{3}} \begin{bmatrix} 1 & 0 \\ -\dfrac{1}{2} & \dfrac{\sqrt{3}}{2} \\ -\dfrac{1}{2} & -\dfrac{\sqrt{3}}{2} \end{bmatrix} \begin{bmatrix} i_{s\alpha} \\ i_{s\beta} \\ i_0 \end{bmatrix} \tag{9-56}$$

3/2 变换、2/3 变换在系统中的符号表示如图 9-49 所示。

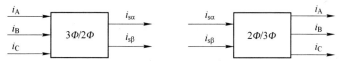

图 9-49 3/2 变换和 2/3 变换在系统中的符号表示

　　根据变换前后功率不变的约束原则，电流变换矩阵也就是电压变换矩阵，还可以证明，它们也是磁链的变换矩阵。

　　B 二相静止坐标系与二相旋转坐标系之间的旋转变换（VR 变换）

　　在两相静止坐标系上的两相交流绕组 α 和 β 与在同步旋转坐标系上的两个直流绕组 M 和 T 之间的变换属于矢量旋转变换。它是一种静止的直角坐标系与旋转的直角坐标系之间的变换。

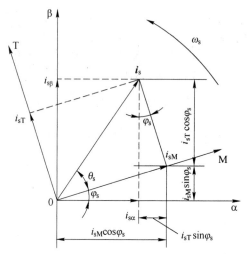

　　异步电动机定子磁势为空间矢量，在图 9-50 中，通常以定子电流 i_s 代替表示，这时定子电流被定义为空间矢量，记为 i_s。图中 M、T 是任意同步旋转轴系，旋转角速度为同步角速度 ω_s。M 轴与 i_s 之间的夹角用 θ_s 表示。由于两相绕组 α 和 β 在空间上的位置是固定的，因而 M 轴和 α 轴的夹角 φ_s 随时间而变化，即 $\varphi_s = \omega_s t + \varphi_0$，其中 φ_0 为任意的初始角。在矢量控制系统中，φ_s 通常称为磁通的定向角，也叫磁场定向角。

　　以 M 轴为基准，把 i_s 分解为与 M 轴重合和正交的两个分量 i_{sM} 和 i_{sT}，相当于 M-T 轴上两个直流绕组 M 和 T 中的电流，分别称为定子电流的励磁分量和转矩分量。

图 9-50　旋转变换矢量关系图

　　由于磁场定向角 φ_s 是随时间而变化的，因而 i_s 在 α 轴和 β 轴上的分量 $i_{s\alpha}$ 和 $i_{s\beta}$ 也是随时间而变化的，它们分别相当于 α 和 β 绕组磁势的瞬时值。

　　由图 9-50 可以导出同步旋转坐标系到静止坐标系的变换方程为：

$$\begin{bmatrix} i_{s\alpha} \\ i_{s\beta} \end{bmatrix} = \begin{bmatrix} \cos\varphi_s & -\sin\varphi_s \\ \sin\varphi_s & \cos\varphi_s \end{bmatrix} \begin{bmatrix} i_{sM} \\ i_{sT} \end{bmatrix} \tag{9-57}$$

　　由静止坐标系变换到同步旋转坐标系的矢量旋转变换方程式为：

$$\begin{bmatrix} i_{sM} \\ i_{sT} \end{bmatrix} = \begin{bmatrix} \cos\varphi_s & -\sin\varphi_s \\ \sin\varphi_s & \cos\varphi_s \end{bmatrix}^{-1} \begin{bmatrix} i_{s\alpha} \\ i_{s\beta} \end{bmatrix} = \begin{bmatrix} \cos\varphi_s & \sin\varphi_s \\ -\sin\varphi_s & \cos\varphi_s \end{bmatrix} \begin{bmatrix} i_{s\alpha} \\ i_{s\beta} \end{bmatrix} \tag{9-58}$$

电压和磁链的旋转变换矩阵与电流的旋转变换矩阵相同。

矢量旋转变换器在系统中用符号 VR、VR^{-1} 表示，如图 9-51 所示。

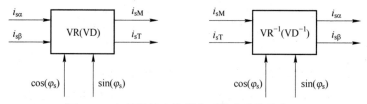

图 9-51　矢量旋转变换器在系统中的符号表示

　　C 直角坐标系与极坐标系之间的变换（K/P 变换）

　　在矢量控制系统中还常用直角坐标-极坐标的变换。直角坐标与极坐标之间的关系是：

$$| \, \pmb{i}_s \, | = \sqrt{i_{sM}^2 + i_{sT}^2} \tag{9-59}$$

$$\tan\theta_s = \frac{i_{sT}}{i_{sM}} \tag{9-60}$$

式中，θ_s 为 M 轴与定子电流矢量 $\pmb{i}_s$ 之间的夹角。

由于 θ_s 取值不同时，$|\tan\theta_s|$ 的变化范围为 $0 \sim \infty$，这个变化幅度太大，难以实施应用，因此常改用下列方式表示 θ_s 值。

因为：

$$\sin\theta_s = \frac{i_{sT}}{| \, \pmb{i}_s \, |} , \quad \cos\theta_s = \frac{i_{sM}}{| \, \pmb{i}_s \, |}$$

所以：

$$\tan\frac{\theta_s}{2} = \frac{\sin\dfrac{\theta_s}{2}}{\cos\dfrac{\theta_s}{2}} = \frac{2\sin\dfrac{\theta_s}{2}\cos\dfrac{\theta_s}{2}}{2\cos^2\dfrac{\theta_s}{2}} = \frac{\sin\theta_s}{1+\cos\theta_s} = \frac{i_{sT}}{| \, \pmb{i}_s \, | + i_{sM}} \tag{9-61}$$

直角坐标-极坐标变换在系统中的符号表示如图 9-52 所示。

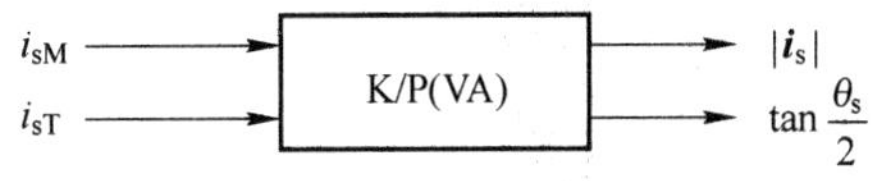

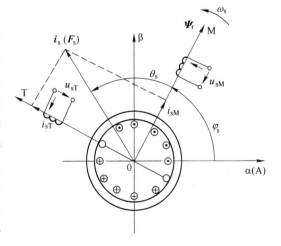

图 9-52　直角坐标-极坐标变换器在系统中的符号表示

9.4.2.3　按转子磁场定向的矢量控制基本结构

通过坐标变换，可得到同步旋转的 M-T 坐标系上的数学模型。如果对 M-T 轴系的取向加以规定，使其成为特定的同步旋转坐标系，这对矢量控制系统的实现具有关键的作用。

选择特定的同步旋转坐标系，即确定 M-T 轴系的取向，称之为定向。如果选择电机某一旋转磁场轴作为特定的同步旋转坐标轴，则称之为磁场定向（Field Orientation）。顾名思义，矢量控制系统也称为磁场定向控制系统。对于异步电动机矢量控制系统的磁场定向轴有三种选择方法，即转子磁场定向、气隙磁场定向和定子磁场定向。其中，气隙磁场定向、定子磁场定向，很少受参数时变的影响，在应用中，当需要处理饱和效应时，采用气隙磁场定向较为合适；当需要恒功率调速时，采用定子磁场定向方法更为适宜。按转子磁场定向是最佳的选择，可以实现磁通电流分量、转矩电流分量二者完全解耦，因此转子磁场定向是目前主要采用的方案，但是，转子磁场定向受转子参数变化的影响较大，一定程度上影响了系统的性能。下面简要介绍转子磁场定向的方案。转子磁场定向即是按转子全磁链矢量 $\pmb{\varPsi}_r$ 方向进行定向，就是将 M 轴与转子磁链 $\pmb{\varPsi}_r$ 重合，如图 9-53 所示。

图 9-53　转子磁场定向

A 按转子磁链（磁通）定向的三相异步电动机数学模型

从图 9-53 中可以看出，由于 M 轴取向于转子全磁链 $\boldsymbol{\Psi}_r$ 轴，T 轴垂直于 M 轴，因而使 $\boldsymbol{\Psi}_r$ 在 T 轴上的分量为零，表明了转子全磁链 $\boldsymbol{\Psi}_r$ 唯一由 M 轴绕组中电流所产生，可知定子电流矢量 $i_s(F_s)$ 在 M 轴上的分量 i_{sM} 是纯励磁电流分量；在 T 轴上的分量 i_{sT} 是纯转矩电流分量。$\boldsymbol{\Psi}_r$ 在 M、T 轴系上的分量可用方程表示为：

$$\psi_{rM} = \boldsymbol{\Psi}_r = L_{md}i_{sM} + L_{rd}i_{rM} \tag{9-62}$$

$$\psi_{rT} = 0 = L_{md}i_{sT} + L_{rd}i_{rT} \tag{9-63}$$

经过推导，可得这种情况下三相异步电动机电压方程为：

$$\begin{bmatrix} u_{sM} \\ u_{sT} \\ 0 \\ 0 \end{bmatrix} = \begin{bmatrix} R_s + L_{sd}p & -\omega_s L_{sd} & L_{md}p & -\omega_s L_{md} \\ \omega_s L_{sd} & R_s + L_{sd}p & \omega_s L_{md} & L_{md}p \\ L_{md}p & 0 & R_r + L_{rd}p & 0 \\ \omega_{sl}L_{md} & 0 & \omega_{sl}L_{rd} & R_r \end{bmatrix} \begin{bmatrix} i_{sM} \\ i_{sT} \\ i_{rM} \\ i_{rT} \end{bmatrix} \tag{9-64}$$

式中，ω_s 为同步角速度；ω_{sl} 为转差角速度；R_s、R_r 为定、转子绕组每相电阻，R_r 已归算到定子侧；L_{sd} 为定子一相绕组的等效自感；L_{md} 为定、转子一相绕组的等效互感；L_{rd} 为转子一相绕组的等效自感；$p = \dfrac{d}{dt}$ 为微分算子。

式（9-64）是以转子全磁链轴线为定向轴的同步旋转坐标系上的电压方程式，也称作磁场定向方程式，其约束条件是 $\psi_{rT} = 0$。根据这一电压方程可以建立矢量控制系统所依据的控制方程式。

进一步导出转矩方程为：

$$T_{ei} = C_{IM}\boldsymbol{\Psi}_r i_{sT} \tag{9-65}$$

式中，$C_{IM} = n_p \dfrac{L_{md}}{L_{rd}}$ 为转矩系数。

式（9-65）表明，在同步旋转坐标系上，如果按异步电动机转子磁链定向，则异步电动机的电磁转矩模型就与直流电动机的电磁转矩模型完全一样了。

B 按转子磁链定向的异步电动机矢量控制系统的控制方程式

由式（9-64）第三行可得到：

$$0 = R_r i_{rM} + p(L_{md}i_{sM} + L_{rd}i_{rM}) = R_r i_{rM} + p\boldsymbol{\Psi}_r$$

求出：

$$i_{rM} = -\frac{p\boldsymbol{\Psi}_r}{R_r} \tag{9-66}$$

将式（9-66）代入式（9-62）中，求得：

$$i_{sM} = \frac{T_r p + 1}{L_{md}}\boldsymbol{\Psi}_r \tag{9-67}$$

或写成：

$$\boldsymbol{\Psi}_r = \frac{L_{md}}{T_r p + 1}i_{sM} \tag{9-68}$$

式中，$T_r = \dfrac{L_{rd}}{R_r}$ 为转子电路时间常数。由式（9-64）第四行可得：

$$0 = \omega_{sl}(L_{md}i_{sM} + L_{rd}i_{rM}) + R_r i_{rT} = \omega_{sl}\boldsymbol{\Psi}_r + R_r i_{rT}$$

求出：

$$i_{rT} = -\frac{\omega_{sl}\boldsymbol{\Psi}_r}{R_r} \tag{9-69}$$

将式（9-69）代入式（9-63）中，求得：

$$i_{sT} = -\frac{L_{rd}}{L_{md}}i_{rT} = \frac{T_r \boldsymbol{\Psi}_r}{L_{md}}\omega_{sl} \tag{9-70}$$

式（9-65）、式（9-68）、式（9-70）就是构成异步电动机矢量控制系统所依据的控制方程式。

C 转子磁链定向的三相异步电动机的等效直流电动机模型

用矢量控制方程式描绘的同步旋转坐标系上三相异步电动机等效直流电动机模型结构图，如图 9-54 所示。

由图看出，等效直流电动机模型可分为转速 ω 子系统和磁链 $\boldsymbol{\Psi}_r$ 子系统。这里需要指出的是，按转子磁链定向的矢量控制系统虽然可以实现定子电流的转矩分量和励磁分量的完全解耦，然而，从 ω、$\boldsymbol{\Psi}_r$ 两个子系统来看，T_{ei} 因同时受到 i_{sT} 和 $\boldsymbol{\Psi}_r$ 的影响，两个子系统在动态过程中仍然是耦合的。这是在设计矢量控制系统时应该考虑的问题。

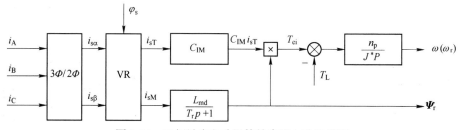

图 9-54 三相异步电动机等效直流电动机模型

D 转子磁链定向的三相异步电动机的矢量控制系统的基本结构

依据异步电动机的等效直流电动机模型，可设置转速调节器 ASR 和磁链调节器 AΨR，分别控制转速 ω 和磁链 $\boldsymbol{\Psi}_r$，形成转速闭环系统和磁链闭环系统，如图 9-55 所示，图中 $\hat{\boldsymbol{\Psi}}_r$、$\hat{\varphi}_s$ 表示模型计算值。

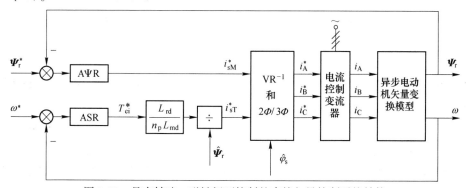

图 9-55 具有转速、磁链闭环控制的直接矢量控制系统结构

9.4.2.4 转子磁链观测器

图 9-55 中，转子磁链矢量的模值 $\boldsymbol{\Psi}_r$ 及磁场定向角 φ_s 都是实际值，然而这两个量都是

难以直接测量的，因而在矢量控制系统中只能采用观测值或模型计算值（记为 $\hat{\boldsymbol{\Psi}}_r$、$\hat{\varphi}_s$）。$\hat{\boldsymbol{\Psi}}_r$ 是用来作为磁链闭环的反馈信号，$\hat{\varphi}_s$ 用来确定 M 轴的位置，要求 $\hat{\boldsymbol{\Psi}}_r = \boldsymbol{\Psi}_r$（实际值），$\hat{\varphi}_s = \varphi_s$（实际值），才能达到矢量控制的有效性。因此准确地获得转子磁链的模值 $\hat{\boldsymbol{\Psi}}_r$ 和它的空间位置角 $\hat{\varphi}_s$ 是实现磁场定向控制的关键技术。

转子磁链矢量的检测和获取方法有：

（1）直接法——磁敏式检测法和探测线圈法。

（2）间接法——模型法。

9.4.2.5　异步电动机矢量控制系统

实际应用的交流电机矢量控制系统根据磁链是否为闭环控制可分为两种类型，一是直接矢量控制系统，这是一种转速、磁链闭环控制的矢量控制系统；二是间接矢量控制系统，这是一种磁链开环的矢量控制系统，通常称作转差型矢量控制系统，也称作磁链前馈型矢量控制系统。

图 9-56 示出了具有转矩内环的转速、磁链闭环 SPWM 型异步电动机直接矢量控制系统的基本结构。

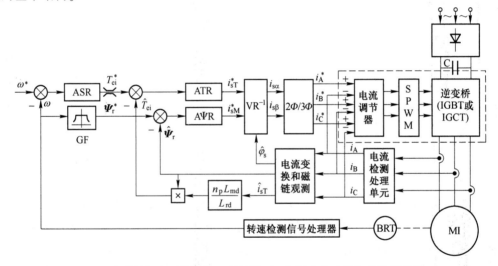

图 9-56　带转矩内环的转速、磁链闭环三相异步电动机矢量控制系统
ASR—速度调节器；AΨR—磁链调节器；ATR—转矩调节器；
GF—函数发生器；BRT—测速传感器

图 9-56 中 VR^{-1} 是逆向同步旋转变换环节，其作用是将 ATR 调节器输出 i_{sT}^* 和 AΨR 调节器输出 i_{sM}^* 从同步旋转坐标系（M-T）变换到两相静止坐标系（α-β）上，得到 $i_{s\beta}^*$、$i_{s\alpha}^*$。图中 2/3 变换器的作用是将两相静止轴系上的 $i_{s\beta}^*$、$i_{s\alpha}^*$ 变换到三相静止轴系上，得到 i_A^*、i_B^*、i_C^*。图中虚框部分为电流控制 PWM 电压源型逆变器，逆变器所用功率器件为 IGBT 或 IGCT。由于电流控制环的高增益和逆变器具有的 PWM 控制模式，使电动机输出的三相电流（i_A、i_B、i_C）能够快速跟踪三相电流参考信号 i_A^*、i_B^*、i_C^*。这种具有强迫输入功能的快速电流控制模式是目前普遍采用的实用技术。

转速调节器输出 T_{ei}^* 作为内环转矩调节器 ATR 的给定值，转矩反馈信号取自转子磁链观测器，其计算值为：

$$\hat{T}_{ei} = n_p \frac{L_{md}}{L_{rd}} \hat{\Psi}_r \hat{i}_{sT}$$

在磁链控制子系统中，设置了磁链调节器 AΨR，AΨR 的给定值 Ψ_r^* 由函数发生器 GF 给出，磁链反馈信号 $\hat{\Psi}_r$ 来自于转子磁链观测器。磁链闭环的作用是，当 $\omega \leq \omega_N$（额定角速度）时，控制 Ψ_r 使 $\Psi_r = \Psi_{rN}$（Ψ_{rN} 为转子磁链的额定值），实现恒转矩调速方式，从而抑制了磁链变化对转矩的影响，削弱了两个通道之间的耦合作用；当 $\omega > \omega_N$ 时，控制 Ψ_r 使其随着 ω 的增加而减小，实现恒功率（弱磁）调速方式。恒转矩调速方式和恒功率调速方式由函数发生器 GF 的输入-输出特性所决定。

9.4.3 直接转矩控制

1985 年，德国学者 M. Depenbrock 首次提出了直接转矩控制理论，随后日本学者 I. Takahashi 也提出了类似而又不尽相同的控制方案。和矢量控制不同，直接转矩控制摒弃了解耦的思想，取消了旋转坐标变换，简单地通过检测电机定子电压和电流，借助瞬时空间矢量理论计算电机的磁链和转矩，并根据与给定值比较所得差值，实现磁链和转矩的直接控制。

与矢量控制相比，直接转矩控制有以下几个主要特点：

（1）直接转矩控制直接在定子坐标系下分析交流电机的数学模型、控制电机的磁链和转矩。它不需要将交流电机与直流电机作比较、等效和转化；既不需要模仿直流电机的控制，也不需要为解耦而简化交流电机的数学模型。它省掉了矢量旋转变换等复杂的变换与计算，因而，它所需要的信号处理工作特别简单。

（2）直接转矩控制所用的是定子磁链，只要知道定子电压及电阻就可以把它观测出来。而矢量控制所用的是转子磁链，观测转子磁链需要知道电机转子电阻和电感。因此直接转矩控制减少了矢量控制中控制性能易受参数变化影响的问题。

（3）直接转矩控制采用空间矢量的概念来分析三相交流电机的数学模型和控制其各物理量，使问题变得简单明了。与矢量控制方法不同，它不是通过控制电流、磁链等量来间接控制转矩，而是把转矩直接作为被控量，直接控制转矩。因此它并非极力获得理想的正弦波波形，也不追求磁链完全理想的圆形轨迹。相反，从控制转矩的角度出发，它强调的是转矩的直接控制效果，因而它采用离散的电压状态和六边形磁链轨迹或近似圆形磁链轨迹。

（4）直接转矩控制对转矩实行直接控制。其控制方式是，通过转矩两点式调节器把转矩检测值与转矩给定值进行滞环比较，把转矩波形限制在一定的容差范围内，容差的大小，由滞环调节器来控制。因此它的控制效果不取决于电动机的数学模型是否能够简化，而是取决于转矩的实际状况，它的控制既直接又简单。

综上所述，直接转矩控制是用空间矢量的分析方法直接在定子坐标系下计算与控制交流电机的转矩，借助于"Bang-Bang"式调节器产生 PWM 信号，直接对逆变器的开关状态进行最佳控制，以获得转矩的高动态性能。

9.4.3.1 电压空间矢量的概念

在对异步电动机进行分析和控制时，需对三相进行分析和控制，若引入 Park 矢量变换会带来很多的方便。Park 矢量将三个标量变换为一个矢量。这种表达关系对于时间函数也适用。如果三相异步电动机中对称的三相物理量如图 9-57 所示，选三相定子坐标系的 A 轴与 Park 矢量复平面的实轴 α 重合，则其三相物理量 $X_A(t)$、$X_B(t)$、$X_C(t)$ 的 Park 矢量 $X(t)$ 为：

$$X(t) = \frac{2}{3}(X_A(t) + \rho X_B(t) + \rho^2 X_C(t))$$

式中，ρ 为复系数，称为旋转因子，$\rho = e^{j2\pi/3}$。

旋转空间矢量 $X(t)$ 的某个时刻在某相轴线（A、B、C 轴）上的投影就是该时刻该相物理量的瞬时值。

就图 9-58 所示的逆变器来说，若其 A、B、C 三相负载的定子绕组接成星形，其输出电压的空间矢量 $u_s(t)$ 的 Park 矢量变换表达式应为：

$$\boldsymbol{u}_s(t) = \frac{2}{3}(u_A + u_B e^{j2\pi/3} + u_C e^{j4\pi/3}) \tag{9-71}$$

式中，u_A、u_B、u_C 分别是 A、B、C 三相定子负载绕组的相电压。这样就可以用电压空间矢量 $\boldsymbol{u}_s(t)$ 来表示逆变器的三相输出电压的各种状态。

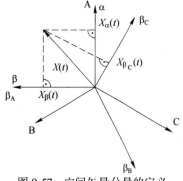

图 9-57 空间矢量分量的定义

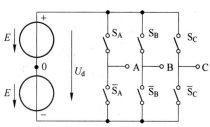

图 9-58 电压型理想逆变器

9.4.3.2 逆变器开关状态和电压状态

一台电压型逆变器（见图 9-58）由三组、六个开关（S_A、$\bar{S}_A$、S_B、$\bar{S}_B$、S_C、$\bar{S}_C$）组成。由于 S_A 与 $\bar{S}_A$、S_B 与 $\bar{S}_B$、S_C 与 $\bar{S}_C$ 之间互为反向，即一个接通，另一个断开，所以三组开关有 $2^3 = 8$ 种可能的开关组合。把开关 S_A、$\bar{S}_A$ 称为 A 相开关，用 S_A 表示；S_B、$\bar{S}_B$ 称之为 B 相开关，用 S_B 表示；把 S_C、$\bar{S}_C$ 称之为 C 相开关，用 S_C 表示。也可用 S_{ABC} 表示三相开关 S_A、S_B 和 S_C。若规定 A、B、C 三相负载的某一相与"+"极接通时，该相的开关状态为"1"态；反之，与"-"极接通时，为"0"态，则 8 种可能的开关组合状态见表 9-1。

表 9-1 逆变器的开关状态

状 态		工作状态						零状态	
		1	2	3	4	5	6	7	8
开关组	S_A	0	0	1	1	1	0	0	1
	S_B	1	0	0	0	1	1	0	1
	S_C	1	1	1	0	0	0	0	1

表 9-1 中 8 种可能的开关状态可以分成两类: 一类是 6 种所谓的工作状态, 它们的特点是三相负载并不都接到相同的电位上去; 另一类开关状态是零开关状态, 它们的特点是三相负载都被接到相同的电位上去, 所得到的负载电压为零。

对应于逆变器的 8 种开关状态, 如果用符号 $u_s(t)$ 表示逆变器的输出电压状态的空间矢量, 则逆变器的各种电压状态和次序如图 9-59 所示。由该图看出, 逆变器的 6 个工作电压状态给出了 6 个不同方向的电压空间矢量, 它们的幅值不变, 沿逆时针方向的顺序依次是: $u_s(011)$ — $u_s(001)$ — $u_s(101)$ — $u_s(100)$ — $u_s(110)$ — $u_s(010)$, 相邻两个矢量之间相差 60°, 零电压状态则位于六边形的中心。

9.4.3.3 定子磁链与电压空间矢量的关系

定子磁链 $\boldsymbol{\Psi}_s(t)$ 与定子电压 $u_s(t)$ 之间的关系:

$$\boldsymbol{\Psi}_s(t) = \int (u_s(t) - i_s(t)R_s) \, dt \tag{9-72}$$

若忽略定子电阻压降的影响, 则有:

$$\boldsymbol{\Psi}_s(t) \approx \int u_s(t) \, dt \tag{9-73}$$

式 (9-73) 表示定子磁链空间矢量与定子电压空间矢量之间为积分关系, 如图 9-60 所示, 定子磁链空间矢量 $\boldsymbol{\Psi}_s(t)$ 顶点的运动方向和轨迹由相应的电压空间矢量的作用方向决定。在适当的时刻依次给出定子电压空间矢量 u_{s1} — u_{s2} — u_{s3} — u_{s4} — u_{s5} — u_{s6}, 则得到定子磁链的运动轨迹依次沿边 S_1 — S_2 — S_3 — S_4 — S_5 — S_6 运动, 形成了正六边形磁链。每条边代表一个周期磁链轨迹的 1/6, 6 条边分别称为磁链轨迹的扇区 S_1、扇区 S_2……直至扇区 S_6。

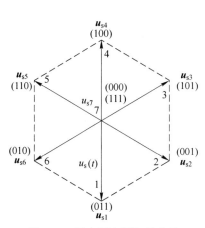

图 9-59 用电压空间矢量表示
的 7 个离散的电压状态

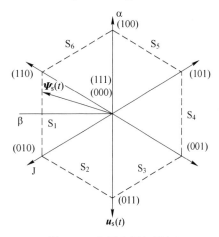

图 9-60 电压空间矢量与
磁链空间矢量的关系

9.4.3.4 电压空间矢量对转矩的影响

异步电动机电磁转矩可以用很多方法表示, 其中一种方法是用定、转子磁链矢量的矢量积来表达异步电动机的电磁转矩, 即:

$$T_{ei} = K_m(\boldsymbol{\Psi}_s(t) \times \boldsymbol{\Psi}_r(t)) = K_m \Psi_s \Psi_r \sin\angle(\boldsymbol{\Psi}_s(t), \boldsymbol{\Psi}_r(t)) = K_m \Psi_s \Psi_r \sin\theta \tag{9-74}$$

式中, Ψ_s、Ψ_r 分别为定、转子磁链矢量 $\boldsymbol{\Psi}_s(t)$、$\boldsymbol{\Psi}_r(t)$ 的模值; θ 为 $\boldsymbol{\Psi}_s(t)$ 与 $\boldsymbol{\Psi}_r(t)$ 之间的

夹角，称为磁通角。

直接转矩控制技术即是通过电压空间矢量 $u_s(t)$ 来控制定子磁链的旋转速度，实现改变定、转子磁链矢量之间的夹角，达到控制电动机转矩的目的。

在实际运行中，保持定子磁链矢量的幅值为额定值，以充分利用电动机铁芯；转子磁链矢量的幅值由负载决定。要改变电动机转矩的大小，可以通过改变磁通角 $\theta(t)$ 的大小来实现。t_1 时刻的定子磁链 $\boldsymbol{\Psi}_s(t_1)$ 和转子磁链 $\boldsymbol{\Psi}_r(t_1)$ 及磁通角 $\theta(t_1)$ 的位置如图 9-61 所示。从 t_1 时刻考察到 t_2 时刻，若此时给出的定子电压空间矢量 $u_s(t) = u_s(110)$，则定子磁链矢量由 $\boldsymbol{\Psi}_s(t_1)$ 的位置旋转到 $\boldsymbol{\Psi}_s(t_2)$ 的位置，其运动轨迹 $\Delta\boldsymbol{\Psi}_s(t)$ 见图 9-55，沿着扇区 S_5，与 $u_s(110)$ 的指向平行。这期间转子磁链的旋转情况，受该期间定子频率的平均值 $\overline{\omega}_s$ 的影响。因此在时刻 t_1 到时刻 t_2 这段

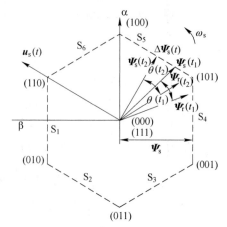

图 9-61 电压空间矢量对电动机转矩的影响

时间里，定子磁链旋转速度大于转子磁链旋转速度，磁通角 $\theta(t)$ 加大，由 $\theta(t_1)$ 变为 $\theta(t_2)$，相应转矩增大。

若在 t_2 时刻，给出零电压空间矢量，则定子磁链空间矢量 $\boldsymbol{\Psi}_s(t_2)$ 保持在 t_2 时刻的位置静止不动，而转子磁链空间矢量却继续以 $\overline{\omega}_s$ 的速度旋转，则磁通角减小，从而使转矩减小。通过转矩两点式调节来控制电压空间矢量的工作状态和零状态的交替出现，就能控制定子磁链空间矢量的平均角速度 $\overline{\omega}_s$ 的大小，通过这样的瞬态调节就能获得高动态响应的转矩特性。

如图 9-62 所示为直接转矩控制系统的一种基本结构图。其中磁链及转矩偏差分别施加到滞环控制器中，通过滞环控制（Bang-Bang 控制）切换电压矢量的工作状态，可使磁链轨迹按六边形（或近似圆形）运动。如果要改变定子磁链矢量 $\boldsymbol{\Psi}_s(t)$ 的旋转速度，引入零电压矢量，在零状态下，电压矢量等于零，磁链停止旋转不动。利用转矩的 Bang-Bang 控制交替使用工作状态和零状态，使磁链走走停停，从而改变了磁链平均旋转速度 $\overline{\omega}_s$ 的大小，也就改变了磁通角的大小，达到控制电动机转矩的目的。转矩、磁链闭环控制所需要的反馈控制量由电机定子侧转矩、磁链观测模型计算给出。图中 $\theta(N)$ 即定子磁链所在扇区。

9.4.3.5 直接转矩控制系统存在的问题及改进方法

虽然直接转矩控制省掉了复杂的矢量变换，其控制思想新颖别致，控制系统结构简单，信号处理的物理概念明确，但由于转矩调节器采用两点式（Bang-Bang）控制，实际转矩必然在上下限内脉动，这种波动在低速时比较显著，限制了直接转矩控制系统的调节范围。

从异步电机直接转矩控制整个过程可以看出，只有在计算定子磁链时用到了定子电阻，而且在转速不太低时，定子电阻变化的影响还可以忽略不计。这是直接转矩控制一个

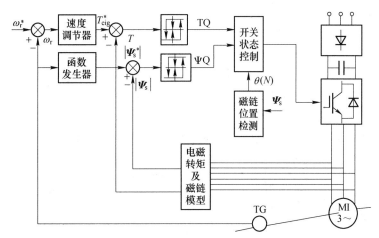

图 9-62 圆形磁链轨迹的直接转矩控制调速系统框图

很大的优点，这比矢量控制要依靠大量电机参数有利得多。但这个定子电阻参数变化在低速时还是严重影响直接转矩控制的运行性能。由于磁链计算采用了带积分环节的电压模型，这样积分初值、积分零点漂移、累积误差等都会影响磁链计算的准确度。

由于直接转矩控制系统存在的这些问题，严重制约了直接转矩控制技术的广泛应用。近年来针对直接转矩控制系统存在的问题提出了许多解决方案，取得了积极有效的成果。

A 异步电机的一种低速直接转矩控制 (ISC) 系统

为了降低或消除低速时的转矩脉动，提高转速控制精度，扩大直接转矩控制系统的调速范围，近年来，适用于低转速拖动的间接转矩控制 (Indirect Stator-quantities Control, ISC) 技术受到了各国学者的广泛重视。

图 9-63 为 ISC 控制系统框图，整个控制系统由 ISC 控制器、SPWM 控制器、逆变器异步电动机、预测模型等组成。图中双线表示矢量，单线表示标量（下同）。

ISC 控制系统的基本工作原理如下：预测模型根据上一周期实测的转速 ω、定子电流矢量 i_s、逆变器直流回路电压 u_d，以及 SPWM 输出的三相开关状态 $S_{a,b,c}$，快速计算出当前控制周期的定子磁链矢量 $\hat{\boldsymbol{\varPsi}}_s$、转子磁链矢量 $\hat{\boldsymbol{\varPsi}}$ 和转矩 $\hat{T}_{ei}$。ISC 控制器将转矩给定量 T_{ei}^* 和磁链的给定量 $\boldsymbol{\varPsi}_s^*$ 与预测模型输出量进行比较，给出当前控制周期的控制矢量 u_s。

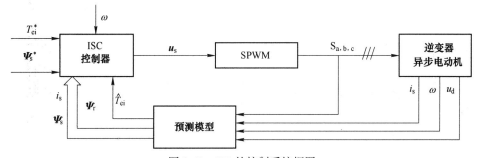

图 9-63 ISC 的控制系统框图

间接转矩控制也是一种基于定子模型的控制方法，直接在定子坐标系下分析计算电动机的磁链和转矩。两者不同的地方是，ISC 控制器为 PI 调节器，其输出为连续量，对应于三相定子电压的平均值，并以此作为 SPWM 的控制信号。

ISC 离散控制算法是首先根据已知的数据（包括给定值、检测值及预测模型的计算值）计算出当前控制周期及上一个控制周期内的定子磁链空间矢量 $\Delta\boldsymbol{\Psi}_s$，从而得到当前控制周期的定子电压给定量，再通过 SPWM 实现对异步电动机转矩的控制。

若以 $\boldsymbol{\Psi}_s(\nu-1)$ 和 $\boldsymbol{\Psi}_s(\nu)$ 分别表示定子磁链在 $\nu-1$ 和 ν 时刻的空间矢量，$\Delta\theta_s(\nu)$ 表示定子磁链由 $\nu-1$ 时刻到 ν 时刻的相位角增量，$\boldsymbol{\Psi}_s(\nu-1)$ 和 $\boldsymbol{\Psi}_s(\nu)$ 的差 $\Delta\boldsymbol{\Psi}_s(\nu)$ 表示定子磁链增量，则上述各量在定子正交坐标系（α-β）中的关系如图 9-64 所示。

ISC 控制器的控制算法结构如图 9-65 所示，其中 ISC 控制器中包括转矩和磁链两个控制回路。在转矩控制回路中，转差角频率的给定值 ω_{sl}^* 和反馈值 $\hat{\omega}_{sl}$ 分别由转矩给定值 T_{ei}^* 和反馈值 $\hat{T}_{ei}^*$ 乘以转子磁链系数 k_{Ψ_r} 得到，其中：

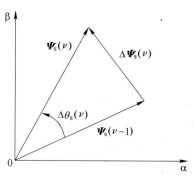

$$k_{\Psi_r} = \frac{R_r}{n_p \Psi_r^2} \qquad (9-75)$$

式中，n_p 为电动机极对数；R_r 为转子电阻；Ψ_r 为转子磁链矢量的模值。

图 9-64 定子磁链轨迹及其增量图

定子磁链旋转角度 $\Delta\theta_s$ 是其稳定值 $\Delta\theta_{s\cdot Stat}$ 和暂态值 $\Delta\theta_{s\cdot Dyn}$ 之和。转差角频率的给定值 ω_{sl}^* 加上实测转子转速 ω 就可以得到定子角频率的给定值 ω_s^*，ω_s^* 再乘以控制周期 T_s 得到稳态给定值 $\Delta\theta_{s\cdot Stat}$。转差角频率的反馈值和给定值的差经过 PI-1 调节器的调节就是暂态给定值 $\Delta\theta_{s\cdot Dyn}$。系统运行时，PI 调节器的积分部分用来消除稳态误差，而比例部分的作用是加快转矩的调整速度。

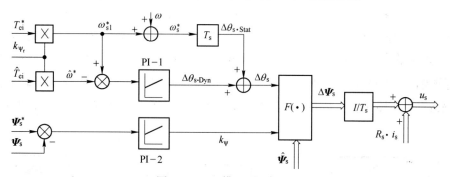

图 9-65 ISC 模型原理框图

在磁链控制回路中，定子磁链给定量的模值 Ψ_s^* 和预测模型计算出来的磁链反馈量的模值 $\hat{\Psi}_s$ 之差经过 PI-2 调节后得到磁链扩展系数 k_Ψ。

$\boldsymbol{\Psi}_s(\nu)$ 和 $\Delta\boldsymbol{\Psi}_s(\nu)$ 可由以下两式计算出：

$$\boldsymbol{\Psi}_s(\nu) = (1 + k_\Psi) e^{j\Delta\theta(\nu)} \hat{\boldsymbol{\Psi}}_s(\nu-1) \qquad (9-76)$$

$$\Delta\boldsymbol{\Psi}_s(\nu) = \boldsymbol{\Psi}_s(\nu) - \hat{\boldsymbol{\Psi}}_s(\nu-1) = \left[(1 + k_\Psi) e^{j\Delta\theta(\nu)} - 1 \right] \hat{\boldsymbol{\Psi}}_s(\nu-1) \qquad (9-77)$$

当前周期中，ISC 控制器输出的定子电压矢量给定值的计算方法为：

$$u_s(\nu) = R_s i_s(\nu) + \frac{\Delta \Psi_s(\nu)}{T_s} \tag{9-78}$$

式中，i_s 表示定子电流矢量；R_s 为定子电阻。

从以上分析可以看出，间接转矩控制可以在保证磁链轨迹为圆形的条件下，对转矩进行稳态和动态调节。另外，因为定子磁链的模值增量和相位增量可以准确地计算出来，所以间接转矩控制可以通过增加控制周期的方法，降低功率器件的开关频率，而不会增加转矩脉动，这个特点表明 ISC 控制方法非常适合于大容量、低转速调速场合。

ISC 调速系统的低速特性优越，但是在高速范围内，ISC 需要和 DSC 等其他控制方式相互配合，才能实现异步电动机在全速范围内的高性能调速。

B　定子电阻 R_s 的自适应辨识方法

直接转矩控制系统的运行性能很大程度上依赖于如何精确计算磁链 Ψ_s，当用纯积分器的方法来计算磁链 Ψ_s 时，定子电阻 R_s 的变化对其低速性能影响很大，必须进行补偿。有的学者用模糊观测器的方法对 R_s 进行了补偿研究，但有许多学者用自适应的方法来辨识 R_s。

自适应辨识方法是将异步电动机的实际模型作为参考模型，将设计的闭环磁链观测器用作可调模型，并将定子电阻视为该模型的未知变量。自适应系统电动机结构图如图 9-66 所示。事实上，把定子电阻视为观测器中的未知变量，就能辨识定子电阻，只不过自适应收敛率必须根据李雅普诺夫理论针对定子电阻重新推导，则同样可以得到定子电阻的自适应收敛率：

$$\frac{\mathrm{d}\hat{R}_s}{\mathrm{d}t} = -\lambda L_r (e_{is\alpha} \hat{i}_{s\alpha} + e_{is\beta} \hat{i}_{s\beta})$$

式中，$e_{is} = [e_{is\alpha}, e_{is\beta}]^T = i_s - \hat{i}_s$ 为实测电流矢量与观测电流矢量之差；λ 为正的常数。

若将电动机的定子电阻初始值设定为实际值的 1.1 倍，对定子电阻进行单独辨识时自适应收敛过程如图 9-67 所示。从仿真结果可以看出，经过 0.5s 以后可以收敛至真实值。

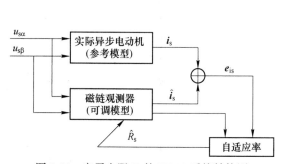

图 9-66　定子电阻 R_s 的 MRAS 系统结构图

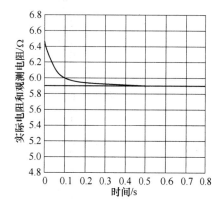

图 9-67　定子电阻的自适应收敛过程（$\lambda = 15$）

9.4.4　定子磁链轨迹控制

随着高压大功率开关器件的应用，逆变器开关频率从几千赫兹降至几百赫兹，出现了谐波大、响应慢和不解耦等一系列用常规方法不能解决的问题。德国 J. Holtz 教授针对三电平中压逆变器提出定子磁链轨迹控制，并已成功用于兆瓦级的系列工业产品中。定子磁链轨迹控制的英文名称是 Stator Flux Trajectory Control，简称 SFTC。

9.4.4.1 定子磁链轨迹控制方法产生背景

随器件电压升高、功率加大，开关损耗随之加大，为提高变频器的输出功率，要求降低 PWM 的开关频率。随开关频率 f_t 的降低，每个输出基波周期（$1/f_{1s}$）中 PWM 方波数（频率比 FR＝f_t/f_{1s}）减少，若采用常规的固定周期三角载波法（SPWM）或电压空间矢量法（SVPWM）产生 PWM 信号，输出波形中谐波太大，无法正常工作。

要想减小谐波，应该采用同步且对称的优化 PWM 策略。同步指每个基波周期中的 PWM 方波个数为整数。对称指方波波形在基波的 1/4 周期中左右对称（1/4 对称）及在基波的 1/2 周期中正负半周对称（1/2 对称）。常规的 SPWM 或 SVPWM 周期固定，不随基波周期和相位变化而变化，它们是异步且不对称的 PWM。同步对称的 PWM 策略通常只适合 V/f 调速系统，因为它可以一个基波周期更换一次频率，且每周期的基波初始相位不变。采用这种策略是把一个基波周期中的开关角离线算好并存在控制器中，工作时调用，一个基波周期更换一次调用的角度。对于高性能系统，例如矢量控制系统，它的基波频率、幅值和相位随时都可能变化，要想实现同步且对称很困难，因为中途随时更换所调用的角度值会引起 PWM 波形紊乱，导致过电流故障。图 9-68 所示为中途更换调用开关角时定子电流矢量 i_s 在静止坐标系的轨迹图。从图中可以清楚地看见更换调用开关角引起的过电流。如何能既采用同步对称优化 PWM 策略，在低开关频率下获得较小谐波，又能使系统具有快速响应能力，是高性能的中压大功率变频器研发的一大难题。

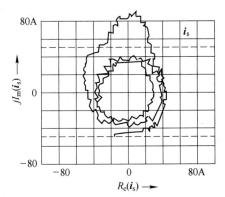

图 9-68 定子电流矢量 i_s 在静止坐标系的轨迹图
（R_e—实轴；jI_m—虚轴）

高性能调速系统大多采用矢量控制方式，它把定子电流分解为磁化分量 i_{sM} 和转矩分量 i_{sT}，经两个直流电流 PI 调节器实现解耦。开关频率降低导致 PWM 响应滞后，会破坏动态解耦效果，使 i_{sM} 和 i_{sT} 出现交叉耦合。图 9-69 所示为 i_{sT} 阶跃响应波形图，图 9-69 左图为只有 PI 调节器的情况，在 i_{sT} 增加期间，i_{sM} 减小，存在严重的交叉耦合。在设计调节器时，常引入电流预控环节（CPC）来消耗电流环控制对象中存在的耦合，但这种解耦方法要求 PWM 滞后时间很短，这时耦合情况虽有所改善，但仍然严重。

9.4.4.2 定子磁链轨迹控制的实现

定子磁链轨迹控制（SFTC）用以解决在高性能控制系统中由于采用同步对称优化 PWM 策略而出现的问题，使得在低开关频率时谐波小，系统响应快。它的特点是在暂态根据期望的定子磁链矢量 $\boldsymbol{\Psi}_{ss}$ 与实际的定子磁链矢量 $\boldsymbol{\Psi}_{sM}$（观测矢量为电动机模型输出，用下标 M 表示）之差 $\boldsymbol{d}(t)$ 修正 $P(m, N)$ 表中的开关角，以避免冲突。

SFTC 的框图如图 9-70 所示，图中上半部是基于查表的同步对称优化 PWM 框图（同图 9-68），下半部是开关角修正部分框图。根据 $P(m, N)$ 表中储存的开关角信号，在静

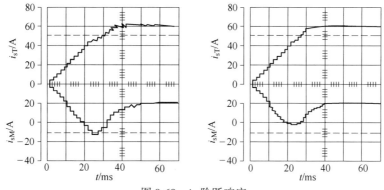

图 9-69 i_{sT} 阶跃响应

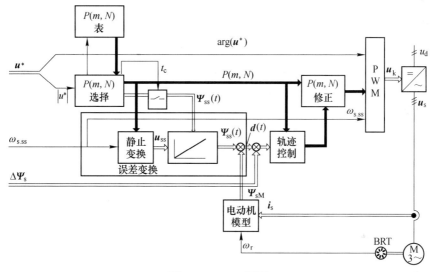

图 9-70 SFTC 框图

止变换环节中算出期望的 PWM 输出电压矢量 u_{ss}，再经积分得到期望的定子磁链矢量 $\boldsymbol{\Psi}_{ss}$。实测得到的定子电流经电动机模型得出实际定子磁链矢量（观测矢量）$\boldsymbol{\Psi}_{sM}$。两个磁链矢量之差 $\boldsymbol{d}(t) = \boldsymbol{\Psi}_{ss} - \boldsymbol{\Psi}_{sM}$ 通过轨迹控制环节产生三相角度修正信号 ΔP。开关角度的变化带来 PWM 脉冲宽度变化，导致变换器输出电压波形伏-秒面积变化。电压伏-秒面积对应于磁链，可以通过修正开关角来修正定子磁链轨迹，使其实际矢量跟随期望矢量运动，从而避免冲击。

有 3 个问题需要得到解决，即：如何计算 $\boldsymbol{\Psi}_{ss}$；如何得到 $\boldsymbol{\Psi}_{sM}$；如何计算 ΔP 及开关角修正量。

A $\boldsymbol{\Psi}_{ss}$ 计算

$\boldsymbol{\Psi}_{ss}$ 通过积分同步对称优化的稳态 PWM 电压矢量 u_{ss} 得到，假设 $t = t_c$ 时刻，一组新的开关角被调用，共有 $12N$ 个角度值，它们的序号是 $i = 1, \cdots, 12N$。

$$\boldsymbol{\Psi}_{ss}(t) = \int_{t_c}^{t} \boldsymbol{u}_{ss} \mathrm{d}t + \boldsymbol{\Psi}_{ss}(t_c) \tag{9-79}$$

式中，$\boldsymbol{\Psi}_{ss}(t_c)$ 是积分初始值。

$$\boldsymbol{\varPsi}_{ss}(t_c) = \int_{t_i}^{t_c} \boldsymbol{u}_{ss} \mathrm{d}t + \boldsymbol{\varPsi}_{ss}(t_i) \tag{9-80}$$

$$\boldsymbol{\varPsi}_{ss}(t_i) = \boldsymbol{\varPsi}_{ss}(\alpha_i)$$

式中，$t_i = \alpha_i / \omega_s$ 是领先 t_c 的第 i 个开关角 α_i 对应时刻；$\boldsymbol{\varPsi}_{ss}(t_i)$ 是 t_i 时刻的 $\boldsymbol{\varPsi}_{ss}$；$\boldsymbol{\varPsi}_{ss}(\alpha_i)$ 是 α_i 角对应的 $\boldsymbol{\varPsi}_{ss}$，它也事先离线计算并和 α_i 一起存在 $P(m, N)$ 表中；ω_s 是同步角速度相对值。

$$\begin{cases} \boldsymbol{\varPsi}_{ss}(\alpha_i) = \int_0^{\alpha_i} \boldsymbol{u}_{ss}(\alpha) \mathrm{d}\alpha - \boldsymbol{\varPsi}_{ss}(\alpha = 0) \\[2mm] \boldsymbol{\varPsi}_{ss}(\alpha = 0) = \int_0^{2\pi} \left(\int_0^{\alpha} \boldsymbol{u}_{ss}(\alpha) \mathrm{d}\alpha \right) \mathrm{d}\alpha \end{cases} \tag{9-81}$$

由于时间差 $t_c - t_i$ 很短，按式（9-79）和式（9-80）计算简化了 $\boldsymbol{\varPsi}_{ss}$ 数字计算，也避免了长时间积分带来的累积误差。

B　$\boldsymbol{\varPsi}_{sM}$ 计算

$\boldsymbol{\varPsi}_{sM}$ 来自异步电动机模型，Holtz 教授提出的 SFTC 系统采用电流模型，如图 9-71 所示。图中，反映信号流向的双实线表示该信号是矢量的两个分量；变量的下标 M 表示该变量是模型观测值。这个电流模型由两个部分构成：转差频率 sf 和从转子磁链矢量到定子磁链矢量的变换。

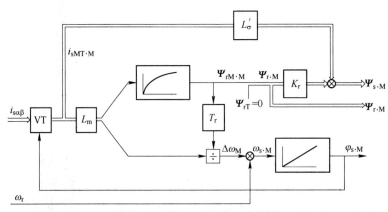

图 9-71　异步电动机的电流模型

测得的交流电流 $\boldsymbol{i}_{s\alpha\beta}$ 经矢量回转器（VT）变换成它在 M 轴和 T 轴分量的观测值 $i_{sM\cdot M}$ 和 $i_{sT\cdot M}$。因 M 轴与转子磁链矢量 $\boldsymbol{\varPsi}_{r\cdot M}$ 同向，转子磁链幅值 $|\boldsymbol{\varPsi}_{r\cdot M}| = |\boldsymbol{\varPsi}_{rM\cdot M}|$，$\varPsi_{sT\cdot M} = 0$。

$$|\boldsymbol{\varPsi}_{rM\cdot M}| = \frac{L_m}{1 + T_r s} i_{sM\cdot M} \tag{9-82}$$

式中，L_m 为互感；T_r 为转子时间常数。

转子磁链矢量（观测值）为：

$$\boldsymbol{\varPsi}_{r\cdot M} = \varPsi_{rM\cdot M} + j\varPsi_{rT\cdot M} = \varPsi_{rM\cdot M} + j0$$

定子磁链矢量（观测值）为：

$$\boldsymbol{\varPsi}_{s\cdot M} = K_r \boldsymbol{\varPsi}_{r\cdot M} + L'_\sigma \boldsymbol{i}_s \tag{9-83}$$

式中，$K_r = L_m / L_r$ 是转子耦合系数；$L'_\sigma = K_r L_\sigma = (L_m / L_r)(L_{s\sigma} + L_{r\sigma})$。

实际的定子磁链计算方法与图 9-71 所示略有区别，借助另一个矢量回转器（VT）把

转子磁链矢量 $K_r\boldsymbol{\Psi}_{r\cdot M}$ 变回静止坐标系，在定子（静止）坐标系中与电流矢量 $L'_\sigma\boldsymbol{i}_s$ 相加，得定子磁链矢量 $\boldsymbol{\Psi}_{s\cdot M}$（参见图 9-68）。将 $\boldsymbol{\Psi}_{s\cdot M}$ 送至 SFTC（参见图 9-70），与期望矢量 $\boldsymbol{\Psi}_{ss}$ 比较，产生动态调制误差矢量 $\boldsymbol{d}(t)$。

两个矢量回转器（VT）所需的转子磁链位置角（观测值）$\varphi_{s\cdot M}$ 信号来自同步旋转角速度（观测值）$\omega_{s\cdot M}$ 的积分：

$$\varphi_{s\cdot M} = \int \omega_{s\cdot M}\mathrm{d}t = \int (\omega_r + \Delta\omega_m)\,\mathrm{d}t$$

$$\Delta\omega_m = \frac{L_m}{T_r}\frac{1}{\Psi_{rM\cdot M}}i_{sT\cdot M} \tag{9-84}$$

式中，ω_r 是转子角速度信号；$\Delta\omega_m$ 是转差角速度（观测值）。

C ΔP 的计算及开关角修正

动态调制误差 $\boldsymbol{d}(t)$ 用以修正来自 $P(m, N)$ 表中角度值，使 $\boldsymbol{d}(t)$ 趋于最小，$\boldsymbol{d}(t)$ 经轨迹控制环节产生三相角度修正信号 ΔP（参见图 9-70）。定子磁链的动态误差是 PWM 波形的伏-秒面积误差，可以通过改变 PWM 开关时刻来修正。在系统中，$\boldsymbol{d}(t)$ 的采样和修正周期为 $T_k = 0.5\mathrm{ms}$（小于 PWM 开关周期），在周期 T_k 中，若某相存在 PWM 跳变，便修正它的跳变时刻，若无跳变便不修正。修正的原理（三电平逆变器）是：

(1) 对于正跳变（从 $-u_d/2 \sim 0$ 或从 $0 \sim +u_d/2$，标记为 $s=+1$），若跳变时刻推后（$\Delta t > 0$），则伏-秒面积减小；若跳变时刻提前（$\Delta t < 0$），则伏-秒面积增加。

(2) 对于负跳变（从 $+u_d/2 \sim 0$ 或从 $0 \sim -u_d/2$，标记为 $s=-1$），若跳变时刻推后（$\Delta t > 0$），则伏-秒面积增加；若跳变时刻提前（$\Delta t < 0$），则伏-秒面积减小。

(3) 若无跳变，标记为 $s=0$。

在一个采样周期 T_k 中，某相可能有几次跳变，这个跳变次数定义为 n。

以 a 相为例，若在 T_k 中存在 n 次跳变，其中第 i 次跳变的时间修正量为 Δt_{ai}，则在这个 T_k 中，a 相动态调制误差的修正量为：

$$\Delta d_a = -\frac{u_d}{3}\sum_{i=1}^{n} s_{ai}\Delta t_{ai} \tag{9-85}$$

式中，u_d 是直流母线电压相对值，它的基值为 $u_{1m} = 2U_d/\pi$（u_{1m} 是逆变器按 6 拍运行时的基波电压幅值；U_d 是直流母线电压测量值）。

令 $d_a(k)$ 表示在 k 周期之初采样到的误差值，$\Delta d_a(k-1)$ 表示在前一周期（第 $k-1$ 周期）计算但还没执行完的误差修正值，则在第 k 周期应执行的修正量为：

$$\Delta d_a(k) = -[d_a(k) - \Delta d_a(k-1)] \tag{9-86}$$

上式中，括号前的负号表示修正量应与误差量符号相反。

由式（9-85）和式（9-86），得到 a 相第 i 次跳变的时间修正量为：

$$\Delta t_{ai} = \frac{3}{u_d}\times\frac{1}{s_{ai}}[\boldsymbol{d}(k) - \Delta\boldsymbol{d}(k-1)]\cdot 1 \tag{9-87}$$

同理得到 b 相和 c 相第 i 次跳变的时间修正量为：

$$\left.\begin{array}{l}\Delta t_{bi} = \dfrac{3}{u_d}\times\dfrac{1}{s_{bi}}[\boldsymbol{d}(k) - \Delta\boldsymbol{d}(k-1)]\cdot \boldsymbol{a} \\[3mm] \Delta t_{ci} = \dfrac{3}{u_d}\times\dfrac{1}{s_{ci}}[\boldsymbol{d}(k) - \Delta\boldsymbol{d}(k-1)]\cdot \boldsymbol{a}^2\end{array}\right\} \tag{9-88}$$

式中，$1=\mathrm{e}^{j0}$、$\boldsymbol{a}=\mathrm{e}^{j2\pi/3}$、$\boldsymbol{a}^2=\mathrm{e}^{-j2\pi/3}$ 是三相单位矢量（参见图9-72），"·"是矢量点积运算符号（注：相a、b、c即逆变器三相输出 R、S、T）。受最窄 PWM脉冲及采样周期长度 T_k 等的限制，按式（9-87）和式（9-88）算出的时间修正量有时不能完全执行，若某相在 T_k 中没有跳变，也无法修正该相误差，所有剩余误差都要留到后序采样周期执行。

9.4.4.3 定子磁链轨迹控制的闭环调速系统

A 自控电动机

在矢量控制系统中，PWM的输入电压矢量 $\boldsymbol{u}^*$ 来自电流调节器输出，含有噪声，把它送至优化 PWM，将导致 $P(m,N)$ 表的错误调用和修正，使系统紊乱。解决的方法是借助电动机模型（观测器）建立一个能输出干净 $\boldsymbol{u}^*$ 的"自控电动机"。观测器输入电压信号 $\boldsymbol{u}^*$ 不是来自电动机或电流调节器输

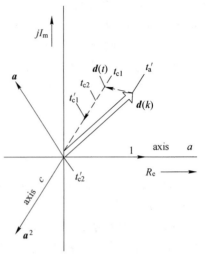

图 9-72　开关角修正、$\boldsymbol{d}(t)$ 轨迹和修正效果图

出，而是来自优化 PWM 输入（它与 PWM 输出电压基波成比例，无 PWM 谐波），观测器输出一个干净的 $\boldsymbol{u}^{*'}$ 信号，又送回 PWM 输入，这是一个自我封闭的稳态工作系统，所有输出都是干净的基波值，仅在接收到输入扰动信号 $\Delta\boldsymbol{\varPsi}_s$ 后才改变工作状态。优化 PWM 需要的干净的频率信号 $\omega_{s\cdot ss}$ 也来自"自控电动机"。

常用的异步电动机观测器有三种：一是静止坐标观测器，受电动机参数影响较大；二是全阶观测器，动态响应较慢；三是混合观测器，性能较好，Holtz 教授的 SFTC 系统采用的就是这种模型。

混合观测器主要由定子模型和转子模型两部分组成，如图 9-73 所示。转子模型是图 9-71 所示的异步电动机电流模型，定子模型是降阶观测器。

定子磁链矢量与定子电压、电流基波矢量间的关系式为：

$$\frac{\mathrm{d}\boldsymbol{\varPsi}_{1s}}{\mathrm{d}t}=\boldsymbol{u}_{1s}-r_s\boldsymbol{i}_{1s} \tag{9-89}$$

公式中电压、电流和磁链的下标 1 表示基波。

由式（9-83）得：

$$\boldsymbol{i}_{1s}=\frac{\boldsymbol{\varPsi}_{1s}-K_r\boldsymbol{\varPsi}_r}{L_\sigma'}$$

则

$$L_\sigma'\frac{\mathrm{d}\boldsymbol{\varPsi}_{1s}}{\mathrm{d}t}+\boldsymbol{\varPsi}_{1s}=T_\sigma'\boldsymbol{u}_{1s}+K_r\boldsymbol{\varPsi}_r \tag{9-90}$$

式中，$T_\sigma'=L_\sigma'/r_s$ 为漏感时间常数；r_s 是定子电阻；$L_\sigma'=K_rL_\sigma=K_r(L_{s\sigma}+L_{r\sigma})$。

按上式构建定子模型，并以下标 M 表示模型输出。

$$\boldsymbol{\varPsi}_{1s\cdot M}=\frac{1}{T_\sigma's+1}\big[T_\sigma'u^*+K_r\boldsymbol{\varPsi}_{r\cdot M}+G_s(\omega)(\boldsymbol{\varPsi}_{1s\cdot M}-\boldsymbol{\varPsi}_{s\cdot M})\big] \tag{9-91}$$

式中，$\boldsymbol{\varPsi}_{1s\cdot M}$ 是定子磁链基波矢量，它是降阶观测器输出；$K_r\boldsymbol{\varPsi}_{r\cdot M}$ 来自转子模型；$\boldsymbol{\varPsi}_{s\cdot M}=$

$K_r\boldsymbol{\Psi}_{r\cdot M}+T'_\sigma\boldsymbol{i}_s$（$\boldsymbol{\Psi}_{s\cdot M}$ 还被送去与 $\boldsymbol{\Psi}_{ss}$ 比较，产生动态调制误差矢量 $\boldsymbol{d}(t)$，参见图 9-70）；G_s (ω) $(\boldsymbol{\Psi}_{1s\cdot M}-\boldsymbol{\Psi}_{s\cdot M})$ 反馈用于减小电动机参数偏差影响，$G_s(\omega)$ 是校正增益。

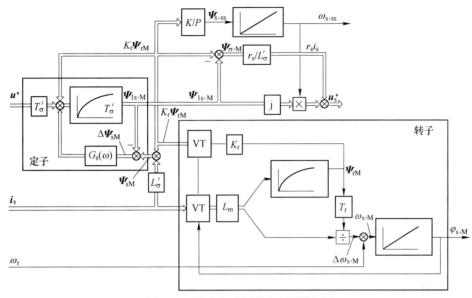

图 9-73 异步电动机混合观测器框图

混合观测器的输出 $\boldsymbol{u}^{*\prime}$ 由 $\boldsymbol{\Psi}_{1s\cdot M}$ 和 $K_r\boldsymbol{\Psi}_{r\cdot M}$ 算出，它们都是干净信号（由于转子时间常数 T_r 大，所以 $K_r\boldsymbol{\Psi}_{r\cdot M}$ 是干净信号）：

$$\boldsymbol{u}^{*\prime}=j\omega_{s\cdot ss}\boldsymbol{\Psi}_{1s\cdot M}+\left(\frac{r_s}{L'_\sigma}\right)(\boldsymbol{\Psi}_{1s\cdot M}-K_r\boldsymbol{\Psi}_{r\cdot M}) \tag{9-92}$$

式中，$\omega_{s\cdot ss}$ 是稳态定子角频率，来自磁链 $K_r\boldsymbol{\Psi}_{r\cdot M}$ 位置角的微分，它也是优化 PWM 所需频率信号的来源。

B SFTC 的闭环调速系统

引入"自控电动机"后系统不能调速，必须通过外环加入扰动矢量 $\Delta\boldsymbol{\Psi}_s$ 才能改变原来的稳态工作状态。一种基于 SFTC 的闭环调速系统，如图 9-74 所示。外环由磁链调节器（AΨR）和转速调节器（ASR，采用两个 PI 调节器）组成，没有电流调节器。

磁链调节器（AΨR）的反馈信号来自混合观测器的转子磁链实际值 $\boldsymbol{\Psi}_{rM\cdot M}$（由于定向于转子磁链矢量 $\boldsymbol{\Psi}_r$，$\boldsymbol{\Psi}_{rT}=0$，所以 $\boldsymbol{\Psi}_{rM}=\boldsymbol{\Psi}_r$，$\boldsymbol{\Psi}_{rM\cdot M}$ 是 $\boldsymbol{\Psi}_r$ 的观测值），输出是定子磁链 M 轴分量给定 $\boldsymbol{\Psi}_{sM}^*$。

因为：
$$\boldsymbol{\Psi}_{sM}=K_r\boldsymbol{\Psi}_{rM}+L'_\sigma i_{sM}$$

考虑到在 $\boldsymbol{\Psi}_r$ 恒定的条件下，$\boldsymbol{\Psi}_{rM}=L_m i_{sM}$ 及异步电动机转子磁链公式，则有：

$$T_r\frac{\mathrm{d}\boldsymbol{\Psi}_{rM}}{\mathrm{d}t}+\boldsymbol{\Psi}_{rM}=K_s\boldsymbol{\Psi}_{sM} \tag{9-93}$$

式中，K_s 为比例系数。

由此式知，转子磁链幅值 $\boldsymbol{\Psi}_r$ 只与 $\boldsymbol{\Psi}_{sM}$ 有关，不与 T 轴耦合，可以通过控制 $\boldsymbol{\Psi}_{sM}$ 来控制 $\boldsymbol{\Psi}_r$。

转速调节器（ASR）的反馈信号是来自编码器的转速实际值 ω_r，输出是定子磁链 T

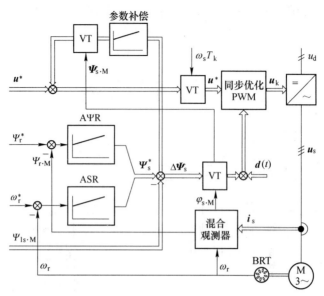

图 9-74 基于 SFTC 的闭环调速系统

轴分量给定 Ψ_{rM}^*，因为：

$$\Psi_{sT} = K_r \Psi_{rT} + L_\sigma' i_{sT} = L_\sigma' i_{sT}$$

考虑到电动机转矩 $T_d = K_{mi} \Psi_r i_{sT}$ 及 $\Psi_{rT} = 0$，所以：

$$T_d = \frac{K_{mi}}{L_\sigma'} \Psi_r \Psi_{sT} \tag{9-94}$$

在 Ψ_r 恒定的条件下，转矩只与 Ψ_{sT} 有关，不与 M 轴耦合，可以通过控制 Ψ_{sT} 来控制转矩，从而控制转速。转矩和电流的限制由该调节器限幅实现。

Ψ_{sM}^* 和 Ψ_{sT}^* 合成的定子磁链给定矢量 Ψ_s^* 与来自混合观测器的定子磁链实际基波矢量 $\Psi_{ls \cdot M}$ 比较后得"自控电动机"的扰动矢量信号 $\Delta \Psi_s$，它与动态调制误差 $d(t)$ 相加，作为总的磁链修正信号。

为消除电动机参数变化对系统的影响，在系统中引入两个参数补偿 PI 调节器，它们的输入是 $\Delta \Psi_s$，输出与 $u^{*\prime}$ 信号（"自控电动机"输出）叠加，修改 PWM 输入矢量 u^*。由于电动机参数变化缓慢，这两个 PI 调节的比例系数很小，时间常数大。

为补偿"自控电动机"数字离散计算带来的一个采样周期滞后，在图 9-74 所示的系统从 $u^{*\prime}$ 到 u^* 的通道中插入一个矢量回转器 VT，它的回转角度为 $\omega_s T_k$（T_k 为开关角采样和修正周期）。加入该 VT 后，矢量 u^* 向前转 $\omega_s T_k$ 角。

9.4.4.4 SFTC 与 VC 及 DTC 的比较

常规矢量控制的特征是：在同步旋转坐标系上计算和控制转矩和磁链，办法是用电流调节器改变 PWM 占空比来实现，响应时间需多个开关周期。低压变频器常规矢量控制的转矩响应时间为 5~10ms，中压三电平变频器开关频率降低后，转矩响应时间增至几十毫秒。常规矢量控制的另一个缺点是在低开关频率下动态解耦效果不好。

直接转矩控制的特征是：在静止坐标系上计算和控制转矩和磁链，办法是用滞环 Bang-Bang 控制器来实现，它不介意控制对象是否解耦，且转矩响应快（1~5ms）。直接转矩控制的主要缺点是开关频率变化，谐波及转矩脉动大，图 9-75 所示是开关频率约为 350Hz 的直接转矩控制三电平逆变器电压、电流波形。

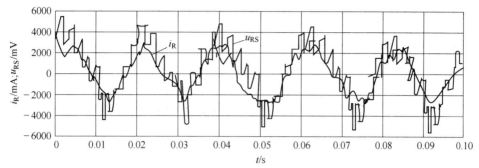

图 9-75　直接转矩控制三电平逆变器电压、电流波形（开关频率约为 350Hz）

SFTC 系统在同步旋转坐标系上计算转矩和磁链，在静止坐标系上通过修正 PWM 波形前后沿角度来实现，没有电流调节器或滞环 Bang-Bang 控制器，响应过程能在一个开关周期内完成（图 9-76 所示实例为 1.5ms），且动态解耦效果好。

从上述比较可以知道，SFTC 是一个既不同于常规矢量控制又不同于直接转矩控制，且性能优于两者的新系统。它用于采用高压大功率开关器件的中压变频器，解决低开关频率带来的问题。

9.5　热轧生产线主要电气传动控制系统

热轧生产线中的电动机所采用电气传动方式分为恒速与调速两种，对恒速电机基本采用常规的电机控制中心（MCC）以接触器或软启动的方式实现启停、正反转控制等。对于调速电机又可以分为直流调速与交流调速两种形式，随着电力电子器件和计算机控制技术的发展，交流变频调速很快成为主要的方式，有全面取代直流调速的趋势。

按照功率大小、电压等级、传动类型综合评价，热轧生产线上的变频调速系统可以分为 690V 以下（含 690V 和 400V 级别）低压变频系统和 1.65kV 以上（含 1.65kV、3.3kV、6kV、10kV）的中高压变频系统。低压变频主要应用工况有输送辊道、辅助风机、液压站等中小功率等级的电动机调速，一般称为辅传动系统；而中高压变频系统主要应用在轧机主传动、加热炉风机、高压水除鳞等大功率设备上，称为主传动系统。生产线中的卷取机、飞剪、立辊等根据不同的配置既可以采用低压变频也可以采用高压变频。主辅传动之间并没有明显的界限，一般将生产线中大功率传动系统称为主传动系统，如定宽压力机、粗轧机、飞剪电机、精轧机主电机的传动系统，其余称为辅传动系统。

本节主要介绍在冶金生产线中常用的直流可逆调速系统、负载换流逆变器（LCI）、交交变频系统、交直交变频系统等，并重点对热轧生产线中主要的轧机主传动系统方案进行了讨论。

9.5.1　直流电机无环流可逆调速系统

在有环流系统中，不仅系统的过渡特性平滑，而且由于两组晶闸管变流装置同时工作，两组变流装置之间切换时不存在控制死区。因此，除系统过渡特性更加平滑之外，还有快速性能好的优点。但是在有环流系统中，需设置笨重而价格昂贵的环流电抗器，而且环流将造成额外的有功和无功损耗，因此除工艺对过渡特性平滑性要求较高及对过渡过程要求快的系统采用有环流系统之外，一般多采用无环流系统。

依据实现无环流原理的不同，无环流可逆系统可分为两种：逻辑控制无环流系统和错位控制无环流系统。错位控制无环流系统的基本控制思路借用 $\alpha = \beta$ 配合控制的有环流系统的控制，当一组晶闸管整流时，让另一组晶闸管处于待逆变状态，但是两组触发脉冲的零位错开得比较远，彻底杜绝了脉动环流的产生；而逻辑控制无环流系统的特点是，当一组晶闸管变流装置工作时，用逻辑装置封锁另一组晶闸管变流装置的触发脉冲，使其完全处于阻断状态，因而从根本上切断了环流通路。

9.5.1.1 逻辑控制无环流调速系统

A 逻辑无环流系统的组成及特点

图 9-76 是逻辑控制的无环流可逆调速系统的一种典型结构，其主电路采用两组晶闸管装置反并联线路，由于没有环流，无需再设置环流电抗器，但为了抑制负载电流的脉动并保证在正常稳定运行时电流波形的连续，仍需保留平波电抗器。控制系统仍采用典型的转速、电流双闭环结构，除了增加无环流逻辑控制器 DLC 及省去主电路的环流电抗器之外，该系统与配合控制有环流系统完全相同。在控制上，除了按照系统的工作状态，由 DLC 决定自动切换两组触发脉冲的封锁和开放以实现无环流外，系统其他方面的工作原理与自然环流系统也没有什么区别。由此可见，无环流逻辑控制器是逻辑无环流系统的关键部件，其性能好坏是逻辑无环流系统能否可靠工作的重要保证。

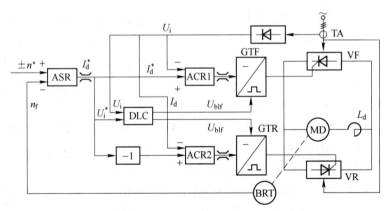

图 9-76 逻辑控制的无环流可逆调速系统原理图

B 无环流系统对逻辑控制器的要求

逻辑控制器 DLC 的基本任务是，根据系统工作情况的要求，发出逻辑指令：当要求电动机产生正向转矩时，开放正组脉冲，封锁反组脉冲，使正组 VF 工作；当要求电动机产生反向转矩时，开放反组脉冲，封锁正组脉冲，使反组 VR 工作。二者必居其一，绝不允许两组脉冲同时开放，以确保主回路不产生环流，从而使系统正常可靠地运行。

当励磁恒定时，转矩方向同电枢电流的极性是一致的。由图 9-76 可知，ASR 的输出，即电流给定信号 U_i^*，反映了工作状态对电枢电流 I_d 大小和极性的要求，因此可用 U_i^* 的极性作为 DLC 的指令信号，称该信号为"转矩极性鉴别信号"。

仅用电流给定信号以 U_i^* 的极性去控制 DLC 还是不够的，由可逆系统工作过程分析可知：制动开始瞬间，虽然 $U_n^* = 0$，但由于转速负反馈 U_n 的存在，转矩极性鉴别信号 U_i^* 会立即反向，并很快达到限幅值。如果这时立即使逻辑装置切换，封锁原导通组晶闸管的触发脉冲、开放原来处于封锁状态那组晶闸管的触发脉冲是绝对不允许的。由于主回路中电感的存在，主回路电流不能立刻下降到零。根据晶闸管本身的特性，在其电流未降到维持电流以前，即使触发脉冲被封锁，原来处于导通状态的晶闸管仍将继续导通。这时如果开放了原封锁组的触发脉冲，势必形成两组晶闸管同时导通的局面。在没有设置环流电抗器的逻辑无环流系统中，必然造成电源短路。因此，逻辑装置应保证：在发出了切换的指令信号以后，主回路电流还未降到零之前，原导通的晶闸管组应该继续开放，实现本桥逆变，强迫电流下降到零（或接近于零）。而后再封锁原导通组的触发脉冲，开放原封锁的晶闸管组的触发脉冲，建立反向电流，实现电气制动。因此，主回路电流是否下降到零的零电流信号是逻辑装置输入的另一个指令信号。转矩极性鉴别信号改变方向和零电流信号为零才是逻辑切换的充要条件。

为了确保系统的可靠工作，逻辑切换指令发出后并不马上执行，需要经过两段延时时间，即封锁延时 t_1 和开放延时 t_2。封锁延时指从发出切换指令到真正封锁原导通组触发脉冲之间应该留出来的等待时间，它的设置是由于考虑到零电流检测器不可能等到电流绝对为零时才动作，它有一个最小的动作电流 i_0。如果晶闸管在逆变状态下工作时，脉动的逆变电流虽然瞬时低于 i_0，而实际电流还在连续，此时若发出封锁触发脉冲的命令，就有可能造成本桥逆变颠覆。因此，必须等待一段时间，使主回路电流确实已不再大于 i_0，并且已经完全断续，才可封锁导通组的触发脉冲，用于防止逆变颠覆的这段时间就是封锁延时。开放延时是指从封锁原导通组脉冲到开放原封锁组脉冲之间的等待时间。在封锁原导通组脉冲时，已被触发的晶闸管要到电流过零时才真正关断，关断之后还要过一段时间才能恢复阻断能力。如果在这之前就开放另一组晶闸管的触发脉冲，也有可能造成两组晶闸管同时导通，致使电源短路，为此要设置触发开放延时。过小的 t_1 和 t_2 会造成切换失败而形成事故；过大的 t_1 和 t_2 将使切换时间拖长，增加切换死区，影响过渡过程的快速性。对于三相桥式电路，通常取 $t_1 = 2 \sim 3 \text{ms}$，$t_2 = 5 \sim 7 \text{ms}$。

综上所述，无环流系统对逻辑装置的要求如下：

（1）在任何情况下，两组晶闸管装置绝对不允许同时加触发脉冲。一组晶闸管变流装置工作时，另一组的触发脉冲必须严格封锁。

（2）用转速调节器输出的电流给定信号作为转矩极性鉴别信号，以其极性来决定开放哪一组晶闸管的触发脉冲。但必须等到零电流检测器给出的零电流信号为零以后，方可正式发出逻辑切换指令。

（3）发出逻辑切换指令之后，要经过 $2 \sim 3 \text{ms}$ 的封锁延时，封锁原导通组的触发脉冲，而后再经过 $5 \sim 7 \text{ms}$ 的开放延时，再开放原封锁组的触发脉冲。

（4）为保证两组脉冲绝对可靠工作，还应设置保护环节，以防止两组脉冲同时出现而造成电源短路。

C 无环流逻辑控制器的实现

根据上述要求，DLC 的结构及其输入、输出信号如图 9-77 所示。输入信号是转矩极

性鉴别信号 U_i^* 和零电流信号检测信号 U_{i0}，输出信号是封锁正组晶闸管触发脉冲信号 U_{blf} 及封锁反组晶闸管触发脉冲信号 U_{blr}。从功能上来看，逻辑装置可分为电平检测、逻辑判断、延时电路和联锁保护四个部分。逻辑装置本身的具体线路可以各式各样，但其输入、输出信号的性质和逻辑装置本身所具有的功能是相同的。

图 9-77　无环流逻辑控制器的构成

（1）电平检测器：DLC 中有转矩极性鉴别器和零电流鉴别器两个电平检测器，分别将 U_i^* 的极性和零电流信号 U_{i0} 的大小转换成相应的数字量 "1" 或 "0"，供逻辑判断使用。两个电平检测器均应设置正、负限幅电路以得到合适的逻辑电平。

（2）逻辑判断环节：逻辑判断环节的功能是：根据转矩极性鉴别器和零电流检测器的输出信号 U_T 和 U_Z 的状态，正确地确定封锁正组或反组晶闸管触发脉冲信号 U_F 或 U_R 的状态。至于 U_F 和 U_R 是用 "1" 态还是用 "0" 态去封锁触发脉冲，这取决于触发器（或电子开关）的结构形式。

（3）延时电路：如前所述，DLC 需设置两段延时环节，即封锁延时和开放延时。延时电路的种类很多。当逻辑判断电路采用与非门电路元件时，在适当的与非门的输入端加接二极管和电容，即可以使得该与非门的输出在由 "1" 态变到 "0" 态时的动作获得延时，从而组成封锁延时电路和开放延时电路。

（4）联锁保护电路：为了保证系统正常工作，逻辑装置的两个输出信号 U_F 和 U_R 的状态必须相反。如果是 "1" 态为开放脉冲时，就不允许 U_F 和 U_R 同时为 "1"；如果是 "0" 态为开放脉冲时，就不许 U_F 和 U_R 同时为 "0"。为防止电路发生故障，使两组晶闸管同时开放而导致电源短路，在无环流逻辑控制器的最后部分需设置联锁保护电路。

9.5.1.2　错位控制无环流可逆调速系统

错位无环流可逆调速系统和逻辑无环流可逆系统一样，在运行过程中既无直流环流，也无脉动环流，但二者消除环流的方法不同。后者是用逻辑切换装置开放一组变流装置的脉冲，封锁另一组变流装置的脉冲，采用从根本上切断环流通路的方法实现无环流；前者和有环流系统一样，当一组变流装置处于整流状态时，另一组处于待逆变状态，而用两组脉冲错开较远的方法实现无环流。

由上述可知，在同时施加触发脉冲这一点上，错位无环流系统和有环流系统是相同的，两者的区别在于当采用锯齿波移相触发器时，处于 $\alpha = \beta$ 工作制下的自然环流系统的初始相位角整定为 $\alpha_{f0} = \alpha_{r0} = 90°$，运行中始终维持 $\alpha_f + \alpha_r = 180°$；错位无环流系统的初始相位角整定为 $\alpha_{f0} = \alpha_{r0} \geq 150°$，即 $\alpha_{f0} + \alpha_{r0} \geq 300°$（$\alpha_{f0} = \alpha_{r0} = 180°$ 或 $\alpha_{f0} + \alpha_{r0} = 360°$），这样当待逆变组触发脉冲来到时，其晶闸管元件一直处于反向阻断状态而不可能导通，当然也就不会产生环流了。

图 9-78 所示为实际的错位无环流系统的结构框图。电压内环的作用是：

（1）压缩控制死区，加快系统的切换过程。

（2）防止逆变颠覆，抑制动态环流，保证安全换向。

（3）抑制电流断续等非线性因素的影响，提高系统的动、静态性能。

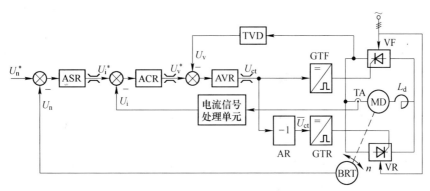

图 9-78　错位控制的无环流可逆调速系统原理图

9.5.2　负载换流逆变器

当逆变器的负载是一台自己能发出反电动势的同步电动机时，晶闸管可直接利用电动机产生的反电动势来进行换流，这样的逆变器称作负载换流逆变器（Load-commutated Inverter，LCI）。晶闸管负载自然换相交-直-交电流型变频调速系统（LCI）是一种适用于大功率（3000kW 以上）、高速（600r/min 以上）、中压（3 ~10kV）场合的同步电动机调速系统，在大型风机、泵、压缩机等设备中得到应用，有时也用来作为巨型同步电动机或发电机（大于 10MW）的软起动装置。它的缺点是过载能力小（120%左右），适合驱动平稳负载。近年来随着 PWM 型中压变频器的发展，LCI 系统受到挑战，特别是在容量小于 5MW 的场合。

9.5.2.1　LCI 变频调速基础

A　LCI 变频原理

晶闸管负载自然换相交-直-交电流型变频器的主电路如图 9-79 所示。图中变换器的右侧 UI 是晶闸管负载自然换相电流型逆变器，左侧 UR 晶闸管可控整流器，中间 L 是直流平波电抗器（储能元件），负载 MS 是同步电动机。由于存在中间直流回路及直流储能元件为电感，所以称之为交-直-交电流型间接变频器。

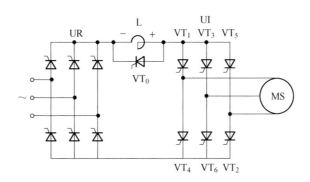

图 9-79　LCI 变频的主电路

整流器 UR 用以控制直流电流 I_d，它与电动机转矩 T_d 成比例。逆变器 UI 中的 6 个晶闸管顺序、交替导通，每个晶闸管导通 120°，使得流向负载电动机的电流为三相交流、120° 宽、幅值为 I_d 的方波。UI 中晶闸管导通后，靠负载同步电动机感生的交流反电动势，通过自然换相来关断，称为负载自然换相。低速（小于 10%）时，电动机反电动势很小，不能可靠地自然换相，需采用断续电流法来关断晶闸管，UI 换流时把整流桥 UR 拉至逆变状态，待 I_d 下降到零后，关断逆变器中的晶闸管。为加快 I_d 的下降过程，有时在电抗器 L 两端并联一个晶闸管，在 I_d 下降时它导通，短路电抗器，加快流经逆变器闸管电流的下降速率，在 I_d 上升时，电抗器上电压左正、右负，将它关断。

　　B　LCI 逆变器的换相

　　同步电动机调速系统利用电动机反电动势进行换流时，在空载情况下，施加在晶闸管 VT_1 两端的电压波形如图 9-80c 所示。在相当于换流超前角 γ_0 的一段时间内，VT_1 承受了反向电压，它能使晶闸管关断。当电动机带有负载时，一方面由于换流重叠角的影响，晶闸管通电时间延长（图 9-80b 中为 A 相电流波形）；另一方面又由于电枢反应的影响，同步电动机端电压的相位将随着负载的增加而提前一个功角 θ_{eu}（表现在同步电动机端子间的是电压而非电动势），于是使负载时的实际换流超前角 γ_0 减小，晶闸管承受反向电压的时间变短，如图 9-80c 中虚线所示。表征晶闸管承受反向电压时间的角度（电角度），称为换流剩余角，即：

$$\delta = \gamma - \mu = \gamma_0 - \theta_{eu} - \mu$$

式中，γ_0 为空载换流超前角；γ 为电动机负载时的换流超前角；θ_{eu} 为同步电动机的功角；μ 为换流重叠角。

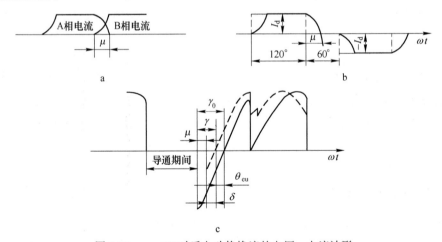

图 9-80　$\gamma_0 = 60°$ 时反电动势换流的电压、电流波形

a—A、B 二相换流时的电流波形；b——相电流波形（一个周期）；c—晶闸管两端的电压波形

　　为了保证换流的可靠进行，通常要求换流剩余角至少应保持在 10°~15° 之间。要满足这个条件，一是将空载换流超前角 γ_0 适当增大，另外就是限制电动机所允许的最大瞬时负载，以减小重叠角 μ。但是增大 γ_0 是有限制的，这是因为随着 γ_0 的增大，在同样的负载电流下电动机转矩会减小，而转矩脉动分量也将增大，转矩在 $KF_sF_r\sin(60° + \gamma_0)$ ~ $KF_sF_r\sin(120° + \gamma_0)$ 范围内变化，所以 γ_0 值不宜超过 70°，在实际应用中一般取 $\gamma_0 = 60°$。

9.5.2.2 LCI 变频调速系统

LCI 变频调速控制系统框图如图 9-81 所示。

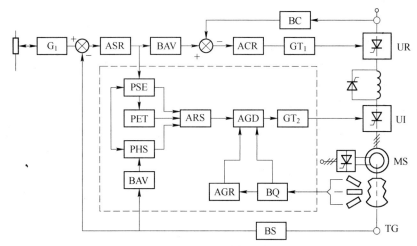

图 9-81 变频调速控制系统框图

整个框图分两部分：虚线框外部是调速控制部分，通过控制可控整流器 UR 实现；虚线框内部是自同步控制及逆变运行状态切换部分，通过控制逆变器 UI 实现。和直流调速系统一样，调速控制部分由两个环构成：外环是转速环，从转速调节器（ASR）输出直流电流给定信号；内环是直流电流环，从电流调节器（ACR）输出 UR 的移相控制信号，由于直流电流近似等于电动机转矩电流，所以这个内环实质上是近似的转矩电流环。直流电流实际值信号，通过用交流互感器测量进线交流电流，经电流变换器（BC）获得。转速实际值信号来自转速传感器（TG）经转速变换器（BS）获得。由于正、反转时，直流电流极性不变，所以在 ASR 输出和 ACR 输入之间，加入一个绝对值变换器 BAV。

自同步和运行状态切换（断续换相和负载自然换相切换）部分由下列几个环节组成：转速差及正反状态检测（PSE），电动、制动检测（PTE），高、低速检测（PHS），运行状态合成环节（ARS），γ_0 脉冲分配器（AGD），γ_0 调节器（AGR），位置检测变换（BQ）。

9.5.3 交交变频控制系统

变频器是把工频电源（50Hz 或 60Hz）变换成各种频率的交流电源，以实现电机变速运行的设备，其中控制电路完成对主电路的控制，变换部分则利用电力半导体器件的通断作用将工频电源进行变频，实现对交流异步电机的软起动、变频调速，达到提高运转精度、改变功率因素、过流/过压/过载保护等目的。

变频技术是应交流电机无级调速的需要而诞生的。20 世纪 60 年代以后，电力电子器件的更新促进了电力电子变换技术的不断发展。70 年代开始，脉宽调制变压变频（PWM-VVVF）调速研究引起了人们的高度重视。80 年代，作为变频技术核心的 PWM 模式优化问题吸引着人们的浓厚兴趣，并得出诸多优化模式。80 年代后半期开始，美、日、德、英等发达国家的 VVVF 变频器已投入市场并获得了广泛应用。

变频器的分类方法有多种，按照主电路工作方式，可以分为电压型变频器和电流型变频器；按照工作原理，可以分为 V/f 控制变频器、转差频率控制变频器和矢量控制变频器等。本节及后节内容按变换环节分类，介绍交交变频及交直交变频系统的原理、特点及在轧制生产中的应用。

交交变频器是将三相交流电源从固定的电压和频率直接变换成电压和频率可调的交流电源，它不需要设置中间耦合电路，所以也称为直接变频器。三相输出的交交变频系统由三套输出电压彼此差 120° 的单相输出交交变频器组成，每套单相输出交交变频器实质上是一套三相桥式无环流反并联的可逆整流装置，装置中工作晶闸管的关断通过电源交流电压的自然换相实现。

图 9-82 是一个单相交交变频器原理图，它由两组反并联全控整流桥构成，只要控制这两组整流桥以一定的频率交替工作，就会在负载上得到一个交变的电压，控制两组整流桥交替工作的频率就控制了输出交变电压的频率。

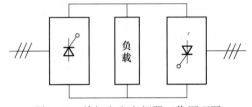

图 9-82 单相交交变频器工作原理图

交交变频器的主要优点一是效率高，因为没有中间环节，只进行一次能量变换；二是变换所需的设备较少，它可以像晶闸管整流电路那样通过电源自然换流而不需外增强迫换流装置。它的缺点在于所需的晶闸管数量较多，因此交交变频器在小容量的交流调速装置中使用就很不经济。另外，这种变频器由于受输出电压波型的影响，其输出电压的频率调节范围控制在输入电源频率的三分之一以下，最好也不超过二分之一，在我国 50Hz 的工频条件下一般可以成为 0~16.7Hz 的可调频电源。这种变频方式很容易实现电动运行和再生制动、正反方向可逆，实现电气传动的四象限运行，不需要可关断电力电子器件，特别适合在低速、频繁可逆的大功率传动中应用。

根据所使用的电动机的结构、供电电压值以及电动机的功率，常用的交交变频系统可以有四种不同的拓扑结构，图 9-83 中给出了其中的三种结构。当所用的电动机为单线圈结构时，相应的交交变频系统有两种基本拓扑结构，一种是 3 相 6 脉冲模式，另一种是 3 相 12 脉冲模式，如图 9-83a 和 b 所示。对于双线圈结构的电动机，交交变频系统拓扑结构如图 9-83c 所示，它对于每组晶闸管功率桥而言是 3 相 6 脉冲模式，而对于电网和电动机而言则是 3 相 12 脉冲模式。交交变频器向电动机提供三相频率可变电源，在交交变频器和电动机之间装有快开。除了电动机的单双线圈结构决定交交变频系统的拓扑结构外，电动机的功率也是选择交交变频系统拓扑结构的因素之一，电动机功率较大时往往采用 12 脉冲模式的交交变频器，但没有很明确的界线，各家设计单位和制造商都有自己不尽相同的企业标准。

对于图 9-83a 所示的交交变频调速系统而言，交交变频全数字矢量控制系统主要由交交变频主回路 SCR 功率桥柜、励磁柜、控制柜、高速开关柜以及一些辅助控制柜组成，包括 3 套电网自然换流可逆的三相桥式整流装置，对应同步电机 A、B、C 三相。三相交交变频器采用逻辑无环流三相有中点方式，由 1 台分裂式整流变压器或 3 台单独整流变压器供电，输出端采用星式连接。电机三相星接，电机星点和变频器星点独立。主回路采用晶闸管元件，12 只晶闸管元件反并联组成交交变频器的一相。

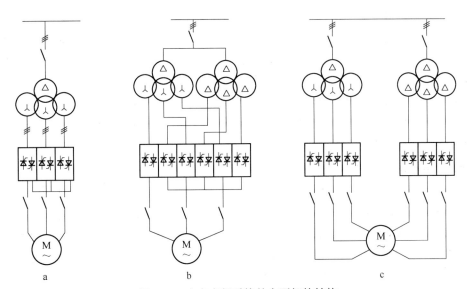

图 9-83 交交变频系统的主要拓扑结构

a—3 相 6 脉冲；b—3 相 12 脉冲；c—2×3 相 6 脉冲（电机双线圈）

9.5.4 交直交变频控制系统

9.5.4.1 按中间回路直路环节分类

A 电压源型变频器

交直交电压源型变频器的主电路结构如图 9-84 所示。这类变频器主电路中的中间直流环节是采用大电容滤波，可以使直流电压波形比较平直，对于负载来说，是一个内阻抗为零的恒压源，所以，把这类变频器称作电压源型变频器。对于交交变频装置虽然没有滤波电容器，但供电电源的低阻抗使其具有电压源的性质，也属于电压源型变频器。

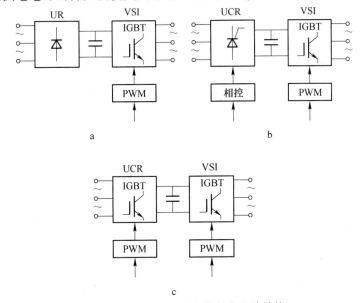

图 9-84 电压源型变频器的主电路结构

图 9-84a 所示的交直交电压源型 PWM 变频器主电路，其功率变换器采用二极管组成的不可控整流器；采用自关断器件（IGBT 或 IGCT 或 IEGT 等）组成的 PWM 逆变器。图 9-84b 所示的交直交电压源型 PWM 变频器主电路，其整流器采用了相控方式，优点是输出直流电压可以控制，缺点是增加了系统的复杂性。图 9-84c 所示的交直交电压源型 PWM 变频器主电路，其整流器采用了 PWM 控制方式，称为 PWM 整流器，这种具有 PWM 整流器、PWM 逆变器的电力电子变频调速装置称作双 PWM 变频器。

B 电流源型变频器

交直交电流源型变频器的主电路结构如图 9-85 所示。这类变频器主电路中的中间直流环节采用大电感滤波，可以使直流电流波形比较平直，因而电源内阻抗很大，对负载来说基本上是一个恒流源，所以把这类变频器称作电流源型变频器。有的交交变频器的主电路中串入电抗器，使其具有电流源的性质，因此这类交交变频器属于电流源型变频器。

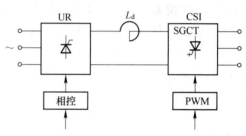

图 9-85 电流源型变频器的主电路结构

图 9-85 所示的交直交电流源型变频器的逆变器也采用 PWM 控制方式，这对改善低频时的电流波形（使其接近于正弦波）有明显效果。

C 电压源型变频器和电流源型变频器的比较

（1）电压源型变频器属于恒压源，对于具有可控整流器的电压源型变频器，其电压控制的响应较慢，所以适合于作为多台电机同步运行时的变频电源。对于电流源型变频器来说，由于电流源型变频器属于恒流源，系统对负载电流变化的反应迟缓，因而适用于单台电机传动，但可以满足快速起、制动和可逆运行的要求。

（2）电流源型变频器本身具有四象限运行能力而不需要任何额外的电力电子器件；然而，一个电压源型变频器在电网侧必须附加一个有源逆变器。

（3）电流源型变频器的动态响应与 PWM 电压源型变频器相比较为迟缓。

（4）电流源型变频器需要连接一个最小负载才能正常运行。这种缺陷限制了它在很多领域中的应用。反之，电压源型变频器很容易在空载情况下运行。

应用实践表明，从总的成本、效率和暂态响应上来看，电压源型 PWM 变频器更具有优势。目前工业生产中普遍应用的变频器是图 9-84 所示的交直交电压源型 PWM（SPWM 或 SVPWM）变频器。其中整流器采用二极管组成的电压源型变频器应用最多、最广泛。

9.5.4.2 按供电电源电压等级分类

A 低压变频器

低压变频器是指电压等级为 690V、660V、400（380）V 以及 220V 变频器，传动相应电压等级的交流电动机，主要采用交直交方式，先把工频交流电源通过整流器转换成直流电源，然后再把直流电源转换成频率、电压均可控制的交流电源以供给电动机。变频器的电路一般由整流、中间直流环节、逆变和控制 4 个部分组成。整流部分为三相桥式不可控整流器，逆变部分为 IGBT 三相桥式逆变器，且输出为 PWM 波形，中间直流环节为滤波、直流储能和缓冲无功功率。国内目前推广应用的低压变频器 95% 以上是从国外引进的变频器。现在低压变频器技术已十分成熟，产品质量、性能、可靠性、价格等都已趋于稳定，进入了广泛应用的时期。其特点归纳为：

（1）功率元件高频化。广泛应用 IGBT 作为变频器的功率元件，几乎完全取代了 SCR（晶闸管）、GTR（大功率晶体管）等功率元件。对于某些小容量变频器，则利用性能更加优异的 IPM（集成功率单元模块）作为功率元件，有效地保证了变频器的性能和质量。

（2）控制方式多样化。目前普遍应用的是 PWM 矢量控制（包括电压矢量、磁通矢量、磁场定向等），这种控制方式能像直流电机调速控制那样对磁场和产生转矩的电流分别控制。一般说来矢量控制要求检测电机轴的位置和速度，但现在的矢量控制变频器可以做到不用检测这些值，均由变频器本身的自适应功能来实现，使用更加简单。近年来发展起来的直接转矩控制（DTC）技术，它直接控制电机的关键变量：磁通和转矩。而不是像 PWM 矢量控制那样根据变领器中预先确定的矩阵来完成功率元件的通断控制。此外，为满足不同的控制要求，对于每种变频器还可以选择标量控制方式，以适应拖动不同参数配置的多台电机并联运行的应用场合，还可以选择伺服控制方式，以满足伺服系统控制需要。控制方式多样化，使应用控制更加灵活。

（3）变频器产品的实用化。目前的变频器多为通用变频器，适合于各种负载条件和各种控制对象的传动，为了满足用户的需求，降低成本，许多厂商在通用变频器系列中派生出一些专用变频器系列。如风机水泵传动用变频器，这种变频器的额定电流值没有过载容量，所以与通用变频器同一型号规格的变频器可适用于更大一级的电机，价格也相对便宜。它还有优化的键盘，操作简单，调试、编程也简单。对于一些特殊要求的控制如位置控制、同步控制、速度控制、转矩控制等，则可选用相应的选件，以适应这类要求高的应用场合。

（4）网络公开化。目前先进的变频器都配有总线适配器模块作为选件，外部总线可以通过双绞线与适配器连接，变额器则作为系统的智能终端。

（5）技术规格国际化。现在国外著名变频器生产厂家所生产的变频器的技术规格已统一成国际性标准，尽管不同厂家的产品有差异，但都大同小异，通用性很强。

（6）配置灵活化。根据用户需要，变频器可灵活配置，如标准的通用变频器均为 6 脉冲整流单元，但对于用户要求减少变频器对电网的谐波污染（国家对电网谐波有严格规定），特别是中、大容量的变频器，更有可能提出这种要求，对此可选择 12 脉冲整流单元，即并联的两个 6 脉冲整流单元，消除对电网影响最大的 5 次、7 次谐波，减少总的谐波畸变。再如，根据用户需要整流单元和逆变单元分开配置，采用公用直流母线方式，这特别适合多台变频器应用的场合。根据不同的控制传动对象，是否需要频繁的正、反方向运行调整及是否需要能量回馈，可以选择单象限或四象限运行的变频器。

（7）容量扩大化。目前低压变频器的容量范围已大大扩展，从 0.2kW 到 25MW 容量的各种规格的变频器均已产品化，可以覆盖全部需要的低压电动机的容量范围。

    B   高压变频器

根据我国交流电机电压等级的规定，对于 3kV、6kV、10kV 电压等级的电机称为高压电机，用于这类电机调速的变频器称为高压变频器，国外对此电压等级的变频器称为中压变频器。

高压变频器和低压变频器有许多不同之处，主要表现在：（1）低压变额器技术已十分成熟，电路拓扑结构单一，而高压变频器技术正处于发展完善之中，出现了多种电路结构，并各有优缺点；（2）低压变频器已形成通用产品系列，并已做到技术规格国际化，而高压变频器尚待完善，世界上著名的电气公司在高压变额器方面竞争激烈；（3）由于功率元件的耐压水平不断提高，低压变频器已不需要进行功率元件的串联，而高压变频器仍在为解决耐压问题千方百计地寻求办法；（4）低压变频器应用简便，而高压变频器则需要在应用中解决相关的技术问题；（5）低压变频器产品已系列化，单位容量价格较便宜，趋于稳定，而高压变频器单位容量价格较贵，初期投资较大，而且，不同厂家的产品价格相差也较大；（6）在高压变频器中需解决如绝缘、高低压隔离及控制信号传递等问题。

影响高压变频调速技术发展的主要因素有：（1）大功率交流电机供电电压高而功率元件耐压低；（2）高压变频调速技术难度大，技术含量高，而用于风机水泵节能只需低投入，由节电费中即可收回成本。这两个矛盾构成了高压变频调速技术研究和推广的世界性难题，也是世界各大电气公司技术竞争的热点之一。因此出现了高-低-高式、高-低式、高-高式、低压单相变频器单元串联式、中点钳位三电平式等高压变频器方案。

交流变频调速技术发展多年，交交变频及交直交变频技术已在众多工业现场得到广泛应用。交交变频通常采用晶闸管自然换流方式，没有中间环节，与交直交变频相比，变频效率高，结构简单，便于后期维护，但由于其最高输出频率为电网频率的 $1/3 \sim 1/2$，调频范围窄，存在无功功率消耗，易对电网产生谐波污染，在传统低频范围内有很大的优势；交直交变频一般采用全控性电力电子器件，存在中间直流环节，使得变频效率不如交交变频，设备的体积较大，工程造价较高，但交直交变频对电网的不良影响较小，谐波极低，功率因数较高，调速范围大，适用于要求精度高、调速性能较好的工业场合。综上可以看出，两种方案各有优缺点，在选择传动方案时需根据经济成本、运行需求等方面综合考虑。

9.5.5　热轧主传动电气系统的应用

大功率化和全交流化日益成为冶金企业大型轧机驱动系统装备的发展趋势，国内外新建轧机主电机功率在 3MW 以上的几乎全部采用大功率交流变频系统驱动。这其中，交交变频系统以其优秀的性价比，占有了一定的市场。凭借综合性能上的优势，以及无需无功补偿设备投资和场地占用而带来的好处，各个大型跨国公司开发研制的交直交中压三电平变频系统也越来越成为主流和优选方案，尤其是随着国产装备的逐步成熟，大功率交直交中压电气传动系统的优势将更加凸显。

9.5.5.1　SL150 交交变频系统

随着电力电子技术和控制理论的不断发展成熟以及市场对钢铁新产品的需求日益多样化，企业生产对轧机交交变频调速主传动系统在能效性、可靠性、稳定性等方面也不断提出新的要求。由西门子公司推出的交交变频调速系统 SINAMICS SL150 是上一代SIMADYN-D 系统的升级替代产品，其额定功率最高可达 36MW，很适合控制具有高转矩和低定子频率的高额定功率感应电机或同步电机。这些变频器采用数量较少的半导体功率器件即可，设计相对简单，同时具有极高的短时间过载能力（200%，持续时间 60s）。因此，SINAMICS SL150 交交变频系统具有高能效和可靠性强等特点。

该变频调速系统由控制装置及功率回路组成（图9-86）。控制装置由处理器、PSA模板、远程ET200、核心单元I/O模板以及OP面板等设备组成。其中，处理器部分由SINAMICS CU320模板及SIMOTION D445（或D455）模板组成；PSA为功率匹配模块，主要用于连接功率回路和控制装置，传输由检测元件测量出的电流电压实际值并向功率回路发送脉冲触发信号；CU320是核心处理运算单元，实现三相交流电控制、速度控制和矢量变换计算等；D445为工艺调速处理单元，主要完成电动机启停逻辑控制和工艺控制、主回路合分闸逻辑控制、故障报警综合处理、系统数据通信等任务。整个变频系统利用Profibus DP网络在CU320、6RA70以及多个ET200远程I/O站之间实现数据传输，完成多种数据采集或动作命令下发。D445与工程师站（PC）、OP177面板也可通过如以太网、串口、MPI等多种通信方式进行通信，并支持SL150服务软件在线访问，便于协助现场调试。

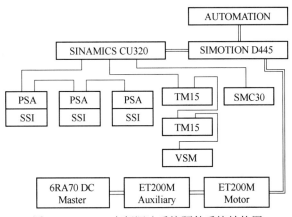

图9-86 SL150变频调速系统硬件系统结构图

功率回路由励磁回路（对电励磁同步电机）和定子回路两部分组成，根据矢量控制原理完成主电机精确的转矩和转速控制，进而在轧机上实现工艺调速功能。其中，定子回路向定子供电，由原副边三裂解的整流变压器通过高压开关连接至电网，变压器副边分别向大功率变频柜供电。励磁回路向主电机的转子供电，主要通过高压开关向励磁变压器供电，变压器副边连接至6RA70整流装置，通过·Profibus DP连接6RA70与SL150控制装置的D445工艺处理单元模板，从而将矢量控制运算得到的励磁电流设定值传输给6RA70，通过6RA70装置的调节控制，为电动机提供实际励磁电流。

SL150控制系统软件为Scout与Starter相结合的编程软件，适用于SINAMICS系列所有系统产品，整个项目工程也可利用Step7平台实现集中管理，便于多传动系统之间以及传动与自动化系统间的统一管理及维护。SL150采用了简易而构思良好的创新设计，具有功能较强的保护和异常诊断系统，可确保显著缩短与维护相关的停产时间，是目前国内较为常用的一类交交直接变换型中压变频产品。

此外，由于交-交变频器固有的电路结构特点适合四象限运行，因而可在两个方向上进行驱动和制动，且无需任何附加成本。输出频率通常介于电网侧频率的40%和44%之间。整个变频器的开环和闭环控制及功率器件监视通过光缆以光电形式来执行。功率电路中的热量可通过机柜风扇以风冷的形式散发掉。

9.5.5.2　ACS6000 交直交中压变频系统

瑞士 ABB 公司的 ACS6000SD（控制同步电机）和 ACS6000AD（控制异步交流电机）系列大功率中压交流传动系统主要使用 IGCT 元件组成功率部分，变速传动的功率范围从 3MW 至 27 MW，广泛应用于冶金、船舶、石化、矿山提升机等领域，是一种采用精确 DTC 直接转矩控制和脉宽调制技术的变频系统。

ACS6000 通过模块化设计，可以根据所需的输出功率、电机配置和工艺需求等要求进行合理配置，允许在同一个直流母线上连接多个整流单元和逆变单元，从而实现拖动多个机械设备。系统主要由线性供电单元（LSU）、逆变单元（INU）、有源整流单元（ARU）、电压限幅单元（VLU）、电容单元（CBU）、励磁单元（EXU）、水冷单元（WCU）、控制单元（COU）、终端单元（TEU）、输入滤波单元（IFU）等必选或可选模块组成。

其中，LSU 由吸收电路、di/dt 电抗器、晶闸管短路保护器、脉冲接口板和脉冲发送器以及监测整流器电流不平衡度的整流器监控等元器件组成，主要实现对网侧交流电进行整流并向中间环节直流电容供电等功能；INU 主要由 IGCT 相模块、门极供电单元、钳位电路、电磁兼容性滤波器、接口板、电压电流检测板和快速短路检测装置等元器件组成，主要实现将直流电压转变为交流电压驱动电动机，ARU 和 INU 的硬件组成基本相同，唯一的不同就是 ARU 比 INU 多两块 ASE 抗磁饱和板，ARU 主要完成电网交流电整流，并对直流电容充电，由 ARU 和 INU 组成的功率单元共有 7MVA、9MVA、11MVA、13MVA 等多种模块可选，目前中间直流母线最多可接 6 个 ARU 和 INU 模块；在过压情况下，VLU 可以实时地对直流回路电容进行放电，由 IGCT 来控制投入和切除，使直流母线电压降至额定水平，适用于转矩要求精度很高的动态应用场合，主要由能量吸收回路、VLU 短路检测等元件组成 VLU 组；CBU 的功能是实现平滑中间直流回路电压，并将整流器和逆变器解耦，主要由水冷型电容器、充放电回路、接地开关、绝缘电阻监测等设备组成；主电源和电机功率电缆连接到终端单元柜体的端子上，电缆可以从柜体顶部或底部进线；用于同步电机励磁的 EXU 单元有直接励磁和无刷式励磁两种型号，直接励磁由励磁变压器供电的 6-脉波可控晶闸管整流桥给同步电机滑环提供直流电流，无刷励磁由三相交流电源控制器向三相励磁电机供电，带电枢旋转整流器的励磁电机在无刷同步电机中产生所需磁场的直流电流；WCU 单元向主回路功率元器件提供内循环冷却水，将功率元器件产生的热量与外循环冷却水进行热交换，并对内循环冷却水进行不断的净化，主要元器件包括：水泵、热交换器、膨胀箱、水质处理回路、控制和监视仪表和辅助电源；COU 具有监控整个传动系统和冷却系统的功能，包括与上位控制的接口和本地控制的接口，一般安装在面板后面的 TEU 柜摇门上，主要由 AMC3 控制器、S800 I/O 接口、CDP 312 控制盘、过程控制系统接口编码器和辅助电源等元器件组成；IFU 能够降低注入电网的谐波电压，由去耦电抗器、滤波电抗器、滤波电容、阻尼电阻等元器件组成，是位于变频变压器和有源整流单元之间的可调滤波器，可以减少变频系统对电网的污染，它与 ARU 组合使用，根据 ARU 的额定容量来选择模块规格。

ACS 6000 的控制系统（图 9-87）采用全数字的控制、检测和保护，使用带有 S800-I/O 站的主控制板 AMC3 作为控制系统核心，主处理器是摩托罗拉 100MHz 的数字信号处理器。AMC 板的软件主要分为应用软件和控制软件两部分。应用软件主要实现故障信息的显示、直流母排的充放电控制、接地报警等信息的显示。控制软件主要实现电机电流、电

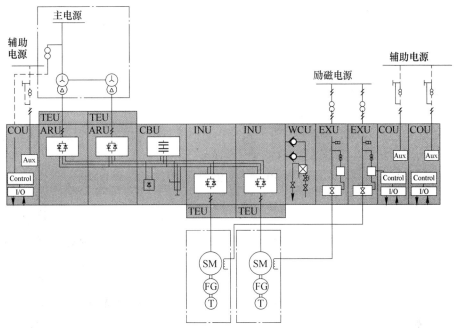

图 9-87 ACS6000 变频调速系统结构图

网电压、直流电压、短路保护、IGCT 开关控制、频率、速度、位置控制、通信控制等功能。该传动系统基于 DTC（直接转矩控制）理论，转矩响应时间理论上比传统的磁通向量控制或脉冲宽度调制的控制方式大大缩短，并能够在较宽的速度范围内实现恒转矩输出。

此外，针对直接转矩控制存在的转矩脉冲较大的问题，ACS6000 变频器增加了滤波器，可有效地抑制 DTC Bang-Bang 控制造成的输出电压波形尖峰，进而减少了 dV/dt 对电气绝缘的影响。ACS6000 系统进入国内市场较早，也是目前国内占有率较高的交直交中压三电平变频系统产品。

9.5.5.3 SM150 交直交中压变频系统

SINAMICS SM150 交直交变频系统作为西门子公司推出的高端中压变频产品，适合于需要高动态性能和可以对线路供电进行可再生反馈的应用场合，变速传动的功率范围从 5MW 至 28MW，同样使用了 IGCT 作为功率器件并适用于高压大功率的轧机主传动工业应用。

SM150 变频系统主要由功率柜、控制柜、励磁柜及扩展柜等设备组成，硬件部分包括整流、逆变功率单元、控制单元、检测模块、接口系统、励磁单元、水冷单元等（图 9-88）。整流、逆变单元均由相模块构成，每个相模块主要由 IGCT 组成，整流单元带有有源前端；控制部分与 SINAMICS 系列常用的控制器不同，如 SL150 采用的是 CU320，但 SM150 使用的控制器是 SIMOTION D445。控制模块 D445 包含与传动其他部分通信的以太网接口、软件和传动程序等；检测模块主要包括速度检测模块、电压检测模块、电流检测模块、电压传感模块等；接口系统包括与进线变压器、进线断路器、励磁系统、自动化系统、无负荷接触器、远程站、PDA 等系统间的接口，连接方式可以为明线连接、以太网通信、DP 通信、DRIVE-CLiQ 通信等。励磁部分主要用于电励磁同步电机的外部励磁，采用的是西门子 6RA70 直流调速装置作为励磁控制单元，励磁电流的大小由 D445 控制。

扩展柜内的 CX32 模块是专用于 SIMOTION D445 的控制器扩展，它与 SIMOTION D445 之间通过 DRIVE-CLiQ 方式连接。

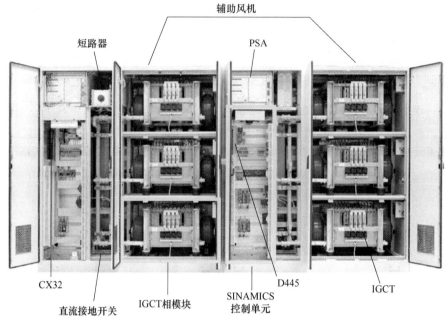

图 9-88 SM150 变频调速系统硬件结构图

SM150 交直交变频系统的网侧整流 AFE 部分也采用 PWM 脉冲整流技术，可实现四象限运行及能量的双向流动，使网侧电流波形接近正弦波。电机侧的逆变部分采用的是基于磁场定向的矢量控制技术，与直流电机控制方式类似，解耦定子电流中的励磁电流分量和转矩电流分量，使得采用矢量控制的交直交变频系统在低速时也能获得较好的动静态性能。对于多电机驱动器也能够采用公共直流母线技术，实现用于电动和发电驱动的不同电机间的直接能量交换。

SINAMICS SM150 采用电压源型矢量控制技术和高功率因数、三电平及模块化设计，使得其具有比较优良的网侧谐波控制能力和较好的动态控制性能，也可根据工艺要求提供多种选件用于控制同步电机和异步电机，该系统已经用于国内多条轧制生产线中。

9.5.5.4 TMdrive-70 交直交中压变频系统

TMdrive-70 是由日本 TMEIC 公司推出，采用东芝公司开发的 IEGT 作为功率器件的中压交直交型变频产品，输出电压等级 3.3kV，最大输出功率 40MW。TMdrive-70 是全数字化、矢量控制交流电机传动系统，同样为双三电平 PWM 变换电路，电能可在网测和电机侧双向流动，实现四象限运行，同时无需输出变压器，可以直接用于驱动轧机主传动使用的异步电机或同步电机。

TMdrive-70 交直交中压变频系统主要由整流器、逆变器、预充电单元、电容组单元、励磁单元、控制单元、水冷单元等部分组成（图 9-89）。逆变器的三电平 PWM 控制模式可输出最高为 3.4kV 的正弦电压。整流器采用固定脉冲模式控制使得功率因数接近 1，输出电压近似于正弦波，减少了高次谐波及转矩纹波，减少了对电网的污染。固定脉冲模式可自动平衡交流输入功率。当输入电压降低时，产生超前功率，提高输入电压；当输入电压升高时，产生滞后功率，降低输入电压；预充电单元由一个辅助变压器和一个小的二极管整流器组成，在变流器连接到主回路之前为电容充电，这样可以避免当主回路接通时涌入的电流变化过快。电容组单元主要实现将中间的直流电压平滑并将整流器和逆变器解耦；励磁单元主要给可控的脉冲晶闸管整流器供电，并将整流后的直流供给同步电机的滑环，进而为同步电机提供励磁电流。水冷单元采用内外双循环方式，为功率元件 IEGT 提供冷却，并带有冷却水故障检测，显示电导率与水温等，确保传动装置的安全运行。

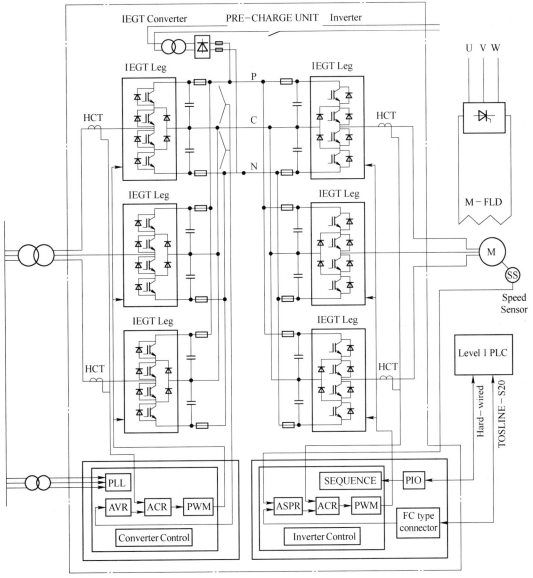

图 9-89　TMdrive-70 变频调速系统主回路结构图

该系统的主控制器采用了由东芝公司开发的功率电子专用的高性能微处理器 PP7，主控制模块完成所有内外部数据如电流检测、速度反馈、速度参数计算、外部输入输出信号等的处理，是整个系统的关键部分。为获得高动态性能，TMdrive-70 系统也采用了与西门子公司类似的矢量控制技术，将交流电机通过坐标系变换等效成直流电机，再模仿直流电机的控制方法进行控制。

TMdrive-70 高压大功率变频控制系统功能强大、控制精度高、响应速度快、运行安全可靠，具备良好的动态性能，在国内多条大、中轧制生产线中也有了良好的应用。

9.5.5.5 TGS6000 交直交中压变频系统

依托长期以来在高速铁路交流电机牵引传动系统中的技术积累，南车株洲电力机车研究所联合北京科技大学高效轧制国家工程研究中心，在国家科技部课题支持下对交直交冶金轧机主传动系统的关键技术进行了大量研究，开发出首套在冶金生产线上获得成功应用的具有完全自主知识产权的 TGS6000 交直交主传动系统。该系统采用三电平二极管中点钳位电压型主电路结构，功率部件由 IGCT 器件采用模块化设计，具有单机或公共直流母线多种灵活配置结构，功率范围覆盖 5~27MW。

冶金轧机主传动系统硬件控制平台采用两套独立硬件控制平台实现多控制器多处理芯片实时数据分布采集集中管理控制，单套硬件控制平台包括一个 DCU 机箱、两块脉冲分配板、6 个采集盒、一套水冷控制单元、一块励磁控制板。DCU 机箱实现变频器的系统级逻辑与硬件快速保护、数据集中管理控制、四象限算法控制、电机算法控制、网络总线通信、Emif 接口数据通信、点对点高速光纤串行通信、同步电机编码器位置信号、速度信号采集传输及 HMI 技术，硬件单板包括两块模拟数字板（自带 CPLD 芯片实现模拟和数字量采集及与 ARM 通信）、一块主控板（自带两片用于四象限算法控制和电机算法控制的 DSP 数字处理芯片、一片用于系统逻辑控制的 ARM9 处理芯片、一片用于编码器位置和速度采集计算的 FPGA 芯片）、两块串行通信板（自带 FPGA 芯片用于系统数据流管理和高速串行光纤通信），DCU 机箱各单板之间通过各自芯片的数据总线和地址总线进行 Emif 接口数据通信；6 块采集盒（自带 CPLD 芯片）实现模拟信号数据分布采集及与 DCU 进行光纤传输功能；2 块脉冲分配板（自带 FPGA 芯片）实现整流和逆变脉冲分配、驱动脉冲快速保护及与 DCU 进行光纤传输功能，一块励磁板（自带 DSP 和 CPLD 芯片）实现励磁控制及与 DCU 进行光纤传输功能；一台水冷单元实现系统去离子水循环控制及采集数据与 DCU 进行光纤传输。两套对立的硬件平台数据交互通过各自 DCU 的串行通信板进行串行光纤传输。TGS6000 变频调速系统硬件、软件结构如图 9-90 所示。

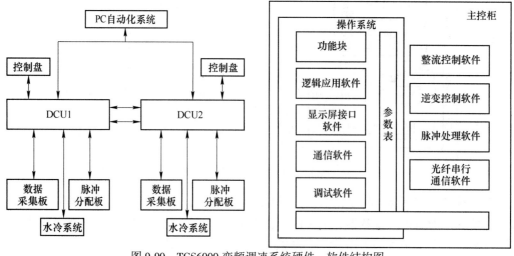

图 9-90 TGS6000 变频调速系统硬件、软件结构图

软件平台中作为系统管理级的 ARM 芯片，采用 vxWorks 实时操作系统，任务周期处理为 ms 级，软件架构清晰，编程方式采用 C 语言和图形化语言相结合的方式，图形化语言完成系统应用级的软件功能设计，C 语言方式完成平台数据流的组织、平台通信、任务管理、参数管理方面的工作。实时控制软件运行于 DSP 中，采用单任务方式，运行周期为 60μs，采用的 FPGA 与 CPLD 芯片采用 Verilog 语言编程。

系统控制软件运行在 ARM9 中，其作为控制系统的数据传递中枢，在整体上协调控制单元中的各个子软件有序工作，同时，作为变频器系统与自动化系统对外的唯一接口，其传递系统当前的实时信息、接收自动化系统控制命令、将控制命令进行分析处理，成为算法软件可以识别执行的信号，然后由变流器依照控制命令输出电压、电流控制电机转动，轧机系统将这种旋转运动变为直线运动，最终按照轧制工艺要求轧制出合格的产品。

此外，诊断平台设计从硬件及软件两方面综合考虑，硬件平台设计上充分考虑了如光纤通信等的可靠性诊断、Profibus 子板通信网络诊断、显示屏诊断终端、DRIVE 调试软件诊断等平台技术，通过以上几方面的同步，确保故障信息等的及时记录；调试平台采用 Delphi 语言开发了一套完备的 DRIVE 软件，通过此软件可完成四象限控制参数、逆变控制参数、逻辑控制参数的在线整定，优化后的参数可保存到 DCU 的控制板中，掉电不丢失。同时，调试平台设计开放给用户的功能可实现参数配置化的功能，信号对外接口可由用户根据需要进行修改，最大程度地保证了变频器的可用性。调试平台具备实时波形监视、慢速波形监视、离线故障诊断、控制系统全参数化配置功能；变频器系统中的控制盘是变流器实现人机交互的窗口，用户通过控制盘面板来控制变流器系统启/停、设定运行频率、查询变流系统的运行状态，修改变流系统的运行参数等。

整体系统的研制开发是以中压交直交系统国际领先前沿技术为标杆，整机性能的定位完全满足高性能冶金轧机主传动控制系统的要求。该系统已在宽厚板粗轧机上下辊主传动交流同步电机的驱动中投入使用，各项性能指标满足轧制工艺要求，成功实现国内首套完全自主研制的大功率高性能中压交直交轧机主传动系统的现场应用，为打破国外对我国高性能大功率交直交轧机主传动系统的垄断、提升我国冶金核心制造装备自主配套能力迈出坚实一步。

参 考 文 献

[1] 李华德. 交流调速控制系统 [M]. 北京：电子工业出版社，2003.

[2] 李华德，李擎，白晶. 电力拖动自动控制系统 [M]. 北京：机械工业出版社，2009.

[3] 马小亮. 高性能变频调速及其典型控制系统 [M]. 北京：机械工业出版社，2010.

[4] 张崇巍，张兴. PWM 整流器及其控制 [M]. 北京：机械工业出版社，2003.

[5] 陈伯时，陈敏逊. 交流调速系统 [M]. 北京：机械工业出版社，2013.

[6] 马小亮. 大功率交交变频交流调速及矢量控制 [M]. 3 版. 北京：机械工业出版社，2004.

[7] Bogdan M，Wikamowski J，David I. Power electronics and motor drives [M]. Florida：CRC Press，2011.

[8] 李晓东，王京，张勇军，等. 大功率三电平逆变器中 IGBT 驱动和保护的研究 [J]. 工矿自动化，2007（3）：64~66.

[9] 韩如成，潘峰，智泽英. 直接转矩控制 [M]. 北京：电子工业出版社，2012.

[10] Rodríguez J，Bernet S，Wu B，et al. Multilevel voltage-source-converter topologies for industrial medium-

voltage drives [J]. IEEE Transactions on Industrial Electronics, 2007, 54 (6): 2930~2945.

[11] 马小亮. 大功率交交变频调速及矢量控制技术 [M]. 北京: 机械工业出版社, 2004.

[12] 戴文进, 肖倩华. 电机与电力拖动基础 [M]. 北京: 清华大学出版社, 2012.

[13] 张勇军, 王京, 张智密, 等. 基于嵌入式控制器的三电平变频系统设计 [J]. 电气传动, 2009, 39 (1): 27~31.

[14] Holtz J, Oikonomou N. Fast dynamic control of medium voltage drives operating at very low switching frequency—An overview [J]. IEEE Transactions on Industrial Electronics, 2008, 55 (3): 1005~1013.

[15] 张勇军, 潘月斗, 李华德. 现代交流调速系统 [M]. 北京: 机械工业出版社, 2014.

[16] 马小亮. 浅说大功率 IGBT 变换器的几个问题 [J]. 变频器世界, 2007 (2).

[17] 南永辉, 张朝阳, 郑汉锋, 等. 交直交轧机主传动同步电动机控制研究与应用 [J]. 冶金自动化, 2015 (3): 76~80.

[18] 张勇军, 何安瑞. 冶金轧机主传动交流调速系统的发展及应用 [J]. 鞍钢技术, 2015 (5).